DELIUS KLASING

Dr. Etzold
Diplom-Ingenieur für Fahrzeugtechnik

So wird's gemacht

pflegen – warten – reparieren

Band 38

VW BUS / Transporter / Caravelle

1,9 l / 44 kW (60 PS) 10/82 – 12/90
1,9 l / 57 kW (78 PS) 10/82 – 12/90
1,9 l / 66 kW (90 PS) 10/83 – 7/85
2,1 l / 68 kW (92 PS) Kat. 8/89 – 12/90
2,1 l / 70 kW (95 PS) Kat. 8/85 – 12/90
2,1 l / 82 kW (112 PS) 3/85 – 12/90

VW BUS Syncro
1,9 l / 57 kW (78 PS) 2/85 – 10/92
2,1 l / 70 kW (95 PS) Kat. 2/85 – 10/92
2,1 l / 82 kW (112 PS) 2/85 – 10/92

Delius Klasing Verlag

Bibliografische Information der Deutschen Nationalbibliothek
Die Deutsche Nationalbibliothek verzeichnet diese Publikation in der Deutschen Nationalbibliografie; detaillierte bibliografische Daten sind im Internet über http://dnb.dnb.de abrufbar.

11. Auflage
ISBN 978-3-7688-0436-3

Alle Angaben ohne Gewähr
Druck: Books on Demand, Norderstedt

Delius Klasing Verlag, Siekerwall 21, D - 33602 Bielefeld
Tel.: 0521/559-0, Fax: 0521/559-115
E-Mail: info@delius-klasing.de
www.delius-klasing.de
www.sowirdsgemacht.com

Lieber Leser

obwohl die Automobile von Modellgeneration zu Modellgeneration technisch wesentlich aufwendiger und komplizierter werden, greifen von Jahr zu Jahr immer mehr Heimwerker zum »So wird's gemacht«-Handbuch. Die Erklärung dafür ist einfach: Weil die Technik des Automobils komplizierter geworden ist, kommt man selbst als Fachmann bei Wartungs- und Reparaturarbeiten am Fahrzeug ohne eine spezielle Anleitung nicht mehr aus.

Auch der fachkundige Hobbymonteur, der sein Fahrzeug selbst wartet und repariert, sollte bedenken, daß der Fachmann viel Erfahrung hat und durch die Weiterschulung und den ständigen Erfahrungsaustausch über den neuesten Technikstand verfügt. Mithin kann es für die Überwachung und Erhaltung der Betriebs- und Verkehrssicherheit des eigenen Fahrzeugs sinnvoll sein, in regelmäßigen Abständen eine Fachwerkstatt aufzusuchen.

Grundsätzlich muß sich der Heimwerker natürlich darüber im klaren sein, daß man mit Hilfe eines Handbuches nicht automatisch zum Kfz-Mechaniker wird. Auch deshalb sollte man nur solche Arbeiten durchführen, die man sich selbst zutraut. Das gilt insbesondere für jene Arbeiten, die die Verkehrssicherheit des Fahrzeugs beeinträchtigen können. Gerade in diesem Punkt sorgt das »So wird's gemacht«-Handbuch jedoch für praktizierte Verkehrssicherheit. Durch die exakte Beschreibung der erforderlichen Arbeitsschritte und den Hinweis, die Sicherheitsaspekte nicht außer acht zu lassen, wird der Heimwerker vor der Arbeit entsprechend sensibilisiert und fachlich richtig informiert. Auch wird darauf hingewiesen, im Zweifelsfall die Arbeit lieber einem Fachmann zu überlassen.

Vor jedem Arbeitsgang empfiehlt sich ein Blick in das vorliegende Buch. Dadurch werden Umfang und Schwierigkeitsgrad der Reparatur offenbar. Außerdem wird deutlich, welche Ersatz- oder Verschleißteile eingekauft werden müssen und ob unter Umständen die Arbeit nur mit Hilfe von Spezialwerkzeug durchgeführt werden kann.

Für die meisten Schraubverbindungen ist das Anzugsmoment angegeben. Bei Schraubverbindungen, die in jedem Fall mit einem Drehmomentschlüssel angezogen werden müssen (Zylinderkopf, Achsverbindungen usw.), ist der Wert **fett** gedruckt. Nach Möglichkeit sollte man generell jede Schraubverbindung mit einem Drehmomentschlüssel anziehen.

Das vorliegende Buch kann natürlich auch nicht auf jede aktuelle, technische Frage eingehen. Dennoch hoffe ich, daß die getroffene Auswahl an Reparatur-, Wartungs- und Pflegehinweisen in den meisten Fällen die auftretenden Probleme zufriedenstellend löst.

Rüdiger Etzold

Inhaltsverzeichnis

Die wichtigsten Motordaten 10

Der Motor 11

Motor aus- und einbauen 12
Motor zerlegen und zusammenbauen 17
Zylinderkopf aus- und einbauen 17
Stößel entlüften 19
Ventilspiel-Grundeinstellung 20
Stößelschutzrohr aus- und einbauen 21
Zylinderkopf mit Ventilen 22
Ventile aus- und einbauen 23
Ventile prüfen 23
Ventile einschleifen 23
Ventile nacharbeiten 24
Ventilführungen prüfen 24
Ventilsitz nacharbeiten 25
Ventilsitz auf Dichtigkeit prüfen 26
Kompression prüfen 26
Zylinder/Kolben/Kolbenringe 27
Zylinder/Kolben/Kolbenringe aus- und einbauen 28
Kolben prüfen 30
Die Kennzeichnung der Kolben 31
Kolbenringe prüfen 31
Zylinderbohrungen prüfen 32
Schwungrad aus- und einbauen/
Dichtring für Kurbelwelle erneuern 33
Axialspiel der Kurbelwelle prüfen/einstellen 35
Das Motorgehäuse 36
Motorgehäuse zerlegen und zusammenbauen 37
Nockenwelle aus- und einbauen 38
Kurbelwelle aus- und einbauen 39
Kennzeichnung der Kurbelwelle 41
Pleuelstangen aus- und einbauen 41
Dichtring für Kurbelwelle aus- und einbauen 43
Riemenscheibe aus- und einbauen 45
Starthilfe 46
Fahrzeug abschleppen 46
Störungsdiagnose Motor 47

Motor-Schmierung 48

Motorölwechsel 49
Ölfilterwechsel 49
Ölpumpe/Ölfilter/Überdruckventil 50
Ölüberdruckventil aus- und einbauen 51
Öldruckschalter prüfen/aus- und einbauen 51
Die dynamische Öldruckkontrolle 52
Öldruckschalter/Öldruck prüfen 52
Ölpumpe aus- und einbauen 53
Störungstabelle Ölkreislauf 55

Motor-Kühlung 56

Der Kühlmittelkreislauf 58
Kühler-Frostschutzmittel 58
Kühlmittel ablassen/auffüllen 58
Der Kühler 61
Kühler aus- und einbauen 62
Kühlmittelregler aus- und einbauen 62
Kühlmittelregler prüfen 63
Geber für Kühlmitteltemperaturanzeiger
aus- und einbauen 63
Thermoschalter für Elektrolüfter
aus- und einbauen/prüfen 63
Kühlmittelpumpe aus- und einbauen 64
Anschlußplan für Kühlmittelschläuche 65
Störungstabelle Kühlmitteltemperatur 66

Die Kraftstoffanlage 67

Vergaser/Einspritzanlage 67
Vergasereinstellung 67
Störungen in der Kraftstoffzufuhr 67
34 PICT-Vergaser 68
Vergaser aus- und einbauen 69
Vergaser zerlegen 69
Schwimmernadelventil aus- und einbauen 69
Umluftabschaltventil prüfen 70
Vergaserzug einstellen 70
Luft- und Drosselklappenwelle prüfen 70
Leerlaufdrehzahl prüfen/einstellen
CO-Gehalt prüfen/einstellen 70
Die Startautomatik 71
Heizspirale ausbauen/prüfen 71
Startautomatik verstellen 72
Startautomatik prüfen 72
Einspritzmenge der Beschleunigungspumpe
prüfen/einstellen 72
Luftklappenspaltmaß prüfen und einstellen 73
Kaltleerlaufdrehzahl prüfen/einstellen 74
Schließdämpfer/Verzögerungsventil prüfen/einstellen 74
Saugrohr für 34 PICT-Vergaser 75
Saugrohr mit Vergaser aus- und einbauen 76
Saugrohrvorwärmung prüfen/ersetzen 76
Vergaserdaten I 77
2 E 3-Vergaser 78
2 E 4-Vergaser 79
Drosselklappenansteller prüfen 80
Vergaser aus- und einbauen 81
Düsenbestückung 81
Leerlaufdrehzahl und CO-Gehalt prüfen/einstellen 82
Startautomatik prüfen 82
Die Startautomatik 83
Teillastkanal-Beheizung prüfen 83
Kaltleerlaufdrehzahl prüfen und einstellen 84
Luftklappenspaltmaß prüfen und einstellen 84
Einspritzmenge prüfen und einstellen 85
Pulldown-Einrichtung prüfen 86
Leerlaufabschaltventil prüfen 86
Einspritzrohr einbauen 86
Saugrohr für 2 E 3 / 2 E 4-Vergaser 87
Vergaserdaten II 88

Luftfilter und Unterdruckanschlüsse für 34 PICT-Vergaser . . . 89
Luftfilter und Unterdruckanschlüsse für 2 E 3-Vergaser . . . 90
Luftfiltereinsatz aus- und einbauen/ Luftfilter aus- und einbauen . . . 91
Ansaugluftvorwärmung prüfen . . . 92
Regelkasten/Unterdruckdose prüfen . . . 92
Temperaturregler prüfen . . . 92
Kraftstoffpumpe aus- und einbauen . . . 92
Kraftstoffilter aus- und einbauen . . . 93
Gaszug aus- und einbauen . . . 93
Gasbetätigung . . . 94
Gasbetätigung für Automatik-Fahrzeuge einstellen . . . 95
Der Kraftstoffbehälter . . . 96
Tank aus- und einbauen . . . 97
Geber für Kraftstoffvorratsbehälter aus- und einbauen . . . 98
Störungstabelle Vergaser . . . 99

Die Benzin-Einspritzanlage . . . 102
Digijet/Digifant-Einspritzung . . . 102
Leerlauf und CO-Gehalt prüfen/einstellen . . . 104
Leerlauf und CO-Gehalt prüfen/einstellen . . . 105
Katalysator-Funktion prüfen . . . 106
Luftfiltereinsatz wechseln . . . 107
Kraftstoffilter aus- und einbauen . . . 107

Die Abgasanlage . . . 108
Schalldämpfer aus- und einbauen/ Abgasrohr aus- und einbauen . . . 109
Fahrzeuge mit Katalysator . . . 110
Der Umgang mit Katalysator-Fahrzeugen . . . 110
Motorträger aus- und einbauen . . . 111

Die Kupplung . . . 112
Kupplung aus- und einbauen . . . 113
Hydraulische Kupplungsbetätigung . . . 115
Störungstabelle Kupplung . . . 116

Das Getriebe . . . 117
Getriebe aus- und einbauen . . . 117
Getriebeöle . . . 118
Ölwechsel – Schaltgetriebe und Achsantrieb . . . 118
Der Allradantrieb . . . 119

Die Schaltung . . . 120
Schaltgestänge einstellen . . . 122

Die Vollautomatik . . . 124
ATF-Stand prüfen . . . 124
Automatikfahrzeug anschleppen . . . 124
Automatikfahrzeug abschleppen . . . 124
ATF-Wechsel . . . 124
Ölstand im Achsantrieb prüfen . . . 124

Die Vorderachse . . . 125
Radaufhängung vorn . . . 126
Schraubenfeder/Achsschenkel/ Achslenker unten aus- und einbauen . . . 127
Stoßdämpfer aus- und einbauen . . . 129
Stoßdämpfer prüfen . . . 129
Achslenker oben aus- und einbauen/Lager prüfen . . . 129
Radlagerung vorn . . . 130
Bremsscheibe/Radlager aus- und einbauen . . . 131
Radlagerspiel einstellen/prüfen . . . 131

Die Hinterachse . . . 132
Radaufhängung hinten . . . 133
Stoßdämpfer aus- und einbauen . . . 134
Feder aus- und einbauen . . . 134
Radlagerung hinten . . . 135
Bremstrommel aus- und einbauen . . . 136
Gelenkwelle aus- und einbauen . . . 137
Gelenkwelle zerlegen/ Schutzhülle/Gelenk erneuern . . . 138

Die Lenkung . . . 139
Lenkrad aus- und einbauen . . . 140
Lenkung prüfen . . . 140
Spurstange aus- und einbauen . . . 140
Lenkgetriebe/Spurstangen . . . 141
Die Servolenkung . . . 142
Servolenkung auf Dichtheit prüfen . . . 142
Ölstand für Servolenkung prüfen . . . 142
Keilriemen für Servo-Pumpe spannen . . . 143

Die Fahrzeugvermessung . . . 144
Die Spur . . . 144
Sturz und Spreizung . . . 144
Nachlauf . . . 144
Das Einstellen . . . 144
Spur prüfen/einstellen (Vorderachse) . . . 145
Sturz prüfen/einstellen (Vorderachse) . . . 146
Nachlauf prüfen/einstellen . . . 146
Spur prüfen/einstellen (Hinterachse) . . . 147
Sturz prüfen und einstellen (Hinterachse) . . . 147
Einstellwerte für Spur/Sturz/Nachlauf . . . 148

Die Bremsanlage . . . 149
Scheibenbremsbelagdicke prüfen . . . 149
Scheibenbremsbeläge aus- und einbauen . . . 150
Bremsscheibendicke prüfen . . . 152
Die Hinterradbremse . . . 153
Trommelbremse hinten: Bremsbeläge kontrollieren . . . 154
Hinterradbremse zurückstellen . . . 154
Bremsbacken aus- und einbauen . . . 154
Hinterradbremse einstellen (Grundeinstellung) . . . 156
Bremsbeläge ersetzen . . . 156
Radbremszylinder ausbauen/überholen . . . 157

Bremsleitungen und Bremsschläuche 158
Bremsleitungen auswechseln 158
Bremsschlauch auswechseln 158
Bremsflüssigkeitsbehälter 159
Bremsanlage entlüften 160
Die Handbremse 161
Handbremse einstellen 162
Handbremsseil aus- und einbauen 162
Die ABS-Anlage 162
Störungsdiagnose Bremse 164

Räder und Reifen 167
Räder/Reifenmaße 167
Auswuchten der Räder 167
Reifenverschleiß 167
Gleitschutzketten 168
Austauschen der Räder 168
Der richtige Reifenfülldruck 168
Störungstabelle Reifen 169
Reserverad herausnehmen 169

Die Karosserie 170
Stoßfänger vorn aus- und einbauen 170
Stoßfänger hinten aus- und einbauen 170
Türverkleidung aus- und einbauen 171
Spiegelglas außen ersetzen 172
Tür vorn Montageübersicht 173
Türfensterscheibe aus- und einbauen 174
Fensterheber aus- und einbauen 174
Eckfensterscheibe aus- und einbauen 176
Türgriff/Schließzylinder aus- und einbauen 176
Tür vorn einstellen 177
Schiebetür-Abdeckung aus- und einbauen 178
Schiebetür aus- und einbauen 178
Einstellarbeiten an der Schiebetür 180
Einstellarbeiten an der Hochraumwagen-Schiebetür . . 184
Fernbetätigungsschloß aus- und einbauen 186
Zentralschloß aus- und einbauen 187
Scharnierbeschlag/Verschleißteile auswechseln 188
Fahrersitz aus- und einbauen 189
Windschutz-/Seitenscheibe erneuern 189

Die Campingausstattung 190
Kontrollampen für Anzeigegerät prüfen 190
Wasserpumpe prüfen 191
Wasserhahn aus- und einbauen 191
Stellmotor für Zentralverriegelung aus- und einbauen . 192

Die Heizung 193
Züge für Frischluft und Heizung einstellen 194
Heizluftführung 195
Keilriemen für Kältekompressor spannen 195

Die elektrische Anlage 196
Batterie aus- und einbauen 196
Batterie prüfen 197
Batterie laden 198
Batterie entlädt sich selbständig 198
Sicherungstabelle 199
Relais aus- und einbauen 199
Störungstabelle Batterie 201
Generator aus- und einbauen 202
Keilriemen spannen 202
Spannungsregler ersetzen 202
Störungstabelle Generator 203
Anlasser aus- und einbauen 204
Störungstabelle Anlasser 205

Die Zündanlage 206
Sicherheitsmaßnahmen zur Zündanlage 206
Funktion der TSZ-H-Anlage 206
Die TSZ-H-Zündanlage 207
Digifant-Zünd- und Einspritzanlage 208
Zündspule prüfen 208
Zündleitung und Stecker prüfen 209
Zündverteiler aus- und einbauen 209
Zündverteiler-Antriebswelle aus- und einbauen 210
Zündzeitpunkt prüfen/einstellen 211
Zündzeitpunktwerte 212
Schaltgerät für Leerlaufstabilisierung abschalten . . . 213
TSZ-H-Schaltgerät prüfen 213
Hallgeber prüfen 214

Die Zündkerzen 215
Die richtige Zündkerze für den VW BUS (Wasserboxer) . 215
Wartungsarbeiten an der Zündanlage 216

Die Beleuchtungsanlage 218
Scheinwerferlampe auswechseln 218
Standlichtlampe auswechseln 218
Scheinwerfer einstellen 219
Stellmotor für Leuchtweitenregelung
aus- und einbauen 219
Innenlampe aus- und einbauen 220
Blinkleuchte vorn aus- und einbauen 220
Kennzeichenleuchte aus- und einbauen 220
Lampentabelle 220
Schlußleuchte aus- und einbauen 221
Scheinwerfer aus- und einbauen 222

Die Armaturen 223
Schalttafeleinsatz aus- und einbauen 224
Tachowelle aus- und einbauen 225
Der Lenkstockschalter 227
Blinkerschalter/Scheibenwischerschalter
aus- und einbauen 228
Antenne aus- und einbauen 228
Scheibenwascherdüsen einstellen 229

Die Scheiben- und Scheinwerferwaschanlage 229
Scheibenwischergummi ersetzen 230
Scheibenwischerarm aus- und einbauen 230
Störungstabelle Scheibenwischergummi 231
Scheibenwischeranlage aus- und einbauen 232
Störungstabelle Scheibenwischeranlage 233

Die Wagenpflege 234
Fahrzeug waschen 234
Lackierung pflegen 234
Unterbodenschutz/Hohlraumkonservierung 235
Motorraum konservieren 235
Polsterbezüge pflegen 235
Fahrzeug aufbocken 236

Das Werkzeug 237
Wartungsarbeiten 238
Seitenwandschiene einfetten 238

Wartungsplan I VW BUS (Fahrzeuge bis 8.85) 239
Pflegedienst 239
Wartung 239

Wartungsplan II VW BUS (Fahrzeuge seit 9.85) 240
Pflegedienst 240
Wartung 240

Stromlaufpläne 241
Der Umgang mit dem Stromlaufplan 241

Die wichtigsten Motordaten

Modell	VW Bus					
Kennbuchstaben	DF	DG	GW	MV	DJ	SS[1]
Fertigung von – bis	10.82 – 12.90	10.82 – 10.92	10.83 – 7.85	2.85 – 10.92	2.85 – 10.92	8.89 – 12.90
Hubraum ccm	1913	1913	1913	2109	2109	2109
Leistung kW bei 1/min. PS bei 1/min.	44/3700 60/3700	57/4600[2] 78/4600	66/4600 90/4600	70/4800[3] 95/4800	82/4800 112/4800	68/4500 92/4500
Drehmoment Nm bei 1/min	140/2200	141/2600	147/2800	160/2800	174/2800	154/2800
Bohrung mm ∅	94,0	94,0	94,0	94,0	94,0	94,0
Hub mm	68,9	68,9	68,9	76,0	76,0	76,0
Verdichtung	8,6	8,6	8,6	9,0	10,5	9,0
Steuerzeiten bei 1 mm Ventilhub: Einlaß öffnet vor OT Einlaß schließt nach UT	 4° nach 26°	 5°/1°[4] 34°/30°[4]	 5° 34°	 10° 48°	 10° 48°	 10° 48°
Auslaß öffnet vor UT Auslaß schließt nach OT	36° 14° vor	38°/36°[4] 4°/8° vor[4]	38° 4°	50° 0°	50° 0°	50° 0°
Kraftstoff ROZ mind.	91 bleifrei	91 bleifrei	98 bleifrei	91 bleifrei	98 bleifrei	91 bleifrei
Vergaser/Einspritzanlage	34 PICT	2 E 3[5]	Digijet	Digifant	Digijet	Digifant
Zündanlage	TSZ-H	TSZ-H	TSZ-H	Digifant	TSZ-H	Digifant
Zündfolge	1–4–3–2	1–4–3–2	1–4–3–2	1–4–3–2	1–4–3–2	1–4–3–2
Katalysator	–	–	–	X	–	X
Lambda-Regelung	–	–	–	X	–	X

[1] Wird nur in Fahrzeugen mit Heckantrieb und Schaltgetriebe verbaut. Dieser Motor erfüllt die Geräuschvorschriften der EG.
[2] Schweiz-Ausführung: 54 kW (73 PS) bei 4000/min, 150 Nm bei 2600/min.
[3] Schweiz-Ausführung: 64 kW (87 PS) bei 4000/min.
[4] Seit 1.86.
[5] Ab 3.87 je nach Modell und Ausstattung auch mit 2 E 4-Vergaser (mit elektronischer Leerlaufstabilisierung).

Der Motor

Der VW CARAVELLE wird von einem wassergekühlten Vierzylinder Boxermotor angetrieben, der im Heck des Wagens eingebaut ist.

Das Kurbelgehäuse des Motors besteht aus zwei Teilen, die in der Ebene von Kurbel- und Nockenwelle miteinander verschraubt sind.

Die vier Zylinder des Motors besitzen alle die gleiche Form und lassen sich zusammen mit dem passenden Kolben, wenn nötig, einzeln auswechseln.

Jedes Zylinderpaar trägt einen gemeinsamen Zylinderkopf aus Leichtmetall. Die vier Ventile, je eins für Einlaß und Auslaß pro Zylinder, sind hängend im Zylinderkopf angeordnet. Sie lassen sich nach Demontage des Zylinderkopfes auswechseln. Die Zylinderköpfe für links und rechts sind im übrigen völlig symmetrisch aufgebaut.

Da beim Boxermotor die Zylinder nicht alle in einer Reihe liegen, beginnt man beim Zählen mit der in Fahrtrichtung liegenden rechten Seite und zählt hier von vorn nach hinten.

Die Kurbelwelle ist aus Stahl geschmiedet und in drei Grundlagern gelagert. Ein im Durchmesser etwas kleineres viertes Lager ist am hinteren Wellenende zwischen Nockenwellen-Antriebsrad und der großen Keilriemenscheibe angeordnet.

Die Nockenwelle ist im Kurbelgehäuse unter der Kurbelwelle angeordnet und läuft in drei geteilten Stahllagern mit Weißmetall-Lauffläche. Sie wird von einem schrägverzahnten Stirnradpaar mit halber Kurbelwellendrehzahl angetrieben. Zum Übertragen des Nockenhubs auf die Ventile dienen acht Hydraulikstößel und Stößelstangen und je vier Kipphebel. Das Einstellen der Ventile ist nicht erforderlich, da hydraulische Ventilspielausgleicher eingebaut sind.

Der Ölkreislauf besteht aus der von der Nockenwelle angetriebenen Zahnradpumpe, dem Ölüberdruckventil, dem Ölkühler und dem Öldruckschalter.

Die Kühlmittelpumpe sitzt seitlich im Motorblock. Zu beachten ist, daß der Kühlmittelkreislauf ganzjährig mit einer Mischung aus Kühlerfrost- und Korrosionsschutzmittel sowie kalkarmem Wasser befüllt sein muß.

Für die Aufbereitung eines zündfähigen Kraftstoff-Luftgemisches steht ein Vergaser beziehungsweise eine Kraftstoffeinspritzung zur Verfügung, die in der Regel wartungsfrei arbeiten.

Der Zündfunke wird durch eine Transistorzündanlage erzeugt, die den Zündzeitpunkt konstant hält. Der Zündverteiler wird über eine Verzahnung von der Kurbelwelle angetrieben und ist am Motorblock angeflanscht.

Warnhinweis: Der Kühler-Lüfter kann sich auch bei abgestelltem Motor und ausgeschalteter Zündanlage einschalten. Hervorgerufen durch Stauwärme im Motorraum kann dies auch mehrmals geschehen. Bei Arbeiten im Motorraum und warmem Motor muß deshalb immer mit einem plötzlichen Einschalten des Kühler-Lüfters gerechnet werden.

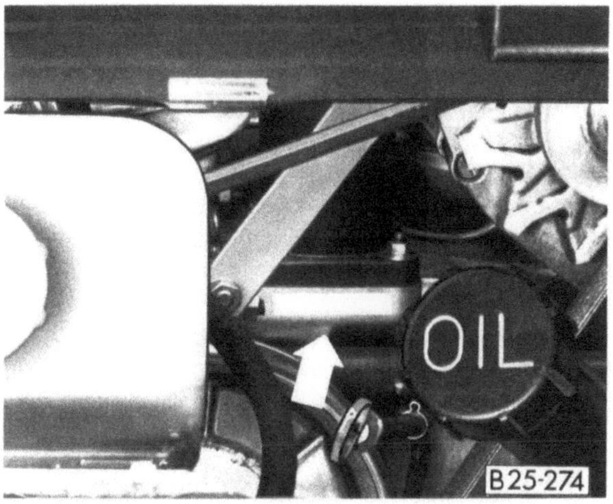

Die Motornummer ist auf der rechten Motorseite am Flansch unter dem Ölentlüfter eingeschlagen.

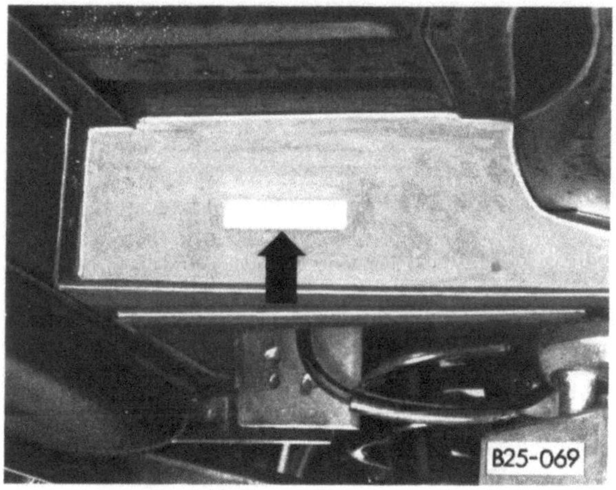

Die Fahrgestellnummer ist rechts unter dem Fahrzeug am vorderen Querträger angebracht.

W	V	W	Z	Z	Z	2	2	Z	B	W	1	2	3	4	5	6
①			②			③		④	⑤	⑥	⑦					

① 1–3 = Welt-Herstellerzeichen, WVW = VW AG
② 4–6 = Füllzeichen, außer USA
③ 7+8 = 2stellige Typen-Kurzbezeichnung aus den ersten beiden Stellen der offiziellen Typenbezeichnung.

21 = Kastenwagen 26 = Pritsche
22 = CARAVELLE 27 = Krankenwagen
23 = Kombi

④ 9 = Weitere Füllzeichen
⑤ 10 = Angabe der Bau-Modelljahre C – 1982, D – 1983 usw.
⑥ 11 = Produktionsstätten innerhalb des Konzerns, W-Wolfsburg, E-Hannover, E-Emden, A-Ingolstadt, N-Neckarsulm, K-Osnabrück
⑦ 12–17 = Laufende Numerierung, in jedem Modelljahr mit 000001 beginnend.

Motor aus- und einbauen

Zum Ausbau des Motors muß das Fahrzeug hinten ca. 1 m hochgehoben und aufgebockt werden. Es ist darauf zu achten, daß das Fahrzeug auf kippsicheren Unterstellböcken gelagert wird. Zum Ablassen des Motors wird ein Rangierheber benötigt. Man kann den Motor auch mit Hilfe eines ausreichend breiten, ca. 2 m langen Brettes ablassen, dann sind 2 zusätzliche Helfer erforderlich.

Je nach Baujahr und Ausstattung können die elektrischen Leitungen beziehungsweise Unterdruckschläuche unterschiedlich im Motorraum verlegt sein. Da im einzelnen nicht auf jede Variante eingegangen werden kann, empfiehlt es sich, die jeweilige Leitung mit Tesaband zu kennzeichnen, bevor sie abgezogen wird.

Elektrische Steckverbindungen sind in der Regel mit Metallklammern gesichert. Vor dem Lösen Klammern abhebeln, beziehungsweise seitliche Bügel zusammendrücken.

Ausbau

- Masseband von der Batterie abklemmen.
- Luftfilter ausbauen, siehe Seite 91, 107.
- Verschluß für Kühlmittel-Ausgleichbehälter öffnen und Kühlmittel ablassen, siehe Seite 58.
- Verschlußschraube für Kühlmittel mit neuem Dichtring sofort wieder einschrauben und festziehen.

- Nachfüllbehälter –1– und Ausgleichbehälter –2– nach dem Abziehen der Kühlmittelschläuche –3– und –4– und dem Entfernen der Schrauben –5– ausbauen.
- Schlauch –6– vom Kühlmittelrohr abziehen.

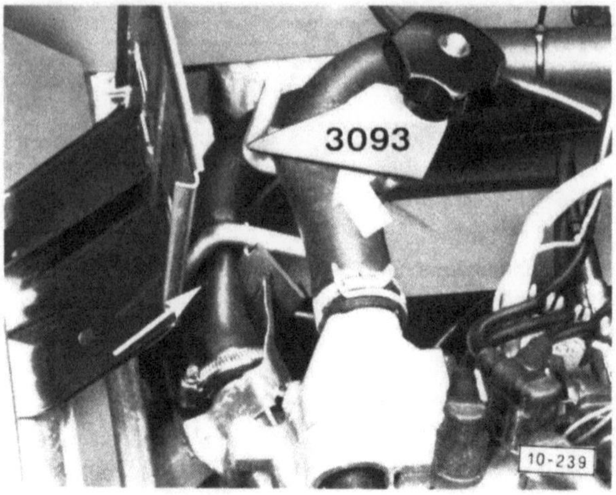

- Kühlmittelschläuche mit Schlauchklemmen (VW-Nr. 3093) oder Draht verschließen – Pfeile – und von der Kühlmittelpumpe abziehen.

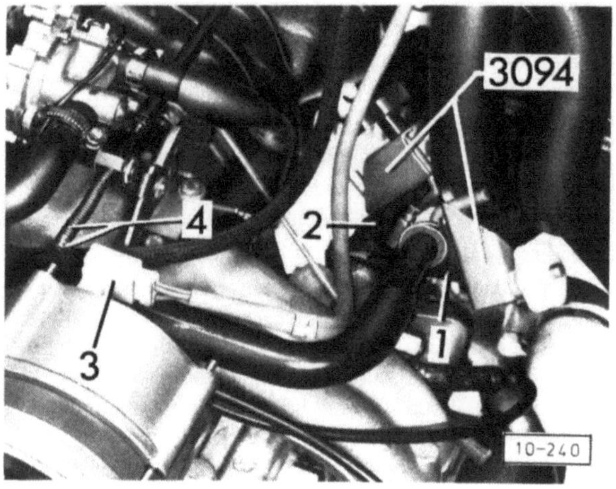

- Kühlmittelschläuche –1– und –2– mit Schlauchklemmen (VW-Nr. 3094) oder Draht verschließen und abziehen.
- Leitungsstecker –3– am Drehstromgenerator abziehen.
- Gaszug an der Drosselklappe vom Vergaser beziehungsweise der Einspritzanlage abnehmen.
- *Bei Automatik-Getriebe:* Sicherung und Feder –4– von der Gasbetätigungsstange abbauen.

Fahrzeuge mit Servolenkung:

- Schrauben –1– und –2– für Halter Hydraulikpumpe abschrauben und Keilriemen abnehmen. Hydraulikpumpe mit angeschlossenen Leitungen zur Seite legen beziehungsweise mit Draht am Aufbau aufhängen. Die Halter bleiben am Motorblock angeschraubt. **Achtung:** Wenn die Hydraulikleitungen geöffnet werden, muß das System nach dem Einbau entlüftet werden, siehe Seite 142.

Fahrzeuge mit Klimaanlage

- Schrauben –1– und –2– abschrauben. Keilriemen abnehmen und Kältekompressor mit angeschlossenen Leitungen seitlich am Aufbau aufhängen.

Achtung: Der Kältemittelkreislauf darf nicht geöffnet werden. Kältemittelrohre sind knickempfindlich, Kondensator vorsichtig bewegen.

Vergasermotor

- Kraftstoffschläuche – 1 – und – 2 – abziehen. Stecker – 3 und 4 – vom Zündverteiler abziehen.
- Masseleitung – 5 – vom Masseanschluß des Kurbelgehäuses abziehen.
- Leitungsstrang – 6 – von der Steckverbindung trennen.
- Schlauch –7– für Bremskraftverstärker abziehen.

Einspritzmotor

- Benzinschläuche –1– und –2– abziehen und verschließen.

- Bremskraftverstärkerleitung –1– abziehen.
- Kühlmittelschläuche –2,3,4– abziehen.
- Ausgleichbehälter –5– samt Halter ausbauen. 6 – Schrauben/Muttern für Motorbefestigung oben.
- Stecker für folgende Bauteile der Einspritzanlage abziehen: Einspritzventile, Drosselklappenschalter, Leerlaufsteller, Zündverteiler, Öldruckschalter (braun und blau), Ansaugluft-Temperaturfühler, Geber für Kühlmitteltemperatur, Schalter für Kühlmittelmangelanzeige. Einspritzanlage, siehe Seite 102.

- Schraube/Mutter – 1 – für Motorbefestigung oben abschrauben.
- *Bei Automatik-Getriebe:* Durch die Montageöffnung – Pfeil – im Kurbelgehäuse Mitnehmerscheibe und Wandler durch Herausschrauben der 3 Sechskantschrauben M8 trennen.

- Leitung – 1 – vom Anlasser abschrauben.
- *Bei Automatik-Getriebe:* Gasbetätigung – 2 – ausbauen.

Beim Bus mit Allradantrieb (Syncro)

- Motorabdeckung am Unterboden abbauen.

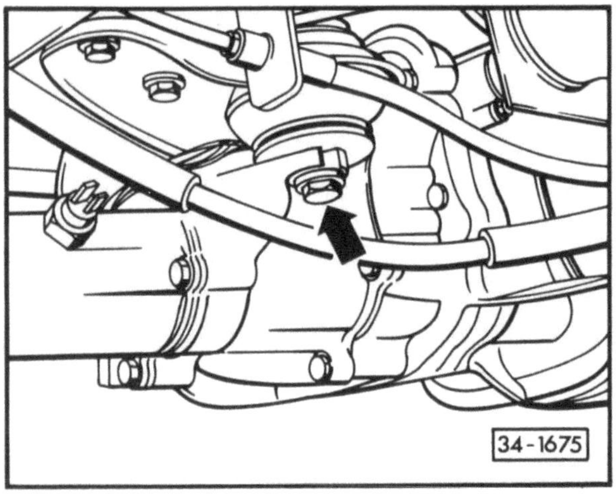

- Befestigungsschrauben für vordere Getriebeaufhängung 3 Umdrehungen rausschrauben.

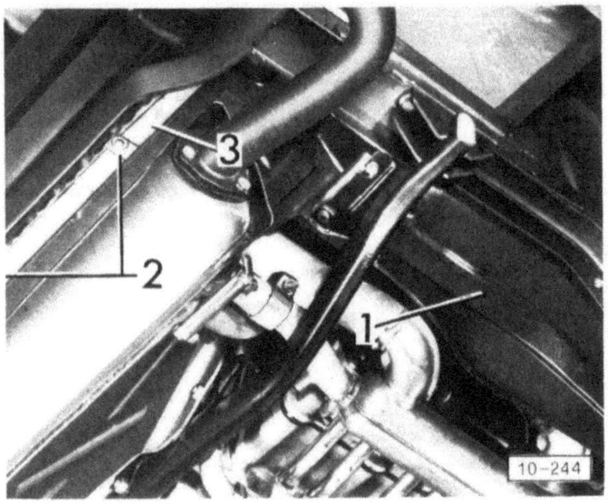

- Bleche –1– links und rechts, sowie Schrauben –2–, abschrauben. **Achtung:** Blech –3– nicht ausbauen.

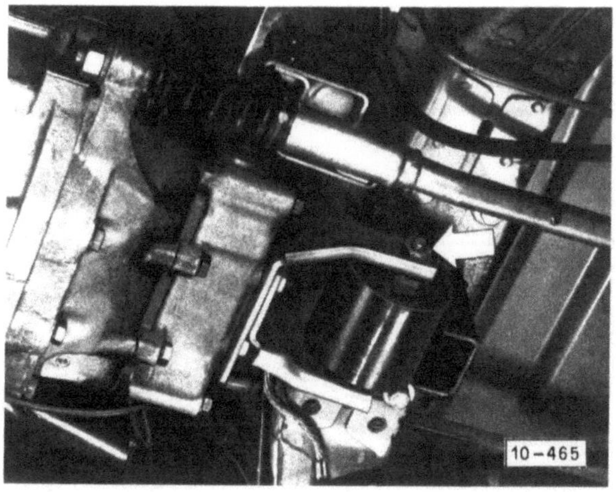

- Befestigungsschraube für Getriebeaufhängung – Pfeil – lösen.

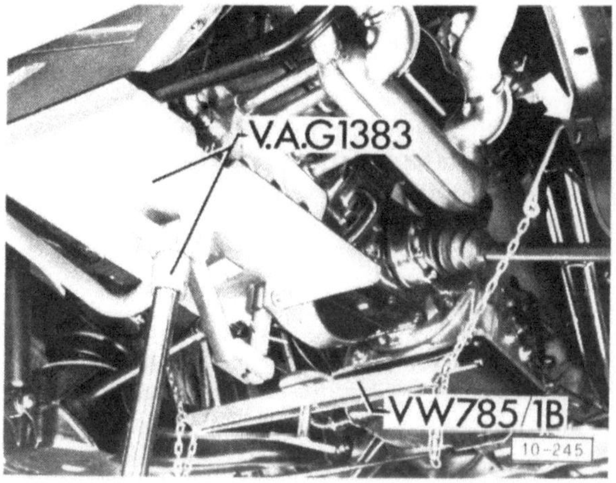

- Motor-Getriebeheber VW 785/1B so einhängen, daß der Abstand zwischen Aufnahme und Getriebegehäuse ca. 120 mm beträgt. Steht das Spezialwerkzeug nicht zur Verfügung, Werkstattwagenheber mit breiter Unterlage ansetzen.
- Motor mit Werkstattwagenheber abstützen.

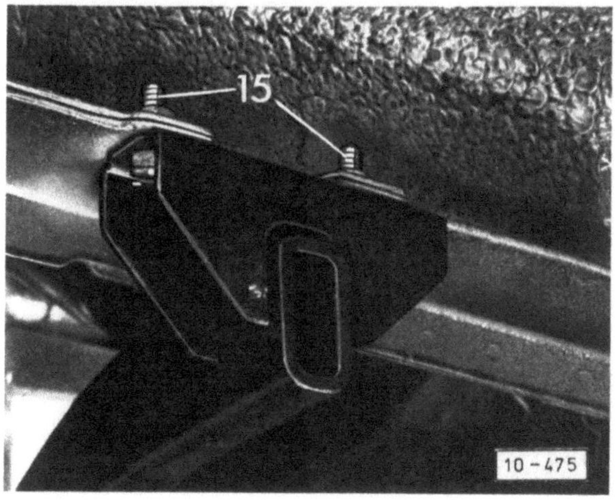

- Befestigungsschrauben für Motorträger – 15 – abschrauben.

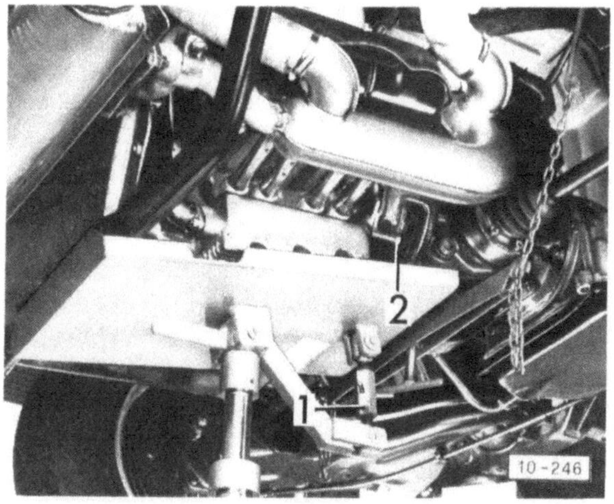

- Motor und Getriebe absenken bis das Getriebe auf der Haltevorrichtung VW 785/1B aufliegt. Beim Absenken Neigungswinkel an der Einstellschraube – 1 – einstellen. Steht das Spezialwerkzeug VW 785/1B nicht zur Verfügung, muß das Getriebe mit geeignetem Heber abgestützt werden.
- Muttern – 2 – für Motorbefestigungsschrauben unten abschrauben.
- Motor vom Getriebegehäuse abziehen, Werkstattwagenheber langsam absenken und Motor nach unten herausnehmen.

Einbau

Vor dem Einbau sind folgende Arbeiten durchzuführen: Getriebegehäuse und Motorflansch gut reinigen. Kupplungsausrücklager nicht mit Waschbenzin oder anderen Reinigungsmitteln auswaschen.

- **Bus mit Allradantrieb:** Trennflächen am Motor und Getriebe reinigen und Trennflächen am Motor dünn mit Silikonklebedichtmittel VAG.-Nr. »AMV 17600505« einstreichen.
- Kupplungsausrücklager auf Verschleiß prüfen und gegebenenfalls auswechseln. Kunststoffring mit etwas MoS_2-Paste einreiben.
- Buchse für Anlasserwelle mit etwas Mehrzweckfett schmieren.
- Kerbverzahnung der Getriebe-Antriebswelle mit MoS_2-Puder einreiben.
- Prüfen, ob die Zentrierung der Kupplungsscheibe stimmt, siehe unter „Kupplung".
- 1. Gang einlegen, damit sich die Antriebswelle des Getriebes nicht verdrehen kann.
- Motor auf Rangierheber stellen. Man kann den Motor auch mit einem etwa 50 Zentimeter breiten und ausreichend dikken Brett einbauen. Dann sind zum Hochheben allerdings zwei Helfer nötig.

- Motor von Helfer hochheben lassen und gleichzeitig von oben in den Motorraum einführen. Das Einführen des Motors ist mit größter Vorsicht durchzuführen, damit Kupplungsscheibe, -Ausrücklager und Antriebswelle nicht verbogen werden.
- Beim Aufschieben des Motors gleichzeitig die Keilriemenscheibe hin- und herdrehen, damit sich die Kurbelwelle etwas verdreht und die Verzahnung der Antriebswelle besser in die Kupplungsscheibe eingeschoben werden kann.
- Motor fest gegen das Getriebe drücken, und erst die oberen Schrauben des Motors einführen und mit **30 Nm** (3,0 mkg) anziehen, dann die unteren.
- Motor und Getriebe anheben, Schrauben für Motorträger ansetzen. **Achtung:** Selbstsichernde Muttern für Motorträger grundsätzlich ersetzen.
- Neue selbstsichernde Muttern für Motorträgerbefestigung nehmen, Motorträger an Aufbau mit **25 Nm** festziehen.
- Getriebeaufhängung mit **40 Nm** festziehen.
- Abdeckbleche für Motor anschrauben.
- Elektrische Leitung für Anlasser anschrauben.

- *Bei Automatik-Getriebe:* Gasbetätigung einbauen, siehe Seite 95.
- 3 Schrauben für Wandler durch Montageöffnung einschrauben und mit 20 Nm anziehen. Sicherung und Feder für Gasbetätigung einbauen.
- Schlauch für Bremskraftverstärker aufschieben.
- Masseleitung – 5 – an Masseanschluß des Kurbelgehäuses aufschieben.
- Stecker – 3 und 4 – für Zündverteiler aufschieben, siehe Seite 13.
- Kraftstoffschläuche – 1 und 2 – aufschieben und mit Schellen sichern.
- Gaszug am Vergaser einhängen, siehe Seite 93.
- Nachfüllbehälter und Ausgleichbehälter einbauen.
- Kühlmittelschläuche an den Behältern, der Kühlmittelpumpe, dem Kühlmittelrohr und am Motor aufschieben und mit Schellen sichern, siehe Seite 56.
- Leitungsstecker am Generator aufschieben.
- Kontrollieren, ob die Ablaßschraube an den Zylinderköpfen eingeschraubt ist, gegebenenfalls einschrauben.
- **Einspritzmotor:** Stecker für Einspritzanlage aufstecken, siehe Seite 102.
- **Vergasermotor:** Leitungsstrang –6– anschließen.

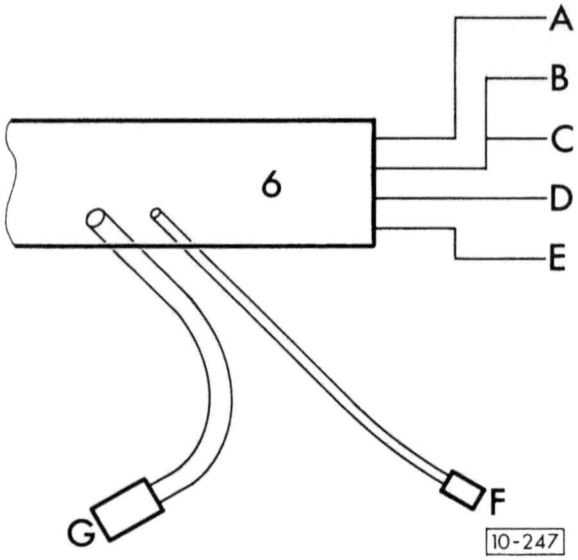

A – blau/schwarz an braun zum Öldruckschalter
B – rot an rot zum Ansaugrohrvorwärmer.
C – 57 kW-Motor: schwarz (von rot) an schwarz zur Startautomatik.
D – schwarz an Thermoschalter, zum Umluftabschaltventil und beim: 40/44 kW-Motor zur Startautomatik, 57 kW-Motor zur Teillastkanalbeheizung.
E – lila/schwarz an Thermoschalter.
F – gelb/rot an Geber Kühlmitteltemperatur an der Kühlmittelpumpe
G – Stecker an Schalter für Kühlmittelmangelanzeige.

- **Bus mit Allradantrieb:** Untere Motorabdeckung sowie vordere Getriebeaufhängung am Unterboden anschrauben.
- Kühlmittel auffüllen, siehe Seite 58.
- Luftfilter anbauen, siehe Seite 91, 107.
- Ölstand im Motor kontrollieren.
- Batterie-Masseband anklemmen.
- Motor starten.
- Leerlauf einregulieren, siehe Seite 82/70/104.
- Zündung kontrollieren, siehe Seite 211.
- Nach Erreichen der Betriebstemperatur, Kühlmittelstand prüfen, gegebenenfalls ergänzen.
- Nach einer Probefahrt alle Kühlmittelschläuche auf Dichtigkeit überprüfen, gegebenenfalls Schellen nachziehen.

Motor zerlegen und zusammenbauen

Der ausgebaute Motor wird zunächst äußerlich gereinigt und in der hier empfohlenen Reihenfolge zerlegt.

- Motorträger abschrauben.
- Öl ablassen.
- Motorabdeckbleche abnehmen.
- Schalldämpfer und beide Abgasrohre ausbauen.
- Generator ausbauen.
- Vergaser abschrauben.
- Saugrohr mit Vorwärmleitung ausbauen.
- Kühlmittelpumpe abschrauben.
- Keilriemenscheibe abziehen.
- Kupplung ausbauen.
- Schwungrad abziehen.
- Zündverteiler-Antriebswelle ausbauen.
- Ventilkammerdeckel und Kipphebelachsen ausbauen.
- Zylinderköpfe abnehmen.
- Zylinder und Kolben ausbauen.
- Ölpumpe und Ölsieb abnehmen.
- Kurbelgehäuse zerlegen.
- Nockenwelle und Kurbelwelle mit Pleuelstangen herausnehmen.

Die zum Zerlegen des Motors erforderlichen Arbeitsgänge werden auf den folgenden Seiten näher beschrieben. Der Zusammenbau geschieht sinngemäß in umgekehrter Reihenfolge.

Zylinderkopf aus- und einbauen

Achtung: Falls nur die Stößelschutzrohre defekt sind oder die Dichtringe für Stößelschutzrohre erneuert werden müssen, ist ein Ausbau der Zylinderköpfe nicht erforderlich. In den V.A.G-Werkstätten werden Teleskop-Stößelschutzrohre zum nachträglichen Einbau angeboten.

Die Zylinderköpfe können auch bei eingebautem Motor ausgebaut werden. In diesem Fall vorher Kühlmittel ablassen, siehe Seite 58.

- Von unten Fahrzeugverblechung abschrauben.
- Zündkerzenstecker abziehen.
- Schalldämpfer mit beiden Abgasrohren ausbauen, siehe Seite 108.
- Saugrohr mit Vergaser ausbauen, siehe Seite 75, 87.
- Motor mit Benzin waschen, vor allem im Bereich der Zylinderköpfe. **Achtung:** Brandgefahr, kein offenes Feuer.
- Am rechten Zylinderkopf Kühlmittelrohr abschrauben und aus dem linken Zylinderkopf herausziehen.
- Am linken Zylinderkopf am Flansch für Kühlmittelgeber Kühlmittelschlauch zum Zylinderkopf ausbauen.
- Massekabel vom linken Zylinderkopf abklemmen.
- Deckelklemmbügel mit kräftigem Schraubenzieher nach unten abhebeln.
- Deckel abnehmen und vor dem Einbau waschen.
- 2 Sechskantmuttern (M 8) zur Befestigung der Kipphebelachse abschrauben.
- Achse mit Kipphebeln abnehmen.
- Stößelstangen herausziehen.
- 8 Befestigungsmuttern, Lage siehe unter „Einbau", abschrauben und mit Unterlegscheiben abnehmen.
- Zylinderkopf mit Dichtung und Stößelschutzrohre abnehmen.

Achtung: Werden auch die hydraulischen Stößel rausgenommen, müssen diese gekennzeichnet werden, damit sie in die gleiche Bohrung wieder eingebaut werden können. Die Stößel müssen mit dem Stößelboden **nach unten** abgestellt werden.

Einbau

- Ablagerungen im Bereich Zylinder/Zylinderkopf vor Einbau des Zylinderkopfes entfernen.
- Die Abdichtung zwischen Zylinder und Brennraum im Zylinderkopf erfolgt für jeden Zylinder mit einem Metalldichtring. Diese Dichtringe müssen bei jeder Demontage erneuert werden.
- Zur Abdichtung des Kühlmittels gegenüber dem Zylinderkopf sitzt in jedem Zylinder ein grüner Gummidichtring. Diese Dichtringe sind bei der Demontage des Zylinderkopfes grundsätzlich zu erneuern.
- Zylinderkopf vor dem Einbau auf Risse in den Brennräumen und in den Auslaßkanälen untersuchen. Auch die Dichtflächen der Zylinderauflagen und des Ansaugrohrflansches müssen geprüft werden. Beschädigte Köpfe erneuern.

- Sofern nur leichte Anrisse (0,5 mm) zwischen einem Ventilsitzring und dem Zündkerzengewinde vorhanden sind, oder wenn nur die ersten Gänge des Zündkerzengewindes gerissen sind, können die Köpfe weiter verwendet werden.
- Falls die hydraulischen Stößel herausgenommen wurden, Stößel entsprechend der Markierung wieder am alten Platz einsetzen. Vorher Stößel prüfen, siehe Seite 19.
- Zündkerzengewinde und Stiftschrauben auf Beschädigungen bzw. auf festen Sitz prüfen. Beschädigte oder überdrehte Zündkerzengewinde können mit Heli-Coil-Gewindeeinsätzen wieder gebrauchsfähig gemacht werden.
- Falls die Kipphebelachsen zerlegt waren, sämtliche Teile auf Verschleiß überprüfen. Schadhafte Teile auswechseln und wieder lagerichtig zusammenfügen.
- Stößelstangen auf Verbiegung prüfen. Der Schlag darf maximal 0,3 mm betragen. Hierzu Stößelstangen auf eine ebene Fläche legen und mit Fühlerblattlehre den Schlag prüfen.
- Weisen die Anlaufflächen der Kipphebel und der Lagerböcke Riefen auf, so können sie mit feiner Schmirgelleinwand abgezogen werden. Hierzu Schmirgelleinen auf eine ebene Fläche legen.
- Alte Stößelschutzrohre vor dem Einbau auf richtiges Maß strecken.

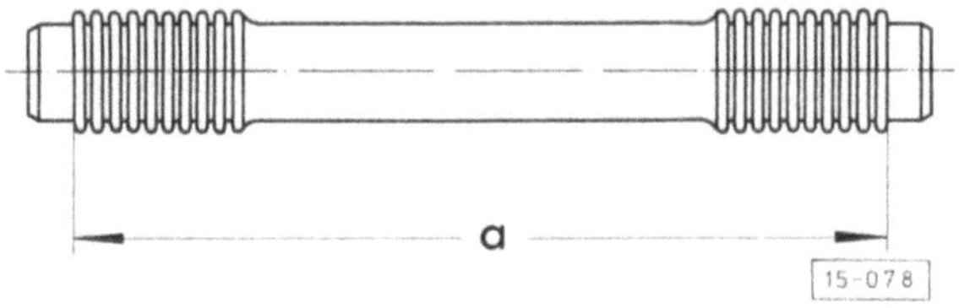

- Stößelschutzrohre vorspannen. Das Maß „a“ beträgt ca. 194 mm.
- Zylinderkopf mit neuen Metalldichtringen vorsichtig ansetzen. Beim Einbau der Stößelschutzrohre ist auf einwandfreien Sitz der Dichtringe zwischen Kurbelgehäuse und Schutzrohr sowie Zylinderkopf und Schutzrohr zu achten.

Achtung: Neue Dichtringe für Stößelschutzrohre verwenden.

- Stößelschutzrohre so verdrehen, daß die Naht nach oben zeigt.
- Zur besseren Abdichtung der unlackierten bzw. lackierten Dichtflächen am Zylinderkopf muß die V.A.G-Dichtmasse D 000400 verwendet werden.
- Zylinderkopfdichtfläche am Motorgehäuse bei Beschädigung der Lackierung mit feinem Schleifpapier abziehen.
- Dichtflächen mit Benzin reinigen.

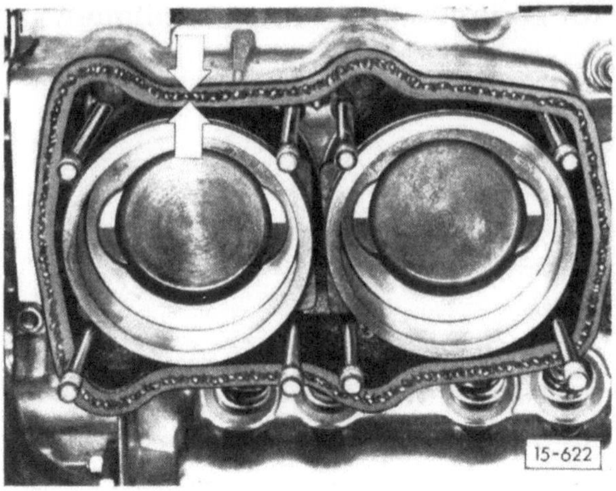

- Eine 1 – 2 mm dünne Raupe Dichtmasse in der Mitte auf die neue Dichtung auftragen – Pfeile –. Dazu Kartuschenspitze an der 1. Stufe schräg abschneiden.

Achtung: Dichtmasse nicht zu dick auftragen. Verstopfungsgefahr der Kühlmittelbohrungen im Zylinderkopf.

- Zylinderkopf muß spätestens 45 Minuten nach dem Auftragen der Dichtmasse fest angezogen sein.
- Zylinderkopf mit neuer Dichtung ansetzen. Auf richtigen Sitz der Zylinderkopfdichtung achten.

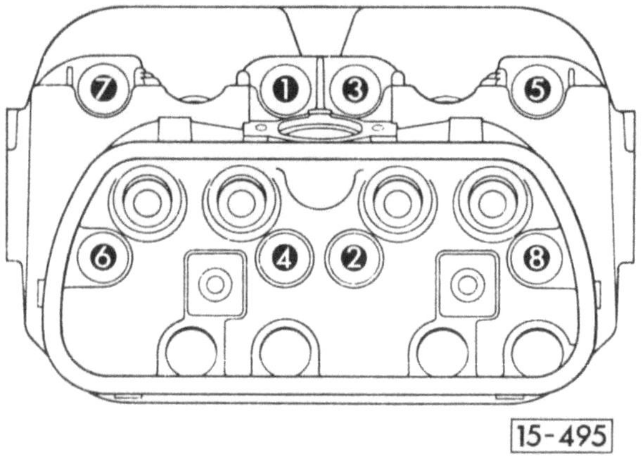

- Zylinderkopf am Stehbolzen – 1 – mit einer Hutmutter **ohne** Unterlegscheibe so weit anziehen, daß sich die übrigen 7 Muttern mit Unterlegscheibe von Hand ansetzen lassen.

Achtung: Die gereinigten und entfetteten Anlageflächen der Hutmuttern und Unterlegscheiben mit V.A.G-Dichtmasse AKD 456 000 01 bestreichen und Hutmuttern in der richtigen Reihenfolge – von 2 bis 8 – **mit 10 Nm** vorspannen.

- Hutmutter von Bolzen 1 abschrauben, Unterlegscheibe reinigen und beidseitig mit AKD 456 000 01 bestreichen. Hutmutter mit Unterlegscheibe aufsetzen und mit **10 Nm** vorspannen.

Achtung: Auf einwandfreien Sitz der Stößelschutzrohre achten.

- Hutmuttern **von 1 bis 8 mit Drehmomentschlüssel und 50 Nm** endgültig festziehen.

- Stößelstangen einschieben und Kipphebelachse auf die Stiftschrauben schieben.

Achtung: Stößelstangen beim Einsetzen sorgfältig in die Kugelpfanne des Stößels einführen. Mit dem Finger kontrollieren. Auf den Rand des Stößels aufgesetzte Stößelstangen führen zu Fehleinstellungen bei der Grundeinstellung und zu Beschädigungen der Stößel beim Durchdrehen des Motors.

- Vor dem Ansetzen der Kipphebelwelle Einstellschrauben für Ventilspielgrundeinstellung zurückdrehen, bis sie bündig mit den Kipphebeln abschließen.

15-079

Achtung: Es ist darauf zu achten, daß die Schlitze in den Lagerböcken (Pfeile) nach oben zeigen.

- Zum Festschrauben Sechskantmuttern (M 8) verwenden. Muttern mit **25 Nm** festziehen.
- Ventilspielgrundeinstellung siehe Seite 20.
- Ventildeckel mit neuer Dichtung ansetzen und mit Spannbügel sichern.
- Saugrohr mit Vergaser einbauen, siehe Seite 75/87.
- Kühlmittelschläuche montieren, siehe Seite 56.
- Kühlmittel auffüllen, siehe Seite 58.
- Abgasanlage montieren, siehe Seite 108.
- Massekabel am linken Zylinderkopf montieren.
- Zündkerzenstecker aufstecken.
- Unten die Fahrzeugverblechung anschrauben.
- Ölstand im Motor kontrollieren.
- Nachdem der Motor seine Betriebstemperatur erreicht hat, Kühlmittelstand kontrollieren, gegebenenfalls Kühlmittel nachfüllen.
- Leerlaufeinstellung kontrollieren, gegebenenfalls neu einregulieren.
- Nach einer Probefahrt sämtliche Anschlüsse für Kühlmittelschläuche kontrollieren, gegebenenfalls Schlauchschellen nachziehen.

Stößel entlüften

13 - 371

- Stößel mit Ventilspielausgleich müssen vor dem Einbau auf Lufteinschlüsse im Druckraum überprüft werden. Es genügt hierfür eine Daumenprobe. Der Kolben darf auf kräftigen Daumendruck (in Pfeilrichtung) nicht nachgeben. Andernfalls muß der Stößel entlüftet werden.

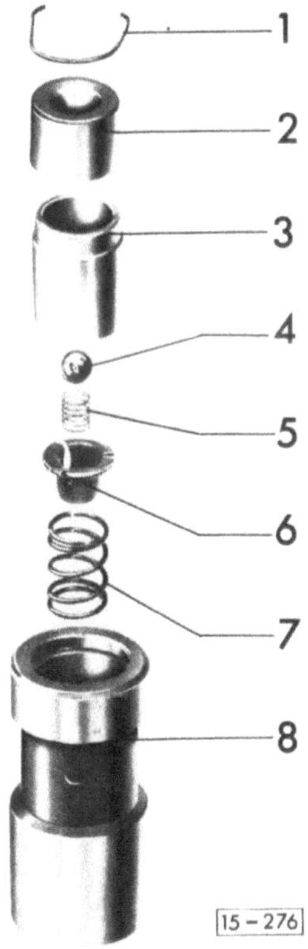

15 - 276

- Sicherungsring -1- aushebeln und Stößelstangenaufnahme -2-, Kolben mit Ventil -3, 4, 5, 6- und Kolbenfeder -7- herausnehmen.
- Stößel -8- bis zur Bohrung -9- mit Öl füllen.
- Kolbenfeder -7- einsetzen.
- Kolben -3- mit Ventil -4, 5, 6- einsetzen und nach unten drücken. Dabei Kugelventil -4- mit Reißnadel öffnen.

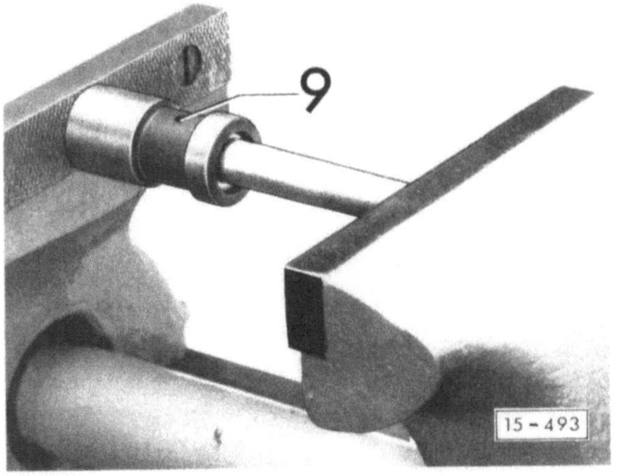

- Stößelstangenaufnahme – 2 – einsetzen und mit Ventilführung oder mit abgesägter Stößelstange im Schraubstock (Bohrung – 9 – muß nach oben zeigen) oder unter Reparaturpresse **langsam** so weit zusammendrücken, bis der Sicherungsring – 1 – eingesetzt werden kann.
- Sicherungsring – 1 – einsetzen.

Ventilspiel-Grundeinstellung

Der hydraulische Ventilspielausgleich ist wartungsfrei. Die Einstellung darf nicht verändert werden.

Eine Reparatur des hydraulischen Stößels ist nicht möglich. Bei Beanstandungen Stößel komplett ersetzen.

Kurzzeitige Ventilgeräusche nach dem Start oder im Schub nach starker Motorbelastung bei hohen Außentemperaturen und Drehzahlen haben keine Bedeutung.

Werden bei Freßschäden wie Haupt- und Pleuellagerschäden Metallspäne im Kurbelgehäuse festgestellt, Stößel nacheinander zerlegen und reinigen. Die einzelnen Bauteile dabei untereinander nicht vertauschen. Zerlegen und zusammenbauen siehe „Stößel entlüften".

Grundeinstellung

Achtung: Wurden die Stößelstangen ausgebaut, müssen sie beim Einsetzen sorgfältig in die Kugelpfannen der Stößel eingeführt werden (Fingerprobe). Auf den Rand des Stößels aufgesetzte Stößelstangen führen zu Fehleinstellungen bei der Grundeinstellung und zu Beschädigungen der Stößel beim Durchdrehen des Motors.

Nach Ausbau der Kipphebelwellen ist folgende Grundeinstellung erforderlich.

- Einstellschrauben in den Kipphebeln zurückdrehen, bis sie bündig mit den Kipphebeln abschließen.
- Kurbelwelle auf OT Zylinder 1 stellen (Verteilerläufer muß zur Markierung für Zylinder 1 am Verteilergehäuse zeigen). Dazu Motor an der Kurbelwelle verdrehen.
- Einstellschrauben beider Kipphebel leicht gegen die Ventile drehen (Ventiltriebstelle spielfrei).
- Einstellschrauben von diesem Punkt aus zwei Umdrehungen weiter hineindrehen und kontern.

- Zur weiteren Einstellung der Kipphebel am 2., 3., 4. Zylinder Kurbelwelle links herum weiterdrehen, bis der Verteilerläufer jeweils um 90° versetzt steht.

Stößelschutzrohr aus- und einbauen

Als Ersatzteil wird ein Teleskop-Stößelschutzrohr geliefert, das bei eingebautem Motor eingebaut werden kann.

Ausbau

- Zylinderkopfdeckel abnehmen. Kipphebelachse ausbauen und Stößelstange herausziehen.
- Warmluftführung ausbauen.
- Defektes Stößelschutzrohr mit Zange oder Schraubendreher herausdrücken.

Einbau

15-497

- Teleskop-Stößelschutzrohr mit neuen Dichtungen zusammendrücken und wie gezeigt einsetzen (Pfeil).
- Stößelstange einsetzen und Kipphebelachse einbauen.

Achtung: Stößelstangen beim Einsetzen sorgfältig in die Kugelpfanne des Stößels einführen (Fingerprobe). Auf den Rand des Stößels aufgesetzte Stößelstangen führen zu Fehleinstellungen bei der Ventilspiel Grundeinstellung und zu Beschädigungen der Stößel beim Durchdrehen des Motors.

- Grundeinstellung des hydraulischen Ventiltriebs vornehmen.

Zylinderkopf mit Ventilen

Hinweis:
Zylinderköpfe mit Rissen zwischen den Ventilsitzen bzw. zwischen einem Ventilsitzring und dem Zündkerzengewinde können ohne Herabsetzung der Lebensdauer weiterverwendet werden, wenn es sich um leichte, max. 0,5 mm breite Anrisse handelt, oder wenn nur die ersten Gänge des Zündkerzengewindes gerissen sind.

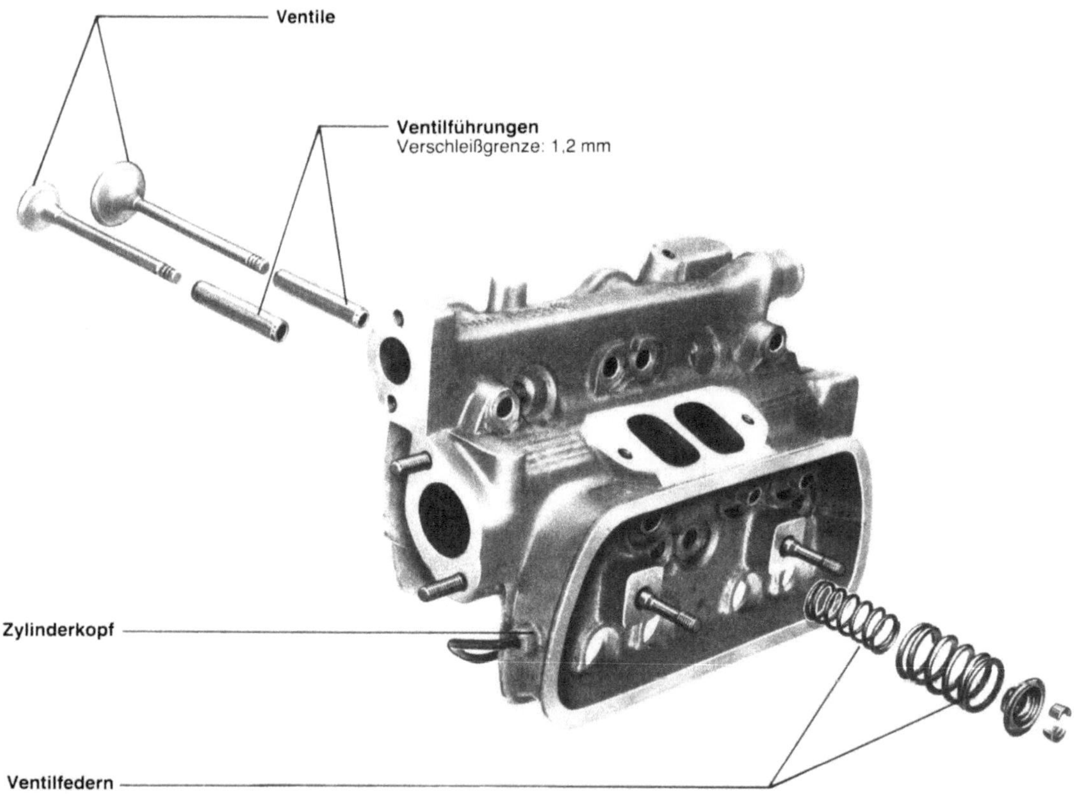

15-040

Ventile aus- und einbauen

Ausbau

- Zylinderkopf ausbauen, siehe Seite 17.

Achtung: Die alten Ventile müssen wieder an gleicher Stelle eingebaut werden. Vor dem Ausbau Ventile entsprechend kennzeichnen. Nach längerer Laufzeit des Motors kann sich an der Anlagefläche der Kegelstücke am Ventilschaftende ein leichter Grat gebildet haben. Dieser Grat ist mit einer Schlichtfeile zu entfernen, damit der Grat beim Herausziehen des Ventils in der Ventilführung keine Riefen hinterläßt.

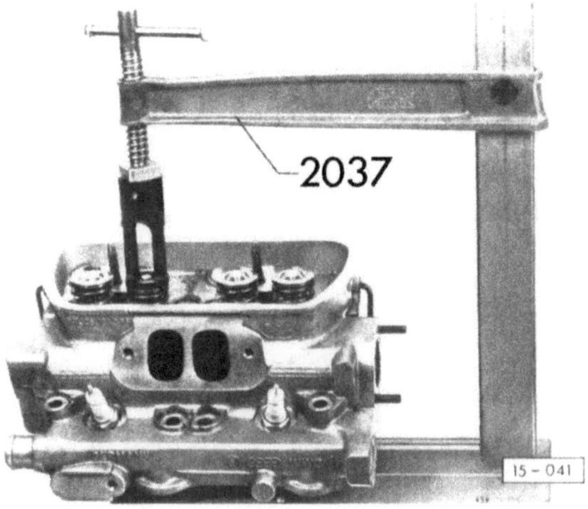

- Ventilfederteller niederdrücken und Kegelstücke herausnehmen. Die Werkstätten benutzen dazu eine Spannvorrichtung, siehe Abbildung, oder eine Ventilfederspannzange, wie sie in dem Kapitel „Werkzeug" abgebildet ist. Man kann den Ventilfederteller auch mit zwei stabilen Schraubenziehern niederdrücken. Dann muß allerdings der Brennraum im Zylinderkopf mit einem Lappen ausgefüllt sein, damit das Ventil beim Niederdrücken nicht herunterfällt. Von einem Helfer müssen die Kegelstücke herausgenommen werden.
- Federteller und Ventilteller herausnehmen.

Einbau

- Vor dem Einbau sind gegebenenfalls folgende Arbeiten durchzuführen: Ventile prüfen, Ventilführungen im Zylinderkopf überprüfen, Ventilsitz im Zylinderkopf nacharbeiten, Ventile einschleifen, Ventile nacharbeiten, Ventilsitz auf Dichtigkeit überprüfen.
- Ventilschaft mit MoS_2-Paste bestreichen und das alte Ventil entsprechend der Kennzeichnung einsetzen.
- Ventilfeder und Ventilteller einlegen.

Achtung: Ventilfeder so einbauen, daß die enge Windung zum Zylinderkopf zeigt.

- Feder mit geeigneter Vorrichtung niederdrücken und Kegelstücke einsetzen.

Hinweis: Eingearbeitete Kegelstücke können an den Trennflächen so weit abgeschliffen werden, daß sich der Ventilschaft bei angelegten und zusammengedrückten Kegelstükken noch drehen läßt.

Ventile prüfen

- Ausgebaute Ventile mit einer Drahtbürste reinigen.
- Ventile auf Abbrand am Ventilsitz, Schlag und Verschleißspuren des Ventilschaftes oder beschädigte Einpaßnuten für Kegelstücke prüfen.

Achtung: Der Ventilschaft darf weder nachgearbeitet noch nachgerichtet werden. Derart beschädigte Ventile in jedem Fall ersetzen.

Ventile einschleifen

Einwandfrei bearbeitete Ventilsitzringe und neue Ventile müssen gewöhnlich nicht eingeschliffen werden, wenn die Dichtigkeitsprobe positiv ausfiel, siehe Seite 25.

- Ventilsitz im Zylinderkopf mit Ventil-Einschleifpaste bestreichen und das Ventil in die Führung stecken.
- Gummisauger anfeuchten und auf den Ventilteller drükken.

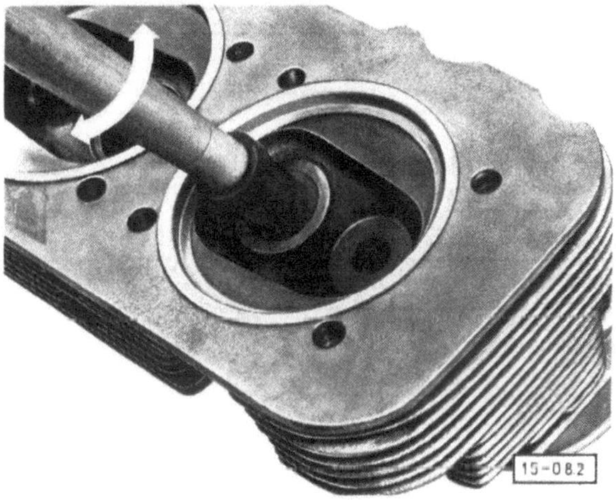

- Ventil durch Drehen des Ventilschleifers einschleifen.

Achtung: Damit keine Riefen auf der Sitzfläche entstehen, muß das Ventil häufig angehoben und gleichmäßig weitergedreht werden.

- Nach dem Schleifvorgang Schleifpaste sorgfältig entfernen.

Ventile nacharbeiten

Einlaßventile, die wieder verwendet werden sollen, deren Sitzflächen aber leichte Verschleiß- oder Verbrennungsspuren aufweisen, können auf einer Ventilkegel-Drehbank oder einer Ventilkegel-Schleifmaschine nachgearbeitet werden.

Achtung: Auslaßventile dürfen nicht nachgedreht werden, nur das Einschleifen ist zulässig.

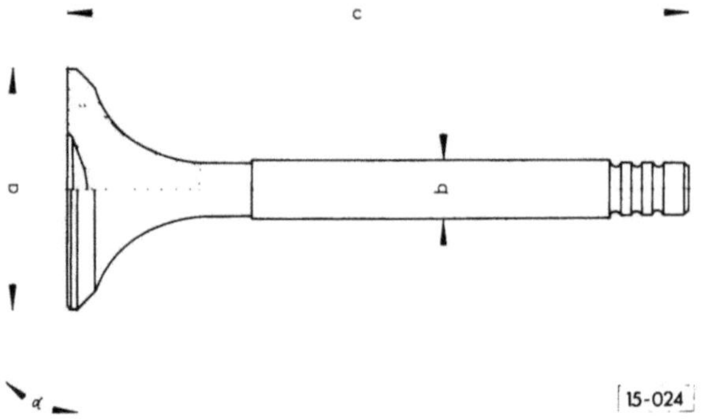

Einlaßventil

Motor-Kenn-buchstaben	DF, EY	DG, GW, MV, DJ
a ∅ mm	35,5	40
b ∅ mm	7,94–7,95	7,96–7,97
c mm	122,5	122,5
α°	45	45

Auslaßventil

Motor-Kenn-buchstaben	DF, EY	DG, GW, MV, DJ
a ∅ mm	30	34
b ∅ mm	8,91–8,92	8,91–8,92
c mm	122,5	122,5
α°	45	45

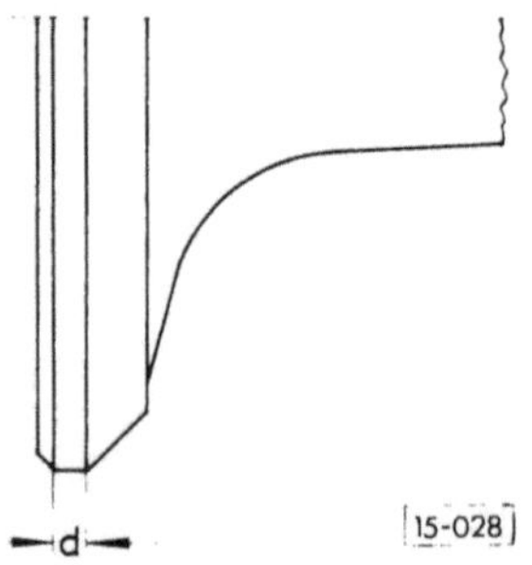

- Bei Nacharbeiten der Einlaßventile darf das Maß d = 0,5 mm nicht unterschritten werden.

Ventilführungen prüfen

Bei Instandsetzungen von Motoren mit undichten Ventilen genügt es nicht, nur die Ventile und Ventilsitze zu bearbeiten, beziehungsweise zu ersetzen. Es ist außerdem dringend erforderlich, die Ventilführungen auf Verschleiß zu überprüfen. Besonders wichtig ist die Prüfung an Motoren mit längerer Laufzeit. Ist der Verschleiß zu groß, sind die Ventilführungen zu erneuern (Werkstattarbeit).

- Rückstände an Ventilführungen mit Reinigungsahle entfernen.
- Neues Ventil einsetzen, Zylinderkopf mit der Brennraumseite nach oben festspannen. Das Schaftende des Ventils muß unten mit der Führung abschließen.

- Mit geeigneter Meßuhr Kippspiel durch Hin- und Herbewegen des Ventiltellers ermitteln.
- Die Ventilführung ist zu erneuern, wenn ein Kippspiel von mehr als 1,2 mm erreicht ist (Werkstattarbeit).

Ventilsitz nacharbeiten

Ventilsitze im Zylinderkopf mit kleinen Verschleiß- oder Verbrennungsspuren können grundsätzlich nachgearbeitet werden, solange bei Einhaltung der 15°-Anfräsung an ihrem äußeren Umfang der Außendurchmesser des Ventilsitzringes nicht überschritten wird. Andernfalls ist der Zylinderkopf auszutauschen. Zum Nacharbeiten ist ein geeigneter Hand- oder Maschinenfräser erforderlich.

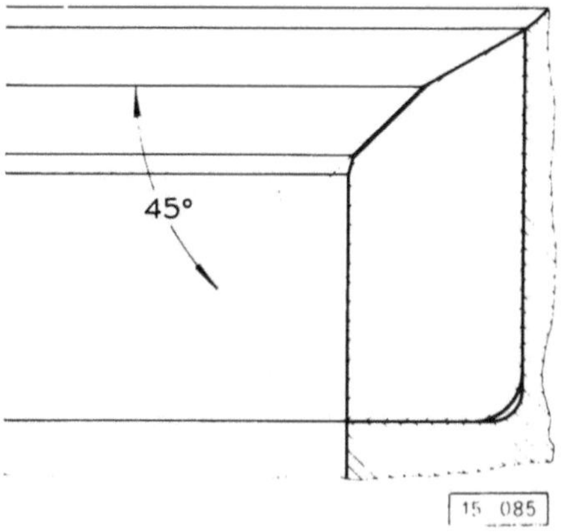

- Die 45°-Fläche muß besonders sorgfältig bearbeitet werden, um einen einwandfreien zentrischen Sitz zu erhalten. Damit der Zylinderkopf nicht vorzeitig unbrauchbar wird, nur solange Material abnehmen, bis die gesamte Sitzbreite erfaßt ist.

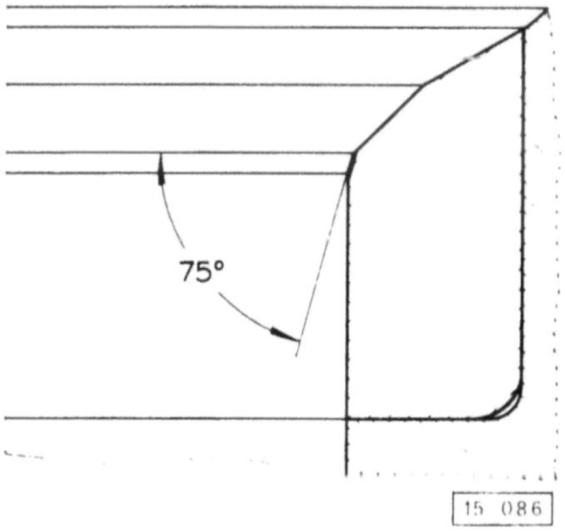

- Bei der 75°-Fläche ist die Unterkante des Auslaß-Sitzrings unter diesem Winkel leicht zu brechen.

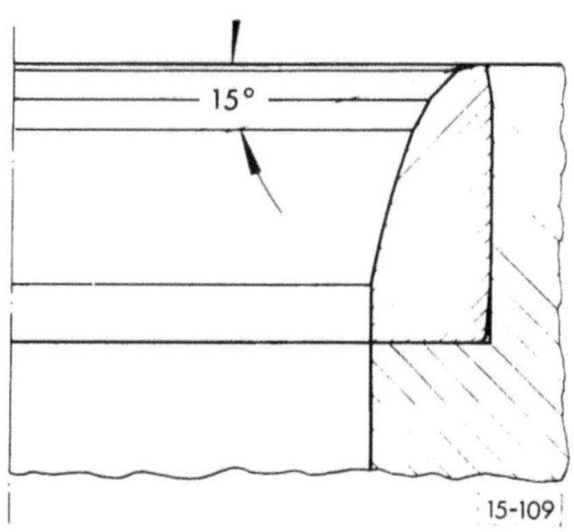

- Bei der 15°-Fläche ist die obere Kante der Sitzringe unter diesem Winkel so anzuschneiden, bis die folgende Sitzbreite „a“ erreicht ist.

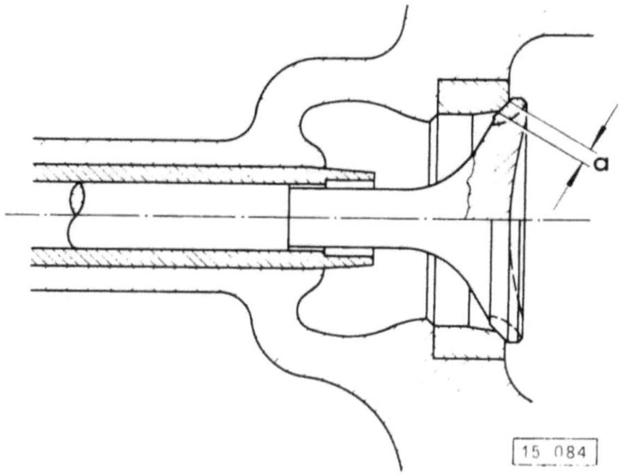

- Die Sitzbreite „a“ soll zwischen 1,4–2,5 mm betragen.

Ventilsitz auf Dichtigkeit prüfen

- Sitzfläche des Ventils leicht mit Touschierfarbe einstreichen.
- Ventilsitz im Zylinderkopf auswischen und Ventil in Führung stecken.
- Ventil unter leichtem Druck auf den Ventilteller etwa eine Vierteldrehung verdrehen und wieder herausheben.
- Das sichtbare, ringförmige Tragbild auf der Sitzfläche im Zylinderkopf gibt Aufschluß über die Dichtigkeit des Ventilsitzes.
- Ist die Sitzfläche gleichmäßig über die ganze Fläche mit Touschierfarbe bedeckt, so ist der Ventilsitz dicht. Sind dagegen noch farblose Flecken vorhanden, so muß weiter eingeschliffen werden.

Probe bei eingebauten Ventilen

- Zylinderkopf so stellen, daß die beiden Öffnungen der Einlaßkanäle bzw. eine Auslaßöffnung nach oben zeigt.
- In die Kanäle etwas Benzin eingießen.
- In die Verbrennungsräume darf dann kein Kraftstoff eindringen.

Kompression prüfen

Die Kompressionsprüfung erlaubt Rückschlüsse über den Zustand des Motors. Und zwar läßt sich bei der Prüfung feststellen, ob die Ventile oder die Kolben (Kolbenringe) in Ordnung bzw. verschlissen sind. Außerdem zeigen die Prüfwerte an, ob der Motor austauschreif ist bzw. komplett überholt werden muß. Für die Prüfung wird ein Kompressionsdruckprüfer benötigt, der recht preiswert (u. a. von Motometer, Leonberg) angeboten wird.

Mit zunehmender Laufleistung des Motors nimmt der Kompressionsdruck ab. Ist die Verschleißgrenze erreicht, muß der Motor ausgetauscht bzw. überholt werden. Der Druckunterschied zwischen den einzelnen Zylindern ist abhängig von der Motorleistung. Folgende Werte sollen nicht unterschritten werden: Motoren DF, DG, DJ, MV, GW, SS max. 3 bar, Motor EY max. 2 bar. Bei zu hohem Druckunterschied ist dies ein Hinweis auf defekte Ventile, verschlissene Kolben oder Zylinderlaufflächen.

Kompressionsdruckwerte:

Motor-Kennbuchstaben	Kompressionsdruck in bar Neu	Verschleißgrenze
DF, DG, DJ, MV, GW, SS	10 – 14	8,0
EY	8 – 10	7,0

Achtung: Während der Kompressionsdruckprüfung Hochspannungskabel (Klemme 4) aus der Zündverteilerkappe herausziehen, mit geeignetem Kabel verlängern und direkt an Fahrzeugmasse legen. Sicherheitsmaßnahmen zur TSZ-Anlage beachten, siehe Seite 206.

- Zur Prüfung des Kompressionsdruckes soll der Motor betriebswarm sein. Sämtliche Zündkerzen rausdrehen. Kompressionsdruckprüfer nach Bedienungsanleitung anschließen.
- Von zweiter Person Gaspedal voll durchtreten lassen, Gaspedal während der ganzen Prüfung mit Fuß festhalten.
- Motor etwa 5 Sekunden starten. Prüfwert des Zylinders festhalten.
- Nacheinander sämtliche Zylinder prüfen, mit Sollwert vergleichen.

Zylinder/Kolben/Kolbenringe

Hinweis:
Ablagerungen (Kesselstein) im Bereich Zylinder/Kurbelgehäuse und Zylinder/Zylinderkopf entfernen.

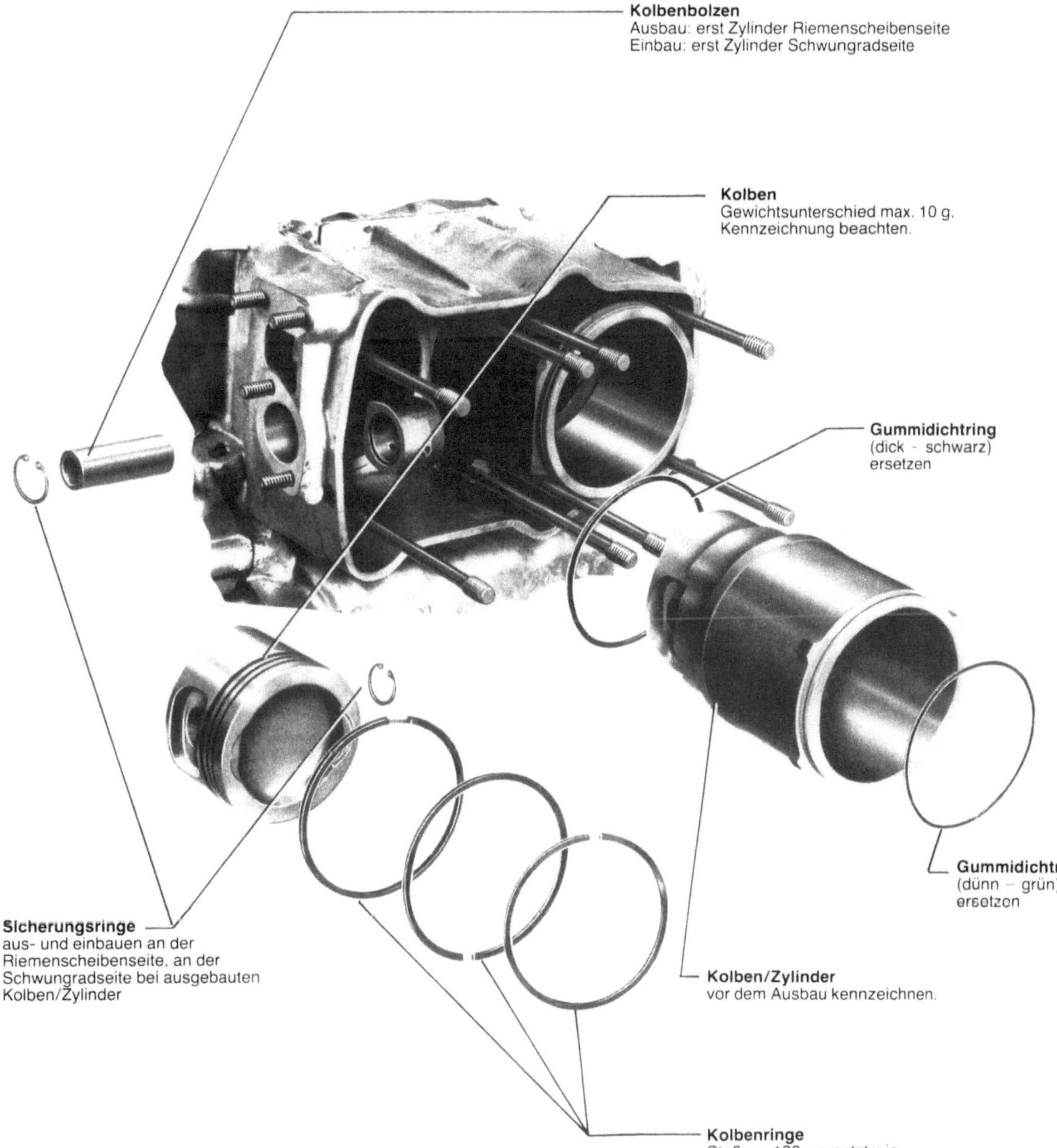

13-178

Zylinder/Kolben/Kolbenringe aus- und einbauen

Ausbau

Zum Ausbau von Zylinder und Kolben ist Spezialwerkzeug erforderlich.

- Motor ausbauen, siehe Seite 12.
- Abgasanlage ausbauen, siehe Seite 108.
- Zylinderkopf ausbauen, siehe Seite 17.

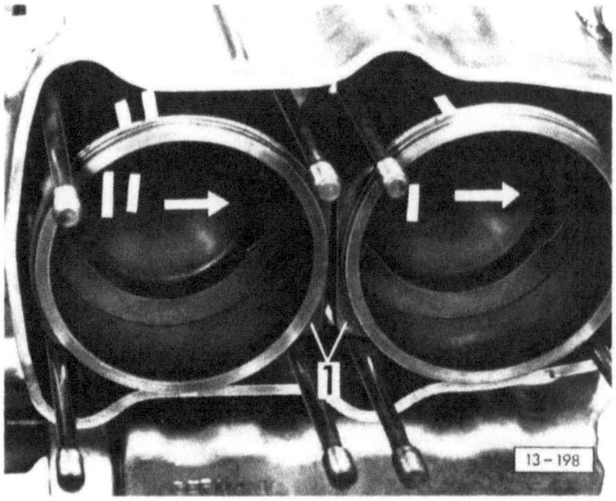

- Zylinder an der Seite und Kolben auf dem Boden eindeutig mit Zylindernummer und Pfeil in Richtung zum Schwungrad kennzeichnen, damit sie wieder in der richtigen Lage und in den richtigen Zylinder eingebaut werden können.

- Kolben durch Verdrehen der Kurbelwelle in OT-Stellung bringen. Zylinder mit V.A.G-Werkzeug 3092 so weit abziehen, bis das Kolbenbolzenauge frei ist.
- Sicherungsring für Kolbenbolzen mit Zange entfernen.

- Kolbenbolzen mit V.A.G-Werkzeug 3091 ausbauen. Kolben und Zylinder vorsichtig abnehmen, Kolben aus Zylinder herausstoßen.

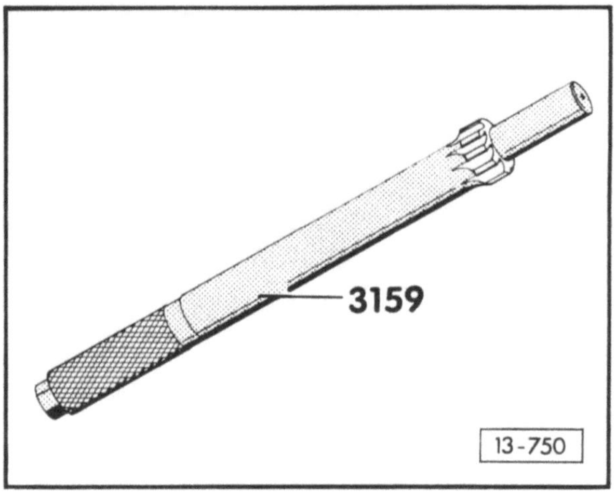

Hinweis: Läßt sich der Kolbenbolzen **nicht** mit dem Werkzeug 3091 herausziehen, hat sich durch das Anschlagen des Kolbenbolzens gegen den Sicherungsring ein Grat am Kolbenbolzenauge gebildet. In diesen Fällen vor dem Ausbau den Grat mit Reibahle V.A.G 3159 entfernen.

- Kolbenringe nur mit einer Kolbenringzange ausbauen.

Einbau

Vor Einbau, alle Teile in Benzin waschen, Ablagerungen (Kesselstein) im Bereich Zylinder/Kurbelgehäuse und Zylinder/Zylinderkopf entfernen.

- Zylinder auf Verschleiß prüfen. Bei Riefenbildung oder Verschleißspuren ist der Zylinder auszutauschen. Beim Tausch des Zylinders muß in jedem Fall der Kolben mit ausgewechselt werden, da Kolben und Zylinder in den Abmessungen zu einer Größenklasse gehören müssen.
- Sitzfläche am Zylinder sowie Zylindersitze im Kurbelgehäuse und im Zylinderkopf müssen peinlich sauber sein. Fremdkörper können zu Undichtigkeiten und zum Verziehen der Zylinder führen.
- Beim Einbau neuer Zylinder und Kolben sind folgende Hinweise zu beachten.
- Grundsätzlich gibt es als Ersatzteile 2 verschiedene Kolben- und Zylinderpaarungen (Normalgröße, 1. Übergröße). Sie unterscheiden sich durch verschiedene Nenndurchmesser.
- Jede Zylinder- und Kolbenpaarung mit einem bestimmten Durchmesser ist noch einmal in zwei verschiedene Größenklassen eingeteilt. Diese Größenklassenunterschiede sind durch Farbpunkte auf dem Kolbenboden und den Zylinderkühlrippen gekennzeichnet (blau und rosa).
- Der maximale Gewichtsunterschied bei einem neuen Satz Kolben (für die 4 Zylinder) soll nicht größer als 10 Gramm sein.
- Deshalb gibt es bei den Kolben auch noch zwei verschiedene Gewichtsklassen, die sich durch Kennzeichnung (Minus- oder Plus-Zeichen) auf dem Kolbenboden und zusätzlich durch den Farbpunkt braun = (–) und grau = (+) unterscheiden.
- Vor dem Einbau alter Kolben, Kolbenringe und Zylinder ist zu beachten: Kolben prüfen, Höhenspiel der Kolbenringe messen, Zylinderbohrung prüfen.
- Kolbenringe nur mit einer Kolbenringzange einsetzen
- Kolbenringausführungen beachten.
- Gummidichtringe für Zylinder grundsätzlich ersetzen. Auf der Zylinderkopfseite den dünnen, grünen Ring und auf der Kurbelgehäuseseite den dicken schwarzen Ring verwenden.

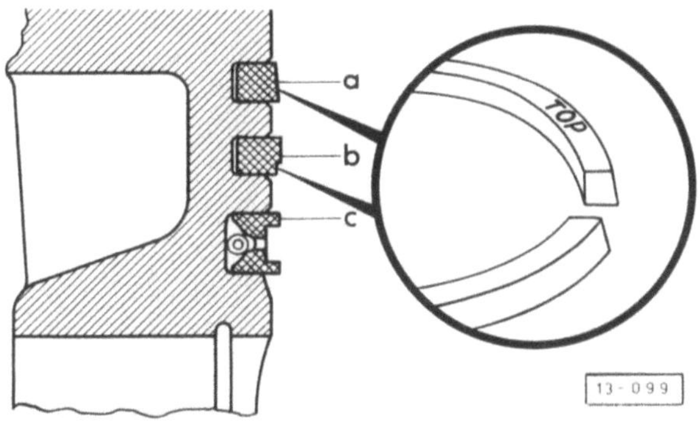

- Die Bezeichnung „Top" auf den Kolbenringen zeigt zum Kolbenboden. a – Kolbenring oben, b – Kolbenring mit Nut unten, c – Ölabstreifring.

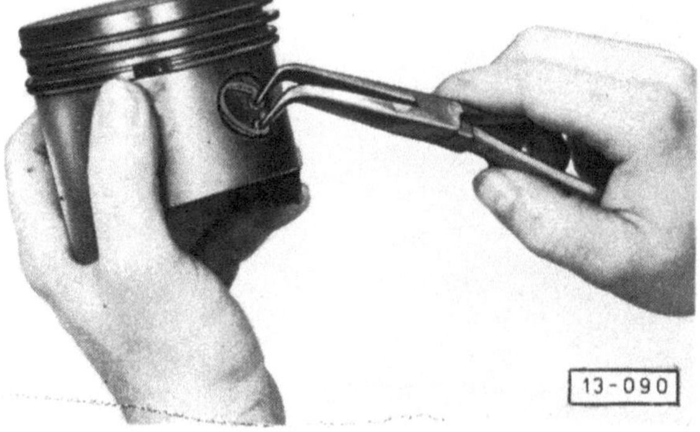

- Sicherungsringe bei den Kolben auf der dem Schwungrad zugewandten Seite mit Sprengringzange einsetzen.

- Kolbenringe mit einem Spannband zusammenziehen. Darauf achten, daß der Pfeil auf dem Kolben zum Schwungrad und der Stoß des Ölabstreifringes nach oben zeigt. Außerdem muß der Stoß der Kolbenringe um 180° versetzt sein, siehe Seite 27.
- Zylinder leicht einölen und Kolben in Zylinder einsetzen.

- V.A.G-Pleuelstütze 3090 auf mittleren Stehbolzen schieben, am Pleuelprofil abstützen und mit Gummi – 1 – gegen Abrutschen sichern. **Achtung:** Kennzeichnung der Pleuelstütze beachten. R = rechte Motorseite, L = linke Motorseite.
- Pleuel so ausrichten, daß der Kolbenbolzen durch die Bohrung im Gehäuse eingebaut werden kann.
- Das Pleuellager soll nach oben zeigen – Pfeil –.

- Kolbenbolzen mit V.A.G-Werkzeug 3091 einbauen.
- Sicherungsring für Kolbenbolzen mit Sprengringzange einsetzen.
- Zylinder ganz in den Motorblock einschieben.
- Zylinderkopf einbauen, siehe Seite 17.
- Abgasanlage einbauen, siehe Seite 108.
- Motor einbauen, siehe Seite 12.

Kolben prüfen

- Der ausgebaute Kolben ist auf Beschädigungen und Verschleißspuren zu prüfen.
- Ölkohlereste am Kolbenboden vorsichtig entfernen. Die metallische Oberfläche des Kolbenbodens soll dabei jedoch nicht beschädigt werden. Ein schlechtes Tragbild an der Lauffläche des Kolbens kann durch schlecht ausgewinkelte Pleuelstangen verursacht worden sein.
- Beschädigte Kolben und Kolben mit festgebrannten Ringen sind zusammen mit dem Zylinder auszuwechseln.

Kolbendurchmesser prüfen

- Der Nenndurchmesser des Kolbens ist auf dem Kolbenboden eingeschlagen. Die Messung erfolgt mit einer geeigneten Mikrometerschraube am unteren Ende des Schaftes quer zur Kolbenbolzenachse.
- Das Einbauspiel beträgt beim neuen Kolben 0,03 – 0,06 mm, die Verschleißgrenze ist bei 0,2 mm erreicht.

Die Kennzeichnung der Kolben

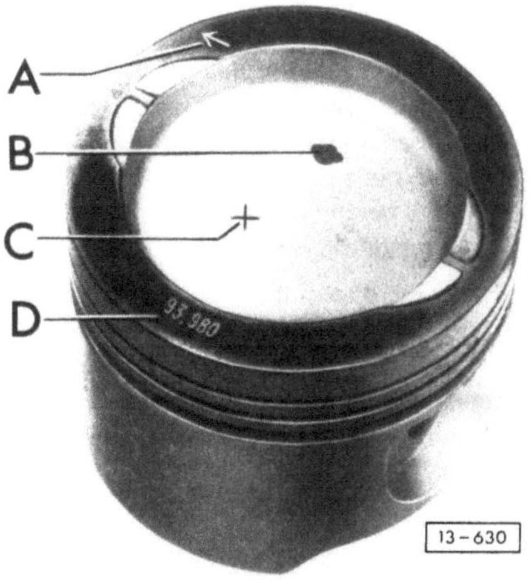

A – Pfeil (eingeschlagen). Kolben in Pfeilrichtung zum Schwungrad einbauen.

B – Angabe der Paarungsgröße durch Farbpunkt (blau).

C – Angabe der Gewichtsklasse (+ beziehungsweise –) eingeschlagen oder aufgestempelt.
 – Gewicht = 448–456 g
 + Gewicht = 457–464 g

D – Angabe der Kolbengröße in mm.

Kolben-Unterscheidungsmerkmale

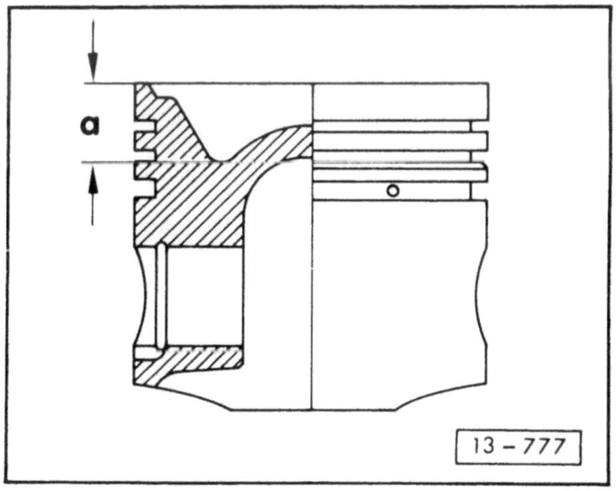

Motor-Kennbuchstabe	Maß „a"
DF, DG bis 10.85	11,5 mm
EY	13,7 mm
DG ab 11.85, SP	10,7 mm
DJ	9,2 mm
MV	15,5 mm
GW	11,65 mm

Kolbenringe prüfen

- Der Kolbenring darf in eingebautem Zustand an seiner Trennstelle ein bestimmtes Spielmaß nicht überschreiten.

- Ring rechtwinklig in die untere Zylinderöffnung des dazugehörigen Zylinders ca. 4–5 mm vom Zylinderrand entfernt einschieben.
- Kolbenring-Stoßspiel mit Fühlerblattlehre prüfen. Kolbenringe mit zu großem Spiel auswechseln.

	Stoßspiel in mm	Verschleißgrenze in mm
Kolbenring oben	0,30–0,45	0,90
Kolbenring unten	0,30–0,50	0,90
Ölabstreifring	0,25–0,40	0,95

Höhenspiel der Kolbenringe prüfen

- Kolbenringe mit Kolbenringzange in den Kolben einsetzen, Höhenspiel zwischen Kolbenring und Nut mit Fühlerblattlehre prüfen.

	Höhenspiel in mm	Verschleiß-grenze in mm
Kolbenring oben	0,05–0,08	0,12
Kolbenring unten	0,04–0,07	0,10
Ölabstreifring	0,02–0,05	0,10

- Kolbenringe, die die Verschleißgrenze erreicht haben, auswechseln.

Zylinderbohrungen prüfen

- Das Spiel zwischen Kolben und Zylinder muß durch getrenntes Vermessen von Kolben und Zylinder ermittelt werden. Es kann nicht mit einer Fühlerblattlehre geprüft werden.
- Für das Vermessen des Zylinders ist ein Innenmeßgerät erforderlich, das vorher auf das Sollmaß (siehe Tabelle) eingestellt wird.

13-633

- Innenmeßgerät etwa 10–15 mm bis unterhalb Innenkante einschieben.

- Wird beim Vermessen von Kolben und Zylinder festgestellt, daß sich das Laufspiel dem Wert von 0,2 mm nähert, so sind Kolben und Zylinder gemeinsam gegen einen Satz gleicher Größenklasse auszutauschen. Der Gewichtsunterschied der Kolben in einem Motor darf max. 10 Gramm betragen. Ein Kolben, dessen zugeordneter Zylinder Verschleißspuren aufweist, darf nicht einzeln ersetzt werden. Weist dagegen der zugehörige Zylinder eines beschädigten Kolbens keine Verschleißspuren auf, genügt oft der Einbau eines neuen Kolbens mit der entsprechenden Paarungsgröße.

Achtung: In einem Motor dürfen nur Zylinder und Kolben gleicher Größenklasse eingebaut werden. Maßgebend, ob neue Kolben und Zylinder eingebaut werden, ist neben den Verschleißspuren auch der Ölverbrauch. Übersteigt der Ölverbrauch 1 l/1000 km, so ist im allgemeinen eine Motorüberholung erforderlich.

KOLBEN- UND ZYLINDERMASSE

Schleifmaße	Farbe	Zylinder ⌀ mm	Zugehöriger Kolben ⌀ mm
Grundmaß	blau	94,005–94,016	93,98
Stufe I	rosa	94,016–94,027	93,99

Schwungrad aus- und einbauen/ Dichtring für Kurbelwelle erneuern

Bei Ölverlust auf der Schwungradseite muß der Dichtring der Kurbelwelle geprüft und gegebenenfalls ausgewechselt werden.

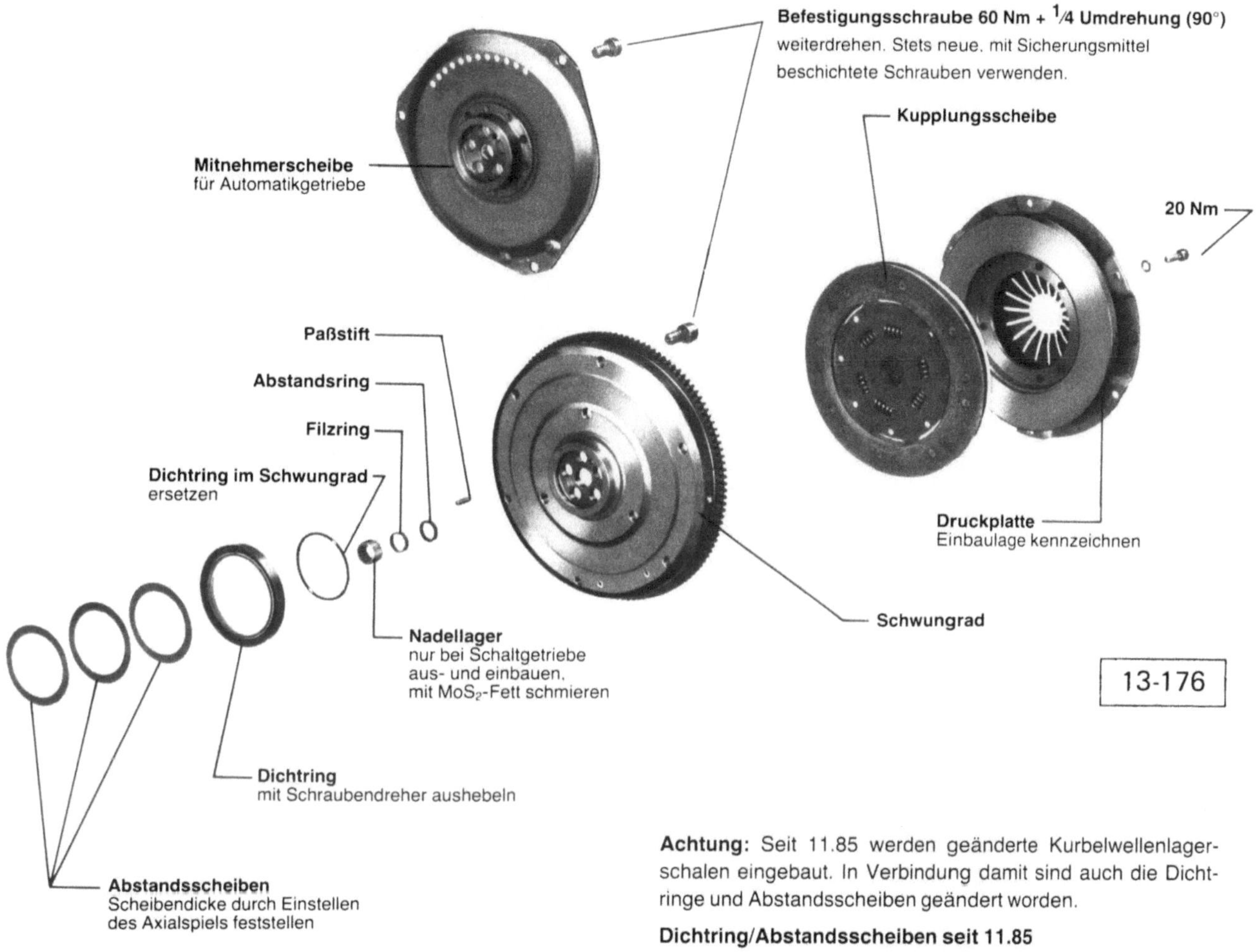

Achtung: Seit 11.85 werden geänderte Kurbelwellenlagerschalen eingebaut. In Verbindung damit sind auch die Dichtringe und Abstandsscheiben geändert worden.

Dichtring/Abstandsscheiben seit 11.85

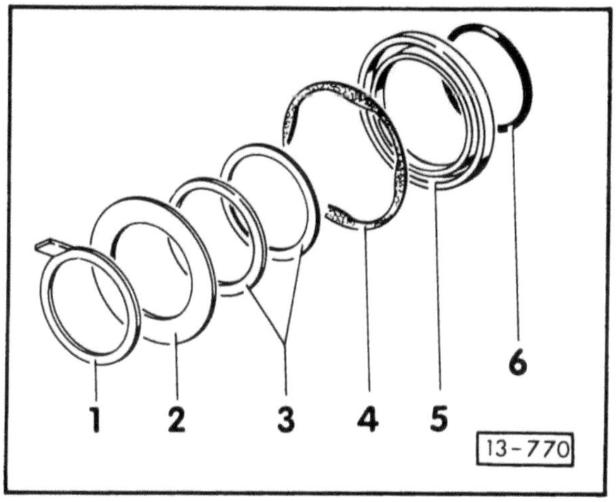

1 – Anlaufscheibe, 2,3 – Distanzscheiben, 4 – Haltescheibe, 5,6 – Dichtringe

Ausbau

- Motor ausbauen, siehe Seite 12.
- Kupplung ausbauen, siehe Seite 112.

- Schwungrad mit V.A.G-Werkzeug arretieren oder mit einem Schraubendreher 5 Innensechskantschrauben herausdrehen. Schwungrad abnehmen.
- Gegebenenfalls Dichtring für Kurbelwelle mit Schraubendreher raushebeln und ersetzen. **Achtung:** Anzahl der Abstandscheiben für Axialspiel der Kurbelwelle merken, Scheiben aufbewahren.

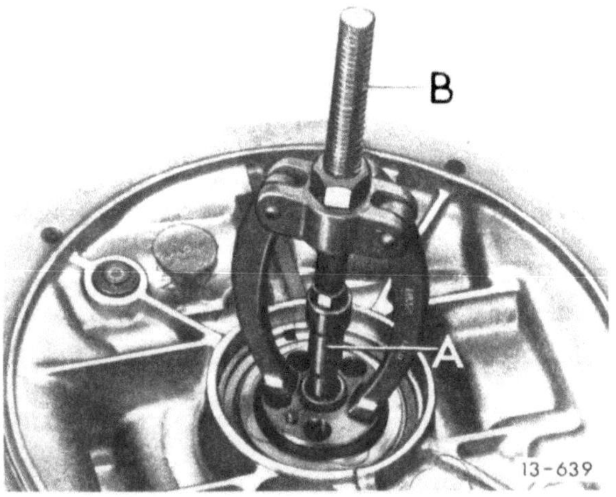

- Falls das Nadellager ersetzt werden soll, Nadellager mit geeignetem Innenauszieher -A- (Innendurchmesser 14.5 mm – 18.5 mm) und Gegenstütze -B- ausbauen. Vorher Abstands-, Filz- und Dichtring aus Kurbelwelle entfernen.
- Wurde das Nadellager mit Benzin ausgewaschen, so ist es wieder mit Mehrzweckfett zu schmieren.

Einbau

- Falls das Nadellager ausgebaut wurde, Lager einbauen.

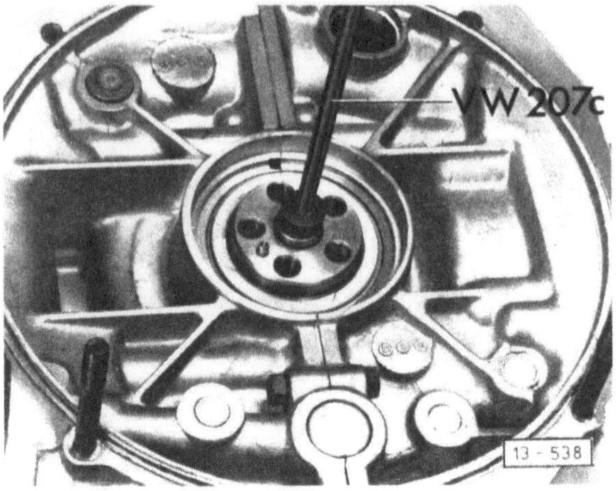

- Beim Eintreiben des Nadellagers in die Kurbelwelle darauf achten, daß die beschriftete Seite des Nadellagers im eingebauten Zustand lesbar ist. Nadellager mit VW 207 c oder geeignetem Dorn, der sich auf dem äußeren Rand des Lagers abstützt, vorsichtig eintreiben.
- Neuen, kleinen Dichtring in Schwungrad einsetzen.
- Filzring einölen und mit Abstandsring in Kurbelwelle einsetzen. Überflüssiges Öl abwischen.
- Axialspiel der Kurbelwelle prüfen, siehe Seite 35.
- Die 3 erforderlichen Abstandscheiben einlegen.

- Dichtring leicht einölen. Vorrichtung VW 191 in die Kurbelwelle einschrauben und Führungstück mit aufgesetztem Dichtring anziehen. Steht das Spezialwerkzeug nicht zur Verfügung, Dichtring mit einem geeigneten Rohr vorsichtig eintreiben.
- Neuen Gummidichtring in Schwungrad einsetzen.
- Schwungrad auf Kurbelwelle setzen, auf richtigen Sitz des Paßstiftes achten und Schrauben mit **30 Nm + ¼ Umdrehung (90°)** festziehen. **Achtung:** Die Schrauben generell durch neue, mit Sicherungsmittel beschichtete Schrauben ersetzen.
- Kupplung einbauen, siehe Seite 112.
- Motor einbauen, siehe Seite 12.

Axialspiel der Kurbelwelle prüfen/ einstellen

Das Axialspiel der Kurbelwelle soll beim Einbau 0.07 0.13 mm betragen. Wenn die Verschleißgrenze (0.15 mm) erreicht ist. muß das Spiel korrigiert werden.

Prüfen

- Axialspiel bei zusammengebautem Motor und angeschraubtem Schwungrad prüfen.
- Geeigneten Meßuhrhalter an einer der beiden unteren Stiftschrauben zur Motorbefestigung anschrauben und Meßuhr am Schwungrad ansetzen.
- Kurbelwelle in axialer Richtung hin- und herbewegen und Zeigerausschlag an der Meßuhr direkt ablesen.

Achtung: Seit 11.85 werden geänderte Kurbelwellenlagerschalen eingebaut. In Verbindung damit sind auch die Dichtringe und Abstandscheiben geändert worden.

Einstellen bis 10.85

- Schwungrad nur mit 2 Abstandscheiben einbauen. Dichtringe für Kurbelwelle und Schwungrad bleiben dabei ausgebaut.

- Meßuhr mit Halter am Kurbelgehäuse befestigen.
- Kurbelwelle in axialer Richtung hin- und herbewegen. Axialspiel auf der Meßuhr ablesen.
- Dicke der 3. Abstandscheibe berechnen. Axialspiel laut Meßuhr minus (--). mittleres Axialspiel z. B. 0.10 mm = Stärke der 3. Abstandscheibe.
- Schwungrad ausbauen.
- Dichtring für Kurbelwelle einbauen.
- Schwungrad mit allen 3 Abstandscheiben einbauen. Dichtring für Schwungrad nicht vergessen.
- Axialspiel nochmals kontrollieren.

Achtung: Es müssen immer **3 Abstandscheiben** eingebaut werden. Zur Kennzeichnung der einzelnen Scheiben ist die Dicke eingeätzt. Die Scheibendicke ist gegebenenfalls mit einer Schraublehre nachzumessen.

Einstellen seit 11.85

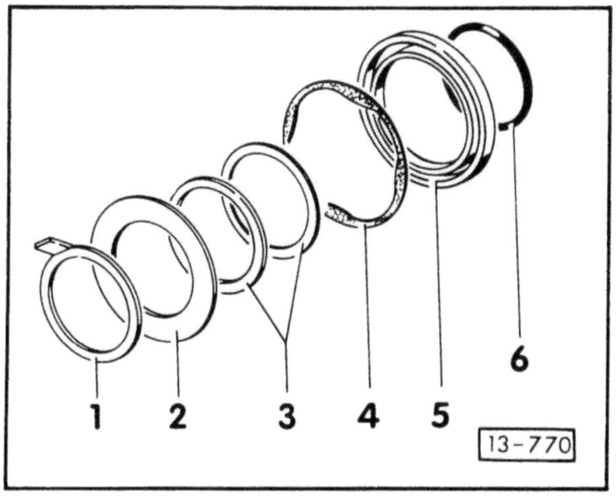

- Anlaufscheibe –1– beidseitig leicht einölen und so einbauen, daß die Rastnase zum Kurbelwellenlager zeigt.
- Distanzscheibe –2– (∅ 81 mm) einsetzen und Schwungrad anschrauben. Bauteile –3– bis –6– bleiben ausgebaut.
- Axialspiel wie bei den Modellen bis 10.85 prüfen. Vom Meßergebnis die 0.10 mm (für mittleres Axialspiel) abziehen.
- Schwungrad ausbauen. Das Axialspiel wird durch Auswechseln der beiden Distanzscheiben –3– eingestellt. Die Dicke ist eingeätzt, gegebenenfalls mit Schraublehre messen. **Achtung:** Es müssen immer beide Distanzringe –3– eingebaut werden.
- Alle Bauteile –1– bis –6– einölen und einsetzen. Schwungrad anschrauben.
- Axialspiel nochmals kontrollieren.

Das Motorgehäuse

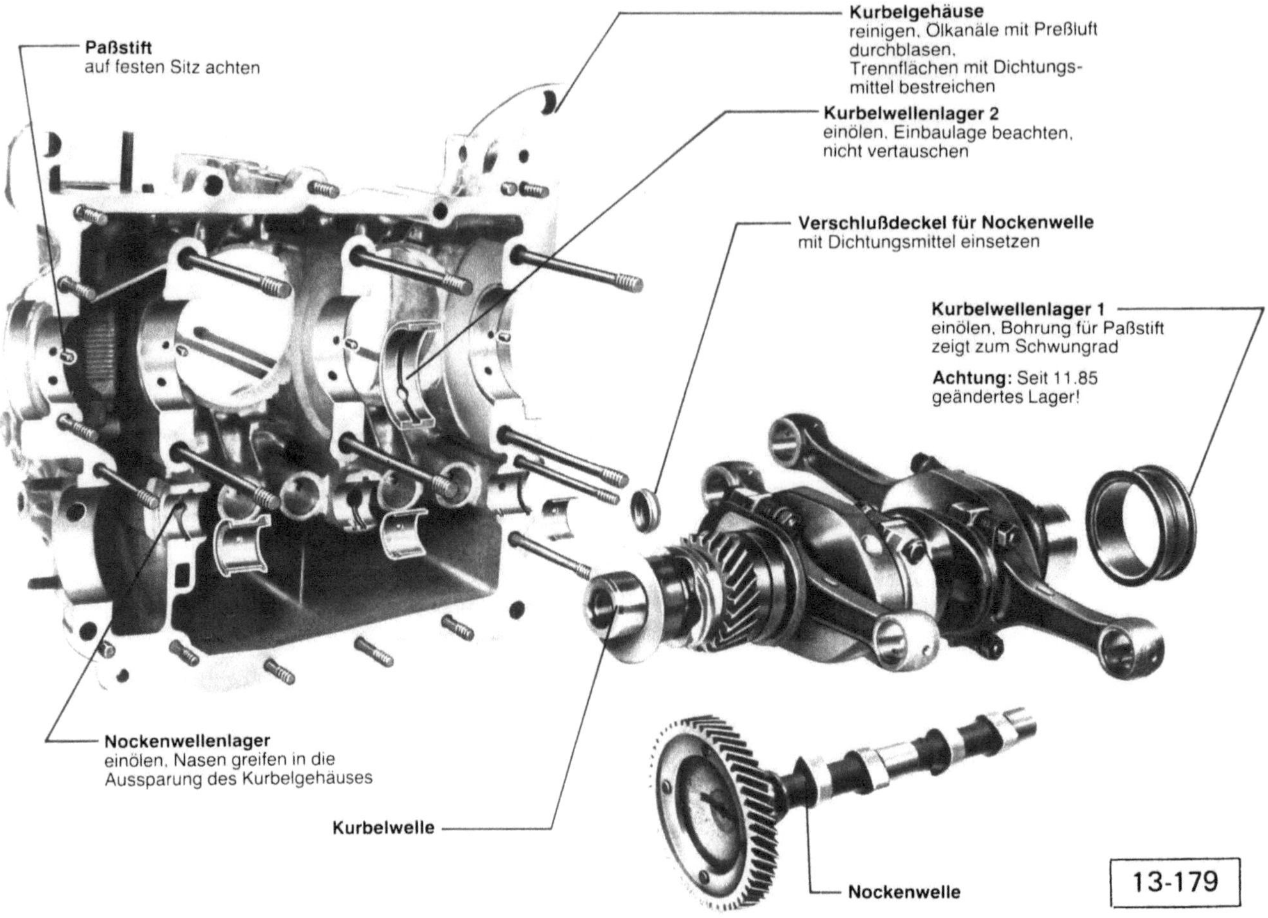

13-179

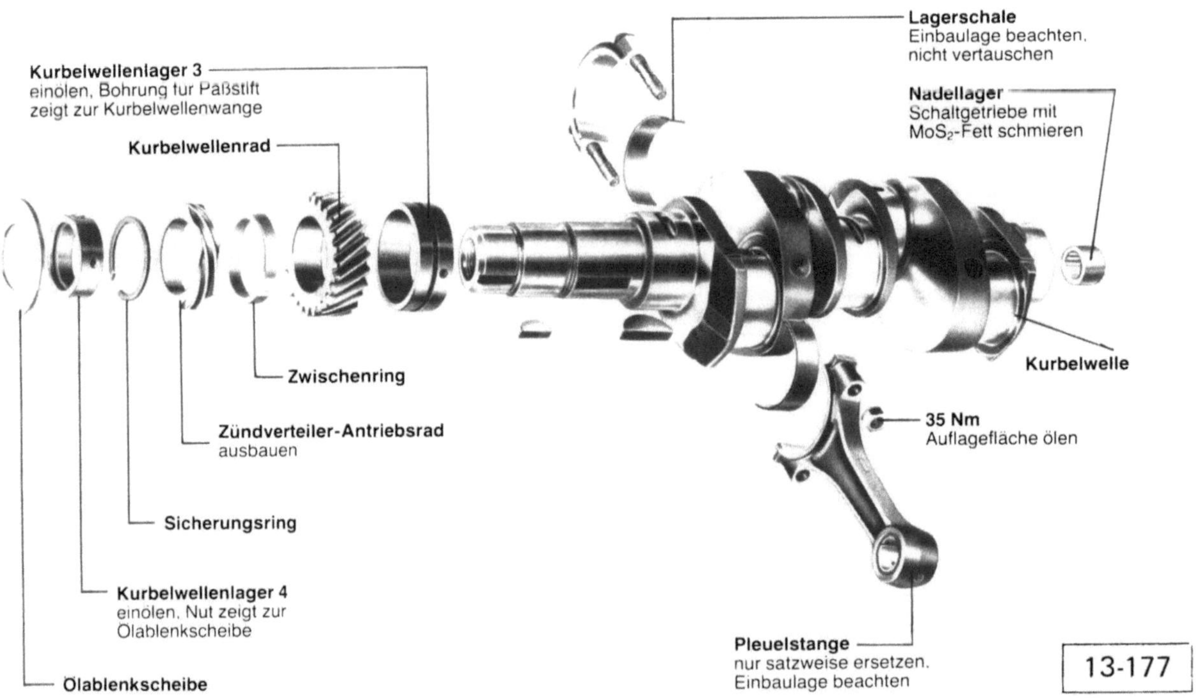

13-177

Motorgehäuse zerlegen und zusammenbauen

Zerlegen

- Motor ausbauen, siehe Seite 12.
- Abgasanlage ausbauen, siehe Seite 108.
- Saugrohr mit Vergaser ausbauen, siehe Seite 75/87.
- Kühlmittelpumpe und Kühlmittelschläuche ausbauen, siehe Seite 56.
- Ölfilter ausbauen, siehe Seite 49.
- Zündverteiler und Zündverteilerantriebswelle ausbauen, siehe Seite 209.
- Kraftstoffpumpe ausbauen, siehe Seite 92.
- Kupplung ausbauen, siehe Seite 112.
- Schwungrad ausbauen, siehe Seite 33
- Generator ausbauen, siehe Seite 202.
- Öldruckschalter und Ölsieb ausbauen, siehe Seite 50.
- Ölpumpe ausbauen, siehe Seite 53.
- Zylinderköpfe ausbauen, siehe Seite 17.
- Hydraulikstößel ausbauen, kennzeichnen und richtig lagern, siehe Seite 17.
- Zylinder und Kolben ausbauen, siehe Seite 27.
- Gehäusemuttern mit Steckschlüssel abschrauben.
- Rechte Gehäusehälfte **mit einem Gummihammer durch leichte Schläge** lockern und abheben. Zum Lockern keinesfalls einen Schraubenzieher oder ähnliche Hilfsmittel zwischen die Trennfugen des Gehäuses treiben. Dadurch werden die Dichtflächen beschädigt, das Gehäuse unbrauchbar.
- Beim Abheben der rechten Gehäusehälfte darauf achten, daß die Pleuelstangen nicht zur Seite wegkippen und die Dichtfläche der linken Gehäusehälfte beschädigen.
- Kurbelwelle und Nockenwelle herausnehmen.
- Saugleitung mit Sieb ausbauen.

Achtung: Einbaulage der geteilten Lagerschalen kennzeichnen. Beim Herausnehmen von Kurbel- und Nockenwelle darauf achten, daß alle Nockenwellenlager und das Lager 2 der Kurbelwelle geteilt sind. Die Lagerschalen können sonst an der Wellenlauffläche kleben bleiben und beim plötzlichen Herabfallen beschädigt werden.

- Alle Lagerschalen der Nockenwelle und die des 2. Kurbelwellenlagers nach der Kennzeichnung herausnehmen.
- Öldruckregelventil ausbauen, siehe Seite 50.

Prüfen

- Dichtungsflächen der beiden Gehäusehälften mit Benzin oder Aceton von allen Dichtungsresten säubern, ohne die metallische Oberfläche zu beschädigen.
- Gehäusehälften sorgfältig auf Beschädigungen und Rißbildungen prüfen. Der einwandfreie Zustand der Dichtungsflächen ist wichtig.
- Stiftschrauben auf festen Sitz prüfen. Bei ausgearbeiteten Gewindebohrungen können Heli-Coil-Gewindeeinsätze eingebaut werden.

Zusammenbau

- Vor dem Zusammenbau der Gehäusehälften mit Preßluft – Pfeil – Saugleitung mit Sieb reinigen.

- Falls die Saugleitung mit Sieb ersetzt werden soll, Schraube lösen und Saugrohr aus Gehäuse herausziehen.

Achtung: Beide Kurbelgehäusehälften sind bei der Herstellung zusammengeschraubt bearbeitet worden. Sie dürfen daher nur zusammen ausgewechselt werden.

Hinweis: Das Kurbelgehäuse für die **1,9-l-Motoren vor 11.85** gibt es nicht mehr als Ersatzteil. Stattdessen ist das neue Einheitskurbelgehäuse (für 1,9- und 2,1-l-Motoren) zu verwenden. Mitzuverwenden sind: Neue Lagerschalen für Kurbelwellenlager 1, 2 und 3, sowie die Anlaufscheibe für Lager 1, siehe auch Kapitel »Kurbelwelle einbauen«. Bei einigen Einspritzmotoren ist auch ein neuer Ansaugverteiler mitzuverwenden, Fachwerkstatt fragen.

- Gehäusehälften sorgfältig in Benzin reinigen und Ölkanäle mit Preßluft ausblasen.
- Linke Gehäusehälfte nach oben einspannen.

- Kurbelwelle und Nockenwelle sind richtig eingelegt, wenn die Markierung auf der Nockenwelle zwischen den Markierungen (Pfeil) des Kurbelwellenrades liegen. Auf festen Sitz der Paßstifte für die Kurbelwellenlager achten.
- Lagerschalen von Kurbelwelle und Nockenwelle einölen und nach Kennzeichnung einlegen. Die Nasen der Nockenwellenlagerschalen greifen in die Aussparung des Kurbelgehäuses.

13-640

- Kurbelwelle und Nockenwelle einlegen. Dabei Markierungen beachten.

Achtung: Die Zahl 0 nicht verwechseln mit dem Zeichen O, das zur Einstellung der Steuerräder dient. Für die Kurbelwellenräder ist keine Unterscheidung und keine Kennzeichnung vorgesehen.

- Trennflächen der Gehäusehälften gleichmäßig dünn **mit V.A.G-Dichtungsmittel AMV 188 001 02** bestreichen. Die Trennflächen müssen vor dem Auftragen sauber und fettfrei gemacht werden. Auf keinen Fall darf Dichtungsmittel in die Ölkanäle der Kurbel- und Nockenwellenlager gelangen.
- Verschlußdeckel für Nockenwelle mit Deckelboden nach außen und mit Dichtungsmittel einsetzen.
- Gehäusehälften zusammenfügen.
- Alle Unterlegscheiben, die unter den Muttern für die Gehäusehälften liegen, vor dem Einbau beidseitig mit Kleber D3 einstreichen.

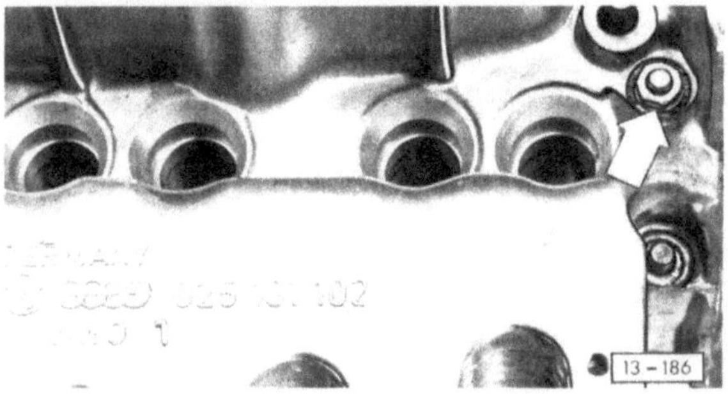

13-186

- Zuerst muß die Mutter (M 8, SW 13) (Pfeil), die neben der Stiftschraube (M 10) des Kurbelwellenlagers 1 liegt, mit **20 Nm** festgezogen werden. Erst dann dürfen die übrigen Muttern M 10 mit **35 Nm** festgezogen werden. Danach werden alle weiteren M 8-Muttern mit **20 Nm** festgezogen.

Achtung: Die Reihenfolge des Festschraubens ist unbedingt einzuhalten.

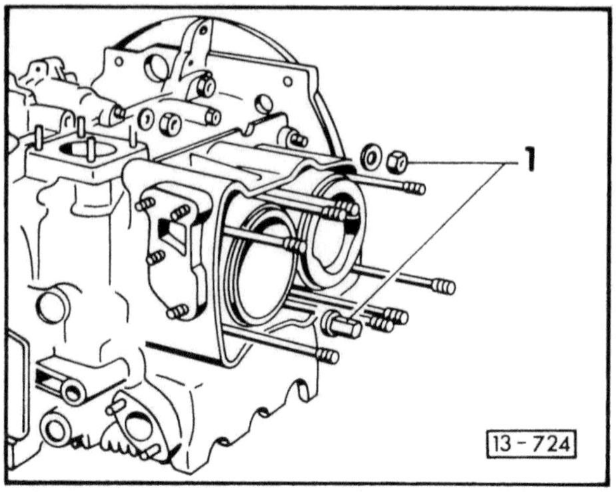

13-724

- Beim Zusammenbauen der Kurbelgehäusehälften beträgt das Anzugsdrehmoment der beiden M 10-Muttern –1– ab folgenden Motornummern **45 Nm**:
  DF 035607
  DG 064473
  GW 000337
  MV, DJ: Alle
- Bei vorher gebauten Motoren (z.B. beim Motor »GW« bis Motornummer 000336) sind diese Muttern nur mit 35 Nm anzuziehen. **Achtung:** Die Nichtbeachtung dieser Vorschrift führt zu Motorschäden.
- Kurbelwelle durch Drehen auf leichten Lauf prüfen.
- Motor komplettieren.

Nockenwelle aus- und einbauen

Ausbau

- Kurbelgehäuse zerlegen, siehe Seite 37.
- Nockenwelle herausheben. Darauf achten, daß dabei die Lagerschalen festkleben und durch Herunterfallen beschädigt werden können.
- Lagerschalen herausnehmen und kennzeichnen.

Prüfen

- Vernietung der Nockenwelle mit dem Nockenwellenrad auf festen Sitz prüfen.
- Nockenwelle auf Verschleiß an den Lagerstellen und Nocken prüfen. Nockenbahn schräg abgenutzt, Anlaufflächen uneben?
- Nockenwellenrad auf Verschleiß der Zahnflanken prüfen.
- Zahnflankenspiel zwischen Nockenwellenrad und Kurbelwellenrad prüfen. Das Zahnflankenspiel soll zwischen 0,00 – 0,05 mm betragen. Korrigiert werden kann das Flankenspiel durch Einbau einer anderen Nockenwelle.

- Das Nockenwellenrad hat die richtige Abmessung, wenn beim vorsichtigen Hin- und Herdrehen des Nockenwellenrades während des Richtungswechsels ein kaum spürbares Spiel zwischen den beiden Steuerrädern auftritt. Das Flankenspiel ist zu klein, wenn sich die Nockenwelle beim Zurückdrehen der Kurbelwelle aus den Lagerschalen hebt.
- Bei zu großem Spiel kann eine Nockenwelle mit anderer Abmessung eingebaut werden. Zur Unterscheidung der verschiedenen Radgrößen sind die Nockenwellenräder an der den Nocken zugewandten Stirnseite mit Schlagzahlen gekennzeichnet. Zum Beispiel - 1,0, + 1, + 2 usw. Die Zahl gibt an, um wieviel 1/100 mm der Teilkreisradius sich von der Zeichnungsgröße 0 unterscheidet.

Achtung: Die Zahl 0 nicht verwechseln mit dem Zeichen O, das zur Einstellung der Steuerräder dient. Für die Kurbelwellenräder ist keine Unterscheidung und keine Kennzeichnung vorgesehen.

Einbau

- Je nach Motor werden unterschiedliche Nockenwellen eingebaut. Motorkennbuchstabe DF: weiße Farbe; DG bis 10.85: ohne Farbe; DG, SP seit 11.85: grüne Farbe; MH, DJ: blaue Farbe.
- Vor dem Einbau kann die Nockenwelle gegebenenfalls von der Werkstatt auf Schlag geprüft werden. Der Schlag, gemessen in der Mitte der Nockenwelle, darf maximal 0,04 mm betragen.

- Das Axialspiel der Nockenwelle darf 0,16 mm nicht überschreiten.
- Kanten der Lagersitze, wenn nötig, leicht brechen.
- Lagerschalen 1 – 3 (von der Schwungradseite gezählt) so einlegen, daß die Nasen in den Aussparungen des Gehäuses sitzen. Lager 3 nimmt als Führungslager die axialen Kräfte auf und hat daher an beiden Seiten einen Anlaufbund für die Nockenwelle.
- Lagerstellen und Nocken mit Motoröl einölen und Nokkenwelle so einlegen, daß der mit dem Zeichen „O" versehene Zahn des Steuerrades zwischen die beiden mit Körnerpunkt gezeichneten Zähne der Kurbelwelle zu liegen kommt, siehe Seite 38.

Kurbelwelle aus- und einbauen

Ausbau

- Kurbelgehäuse zerlegen, siehe Seite 37.
- Nockenwelle herausnehmen.
- Kurbelwelle und Lagerschalen herausheben und Lager 1 an der Schwungradseite abziehen. Darauf achten, daß beim Herausheben der Wellen keine festhaftende Lagerschale herunterfällt und beschädigt wird. Lagerschalen kennzeichnen.
- Pleuelstangen ausbauen, siehe Seite 41.

Zerlegen

- Kurbelwelle in einen Haltebock einspannen.
- Scheibenfeder (Keil) für Keilriemenscheibe entfernen und Lager 4 zusammen mit Ölablenkscheibe abziehen.

- Sicherungsring für Antriebsrad des Zündverteilers mit Sprengringzange abnehmen.

Einbau

- Die Ölaustrittsbohrungen der Wellenzapfen und der Lager dürfen keine scharfen Kanten aufweisen.
- Haben sich metallische Fremdkörper in die Laufflächen der Lagerschalen eingebettet, können diese mit einem Schaber vorsichtig entfernt werden. Dabei darf die Lagerschale selbst nicht beschädigt werden.
- Neue Lagerschalen dürfen nicht nachgearbeitet werden.
- Paßstifte in den Lagersitzen des Gehäuses auf festen Sitz prüfen.
- Lagerschalenhälfte für Lager 2 in den Lagersitz einlegen.
- Lager 1 einölen und so auf die Welle aufstecken, daß seine Paßstiftbohrungen zum Schwungrad zeigen.

Einbau von Kurbelwellenlager 1 seit 11.85

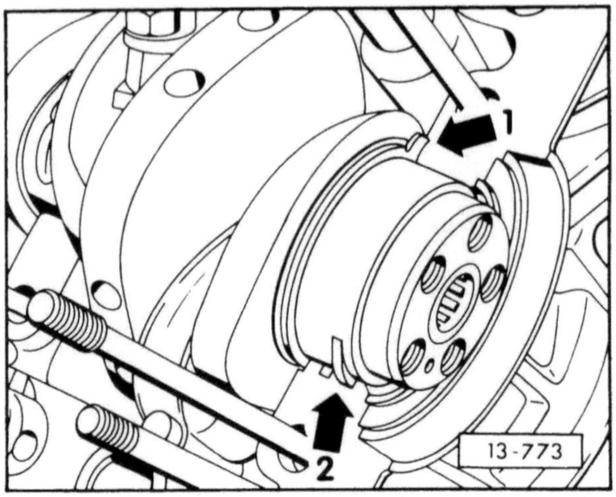

- Seit 11.85 wird eine geänderte Lagerschale am Kurbelwellenlager 1 eingebaut. Beim Einbau beachten, daß die Rastnase der Anlaufscheibe –1– zum Kurbelwellenlager und zur Trennfuge vom Kurbelgehäuse zeigen muß, siehe Abbildung.
- Die Rastnasen des Kurbelwellenlagers –2– müssen in die Nut des Kurbelgehäuses eingreifen. Dabei zeigen die Ölbohrungen in die linke Kurbelgehäusehälfte.

Achtung: Das Kurbelgehäuse für die **1,9-l-Motoren vor 11.85** gibt es nicht mehr als Ersatzteil. Soll es ersetzt werden, ist das neue Einheitskurbelgehäuse (für 1,9- und 2,1-l-Motoren) zu verwenden. Mitzuverwenden sind: Neue Lagerschalen für Kurbelwellenlager 1, 2 und 3, sowie die Anlaufscheibe für Lager 1.

- Kurbelwelle einlegen und darauf achten, daß alle Paßstifte richtig in den Bohrungen der einzelnen Lagerschalen stekken.
- Beim Einbau der Kurbelwelle Kennzeichnungen der Einbaulage zur Nockenwelle beachten, siehe Seite 38.
- Kurbelgehäuse montieren, siehe Seite 37.

Kennzeichnung der Kurbelwelle

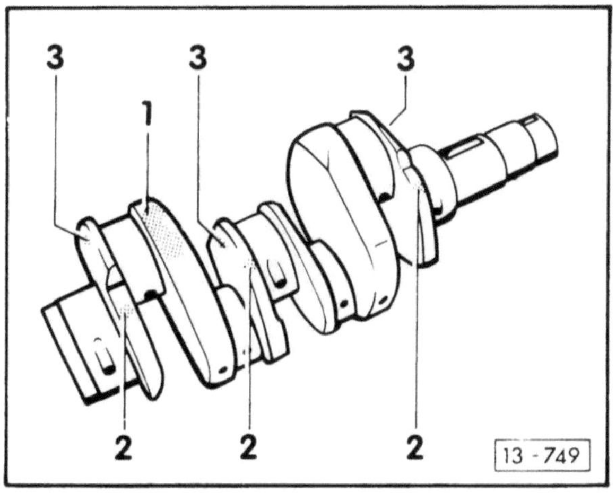

- Beim Ersatz von Kurbelwelle und/oder Lagerschalen dürfen nur Teile mit richtiger Zuordnung verwendet werden. Dazu ist ein blauer, beziehungsweise roter Farbpunkt an den Stellen –2– der Kurbelwelle. **Achtung:** Ist dort keine Markierung zu finden, sitzt sie an den Stellen –3–.
- Kennzeichnung für Kurbelwellenlagerschalen 1 bis 3: Eingeschlagene Zahl 001 = für Einbau an blau gekennzeichneter Kurbelwelle. Eingeschlagene Zahl 004 = für Einbau an rot gekennzeichneter Kurbelwelle.
- Die Kurbelwelle für die 2,1-l-Motoren ist zusätzlich mit grüner Farbe an der Stelle –1– gekennzeichnet.

Pleuelstangen aus- und einbauen

Ausbau

- Kurbelwelle ausbauen, siehe Seite 39.

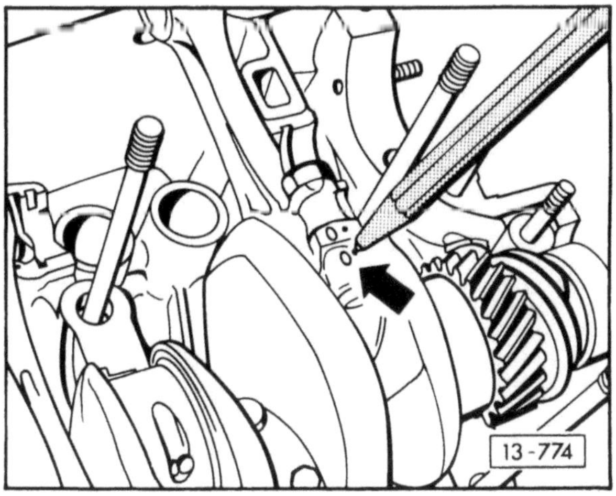

- Zugehörigkeit Pleuelstange/Lagerschale zum Zylinder kennzeichnen.
- Pleuelmuttern herausschrauben und Pleueldeckel, Pleuelstange und Lagerschalen abnehmen. Lagerschalen kennzeichnen. Es empfiehlt sich, ein Ablagebrett anzufertigen, damit alle Teile wieder an gleicher Stelle eingebaut werden.

Prüfen

- Pleuelstangen auf äußere Beschädigungen untersuchen.
- Pleuelschrauben dürfen nicht ausgeschlagen oder verdrückt sein. Bei beschädigten Pleuelschrauben ist das ganze Pleuel zu ersetzen.
- Grundsätzlich Pleuelstangen nur satzweise ersetzen.
- Beim Ersetzen der Pleuelstangen muß das Gewicht geprüft werden, da der Gewichtsunterschied zwischen den einzubauenden Pleuelstangen max. 10 g betragen darf. Pleuelstangen ohne Lagerschalen wiegen.

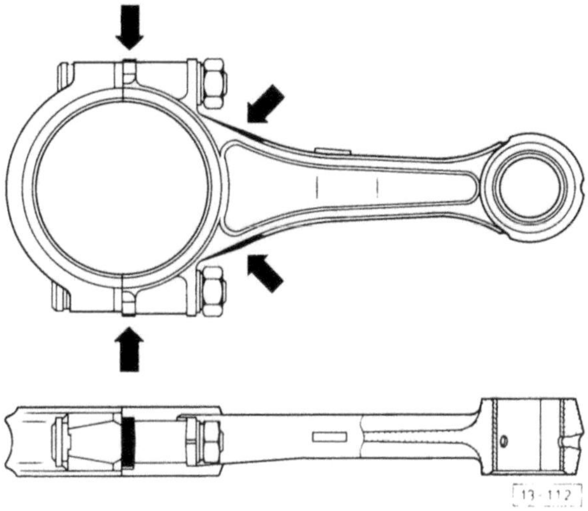

- Gegebenenfalls sind die neuen Pleuelstangen mit Übergewicht an den in der Zeichnung festgelegten Stellen nachzuarbeiten. Hierdurch läßt sich eine Gewichtsersparnis von 8 Gramm erreichen.
- Buchse im Pleuelauge prüfen. Bei neuer Buchse muß sich der nicht angewärmte Kolbenbolzen mit leichtem Fingerdruck einschieben lassen.
- Pleuelstange, wenn nötig, auswinkeln (Werkstattarbeit)

Einbau

- Alle Teile in Benzin reinigen und einölen.

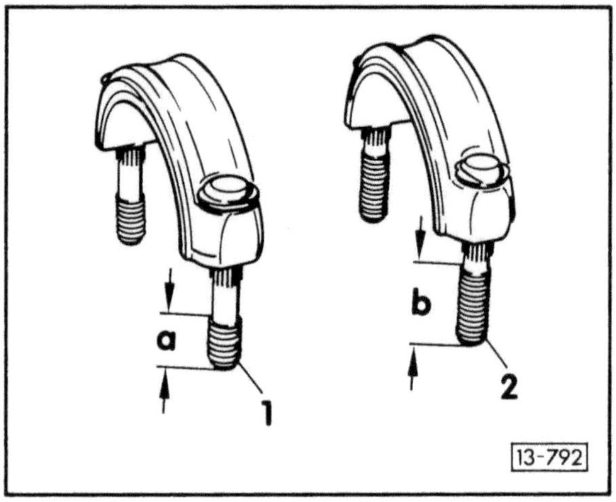

- Je nach Ausführung, Pleuelschrauben ersetzen. Es wurden 2 verschiedene Pleuelschrauben verbaut:
  1 – starre Schraube, Gewindelänge a = ca. 13 mm, **nicht ersetzen**.
  2 – Dehnschraube, Gewindelänge b = ca. 22 mm, **unbedingt ersetzen**, da die Dehnschraube sich bei jedem Festziehen bleibend verformt. Unterschiedliche Anzugsmethode beachten.

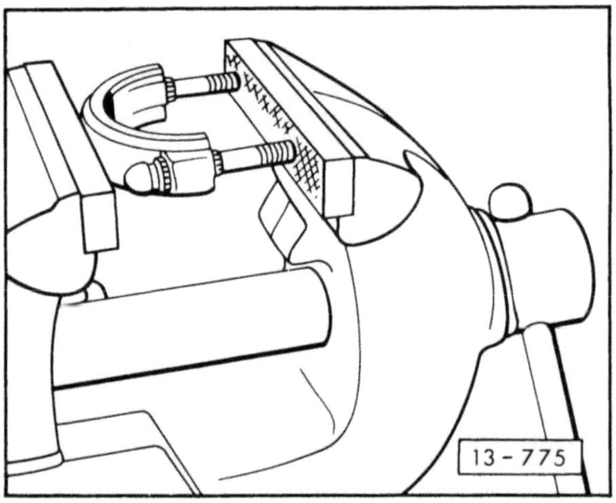

- Zum Ausbau der Pleuelschrauben Lagerschale zweckmäßigerweise wie gezeigt einspannen. Neue Pleuelschrauben mit geeigneter Presse in die Lagerschalen eindrücken.
- Lagerschalen und Pleuel entsprechend der Kennzeichnung einsetzen. Die Bauteile müssen in gleicher Lage, wie vor dem Ausbau, wieder eingesetzt werden.

- Die angeschmiedete Markierung am Pleuelschaft muß beim Einbau oben liegen –Pfeile–.
- Pleuelstangen mit **neuen** Muttern zusammenschrauben. Die Muttern sind vorher zu entwachsen. Auflagefläche der Muttern einölen.
- Muttern bei **starren Pleuelschrauben** mit **45 Nm** festziehen.
- Bei **Dehnschrauben** (siehe –2– in Abbildung 13-792) sind die Muttern in 2 Stufen anzuziehen. Dazu wird ein Drehmomentschlüssel benötigt.
  1. Stufe: Muttern mit Drehmomentschlüssel und **30 Nm** anziehen.
  2.Stufe: Muttern mit starrem Schlüssel **180°** (½ **Umdrehung) weiterdrehen**. Vorher Kreidemarkierung am Motor anbringen, damit der Drehwinkel besser abgeschätzt werden kann. Es gibt auch Winkelscheiben für den drehwinkelgesteuerten Schraubenanzug, zum Beispiel von Hazet.
- Nach dem Zusammenschrauben müssen die Pleuelstangen durch ihr Eigengewicht von allein wieder gleitend nach unten fallen.

● Geringe Verspannungen, die beim Festziehen der Schrauben zwischen den Lagerhälften auftreten können, werden durch leichte Hammerschläge auf beiden Seiten der Pleuelstange beseitigt.

● Axialspiel der Pleuelstange mit Fühlerblattlehre prüfen. Die Verschleißgrenze ist bei maximal 0.7 mm erreicht.

Dichtring für Kurbelwelle aus- und einbauen

Der dem Schwungrad gegenüberliegende Dichtring für die Kurbelwelle kann auch bei eingebauter Kurbelwelle ausgebaut werden.

Ausbau

● Riemenscheibe ausbauen.

● Dichtring mit Montierhebel – Pfeil – vorsichtig aus dem Motorgehäuse heraushebeln.

Einbau

● Neuen Dichtring einölen mit V.A.G-Werkzeug 3088 (beim Syncro mit 3162) und der Schraube für Riemenscheibe **ohne** Unterlegscheibe ansetzen und leicht reindrehen. Anschließend Schraube **mit** Unterlegscheibe bis zum Anschlag anziehen. Steht das Spezialwerkzeug nicht zur Verfügung, Dichtring vorsichtig mit geeignetem Rohr und leichten Hammerschlägen bis zum Anschlag eintreiben.

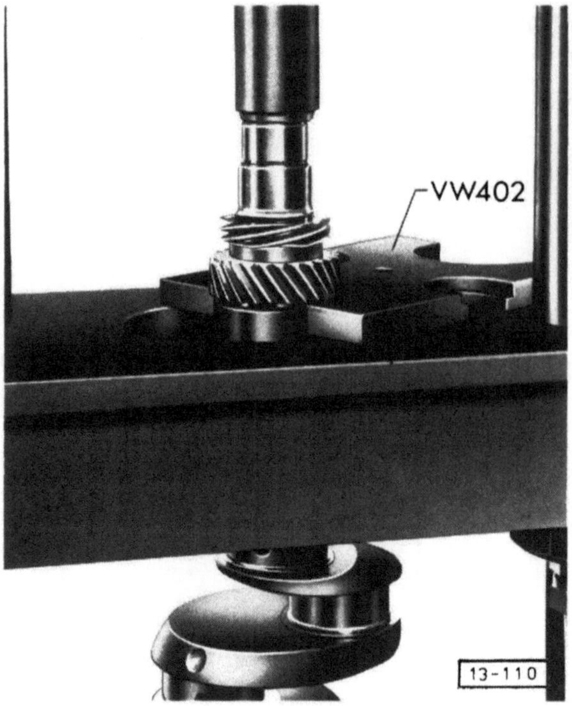

- Antriebsrad des Zündverteilers, Zwischenring und Steuerrad der Kurbelwelle zusammen auf einer Presse abdrücken und Scheibenfeder entfernen.
- Lager 3 abziehen.
- Kurbelwelle reinigen und Ölkanäle mit Preßluft durchblasen. Anschließend alle Lagerstellen sofort wieder einölen, damit sich keine Korrosion auf den Lagerstellen bildet.
- Kurbelwelle auf Risse prüfen. Dazu ist eine Klangprobe zu machen, indem die Welle senkrecht an einem Draht aufgehängt und mit einem Metallhammer leicht an einer Kurbelwellenwange angeschlagen wird. Es muß dabei ein metallisch reiner Klang entstehen.
- Kurbelwelle auf Verschleißspuren prüfen. Leichte Freßspuren an den Sitzflächen können vorsichtig entfernt werden (Ölstein), jedoch darf der Preßsitz nicht beeinträchtigt werden. Falls erforderlich, Kurbelwelle nachschleifen lassen – oder auswechseln.
- Bohrungen des Antriebsrades für Zündverteiler und des Steuerrades für Nockenwelle auf Freßspuren untersuchen und Tragbild der Zahnflanken prüfen.
- Festen Sitz der Paßstifte prüfen.

Zusammenbau

- Kurbelwelle in Benzin reinigen und Ölkanäle mit Preßluft ausblasen.
- Lager 3 einölen und aufschieben.
- Scheibenfeder für die beiden Antriebsräder einsetzen.
- Beide Antriebsräder auf etwa +80° C im Ölbad erwärmen.
- Erwärmtes Antriebsrad für Nockenwelle mit seiner Fase zum Lager 3 hin aufdrücken.

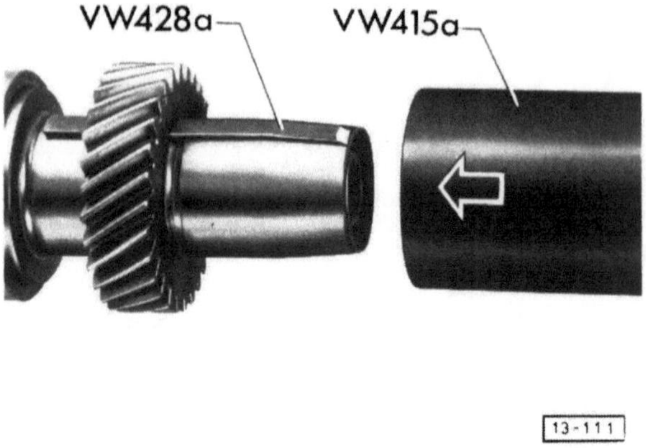

- Zum Aufschieben von Kurbelwellenrad und Zündverteilerantriebsrad werden eine Hülse und ein Führungskeil benutzt. Der Führungskeil dient dazu, der Nut im Antriebsrad beim Aufdrücken die richtige Richtung zur Scheibenfeder zu geben.
- Zwischenring aufschieben.
- Erwärmtes Antriebsrad für Zündverteiler ebenfalls mit Hülse und Führungskeil aufdrücken. Nach Erkalten auf festen Sitz prüfen.

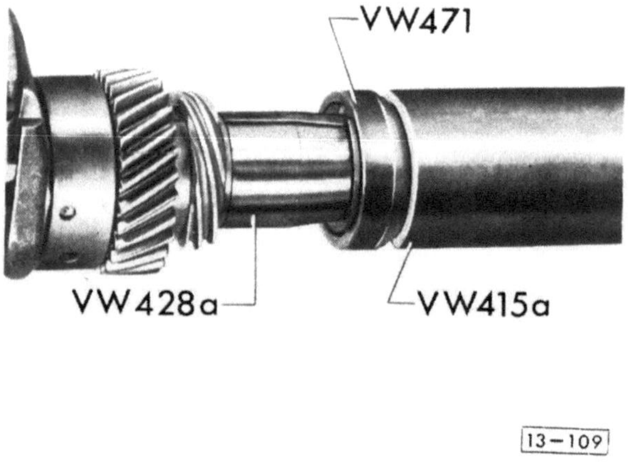

- Sicherungsring aufschieben. Hierzu wird eine konische Führungshülse über die Lagerstelle 4 gestülpt, damit die Lageroberfläche nicht beschädigt wird.
- Lager 4 einölen und aufschieben. Die ringförmige Nut im Lager muß zur Ölablenkscheibe zeigen.
- Ölablenkscheibe mit Hohlseite nach außen aufstecken.
- Scheibenfeder für Keilriemenscheibe einsetzen.
- Pleuelstangen montieren, siehe Seite 41.

Riemenscheibe aus- und einbauen

Ausbau

Zum Ausbau der Riemenscheibe wird ein V.A.G-Sonderwerkzeug verwendet. Ohne ein entsprechendes Sonderwerkzeug ist das Lösen der Befestigungsschraube nicht möglich, da hohes Drehmoment. Unfallgefahr!

- Keilriemen ausbauen.
- Falls die Riemenscheibe schlecht erreicht werden kann, Abdeckblech für Auspufftopf abschrauben und nach hinten drücken.

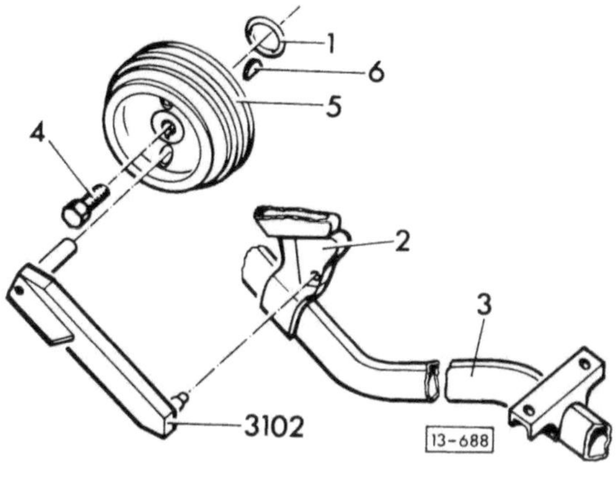

1 – Dichtring, ersetzen
2 – rechtes Motorlager
3 – Motorträger
4 – Schraube, ohne Unterlegscheibe
5 – Riemenscheibe
6 – Scheibenfeder, Einbaulage beachten.

- Sonderwerkzeug 3102 zwischen Motorhalterung und Riemenscheibe einsetzen. Dazu Riemenscheibe so drehen, daß der Zapfen des Halters in die Bohrung der Riemenscheibe paßt. Das Rad ist nun blockiert.
- Steckschlüsseleinsatz mit Verlängerung an der Schraube –4– ansetzen und Schraube herausdrehen. Sonderwerkzeug abnehmen.

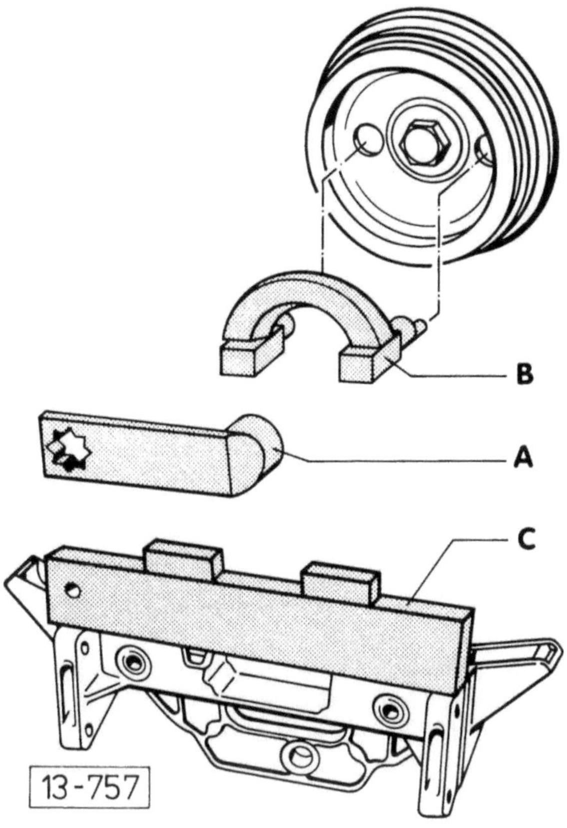

Achtung: Für Fahrzeuge mit Dreifachriemenscheibe (Fahrzeuge mit Klimaanlage und Servolenkung) gibt es ein anderes VW-Sonderwerkzeug für den Ausbau der Riemenscheibe. Hierbei wird die Stütze –C– auf dem Motorhalter angesetzt.

A – Schlüsselverlängerung
B – Gegenhalter
C – Stütze

- Riemenrad abziehen. Scheibenfeder und Dichtring abnehmen.

Einbau

- Dichtring ersetzen, vor dem Einbau einölen.
- Scheibenfeder richtig einsetzen, Abflachung zeigt zum Motorblock.
- Riemenrad, dann Sonderwerkzeug aufsetzen.
- Schraube mit **350 Nm** festziehen.
- Keilriemen einbauen.

Starthilfe

Bei der Starthilfe mit einem Starthilfekabel sind einige Punkte zu beachten:

- Der Leitungsquerschnitt der Starthilfekabel soll bei Ottomotoren bis ca. 2,5 l Hubraum mindestens 16 mm^2 (Durchmesser ca. 5 mm) betragen. Bei Dieselmotoren oder Ottomotoren über ca. 2,5 l Hubraum soll der Leitungsquerschnitt mindestens 25 mm^2 betragen. Maßgebend ist dabei jeweils das Fahrzeug mit der entladenen Batterie. Der Leitungsquerschnitt ist in der Regel auf der Packung der Starthilfekabel angegeben. Beim Neukauf ist grundsätzlich ein Starthilfekabel mit isolierten Kabelzangen und 25 mm^2 Querschnitt empfehlenswert, da es sich auch für Motoren mit geringerem Hubraum eignet.
- Beide Batterien müssen eine Spannung von 12 Volt haben.
- Eine entladene Batterie kann bereits bei −10° C gefrieren. Vor Anschluß der Starthilfekabel muß eine gefrorene Batterie unbedingt aufgetaut werden.
- Die entladene Batterie muß ordnungsgemäß am Bordnetz angeklemmt sein.
- Flüssigkeitsstand der entladenen Batterie prüfen, gegebenenfalls mit destilliertem Wasser auffüllen.
- Fahrzeuge so weit auseinanderstellen, daß kein metallischer Kontakt besteht. Andernfalls könnte bereits beim Verbinden der Pluspole ein Strom fließen.
- Bei beiden Fahrzeugen Handbremse anziehen. Schaltgetriebe in Leerlaufstellung, automatisches Getriebe in Parkstellung »P« schalten.
- Alle Stromverbraucher ausschalten.
- Motor des stromgebenden Fahrzeuges im Leerlauf laufen lassen.
- Starthilfekabel in folgender Reihenfolge anschließen:
  1. Rotes Kabel an den Pluspol der entladenen Batterie anklemmen.
  2. Das andere Ende des roten Kabels an den Pluspol der stromgebenden Batterie anklemmen.
  3. Schwarzes Kabel an den Minuspol der stromgebenden Batterie anklemmen.
  4. Das andere Ende des schwarzen Kabels an eine gute Massestelle des Empfängerfahrzeuges anschließen. Dadurch werden Masseverluste vermieden. Am besten eignet sich hierzu ein fest mit dem Motorblock verschraubtes Metallteil oder der Motorblock selbst. Unter ungünstigen Umständen könnte beim Anschließen des Kabels an den Minuspol der leeren Batterie, durch Funkenbildung und Knallgasentwicklung, die Batterie explodieren.
- Polzangen nochmals auf festen Sitz prüfen. Darauf achten, daß die Starthilfekabel nicht durch sich drehende Teile, wie etwa durch den Kühlerventilator, beschädigt werden können.

Achtung: Die Klemmen der Starthilfekabel dürfen bei angeschlossenen Kabeln nicht in Kontakt miteinander kommen, beziehungsweise die Plusklemmen dürfen keine Massestellen (Karosserie oder Rahmen) berühren.

- Motor des Empfängerfahrzeuges (leere Batterie) starten und laufen lassen. Beim Starten Anlasser nicht länger als 15 Sekunden ununterbrochen betätigen, da sich durch die hohe Stromaufnahme Polzangen und Kabel erwärmen. Deshalb zwischendurch eine »Abkühlpause« von mindestens 1 Minute einlegen.
- Grundsätzlich Motor des Spenderfahrzeuges während des Startvorganges mit Leerlaufdrehzahl drehen lassen. Dadurch wird eine eventuelle Beschädigung des Generators durch Spannungsspitzen beim Startvorgang vermieden. Sinkt allerdings die Leerlaufdrehzahl stark ab, kann etwas Gas gegeben werden.
- Während des Starthilfevorganges offene Flammen oder brennende Zigaretten in der Nähe der Batterie vermeiden, weil aus der Batterie brennbare Gase austreten können.
- Nicht über die Batterien beugen – Verätzungsgefahr!
- **Nach der Starthilfe** Kabel in **umgekehrter** Reihenfolge abklemmen.

Achtung: Werden die vorgeschriebenen Anschlußhinweise nicht genau eingehalten, besteht die Gefahr der Verätzung durch austretende Batteriesäure. Außerdem können Verletzungen oder Schäden durch eine Batterieexplosion entstehen. Zudem können Defekte an den elektrischen Anlagen beider Fahrzeuge auftreten.

Fahrzeug abschleppen

- Zündung einschalten, damit das Lenkrad nicht blockiert ist und die Blinkleuchten, das Signalhorn und gegebenenfalls die Scheibenwischer betätigt werden können.
- Da der Bremskraftverstärker nur bei laufendem Motor arbeitet (außer bei ABS), muß bei Fahrzeugen mit Bremskraftverstärker bei nicht laufendem Motor das Bremspedal entsprechend kräftiger getreten werden!
- Bei Fahrzeugen mit Servolenkung muß zum Lenken mehr Kraft aufgewendet werden, da bei stehendem Motor die Servo-Unterstützung fehlt.
- Das Abschleppseil soll elastisch sein, damit das schleppende und das gezogene Fahrzeug geschont werden. Nur Kunstfaserseile oder Seile mit elastischen Zwischengliedern verwenden. **Sicherer ist jedoch die Verwendung einer Abschleppstange.**
- Beim Abschleppen von Fahrzeugen, bei denen ein Defekt an der Zündanlage besteht oder vermutet wird, vorher Stekker am TSZ-H-Schaltgerät abziehen.
- Fahrzeuge mit Abgaskatalysator dürfen nicht durch Anschleppen über eine längere Strecke gestartet werden, siehe Seite 110.
- Ohne Getriebeöl darf das Fahrzeug nur mit angehobenen Antriebsrädern abgeschleppt werden.

Störungsdiagnose Motor

Wenn der Motor nicht anspringt, Fehler systematisch einkreisen. Damit der Motor überhaupt anspringen kann, müssen immer zwei Grundvoraussetzungen erfüllt sein. Das Kraftstoff-Luftgemisch muß bis in die Zylinder gelangen, und der Zündfunke muß an den Zündkerzen vorhanden sein. Als erstes ist deshalb immer zu prüfen, ob überhaupt Kraftstoff gefördert wird. Wie man dabei vorgeht, steht in den Kapiteln »Kraftstoff-« und »Einspritzanlage«.

Um festzustellen, ob ein Zündfunke vorhanden ist, Zündkerzen herausschrauben, in Zündkerzenstecker stecken und einzeln gegen Masse halten. Dabei Kerzenstecker oder Zündkabel **nicht** mit der Hand festhalten, sondern eine gut isolierte Zange nehmen. Von Hilfsperson Motor starten lassen. Wenn kein Zündfunke überspringt, Fehler entsprechend dem Kapitel »Zündanlage« aufspüren. **Achtung: Sicherheitshinweise für elektronische Zündanlagen beachten.**

Störung: Der Motor springt schlecht oder gar nicht an

Ursache		**Abhilfe**
Bedienungsfehler beim Starten	**Vergasermotor:**	■ **Bei kaltem Motor:** Gaspedal **einmal, bei strengem Frost zweimal** langsam ganz durchtreten. Kupplung treten, Zündung einschalten, starten, kein Gas geben. Sofort losfahren, nur bei strengem Frost Motor ca. 30 Sekunden warmlaufen lassen. Wenn der Motor nach mehreren Startversuchen trotz einzelner Zündungen nicht anspringt, nochmals mit etwas niedergetretenem Gaspedal starten. ■ **Bei warmem Motor:** Während des Anlassens Gaspedal langsam niedertreten. Nach dem Anspringen Gaspedal loslassen. ■ **Bei heißem Motor:** Vor dem Anlassen Gaspedal ganz niedertreten und Vollgas-Stellung beibehalten – nicht pumpen.
	Einspritzmotor:	■ Zündschlüssel drehen und starten bis der Motor anspringt. Dann erst Zündschlüssel loslassen. Kupplung beim Startvorgang durchtreten. ■ **Nur bei heißem Motor** nach dem Anspringen etwas Gas geben.
Zündanlage defekt, verschmutzt oder verstellt		■ Zündanlage entsprechend Störungsdiagnose überprüfen
Kraftstoffanlage defekt, verschmutzt		■ Kraftstoffanlage entsprechend Störungsdiagnose überprüfen
Anlasser dreht zu langsam		■ Batterie laden. Falls Einbereichs-Motoröl eingefüllt ist, in der kalten Jahreszeit Winteröl einfüllen. Anlasser überprüfen
Kompressionsdruck zu niedrig		■ Hydrostößel prüfen, Motor überholen

Motor-Schmierung

Für die Wasserboxer-Motoren im VW BUS sollen Mehrbereichsöle verwendet werden, so daß das Motoröl jahreszeitbedingt (Sommer/Winter) nicht gewechselt werden muß. Mehrbereichsöle bauen auf einem dünnflüssigen Einbereichsöl (z. B. 15 W) auf. Durch sogenannte Viskositätsindexverbesserer wird das Öl im heißen Zustand stabilisiert, so daß für jeden Betriebszustand die richtige Schmierfähigkeit gegeben ist.

Das »W« in der SAE-Bezeichnung weist das Öl als wintertauglich aus.

Bei Leichtlaufölen handelt es sich um Mehrbereichsöle denen unter anderem Reibwertverminderer zugesetzt wurden, wodurch sich die Reibung innerhalb des Motors vermindert. Für das Leichtlauföl wird als Grundöl ein Synthetiköl verwendet. Beim Kauf eines Leichtlauföles sollte man darauf achten, daß es von VW freigegeben wurde (steht auf dem Behälter).

Anwendungsbereich/Viskositätsklassen

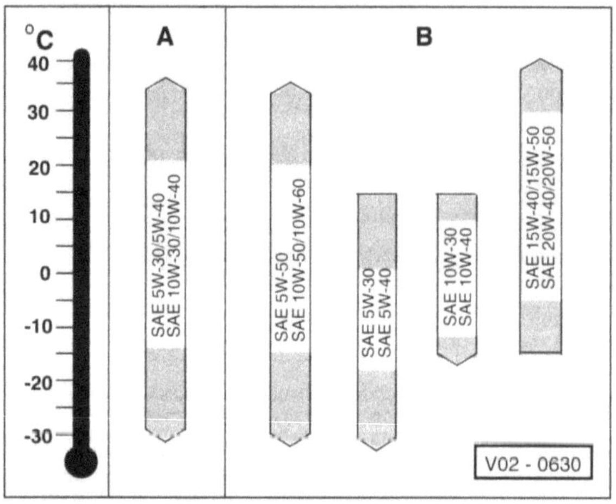

A – Mehrbereichs-Leichtlauföle, Spezifikation VW-500 00.
B – Mehrbereichsöle, Spezifikation VW-501 01 beziehungsweise API-SF oder SG.

Da sich die Einsatzbereiche benachbarter SAE-Klassen überschneiden, können kurzfristige Temperaturschwankungen unberücksichtigt bleiben. Es ist zulässig, Öle verschiedener Viskositätsklassen miteinander zu mischen, wenn einmal Öl nachgefüllt werden muß und die Außentemperaturen nicht mehr der Viskositätsklasse des im Motor befindlichen Öles entsprechen.

Zusatzschmiermittel – gleich welcher Art – sollen weder dem Kraftstoff noch den Schmierölen beigemischt werden.

Für unsere gemäßigte Klimazone sind Motoröle empfehlenswert, wie sie in den ersten beiden Säulen der Graphik V02-0630 aufgeführt werden.

Spezifikation des Motoröls

Die Qualität eines Motoröls wird durch Normen der Automobil- sowie der Ölhersteller gekennzeichnet.

Die Klassifikation der Motoröle amerikanischer Ölhersteller erfolgt nach dem **API**-System (API: American Petroleum Institut): Die Kennzeichnung erfolgt durch jeweils zwei Buchstaben. Der erste Buchstabe gibt den Anwendungsbereich an: **S** = Service, für **Ottomotoren** geeignet; **C** = Commercial, für **Dieselmotoren** geeignet. Der zweite Buchstabe gibt die Qualität in alphabetischer Reihenfolge an. Von höchster Qualität sind Öle der Spezifikation SH für Ottomotoren und CF für Dieselmotoren.

Europäische Ölhersteller geben eine **CCMC**-Spezifikation an. Dabei wird insbesondere die europäische Motorentechnologie berücksichtigt. Öle für Benzinmotoren erhalten je nach Qualität die Klassen CCMC-G1 bis **-G5**; Dieselmotoröle für PKW gibt es in den Spezifikationen CCMC-PD1 und der höherwertigen Spezifikation CCMC-**PD2**.

Die europäische CCMC-Kommission wurde von der »**ACEA**« (Association des Constructeurs Européens de l'Automobile) abgelöst, welche weitere Tests und Qualitätsstufen festlegt. Öle für PKW-Benzinmotoren erhalten je nach Qualität die Klassen ACEA A1-96 bis A3-96; Dieselmotoröle erhalten die Klassen B1-96 bis B3-96. Von höchster Qualität sind Öle **A3** für Ottomotoren und **B3** für Dieselmotoren.

Achtung: Motorenöle, die vom Hersteller ausdrücklich als Öle für Diesel-Motoren bezeichnet werden, sind für Ottomotoren nicht geeignet. Es gibt Öle, die sowohl für den Otto- als auch für den Diesel-Motor geeignet sind. In diesem Fall sind beide Spezifikationen (Beispiel: ACEA A3-96/B3-96 oder API SH/CD) auf der Öldose vermerkt.

Das richtige Motoröl für den VW BUS

VW hat für seine Modelle **eigene Ölnormen** festgelegt. Grundsätzlich sollen nur Öle verwendet werden, die diese Normen erfüllen. Die VW-Norm steht dann auf der Öldose. **Achtung:** Hinter der Norm muß ein Datum nicht älter als 10/91 stehen.

Für den **Benzinmotor** sind Mehrbereichsöle erforderlich, die die **VW-Norm 501 01** erfüllen. Es können auch Leichtlauföle der **VW-Norm 500 00** eingefüllt werden. Die Mehrbereichsöle (VW-501 01) sind in der Regel preiswerter. Sollte kein Öl dieser Spezifikation zur Verfügung stehen, kann vorübergehend ein Mehrbereichsöl der Spezifikation API-SF oder SG verwendet werden.

Achtung: VW hat mit der Einführung des Longlife-Service-Systems neuartige Motorenöle auf den Markt gebracht. Diese neuen Longlife-Motorenöle mit den VW-Spezifikationen **503 00** und **506 00** dürfen im VW BUS **nicht verwendet** werden. Es drohen sonst schwerwiegende Motorschäden.

Ölverbrauch

Bei einem Verbrennungsmotor versteht man unter dem Ölverbrauch diejenige Ölmenge, die als Folge des Verbrennungsvorganges verbraucht wird. Auf keinen Fall ist Ölverbrauch mit Ölverlust gleichzusetzen, wie er durch Undichtigkeiten an Ölwanne, Zylinderkopfdeckel usw. auftritt.

Normaler Ölverbrauch entsteht durch Verbrennung jeweils kleiner Mengen im Zylinder; durch Abführen von Verbrennungsrückständen und Abrieb-Partikeln. Zudem verschleißt das Öl durch hohe Temperaturen und hohe Drücke, denen es im Motor fortwährend ausgesetzt ist.

Ferner haben auch äußere Betriebsverhältnisse, Fahrweise sowie Fertigungstoleranzen einen Einfluß auf den Ölverbrauch. Der Ölverbrauch darf höchstens 1,0 l/1000 km betragen.

Unbedingt muß Öl nachgefüllt werden, wenn die »Nachfüll«-Markierung erreicht ist. **Achtung:** Nicht zuviel Öl auf einmal nachfüllen. Der Ölstand im Motor darf die MAX.-MArkierung am Ölmeßstab nicht übersteigen. Gegebenenfalls muß zuviel eingefülltes Öl wieder abgelassen oder abgesaugt werden.

Motorölwechsel

Der Ölwechsel ist bei Fahrzeugen bis 9.85 alle 7.500 km und bei Fahrzeugen ab 10.85 alle 15.000 km oder, falls weniger gefahren wird, einmal im Jahr durchzuführen. Alle 15.000 km wird gleichzeitig die Ölfilterpatrone gewechselt.

Achtung: Altöl muß auf jeden Fall bei den Altöl-Sammelstellen abgegeben werden. Die Öl-Verkaufsstellen nehmen die entsprechende Menge Altöl kostenlos entgegen! Außerdem informieren Gemeinde- und Stadtverwaltungen darüber, wo sich die nächste Sammelstelle befindet. Keinesfall darf Altöl einfach weggeschüttet oder dem Hausmüll mitgegeben werden.

- Motor auf Betriebstemperatur bringen (Öltemperatur 60° C).
- Gefäß zum Auffangen des Altöls unterstellen.
- Ölablaßschraube herausdrehen und Altöl ganz ablassen.
- Anschließend Ölablaßschraube mit neuem Dichtring einschrauben und fest, aber nicht mit zu großer Gewalt anziehen. Anzugsmoment: 25 Nm.
- Neues Öl am Einfüllstutzen einfüllen.

Füllmengen

ohne Filterwechsel	4,0 Liter
mit Filterwechsel	4,5 Liter

Die Mengendifferenz zwischen der Min.- und Max.-Markierung am Ölmeßstab beträgt 1 Liter.

- Nach Probefahrt Dichtigkeit der Ölablaßschraube überprüfen, gegebenenfalls vorsichtig nachziehen.
- Um die Betriebsverhältnisse des Motors besser überwachen zu können, soll beim Ölwechsel immer ein Öl gleichen Typs und möglichst auch gleicher Marke verwendet werden. Daher ist es zweckmäßig, bei jedem Ölwechsel ein Hinweisschild am Motor zu befestigen, auf dem Marke und Viskosität des Öles vermerkt sind.
- Wahllos abwechselnder Gebrauch verschiedener Öltypen ist ungünstig. Motorenöle gleichen Typs, aber verschiedener Marken sollen möglichst nicht gemischt werden. Motorenöle gleichen Typs und gleicher Marke, aber verschiedener Viskosität können im Bedarfsfall ohne weiteres nachgefüllt werden.

Ölfilterwechsel

Das Ölfilter ist alle 15.000 km gegen ein neues Filter auszutauschen.

- Die Werkstätten benutzen zum Lösen des Ölfilters ein spezielles Werkzeug. Steht dieses nicht zur Verfügung, kann auch ein Lederriemen genommen werden. Man kann auch einen spitzen Schraubendreher seitlich in die Ölfilterpatrone treiben. Beim Abschrauben läuft dann allerdings Öl aus – Gefäß unterstellen.
- Beim Einbau Hinweise auf dem Ölfilter beachten.
- Ölfilterflansch mit Kraftstoff reinigen.
- Gummidichtring am Ölfilter leicht einölen.
- Neues Ölfilter nur handfest anschrauben.
- Nach Probefahrt, Ölfilter auf Dichtigkeit überprüfen.

Ölpumpe/Ölfilter/Überdruckventil

Dichtungen und Dichtringe ersetzen

Ölkreislauf Füllmenge:

ohne Ölfilterwechsel – 4,0 l

mit Ölfilterwechsel – 4,5 l

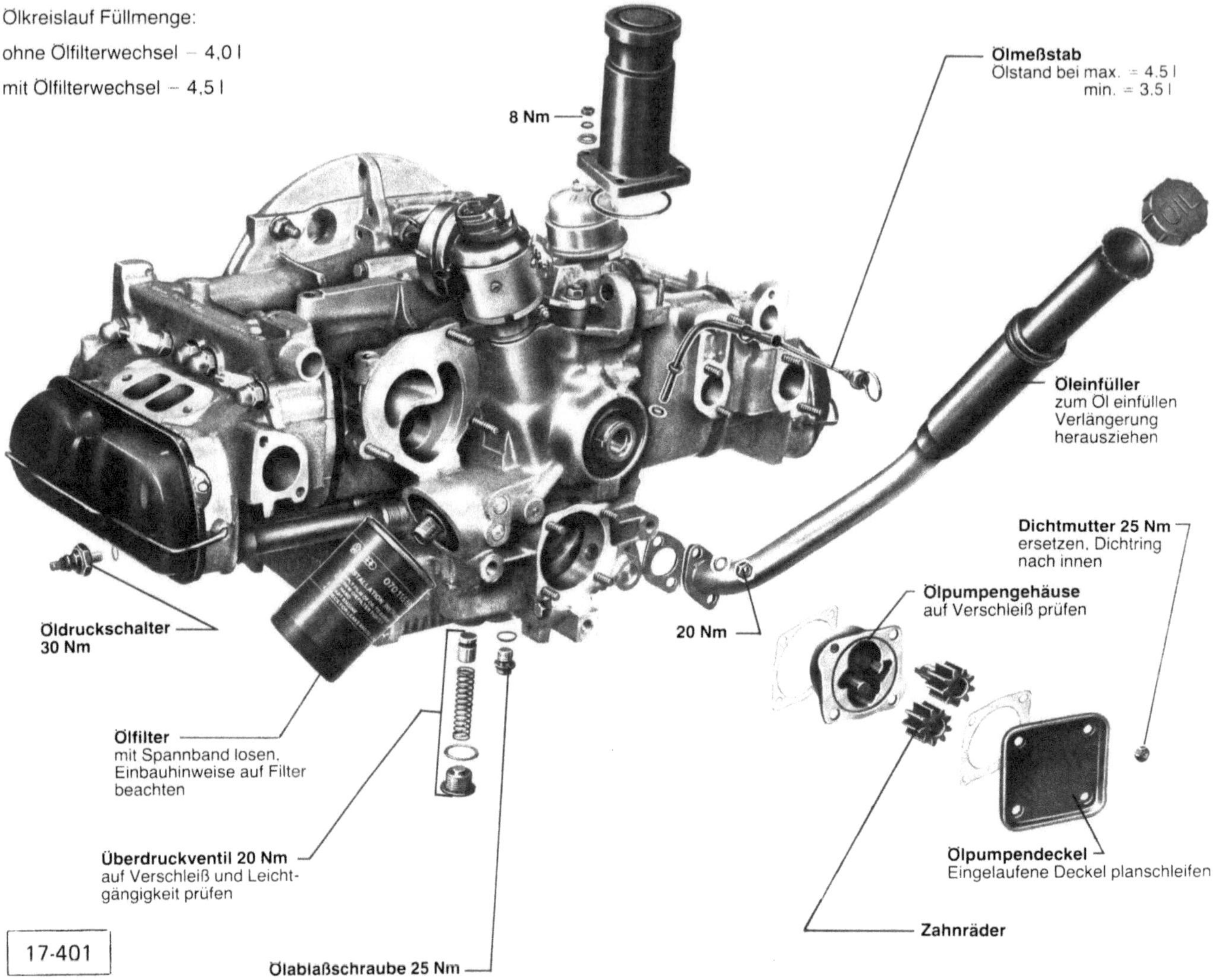

Der Boxermotor hat eine Druckumlaufschmierung mit Zahnradpumpe, Ölfilter, Ölsieb und Überdruckventil. Die Zahnradpumpe ist direkt mit der Nockenwelle verbunden und wird von ihr angetrieben. Die Ölpumpe saugt das Öl durch das Sieb aus dem Kurbelgehäuse und drückt es über den im Hauptstrom liegenden Ölfilter in die verschiedensten Ölkanäle.

Das im Hauptstrom angeordnete Überdruckventil regelt den Ölstrom zu den Ölkanälen, und zwar liegt der Kolben im Überdruckventil im Normalfall durch den Druck einer Feder im oberen Anschlag an. Dadurch kann das Öl ungehindert durch den Hauptkanal zu den Schmierstellen fließen. Sobald der Öldruck eine bestimmte Höhe erreicht hat, weicht der Kolben gegen den Federdruck aus. Dadurch wird ein Bypaßkanal geöffnet, so daß ein Teil des geförderten Öles in die Ölwanne zurückfließen kann.

Ölkühler bei einigen Modellen

Alle 2,1-l-Motoren sowie der 1,9-l-Syncro-Bus (Allradantrieb) seit 11.85 haben einen zusätzlichen Ölkühler am Ölfilterflansch. Der Ölkühler ist durch Schläuche mit dem Kühlsystem des Motors verbunden. Durch die Kühlung verschleißt das Öl langsamer und der Motor wird höher belastbar.

Ausbau

- Kühlmittelschläuche mit Schlauchklemme am Ölfilter abklemmen.
- Kühlmittelschläuche am Ölkühler abziehen, vorher Schlauchschellen aufschrauben und zurückschieben.
- Ölfilter von Hand oder mit Spannband abschrauben.
- Schraube –3– abschrauben und Ölkühler am Flansch abnehmen.

Einbau

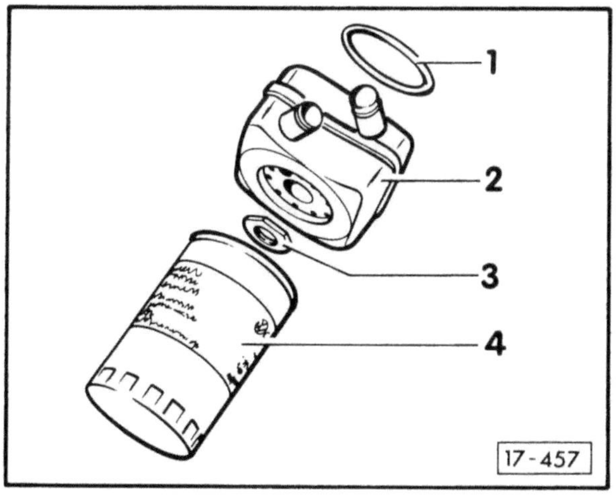

- O-Ring –1– immer ersetzen.
- Berührungsflächen des Ölkühlers –2– zum Flansch außerhalb des Dichtrings mit V.A.G-Dichtmittel AMV 188 100-02 einstreichen.
- Ölkühler ansetzen und anschrauben. Auf ausreichend Freigang zu umliegenden Bauteilen achten.
- Ölfilter –1– anschrauben. Hinweise auf dem Ölfilter beachten.
- Kühlmittelschläuche anschließen und mit Schraubschellen sichern.
- Kühlmittel auffüllen, siehe Seite 58.

Achtung: Werden bei Motorreparaturen Metallspäne sowie Abrieb in größeren Mengen festgestellt (verursacht durch Freßschäden, wie zum Beispiel Kurbelwellen- und Pleuellagerschäden), ist, um Folgeschäden zu vermeiden, neben der sorgfältigen Reinigung der Ölkanäle der Ölkühler zu ersetzen.

Ölüberdruckventil aus- und einbauen

Bei Störungen im Ölkreislauf muß das Ölüberdruckventil geprüft werden, denn der Ventilkolben kann im oberen oder unteren Totpunkt klemmen.

Klemmt der Kolben im oberen Totpunkt, wird das dickflüssige Öl bei kaltem Motor mit hohem Druck direkt in den Hauptölkanal gedrückt.

Klemmt der Kolben dagegen im unteren Totpunkt, nimmt das dünnflüssige Öl bei warmem Motor den Weg des geringsten Widerstandes und fließt zum größten Teil direkt in das Kurbelgehäuse zurück. Die Folge: Die Lagerstellen werden unzureichend geschmiert.

Ausbau

- Verschlußschraube mit breitem Schraubenzieher herausdrehen.
- Druckfeder und Kolben herausziehen. Ein festgeklemmter Kolben kann mit einem Gewindebohrer M 10, der vorher etwas in den Kolben hineingedreht wurde, herausgezogen werden.

Einbau

- Vor dem Einbau Kolben und Bohrung auf Freßspuren untersuchen. Wenn nötig, Freßspuren in der Bohrung vorsichtig entfernen und Kolben austauschen.
- Kolben und Feder einsetzen, neuen Dichtring für Verschlußschraube verwenden, Verschlußschraube mit 25 Nm anziehen.

Öldruckschalter prüfen/ aus- und einbauen

Nur Fahrzeuge bis 7.85

Der Öldruckschalter sitzt im Ölfilter und dient in Verbindung mit der Kontrollampe im Armaturenbrett zur Überwachung des Öldrucks. Der Membranschalter schließt oder unterbricht die Masseverbindung zur Kontrollampe.

Bei stillstehendem Motor – kein Öldruck – ist die Masseverbindung zur Kontrollampe geschlossen. Deshalb leuchtet bei eingeschalteter Zündung die Kontrollampe auf, da sich noch kein Öldruck aufgebaut hat.

Nach dem Starten baut sich normalerweise sofort ein Öldruck auf. Die Membrane im Schalter verschiebt die Kontaktplatte im Innern des Schalters, die Masseverbindung wird aufgehoben, die Kontrollampe erlischt und zeigt damit an, daß genügend Öldruck vorhanden ist. Wenn bei scharfer Kurvenfahrt die Kontrollampe kurzzeitig aufleuchtet, ist dies in der Regel ein Hinweis auf einen zu geringen Ölstand.

Ausbau

- Elektrische Leitung von Öldruckschalter abziehen, Öldruckschalter herausschrauben.
- Beim Einbau Öldruckschalter gefühlvoll anziehen. Anziehdrehmoment: 30 Nm.

Prüfen

- Öldruckschalter ausbauen und Schalter in geeignetes Prüfgerät einschrauben.

- Prüfgerät anstelle des Öldruckschalters in Ölkühler einschrauben.

- Leitung –1– (blau) des Prüfgerätes mit Öldruckschalter und Leitung vom Öldruckschalter verbinden, Leitung –2– (braun) an Masse legen.
- Zündung einschalten. Kontrollampe für Öldruck muß leuchten (Voraussetzung Lampe und Leitung sind i. O.), sonst Schalter ersetzen.
- Motor starten, Drehzahl und damit Öldruck langsam erhöhen. Bei einem Überdruck von 0,15–0,45 bar (atü) soll die Lampe erlöschen.
- Motordrehzahl weiter erhöhen. Bei 2000 U/min. und +80° C Öltemperatur soll der Öldruck mindestens 2,0 bar (atü) betragen.
- Falls der Druck bei dieser Drehzahl nicht erreicht wird, ist dies ein Hinweis auf verschlissene Kurbelwellenlager.

Die dynamische Öldruckkontrolle

Nur Fahrzeuge ab 8.85

Der VW BUS seit August '85 ist mit einer dynamischen Öldruckkontrolle ausgerüstet. Das heißt, die Öldruckkontrolle erfolgt in Abhängigkeit von der Motordrehzahl.

Liegt die Motordrehzahl unter 2000/min und sinkt gleichzeitig der Öldruck unter 0,3 bar, so blinkt die Warnleuchte für Öldruck am Armaturenbrett. Bei einer Motordrehzahl über 2000/min muß der Öldruck mindestens 0,9 bar betragen, sonst blinkt wiederum die Warnleuchte auf und der Summer ertönt.

Blinkt während der Fahrt die Warnleuchte und ertönt der Summer, zunächst sofort den Motor abstellen und Ölstand prüfen, gegebenenfalls korrigieren. War der Ölstand in Ordnung, beziehungsweise gibt die Öldruckkontrolle nach der Ölstandkorrektur immer noch Alarm, darf die Fahrt keinesfalls fortgesetzt werden. Fahrzeug abschleppen lassen und Fehler nach Störungstabelle aufspüren.

Öldruckschalter / Öldruck prüfen

Nur Fahrzeuge ab 8.85

Der 0,3-bar-Öldruckschalter ist an der braunen oder schwarzen Isolierung erkennbar. Er befindet sich anstelle des seitherigen Öldruckschalters zwischen den Stößelschutzrohren. Der zusätzliche 0,9-bar-Öldruckschalter (graue Isolierung) sitzt links neben der Ölpumpe.

- Ölstand kontrollieren.
- Elektrische Leitungen für beide Öldruckschalter nach Stromlaufplan überprüfen.

0,9-bar-Öldruckschalter prüfen

- Befestigungsmutter für Auspuffabdeckung (unter der Ölpumpe) abschrauben. Abdeckblech zur Seite drücken.
- 0,9-bar-Öldruckschalter herausschrauben, vorher Kabel abziehen.

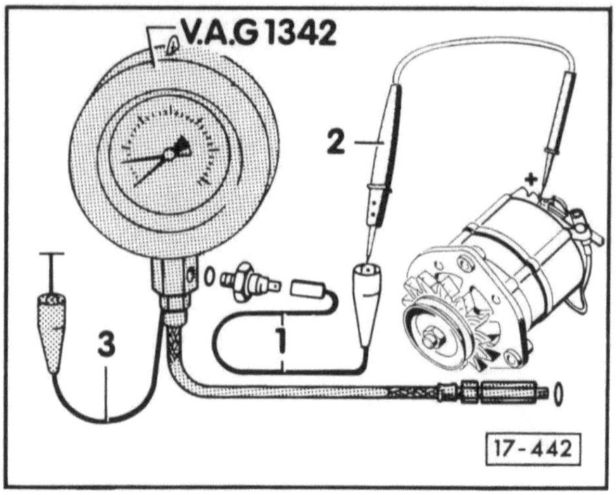

- Anstelle des Öldruckschalters geeignetes Manometer einschrauben.
- Falls das V.A.G-Meßgerät verwendet wird, Öldruckschalter am Prüfgerät einschrauben.

Achtung: Die beschriebene Prüfung kann nur durchgeführt werden, wenn der Schalter am Manometer eingeschraubt werden kann. Ansonsten kann nur der 0,3-bar-Öldruckschalter geprüft werden.

- Prüfgerät mit Hilfsleitung gegen Masse legen.
- Steckkontakt am 0,3-bar-Schalter mit Hilfsleitung –A– an den Pluspol am Generator (oder an Batterie-Pluspol) anlegen. Dabei darf keine Spannung angezeigt werden, Prüflampe oder Leuchtdiode leuchtet nicht.
- Motor starten und Drehzahl langsam erhöhen.
- Sobald das Manometer 0,75 – 1,05 bar anzeigt, muß Spannung angezeigt werden, beziehungsweise Prüflampe muß leuchten. Andernfalls 0,9-bar-Öldruckschalter ersetzen.

0,3-bar Öldruckschalter prüfen

- Prüfmanometer bleibt wie bei der Prüfung des 0,9-bar-Schalters angeschlossen.

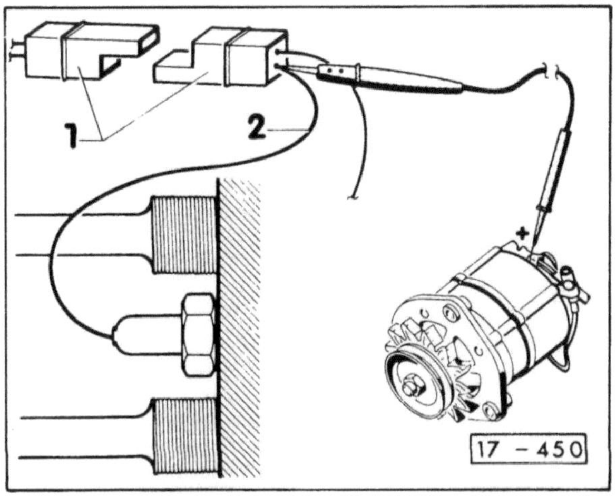

- Elektrische Leitung –1– vom 0,3-bar-Öldruckschalter abziehen. Der Schalter sitzt links neben den Stößelschutzrohren.
- Steckkontakt –2– am Schalter mit Hilfsleitung und Spannungsmesser am Plusanschluß des Generators (oder an den Pluspol der Batterie) anlegen. Bei abgestelltem Motor muß Spannung angezeigt werden, sonst Schalter ersetzen.
- Motor starten und Drehzahl langsam erhöhen. Dabei Manometer beobachten.
- Bei einem Überdruck von **0,15 bis 0,45 bar** muß der Öldruckschalter ausschalten, keine Spannung darf mehr angezeigt werden (beziehungsweise Prüflampe erlöscht).

Öldruck prüfen

- Motor starten, Drehzahl auf 2000/min erhöhen. Bei einer Öltemperatur von +80° C soll der Öldruck bei dieser Motordrehzahl mindestens 2,0 bar betragen.
- Geringerer Öldruck weist auf verschlissene Kurbelwellenlager hin.
- Öldruckschalter mit Dichtring einsetzen und mit 30 Nm festziehen.

Ölpumpe aus- und einbauen

Ausbau

- Der Ausbau der Ölpumpe ist auch bei eingebautem Motor möglich.
- Motoröl ablassen.
- Abdeckblech für Schalldämpfer ausbauen.
- Motor mit Werkstattwagenheber und breiter Holzunterlage abstützen.
- Motorträger abschrauben, siehe Seite 111.
- Keilriemen ausbauen, siehe Seite 202.
- Keilriemenscheibe ausbauen.
- 4 Muttern am Pumpendeckel abschrauben.
- Deckel der Pumpe mit Dichtung abnehmen und Zahnräder herausnehmen.

- Ölpumpengehäuse durch leichte Schläge mit einem Gummihammer heraustreiben, oder mit einem Spezialabzieher (V.A.G-Nr.: VW 201) abziehen.

Prüfen

Vor dem Einbau Ölpumpengehäuse und Lagerstellen der Zahnräder auf Verschleiß prüfen. Eingelaufene Flächen im Gehäuse führen zu Öldruckverlust.

- Festen Sitz der eingesteckten kurzen Zahnradachse im Gehäuse prüfen und, wenn nötig, Gehäuse erneuern.

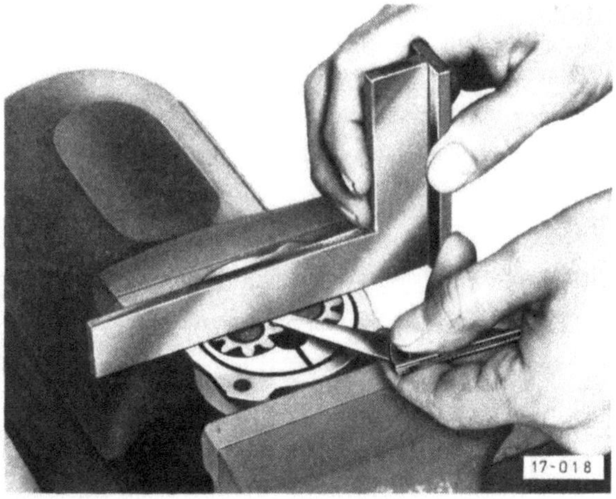

- Axialspiel der Ölpumpe prüfen. Hierzu Stahllineal auf Ölpumpengehäuse legen und Spiel mit einer Fühlerblattlehre prüfen. Das Spiel darf maximal 0,1 mm betragen.
- Pumpendeckel auf Einlaufspuren prüfen, eingelaufenen Deckel planschleifen oder erneuern.
- Ablageflächen für das Ölpumpengehäuse am Kurbelgehäuse auf Sauberkeit und Beschädigungen prüfen.

Einbau

- Ölpumpengehäuse mit neuer Dichtung einsetzen und Zahnräder aufstecken.
- Kurbelwelle zweimal drehen, damit sich die Nockenwelle einmal dreht und dabei die Zahnräder antreibt. Die Zahnräder werden dadurch im Pumpengehäuse zentriert.
- Deckel mit neuer Dichtung ansetzen, Dichtmuttern ersetzen und mit 25 Nm festziehen, ohne dabei die Lage des Pumpengehäuses zu verändern. Der Dichtring an den Muttern zeigt nach innen.
- Keilriemenscheibe einbauen.
- Keilriemen einbauen, siehe Seite 202.
- Motorträger anschrauben, siehe Seite 111.
- Abdeckblech für Schalldämpfer anbauen.
- Motoröl auffüllen.
- Nach Probefahrt Ölpumpe auf Dichtigkeit kontrollieren.

Störungstabelle Ölkreislauf

Störung	Ursache	Abhilfe
Kontrolleuchte leuchtet nicht nach Einschalten der Zündung	0,3-bar-Öldruckschalter defekt	■ Zündung einschalten, Leitung vom Öldruckschalter abziehen und gegen Masse halten. Wenn die Kontrolleuchte aufleuchtet, Schalter ersetzen
	Strom zum Schalter unterbrochen, Kontakte korrodiert	■ Elektrische Leitung und Anschlüsse prüfen
	Kontrollampe defekt	■ Kontrollampe ersetzen
	Steuergerät defekt*	■ Steuergerät ersetzen. Das Steuergerät sitzt im Schalttafeleinsatz
Kontrollicht verlischt nicht nach Anspringen des Motors	Öl sehr warm	■ Unbedenklich, wenn Kontrollicht beim Gasgeben verlischt
Kontrollicht verlischt nicht beim Gasgeben bzw. leuchtet während der Fahrt	Öldruck zu gering	■ Ölstand prüfen, ggf. auffüllen; Öldruck nach Vorschrift prüfen
	Elektrische Leitung zum 0,3-bar-Öldruckschalter hat Kurzschluß gegenüber Masse	■ Kabel am Schalter abziehen und isoliert ablegen (nicht gegen Masse legen), Zündung einschalten. Wenn die Kontrollampe aufleuchtet, Leitung überprüfen
	0,3-bar-Öldruckschalter defekt	■ Schalter auswechseln
Kontrolleuchte blinkt während der Fahrt, Summer ertönt*	Öldruckschalter 0,9 bar ist defekt	■ Öldruck prüfen, Öldruckschalter prüfen. Ist der Öldruck in Ordnung obwohl der Summer ertönt, kann für die Weiterfahrt kurzfristig die elektrische Leitung abgezogen und gegen Masse gelegt werden. Falls der Summer immer noch ertönt, Steuerrelais aus der Fassung ziehen. Öldruckschalter sowie Steuergerät sobald wie möglich prüfen, ggf. ersetzen.
Zu niedriger Öldruck im gesamten Drehzahlbereich	Zu wenig Öl im Motor	■ Motoröl nachfüllen
	Ansaugsieb in der Saugglocke verschmutzt	■ Motor zerlegen, Ansaugsieb reinigen
	Ölpumpe verschlissen	■ Ölpumpe ausbauen und prüfen, gegebenenfalls ersetzen
	Lagerschaden	■ Motor demontieren
Zu niedriger Öldruck im unteren Drehzahlbereich	Öldruckregelventil klemmt in offenem Zustand durch Verschmutzung	■ Ventil ausbauen und prüfen
Zu hoher Öldruck bei Drehzahlen über 2000/min	Öldruckregelventil öffnet nicht wegen Verschmutzung	■ Ventil ausbauen und prüfen

*) Nur Fahrzeuge seit 8.85

Motor-Kühlung

Hinweis:
Dichtungen immer ersetzen. Alle Teile des Kühlsystems können bei eingebautem Motor aus- und eingebaut werden.

Alle Schläuche mit Schlauchschellen so befestigen, daß auch Federbandschellen bei eingebautem Motor mit einer Zange ausbaubar sind.

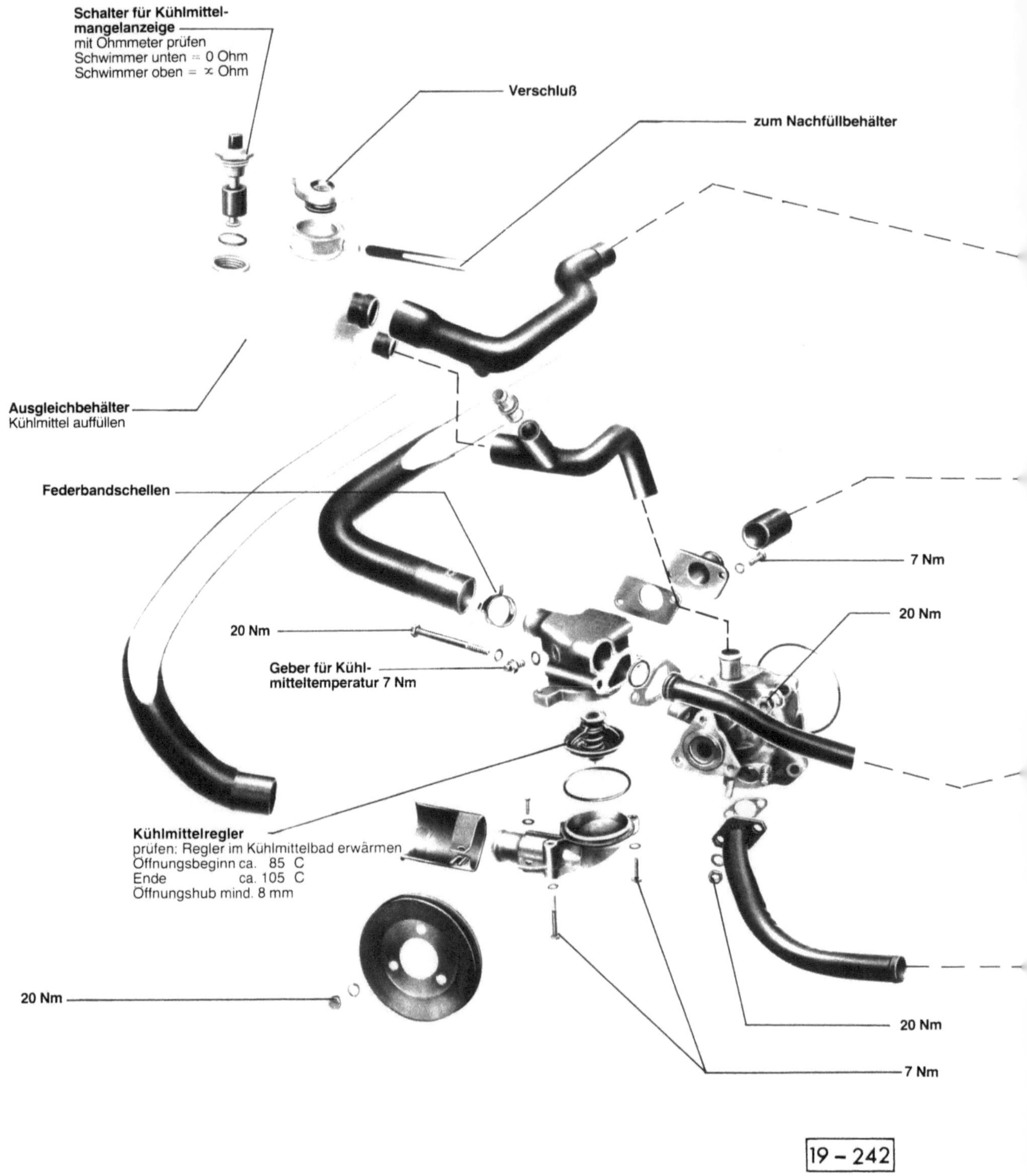

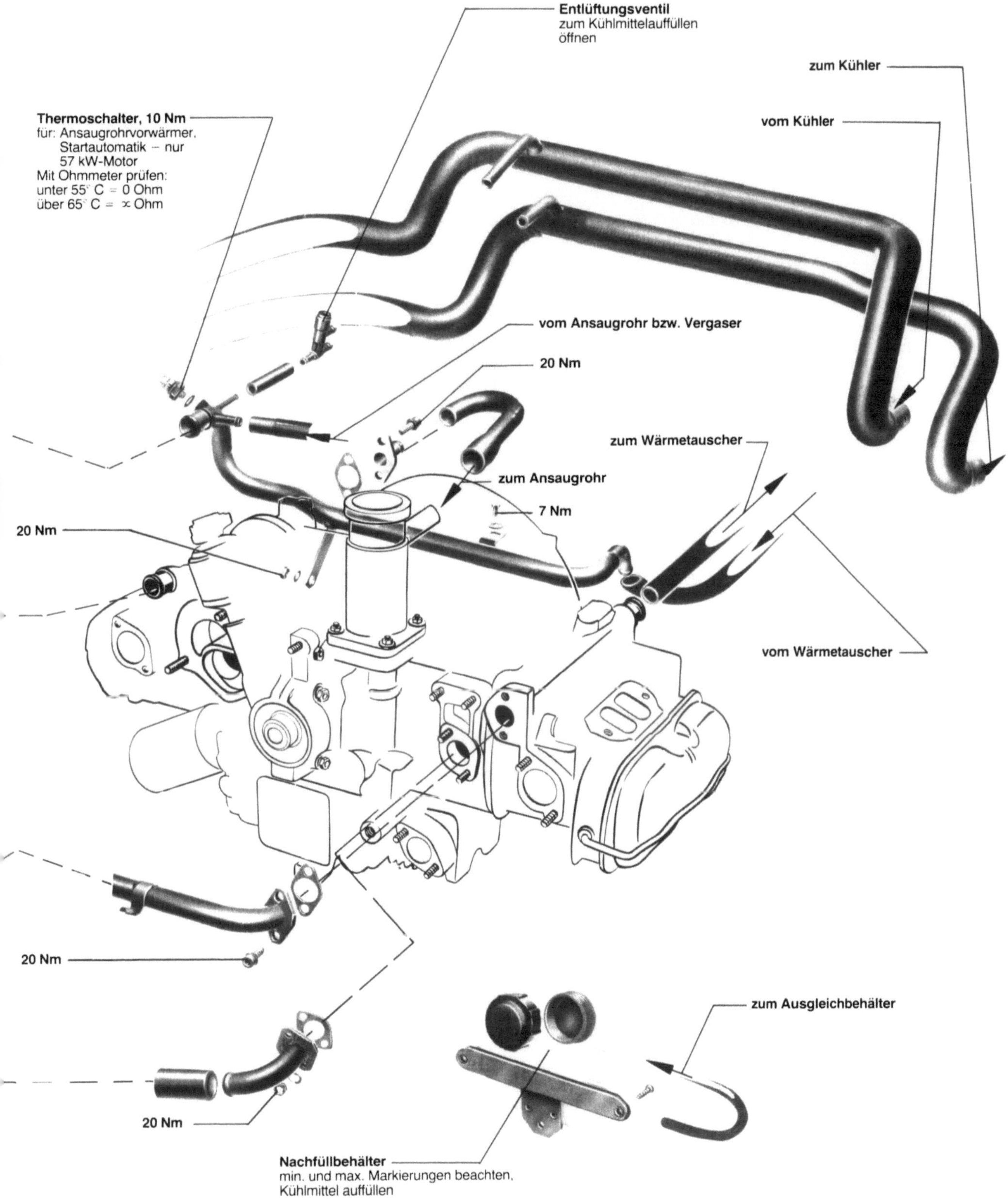
Entlüftungsventil
zum Kühlmittelauffüllen öffnen
zum Kühler
vom Kühler
Thermoschalter, 10 Nm
für: Ansaugrohrvorwärmer, Startautomatik – nur 57 kW-Motor
Mit Ohmmeter prüfen:
unter 55° C = 0 Ohm
über 65° C = ∞ Ohm
vom Ansaugrohr bzw. Vergaser
20 Nm
zum Wärmetauscher
zum Ansaugrohr
7 Nm
20 Nm
vom Wärmetauscher
20 Nm
zum Ausgleichbehälter
20 Nm
Nachfüllbehälter
min. und max. Markierungen beachten, Kühlmittel auffüllen

19-251

Der Kühlmittelkreislauf

Die Kühlung ist als Flüssigkeitskühlung mit Umwälzpumpe und Kühlmittelregler (Thermostat) ausgelegt. Das Kühlmittel ist korrosionsverhütend und muß im Sommer wie im Winter verwendet werden. Vor Beginn der kalten Jahreszeit sollte das Kühlmittel auf den Gehalt des Frostschutzes überprüft werden. Der Kühlerrenkverschluß ist mit einem Überdruckventil versehen, der einen Überdruck von ca. 0,9 bis 1,15 bar im Kühlsystem hält und damit den Siedepunkt des Kühlmittels auf etwa 120 C heraufsetzt.

Die Kühlmittelpumpe saugt das Kühlmittel aus dem Gehäuse für Kühlmittelregler an. Von der Pumpe gelangt das Kühlmittel in das Motorengehäuse und umspült die Zylinder. Es fließt weiter in die Zylinderköpfe und kühlt Brennraum und Ventile. Vom linken Zylinderkopf wird Kühlmittel durch einen Schlauch zur Vorwärmung des Ansaugrohrs abgezweigt und über den Ausgleichbehälter dem Kreislauf wieder zugeführt. Vom rechten Zylinderkopf wird Kühlmittel für Heizungszwecke zum Wärmetauscher nach vorn geleitet. Bei geöffnetem Heizungsventil kann das Kühlmittel zirkulieren.

Beim Registervergaser 2E3 (57-kW-Motor) wird die Startautomatik elektrisch und durch Kühlmittel beheizt. Bei einer Kühlmitteltemperatur von ca. 60 C wird über einen Temperaturschalter die elektrische Beheizung der Startautomatik und des Gemischvorwärmers ausgeschaltet.

Durch den Anstieg der Kühlmitteltemperatur öffnet der Kühlmittelregler die Drossel für den großen Kreislauf. Durch diesen Vorgang wird der große Kreislauf erst dann zugeschaltet, wenn die Temperatur es erfordert.

Im Ausgleichbehälter sitzt ein Geber für Kühlmittelmangel. Dieser Geber arbeitet als Schwimmerschalter. Bei Kühlmittelmangel geht der Schwimmer nach unten und schließt einen Kontakt. Dadurch blinkt die Kontrollampe für Kühlmittelmangel.

Bei Fahrzeugen mit automatischem Getriebe sitzt unter der hinteren Sitzbank ein Wärmetauscher mit Gebläse, weil der Ausströmer im Durchgang aus konstruktiven Gründen entfällt. Bei allen anderen Transportern für den Personentransport kann der Wärmetauscher als M-Ausstattung eingebaut werden.

Kühler-Frostschutzmittel

Die Kühlanlage wird ganzjährig mit einer Mischung aus Wasser und Kühlerfrost- und Korrosions-Schutzmittel befüllt. Dies verhindert Frost- und Korrosionsschäden, Kalkansatz und hebt außerdem die Siedetemperatur des Kühlmittels an. Im Kühlkreislauf entsteht durch die Ausdehnung der Flüssigkeit bei Erwärmung ein Überdruck, was ebenfalls zur Siedepunkterhöhung der Kühlflüssigkeit beiträgt. Der Druck wird durch ein Ventil im Verschlußdeckel am Ausgleichbehälter begrenzt, das bei 1,4 - 1,6 bar öffnet. Erforderlich ist der höhere Siedepunkt der Kühlflüssigkeit für ein einwandfreies Funktionieren der Motor-Kühlung. Bei zu niedrigem Siedepunkt der Flüssigkeit kann es zu einem Hitzestau kommen, wodurch der Kühlkreislauf behindert und die Kühlung des Motors vermindert wird. Deshalb muß das Kühlsystem unbedingt ganzjährig mit einer Kühlkonzentrat-Mischung gefüllt sein.

Bis 6/96 wird von VW der Kühlmittelzusatz **G11-A8C** verwendet. Zum Nachfüllen kann **G11-A8C** oder ein anderes Kühlkonzentrat mit dem Vermerk »gemäß TL-VW 774 **C**« verwendet werden. **Hinweis:** Das Kühlkonzentrat **G11** ist an der **grünen Farbe** erkennbar.

Seit 7/96 verwendet VW den Kühlmittelzusatz **G12**. Zum Nachfüllen kann **G12** oder ein anderes Kühlkonzentrat mit dem Vermerk »gemäß TL-VW 774 **D**« verwendet werden. **Hinweis:** Das Kühlkonzentrat **G12** ist an der **roten Farbe** erkennbar.

Achtung: Die Kühlmittelzusätze **G11** und **G12** dürfen **nicht vermischt** werden, sonst kommt es zu **schwerwiegenden Motorschäden.** Braunes Kühlmittel (G11 und G12 vermischt) sofort wechseln.

Fahrzeuge **mit** G11-Füllung können auf das neue (bessere) G12 umgestellt werden. Dazu Kühlsystem vollständig entleeren. Kühlsystem mit reinem Wasser auffüllen und Motor 2 Minuten laufen lassen, damit es durchgespült wird. Wasser wieder ablassen und anschließend mit Druckluft in den Ausgleichbehälter blasen, damit das Kühlsystem vollständig entleert wird. Ablaßschraube schließen und neue Wasser/G12-Mischung einfüllen.

Frostschutz bis	Wasserbehälter mit Ausgleichbehälter	
	G11/G12	Wasser
-25° C	7,0 Liter	10,5 Liter
-35° C*	8,75 Liter	8,75 Liter

* Für Länder mit kaltem Klima als Mehrausstattung 642 lieferbar.

Kühlmittel ablassen/auffüllen

Das Kühlmittel muß nur nach Reparaturen am Kühlsystem, bei denen das Kühlmittel abgelassen wurde, erneuert werden. Ein Wechsel im Rahmen der jährlichen Wartung ist nicht vorgesehen. Falls bei Reparaturen ein Zylinderkopf, der Kühler, der Wärmetauscher oder der Motor ersetzt werden, muß die Kühlflüssigkeit auf jeden Fall ersetzt werden. Das ist erforderlich, weil sich die Korrosionsschutzanteile in der Einlaufphase an den neuen Leichtmetallteilen absetzen und somit eine dauerhafte Korrosionsschicht bilden. Bei gebrauchter Kühlflüssigkeit ist der Korrosionsschutzanteil in der Regel nicht mehr groß genug, um eine ausreichende Schutzschicht an den neuen Teilen zu bilden.

Achtung: Abgelassene Kühlflüssigkeit soll nicht wiederverwendet werden. Kühlflüssigkeit ist leicht giftig und sollte nicht einfach weggeschüttet oder dem Hausmüll mitgegeben werden. Gemeinde- und Stadtverwaltungen informieren darüber, wie die örtlichen Bestimmungen zum Umgang mit Problemstoffen lauten.

Ablassen

Bei Instandsetzungen am Motor:

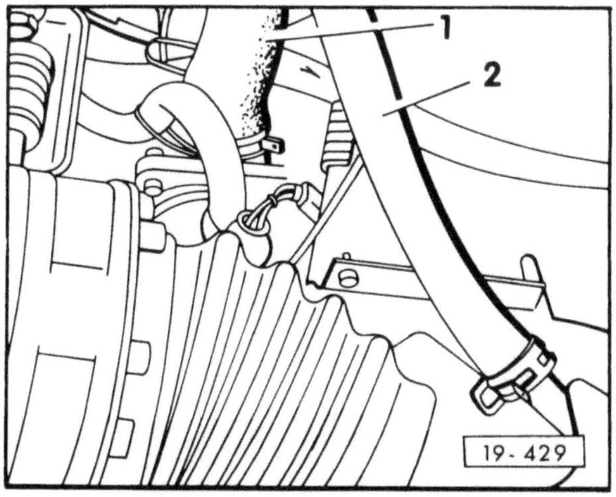

- Schlauch –1– vom Kühler zum Gehäuse für Kühlmittelregler mit geeigneter Schlauchklemme, zum Beispiel V.A.G 3093, verschließen.
- Schlauch –2– vom Wärmetauscher (Heizung) zum Kühlmittelrohr mit Schlauchklemme 3094 verschließen.

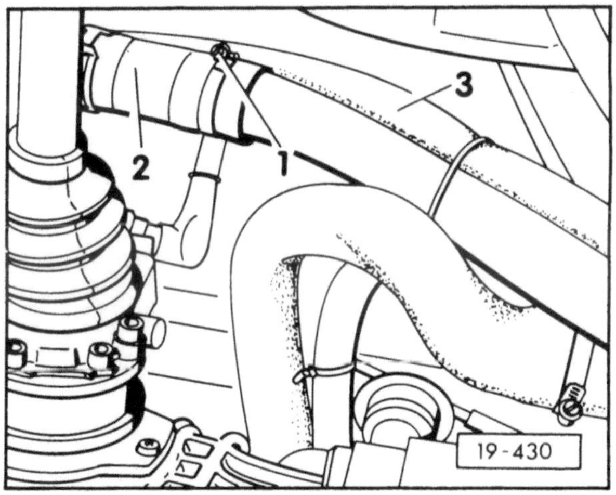

- Schlauchklemme –1– lösen und Schlauch –2– vom Kühler zum Verteilerstück Schlauchklemme 3093 abklemmen.
- Schlauch –3– vom Wärmetauscher (Heizung) zum Verteilerstück mit Schlauchklemme 3094 verschließen.

- Kühlmittel an den Ablaßschrauben –1– der Zylinderköpfe ablassen.
- Verschluß für Ausgleichbehälter öffnen.

Bei Instandsetzungen am Kühler:

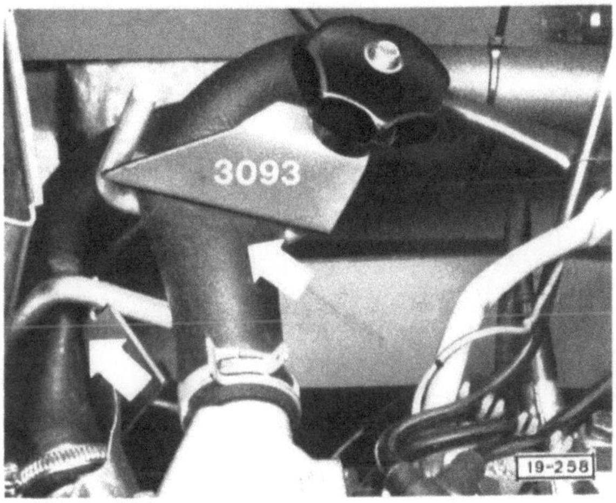

- Kühlmittelschläuche vor dem Abnehmen mit Schlauchklemme verschließen – Pfeile –.

Auffüllen

- Ablaßschrauben an den Zylinderköpfen mit neuem Dichtring einschrauben.
- Heizungsregulierung voll auf warm stellen.
- Kühlergrill ausbauen, siehe Seite 222.

- Entlüftungsventil am Kühler öffnen. (Falls Entlüftungsschraube vorhanden, diese ca. 3 Umdrehungen lösen).

- Entlüftungsventil im Motorraum öffnen. A = auf, B = zu.

- Ausgleichbehälter befüllen, bis dieser randvoll ist (ca. 8,0 l).
- Motor anlassen.
- Bei ca. 2000/min. so lange nachfüllen, bis Kühlmittel aus dem Entlüftungsventil am Kühler blasenfrei austritt.
- Ausgleichbehälter randvoll befüllen und verschließen (Abb. 19-261).
- Zündung ausschalten.
- Fahrzeug vorn unter dem Querträger mit Werkstatt-Wagenheber und Holzunterlage oder mit Zweistempel-Hebebühne ca. 40 cm anheben.
- Bei Motordrehzahl ca. 2000/min., Ausgleichbehälter wieder öffnen.
- Entlüftungsventil am Kühler nach blasenfreiem Kühlmittelaustritt schließen.
- Entlüftungsventil im Motorraum schließen (Abb. 19-260).
- Gegebenenfalls Kühlmittel nachfüllen und Ausgleichbehälter verschließen.
- Motor abstellen.

- Nachfüllbehälter bis Markierung „max“ befüllen.

Der Kühler

Hinweis:
Kühlmittelschläuche mit Schlauchschellen befestigen.

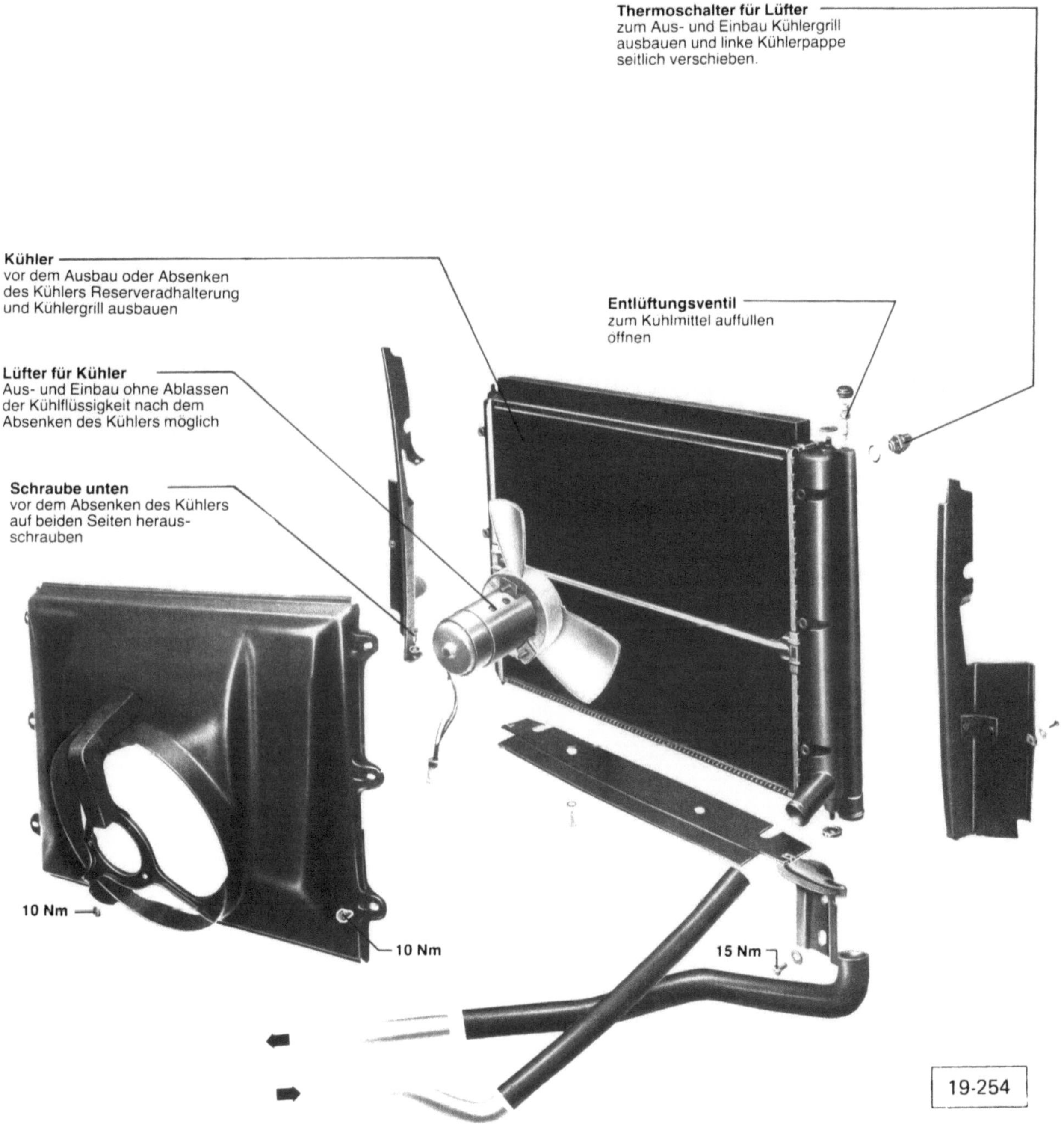

Kühler aus- und einbauen

Ausbau

- Kühlergrill ausbauen, dazu 5 Schlitzschrauben senkrecht stellen und Grill herausnehmen.
- Kühlmittel ablassen und auffangen, oder Kühlmittelschläuche am Kühler mit Schlauchklemmen abklemmen. Dann läuft beim Ausbau des Kühlers die Kühlflüssigkeit nur aus dem Kühler aus.
- Fahrzeug vorn aufbocken.
- Reserverad ausbauen, dazu Sechskantschraube herausdrehen und Fanghaken ziehen. **Achtung:** Reserveradschüssel fällt nach unten, **Verletzungsgefahr!**
- Halterung für Reserverad am Gelenk der Schüssel durchschlagen, Schüssel abnehmen, Halterung zur Seite klappen.
- Schellen an den Kühlmittelschläuchen öffnen, Schläuche vom Kühler abziehen.
- Aus der Kühlerabdeckung links und rechts je eine Schraube herausdrehen.
- Vom Thermoschalter für Lüfter und Steckverbindung für Lüfter Kabel abziehen.
- Links und rechts unten Halter für Kühler abschrauben, Kühler absenken.
- Kühler komplett mit Lüfter nach unten herausnehmen.

Einbau

- Kabel für Thermoschalter aufschieben.
- Kühler mit Lüfter einsetzen. Auf den Haltebolzen für Kühler Gummiunterlage auflegen.
- Kühler einrasten und mit Haltern befestigen, Gummiunterlage bei den Haltern nicht vergessen.
- Steckverbindung für Lüftermotor verbinden.
- Kühlmittelschläuche für Kühler aufschieben und mit Schlauchschellen befestigen.
- In die Kühlerabdeckung rechts und links je eine Schraube eindrehen.
- Kühlmittel auffüllen, Anlage entlüften.
- Reserveradschüssel einbauen, Reserverad einlegen und Schüssel festschrauben.
- Kühlergrill einsetzen und mit 5 Schrauben befestigen.
- Nach Probefahrt kontrollieren, ob Kühlmittel an den Schlauchanschlüssen austritt, gegebenenfalls Schellen nachziehen.

Kühlmittelregler aus- und einbauen

Der Kühlmittelregler befindet sich in einem Gehäuse, das an der Kühlmittelpumpe links im Motorraum angeflanscht ist.

Ausbau

- Beide Kühlmittelschläuche, die zum Kühlmittelreglergehäuse führen, mit Schlauchklemmen verschließen, oder Kühlmittel ablassen und auffangen.
- Fahrzeug hinten aufbocken.
- Mit Steckschlüssel 2 Sechskantschrauben aus Reglergehäuse herausschrauben.
- Gehäuseflansch nach unten wegziehen und Regler herausnehmen.

Einbau

- Vor dem Einbau gegebenenfalls Kühlmittelregler prüfen.
- Kühlmittelregler so einsetzen, daß die Feder oben im Gehäuse sitzt.
- Flansch für Gehäuse mit neuem Dichtring ansetzen, beide Befestigungsschrauben mit 7 Nm festziehen.
- Kühlmittel auffüllen.
- Nach einer Probefahrt prüfen, ob der Dichtring am Gehäuse abdichtet.

Kühlmittelregler prüfen

Wenn der Kühlmittelregler nicht öffnet, neigt der Motor zur Überhitzung. Bleibt das Thermostat ständig offen, erreicht der Motor nicht seine Betriebstemperatur.

- Kühlmittel ablassen.
- Kühlmittelregler ausbauen, Regler in reinem Kühlmittel erwärmen.
- Temperatur mit einem Thermometer kontrollieren.

Regler-Öffnungsbeginn: ca. 85° C. Ende bei ca. 105° C. Öffnungshub mind. 8 mm.

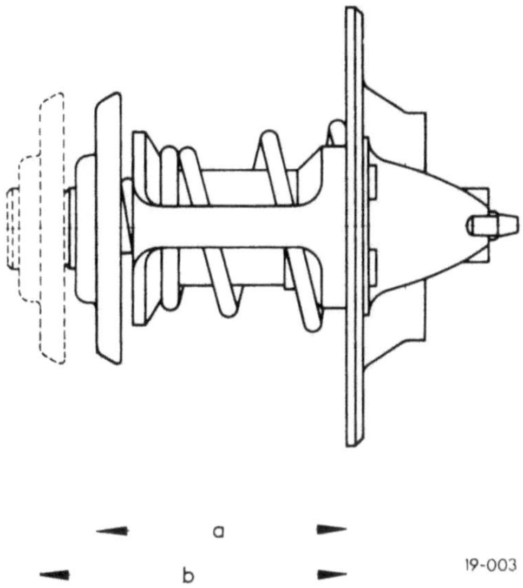

19-003

- Vor Erhitzen des Reglers Maß „a" messen.
- Nach Erhitzen des Reglers auf ca. 100° C muß Maß „b" gegenüber Maß „a" um mindestens 8 mm größer sein.

Geber für Kühlmitteltemperaturanzeiger aus- und einbauen

Der Geber sitzt seitlich im Gehäuse für Kühlmittelregler, links im Motorraum.

- Kabelschuh vom Geber abziehen.
- Geber herausdrehen.
- Beim Einbau beachten: Geber mit neuem Dichtring ansetzen. Geber vorsichtig mit 7 Nm festziehen.

Thermoschalter für Elektrolüfter aus- und einbauen/prüfen

Der Thermoschalter ist zu prüfen, wenn bei heißem Motor der Lüfter nicht einschaltet. Prüfvoraussetzung: Kühlmittelregler, Kühler und Verschlußdeckel für Kühlsystem sind in Ordnung.

Der Thermoschalter für den Elektrolüfter sitzt links unten am Kühler. Der Thermoschalter hat zwei Schaltstufen. Bei erhöhter Temperatur schaltet er den Lüfter auf eine höhere Geschwindigkeit, siehe Tabelle.

Ausbau

- 5 Blechschrauben aus unterem Kühlergrill herausdrehen, Kühlergrill abnehmen.
- Stecker vom Geber abziehen, Geber herausdrehen.
- Kühler mit geeignetem Stopfen verschließen oder vorher Kühlmittel ablassen und auffangen.

Einbau

- Schalter mit neuem Dichtring ansetzen und mit 7 Nm festziehen.
- Elektrischen Steckkontakt aufschieben.

Prüfen

Motorleistung		Schalttemperatur Ein	Schalttemperatur Aus
60[1], 78, 90 PS	1. Stufe	93 – 98°C	88 – 93°C
	2.Stufe	99 – 105°C	91 –97°C
92, 95, 112 PS	1. Stufe	89 – 94°C	81°C
	2. Stufe	95 – 100°C	87°C

[1] Nur 1. Schaltstufe

- Sicherung für Lüftermotor prüfen, gegebenenfalls ersetzen.
- Prüfen, ob der Kühler im Bereich des Thermoschalters überhaupt heiß wird.
- Stecker vom Thermoschalter abziehen, die Klemmen der 3 Leitungen zum Thermoschalter mit kurzer Prüfleitung verbinden. Am Kabelstecker der Zuleitung zuerst Klemme + (plus) mit Klemme 1 verbinden, dann mit Klemme 2.
  Wenn der Elektrolüfter jetzt beidesmal anläuft, Thermoschalter ersetzen.
- Wenn der Lüfter nicht oder nur einmal anläuft, elektrische Leitungen gemäß Stromlaufplan prüfen. Anschlüsse auf guten Kontakt und festen Sitz kontrollieren. Gegebenenfalls Lüftermotor ersetzen.
- Neuen Thermoschalter auf Funktion überprüfen. Motor warmfahren und so lange im Leerlauf laufen lassen, bis der Lüfter für Kühlmittel einschaltet.

Kühlmittelpumpe aus- und einbauen

Die Kühlmittelpumpe sitzt links am Motor.

Ausbau

- Kühlmittel ablassen.
- Beide Schläuche zum Gehäuse für Kühlmittelregler abnehmen.
- Oberen Schlauch zur Kühlmittelpumpe abnehmen.
- Kabelschuh vom Geber für Kühlmitteltemperatur abziehen.
- Am Gehäuse für Kühlmittelregler hinten Flansch mit Schlauch abschrauben.
- Am rechten Zylinderkopf Kühlmittelrohr abschrauben, Klemme für Ölpeilstabrohr aufbiegen, Rohr aus Gehäuse für Kühlmittelregler herausziehen.
- 3 Schrauben aus Keilriemenscheibe für Kühlmittelpumpe herausdrehen.
- Unten an der Kühlmittelpumpe Flansch für Kühlmittelrohr mit abgewinkeltem Innensechskantschlüssel herausdrehen.
- 3 Befestigungsschrauben für Kühlmittelpumpe – 2 rechts, eine links – herausdrehen, Kühlmittelpumpe mit Dichtring herausnehmen.

Einbau

- Vor dem Einbau alle Dichtungsflansche sorgfältig reinigen.

Grundsätzlich nur neue Dichtungen und Dichtringe verwenden.

- Kühlmittelpumpe mit neuem Dichtring ansetzen und Schrauben mit 20 Nm festziehen.
- Flanschrohr mit neuer Dichtung und Innensechskantschrauben unten an Kühlmittelpumpe befestigen, Schrauben mit 20 Nm anziehen.
- Kühlmittelrohr mit neuem Dichtring in Gehäuse für Kühlmittelregler einschieben und mit neuer Dichtung am Zylinder und mit 20 Nm festziehen.
- Am Gehäuse für Kühlmittelregler hinten Flansch mit neuer Dichtung anschrauben und mit 7 Nm anziehen.
- Rohr für Ölpeilstab mit neuer Klemme am Kühlmittelrohr befestigen.

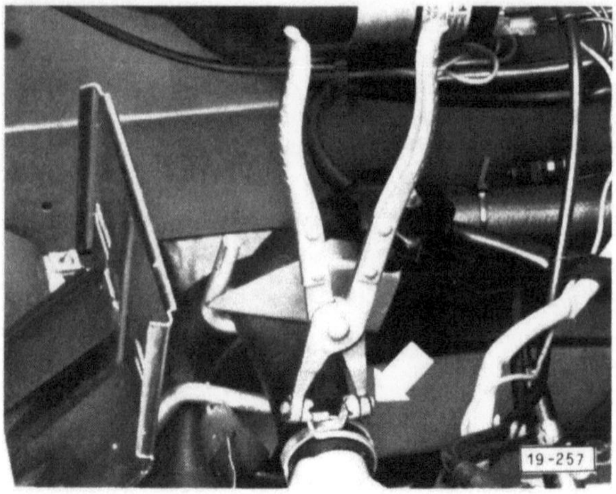

19-257

- Beide Schläuche am Gehäuse für Kühlmittelregler aufschieben und mit Federbandschellen befestigen. Die Schlauchklemmenzange gibt es von Hazet.
- Oben auf Kühlmittelpumpe Schlauch aufsetzen und mit Schelle befestigen.
- Keilriemenscheibe für Kühlmittelpumpe anschrauben und mit 20 Nm festziehen, Federringe unter den Schrauben nicht vergessen.
- Kabelschuh für Kühlmittelgeber aufschieben.
- Keilriemen einbauen und spannen, siehe Seite 202.
- Kühlmittel auffüllen, Anlage entlüften.
- Nach Probefahrt alle Anschlüsse auf Dichtigkeit überprüfen.

Anschlußplan für Kühlmittelschläuche

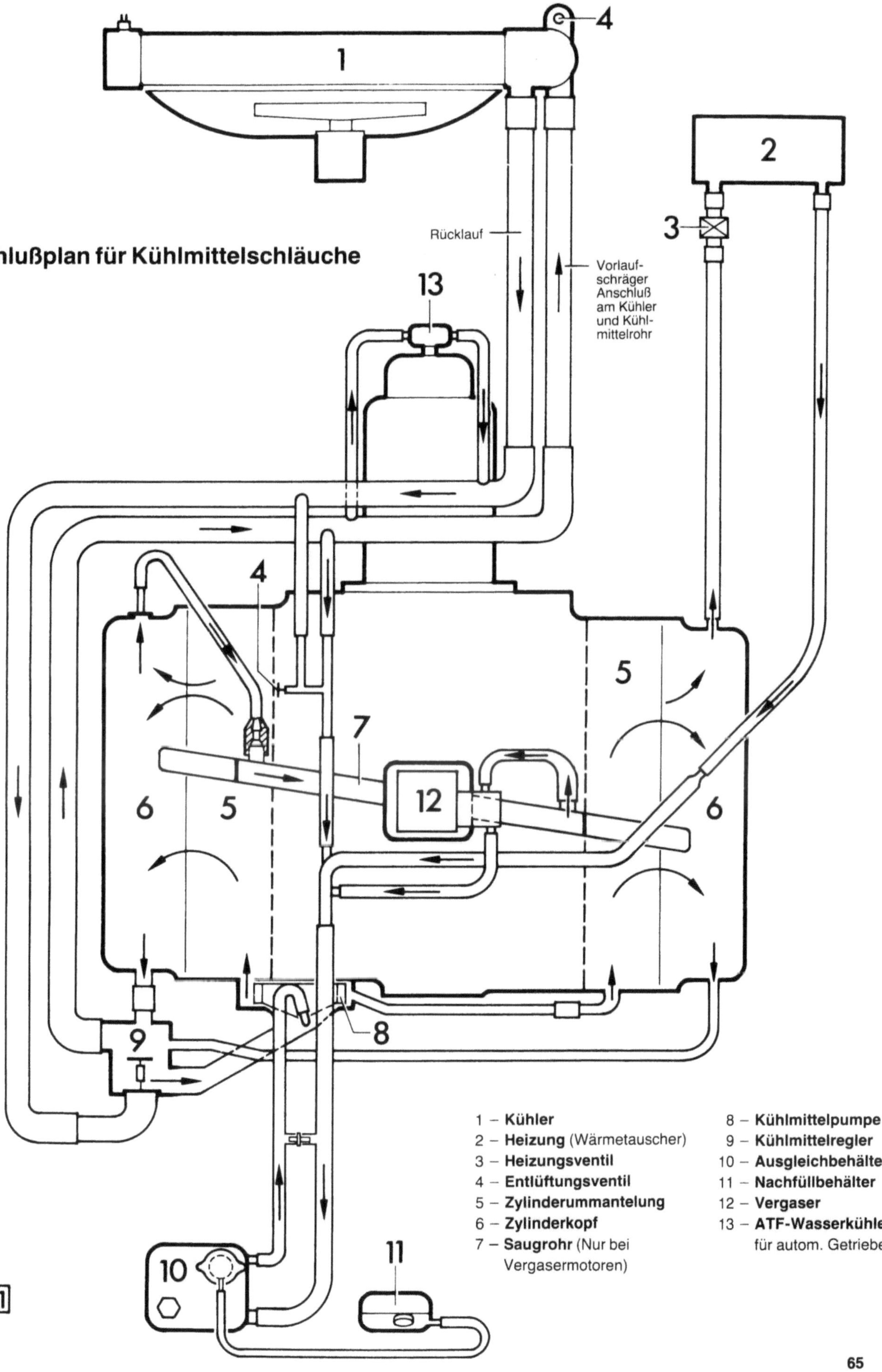

1 – **Kühler**
2 – **Heizung** (Wärmetauscher)
3 – **Heizungsventil**
4 – **Entlüftungsventil**
5 – **Zylinderummantelung**
6 – **Zylinderkopf**
7 – **Saugrohr** (Nur bei Vergasermotoren)
8 – **Kühlmittelpumpe**
9 – **Kühlmittelregler**
10 – **Ausgleichbehälter**
11 – **Nachfüllbehälter**
12 – **Vergaser**
13 – **ATF-Wasserkühler** für autom. Getriebe

19-241

Störungstabelle Kühlmitteltemperatur

Störung: Warnleuchte der Kühlmitteltemperatur-Anzeige blinkt bei zu heißem Motor

Ursache	Abhilfe
Zu wenig Kühlmittel im Kühlkreislauf	● Kühler und Ausgleichbehälter müssen randvoll sein. ● Nachfüllbehälter muß bis zur max.-Marke gefüllt sein.
Kühlmittelregler öffnet nicht	● Prüfen, ob Kühler am seitlichen Wasserkasten warm wird. Wenn nicht, Kühlmittelregler ersetzen.
Thermoschalter für Elektrolüfter defekt Elektrolüfter läuft nicht an	● Sicherung für Lüftermotor prüfen ● Stecker vom Thermoschalter abziehen, die Klemmen der beiden Leitungen mit kurzer Prüfleitung verbinden. Zündung einschalten. Wenn der Elektrolüfter jetzt anläuft, Thermoschalter ersetzen.
Kühlmittelpumpe defekt	● Kühlmittelpumpe ausbauen und überprüfen
Geber für Kühlmitteltemperaturanzeiger defekt	● Geber überprüfen lassen
Keilriemenspannung für Kühlmittelpumpe zu gering	● Keilriemen nachspannen
Kühlmitteltemperaturanzeiger defekt	● Anzeigegerät überprüfen lassen

Die Kraftstoffanlage

Zur Kraftstoffanlage gehören der Kraftstoffbehälter, die Kraftstoffleitungen, der Kraftstoff-Filter, die Kraftstoffpumpe und der Vergaser beziehungsweise die Einspritzanlage mit Luftfilter.

Der Kraftstoffbehälter ist hinter der Vorderachse angeordnet. Der jeweilige Kraftstoffvorrat wird dem Fahrer durch eine Kraftstoffvorratsanzeige angezeigt. Über ein Entlüftungssystem wird der Tank belüftet.

Vergaser/Einspritzanlage

Der VW BUS-Wasserboxer-Motor mit einer Leistung von 44 kW (60 PS) besitzt den Vergaser 34 PICT, während der Motor mit 57 kW (78 PS) mit einem Fallstrom-Registervergaser 2E3 von Solex-Pierburg ausgerüstet ist. Motoren mit einer Leistung von 66 – 82 kW (90 – 112 PS) sind mit einer VW-Einspritzanlage ausgestattet, die praktisch wartungsfrei arbeitet.

Achtung: Seit 3.87 sind Fahrzeuge mit 78 PS (Motorkennbuchstaben DG), die Sonderausstattungen wie Servolenkung, Klimaanlage beziehungsweise Automatisches Getriebe besitzen, mit dem 2 E 4-Vergaser anstelle des 2 E 3 -Vergasers ausgerüstet. Der wesentliche Unterschied besteht darin, daß der 2 E 4-Vergaser eine elektronisch geregelte Leerlaufstabilisierung hat.

Wartung an der Vergaseranlage

Beim Tanken aus Kanistern empfiehlt es sich, den Kraftstoff durch einen sauberen Lappen zu filtern.

Die Kraftstoffpumpe ist wartungsfrei, nur das in ihrem Oberteil befindliche Sieb soll alle 30000 km herausgenommen und in Benzin gereinigt werden.

Der Luftfiltereinsatz soll alle 15000 km ausgeklopft und alle 30000 km ersetzt werden.

Am Vergaser ist lediglich die Leerlaufeinstellung von Zeit zu Zeit zu überprüfen und eventuell zu berichtigen, um Leerlauf und Übergang des Motors der wechselnden Witterung oder den örtlichen Verhältnissen (Höhenlage) anzupassen.

Änderungen an der vom VW-Werk vorgesehenen Grundeinstellung des Vergasers durch Auswechseln von Düsen usw. bringen fast immer nur Nachteile und sollten auch im Hinblick auf die Abgasgesetzgebung unterbleiben.

Vergasereinstellung

Jeder Vergaser wird im VW-Werk geprüft und auf Markenbenzin eingestellt. An dieser Einstellung sollte nichts verändert werden. Sehr hoher Kraftstoffverbrauch und schlechte Motorleistung haben nämlich fast immer andere Ursachen, wobei Fahrweise und Verkehrsbedingungen eine besonders große Rolle spielen. Man kann sich für gewöhnlich auf ein sorgfältiges Einstellen des Leerlaufs beschränken. Eine korrekte Leerlaufeinstellung ist wichtiger als man gemeinhin glaubt, denn sie beeinflußt noch bis zu mittleren Drehzahlen hinauf den Übergang des Motors.

Achtung: Bei Fahrzeugen, die mit einer elektronischen Zündanlage ausgestattet sind, müssen verschiedene Punkte beachtet werden, um Verletzungen von Personen bzw. die Zerstörung der Zündanlage zu vermeiden, siehe Seite 206.

Hinweis: Seit September 76 müssen die Schrauben am Vergaser, mit denen die Abgaszusammensetzung verändert werden kann, aufgrund gesetzlicher Bestimmungen eingriffsicher gemacht werden. Die Lage und Anzahl der Einstellschrauben ist vom Vergasertyp abhängig. Gesichert werden: CO-Einstellschraube, Begrenzungsschraube für Grundleerlauf und Begrenzungsschraube für Drosselklappenspaltmaß.

Die Sicherungskappen lassen sich mit einer Zange oder einem Schraubenzieher entfernen. Sie werden dabei zerstört. Nach einer Einstellung müssen die Einstellschrauben mit blauen Kappen (Ersatzteil) gesichert werden.

Sofern die Abgas-Werte nicht den gesetzlichen Vorschriften entsprechen, erlischt die ABE (Allgemeine Betriebserlaubnis). Fehlen am Vergaser die Sicherungskappen, kann dies bei einer polizeilichen Überprüfung des Fahrzeugs zu einem Bußgeldverfahren führen.

Störungen in der Kraftstoffzufuhr

Bei Störungen in der Kraftstoffzufuhr ist die Anlage in folgender Reihenfolge zu prüfen:

- Prüfen, ob Kraftstoff im Behälter ist.
- Kraftstoffschlauch von Benzinpumpe am Vergaser lösen. Motor mit dem Anlasser kurz durchdrehen und beobachten, ob aus dem Schlauch stoßweise Kraftstoff austritt (Vorsicht, Brandgefahr!).

Wird Kraftstoff gefördert:

- Erweist sich das Schwimmergehäuse als leer: Schwimmernadelventil auf freien Durchgang sowie Druck der Kraftstoffpumpe prüfen.

Wird kein Kraftstoff gefördert:

- Zuleitung zur Kraftstoffpumpe lösen.

Läuft dort Kraftstoff heraus, Kraftstoffpumpe auf Dichtigkeit prüfen, eventuell ausbauen und untersuchen.

- Läuft kein Kraftstoff heraus, Kraftstoffleitung durchblasen, Kraftstoffbehälter ausbauen und reinigen.

34 PICT – Vergaser

Hinweis:

Alle Vergasergelenke mit MoS_2-Paste schmieren

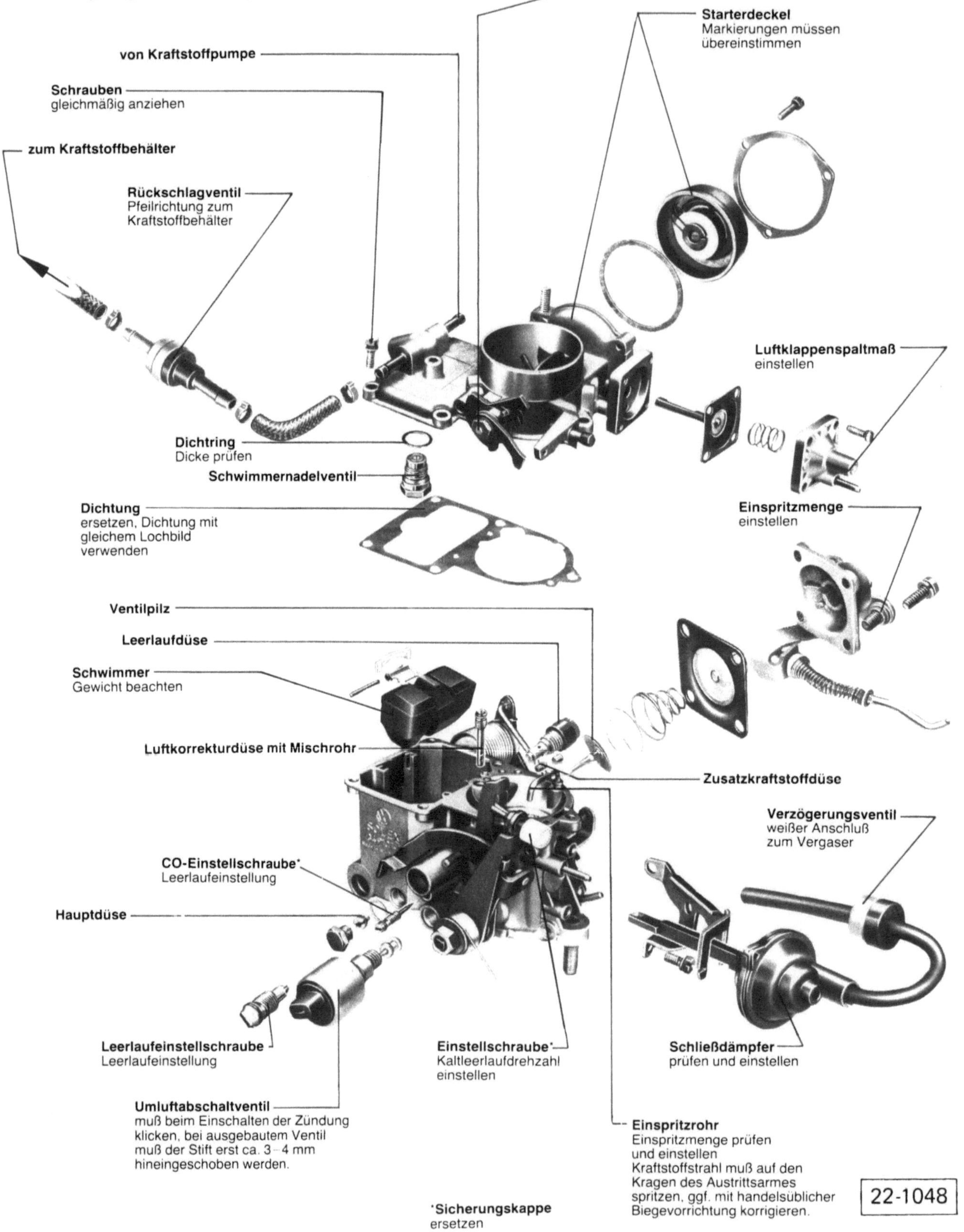

Vergaser aus- und einbauen

Ausbau

- Luftfilter ausbauen.
- Elektrische Leitungen am Vergaser von Startautomatik und Umluftabschaltventil abziehen.
- Unterdruckschlauch am Vergaser markieren und abziehen.
- Kraftstoffzu- und -rücklauf kennzeichnen und abnehmen.
- Gaszug abklemmen, Klemmschraube herausnehmen.

22-1051

- Befestigungsmuttern am Saugrohr vorn – Pfeil – lösen, dann die Befestigungsmuttern hinten abschrauben.
- Vergaser mit Flansch anheben und nach hinten ziehen. Dichtung für Flansch abnehmen.
- Vergaser mit Zwischenflansch und Dichtung abnehmen.
- 2 Sechskantmuttern mit einem gekröpften Ringschlüssel von unten am Flansch abschrauben, Vergaser vom Flansch abnehmen.
- Ansaugöffnung des Saugrohres mit sauberem Lappen verschließen.

Einbau

- Grundsätzlich neue Flanschdichtungen für Vergaser verwenden.
- Flansch mit neuer Dichtung an Vergaser anschrauben.
- Neue Dichtung auflegen und Vergaser mit Flansch aufsetzen und – nicht zu stramm – anziehen.
- Gaszug in Klemmschraube einfügen, Vergaserzug einstellen.
- Elektrische Leitungen für Startautomatik und Umluftabschaltventil aufstecken.
- Unterdruckschläuche und Kraftstoffschläuche entsprechend der Markierung aufschieben.
- Kraftstoffzu- und -rücklauf entsprechend der Kennzeichnung aufschieben und mit Schellen sichern. In dem Kraftstoffrücklaufschlauch befindet sich ein Rückschlagventil. Der Pfeil auf dem Ventil zeigt zum Kraftstoffbehälter.
- Luftfilter anbauen.
- Leerlauf einstellen, siehe Seite 70.

Vergaser zerlegen

In der Regel muß der Vergaser nur dann vollständig zerlegt werden, wenn eine Generalüberholung notwendig ist. Diese Arbeit sollte man einer Fachwerkstatt überlassen. Auch wenn sich Schmutz im Vergaser angesammelt hat, genügt es meistens, wenn nur das Oberteil abgenommen und die Hauptdüse aus dem Schwimmergehäuse herausgeschraubt wird. Alsdann läßt sich das Schwimmergehäuse mit Benzin und Preßluft reinigen.

Schwimmernadelventil aus- und einbauen

Das Schwimmernadelventil reguliert den Kraftstoffzufluß zum Vergaser. Bei einem klemmenden Schwimmernadelventil kann kein Kraftstoff in den Vergaser fließen.

Ausbau

- Lufthutze vom Vergaser abnehmen.
- Kraftstoffschläuche kennzeichnen und von Vergaseroberteil abnehmen.
- Unterdruckschlauch für Pulldown am Verteilerstück abziehen.
- Elektrische Leitung für Startautomatik abziehen.
- Vergaser-Deckelschrauben herausschrauben, Oberteil von Vergaser abnehmen.

Schwimmernadelventil prüfen

- Das Schwimmernadelventil darf beim Hineinblasen mit dem Mund von oben keine Luft durchlassen, wenn der kleine Betätigungsstift im Ventil von unten leicht mit dem Finger hineingedrückt wird. Der Stift muß leicht beweglich sein.

Einbau

- Schwimmernadelventil mit richtigem Dichtring (siehe Tabelle „Vergaserdaten") einschrauben, nicht zu stramm anziehen. Die Dichtung muß zentrisch unter dem Schwimmernadelventil anliegen.
- Vergaseroberteil mit neuer Dichtung aufsetzen und gleichmäßig festschrauben.
- Elektrische Leitung für Startautomatik aufschieben.
- Unterdruckschlauch Pulldown aufschieben.
- Kraftstoffschläuche entsprechend der Markierung aufschieben und mit Klemmen sichern. Im Kraftstoffschlauch zum Kraftstoffbehälter befindet sich ein weißes Rückschlagventil.
- Lufthutze für Luftfilter auf Vergaser aufsetzen und mit Schelle sichern.

Umluftabschaltventil prüfen

Bei defektem Umluftabschaltventil springt der Motor nicht an oder hat ein schlechtes Leerlaufverhalten.

- Zündung einschalten.
- Elektrische Leitung vom Umluftabschaltventil abwechselnd abziehen und aufstecken. Dabei muß das Ventil hörbar klicken.
- Wenn das Ventil nicht klickt, elektrische Zuleitung unterbrochen, schlechte Masseverbindung zwischen Vergaser bzw. Saugrohr und Motor oder Ventil defekt.

Vergaserzug einstellen

- Vergaserzug an Klemmschraube so einstellen, daß bei Vollgasstellung (von Hilfsperson am Gaspedal Vollgas geben lassen) zwischen dem Drosselklappenhebel und seinem Anschlag am Vergasergehäuse ein Spiel (a) von ca. 1 mm vorhanden ist.

Luft- und Drosselklappenwelle prüfen

Die beiden Wellen dürfen in ihren Lagerungen nicht ausgeschlagen sein, sie müssen sich aber leichtgängig bewegen lassen.

Hat die Drosselklappe zu viel Spiel, wird Nebenluft angesaugt. Die Folge: Schlechtes Start- und Leerlaufverhalten des Motors.

Die geschlossene Luftklappe muß allseitig gut an der Wandung anliegen, beim Öffnen darf sie nicht klemmen.

Leerlaufdrehzahl prüfen/einstellen CO-Gehalt prüfen/einstellen

Prüfen

- Motor warmlaufen lassen, Öltemperatur soll mindestens + 60° C betragen.
- Der Lüfter für Kühler darf nicht laufen.
- Die Luftklappe (obere Klappe im Vergaser) muß voll geöffnet sein.
- Drehzahlmesser anschließen.
- Sollwert für Prüfwert der Leerlaufdrehzahl, siehe Seite 77.

Achtung: Die DLS bleibt während der Prüfung angeschlossen.

Einstellen

Die Leerlaufdrehzahl und der CO-Gehalt werden durch wechselweises Verdrehen der Einstellschrauben eingestellt.

- Motoröltemperatur soll mindestens + 60° C betragen.
- Die Luftklappe muß voll geöffnet sein.
- CO-Prüfgerät nach Bedienungsanleitung anschließen.
- Schlauch für Kurbelgehäuseentlüftung abziehen und verschließen.
- Alle elektrischen Verbraucher (Licht, Klimaanlage usw.) ausschalten.
- Der Lüfter für Kühler darf nicht laufen.

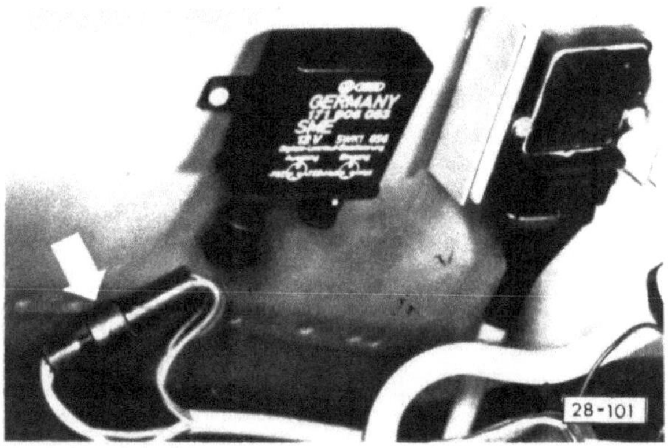

- Stecker vom Schaltgerät für Leerlaufstabilisierung abziehen und miteinander verbinden (Pfeil).

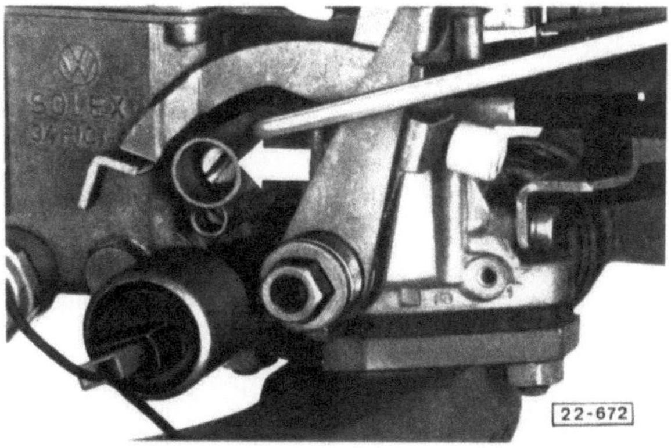

22-672

- Leerlaufdrehzahl prüfen, ggf. mit der Leerlauf-Einstellschraube (Pfeil) einstellen. Einstell-Sollwert, siehe Seite 77.

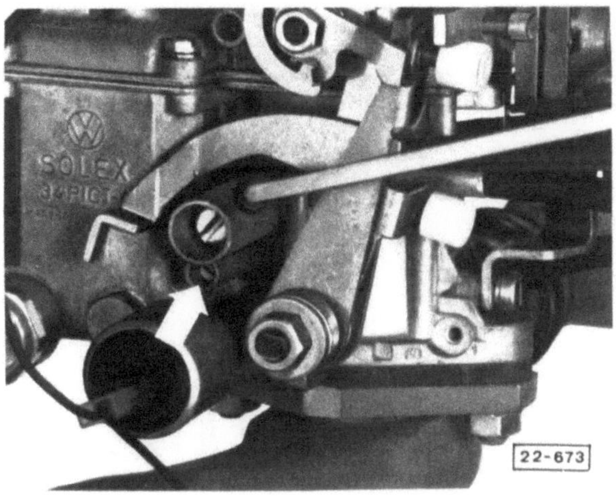

22-673

- CO-Gehalt prüfen, ggf. mit der Einstellschraube (Pfeil) einstellen. Sollwert, siehe Seite 77.
- DLS anschließen und CO-Gehalt nochmals überprüfen: Sollwert (Prüfwert) siehe Seite 77.
- Nach Korrektur CO-Einstellschraube mit blauer Sicherungskappe sichern.

Achtung: Nach der CO-Einstellung muß der Schlauch für die Kurbelgehäuseentlüftung wieder aufgesteckt werden. Wenn jetzt der CO-Gehalt ansteigt, liegt das nicht an einer falschen Einstellung, sondern an einer Anfettung aus dem Kurbelgehäuse infolge Ölverdünnung bei überwiegendem Kurzstreckenverkehr. Bei längeren zügigen Überlandfahrten verringert sich der Kraftstoffanteil im Öl und der CO-Gehalt normalisiert sich wieder. Kurzfristig läßt sich das auch durch eine ca. 30-minütige scharfe Fahrt oder durch einen sowieso anstehenden Ölwechsel erreichen.

Die Startautomatik

Durch das Niedertreten des Gaspedals vor dem Kaltstart wird der Drosselklappenhebel über den Gaszug nach unten gezogen und dabei die Drosselklappe geöffnet. Gleichzeitig wird die Luftklappenwelle entlastet. Durch die Kraft der Bimetallfeder wird die Luftklappe im Vergaser geschlossen. Dadurch wird während der Warmlaufphase dem Motor ein fetteres Kraftstoffluftgemisch zugeführt.

Mit zunehmender Erwärmung der elektrisch beheizten Bimetallfeder im Keramikgehäuse der Startautomatik öffnet sich die Luftklappe innerhalb von 2–3 Minuten, wobei gleichzeitig die Stufenscheibe so weit zurückgedreht wird, daß die Anschlagschraube des Drosselklappenhebels auf der unteren Raste der Stufenscheibe beim Gaswegnehmen anliegt. In diesem Moment läuft der Motor mit seiner nomalen Leerlaufdrehzahl.

Heizspirale ausbauen/prüfen

Ausbau

- Massekabel von Batterie abklemmen.
- Elektrische Leitung für Startautomatik abziehen.
- 3 Schrauben am Starterdeckel herausnehmen. Deckel mit Einsatz herausnehmen.

Einbau

- Einsatz einsetzen. Darauf achten, daß der Schlitz nach oben zeigt und der Einsatz richtig einrastet.
- Deckel mit Feder und Heizspirale einsetzen. Darauf achten, daß die Feder in den Mitnehmerhebel greift.
- Starterdeckel ansetzen, 3 Schrauben reindrehen. Deckel mit Feder so einsetzen, daß die Marke auf dem Deckel mit der Marke auf dem Vergasergehäuse fluchtet. Starterdeckel festziehen.
- Leitung für Startautomatik aufstecken, Batterie-Massekabel anschließen.

Startautomatik verstellen

Durch Verdrehen des Starterdeckels kann die Schließzeit der Startautomatik verändert werden. Grundsätzlich sollte man möglichst **nicht** von der Grundeinstellung abweichen.

- Luftfilter abbauen, 3 Schrauben am Starterdeckel lösen. Starterdeckel verdrehen. Dabei Starterklappe im Vergaseroberteil beobachten. Soll die Starterklappe länger geschlossen bleiben, Starterdeckel so verdrehen, daß die Starterklappe sich in Richtung „zu" bewegt (höchstens 5 mm von der Markierung).
- Anschließend Startautomatik prüfen. Die Starterklappe muß nach der Warmlaufperiode offen sein (senkrecht stehen).
- Falls die Startautomatik eher abschalten soll, Starterdekkel entgegengesetzt verdrehen (max. 5 mm).

Startautomatik prüfen

- Luftfilter von Vergaser abbauen.
- Gaspedal einmal langsam durchtreten, Luftklappe (obere Klappe im Vergaser) muß fest geschlossen sein.
- Motor starten.
- Etwas Gas geben, damit die Begrenzungsschraube nicht gegen die Stufenscheibe drückt.
- Je nach Außentemperatur muß sich die Luftklappe nach etwa 5 Minuten geöffnet haben. Sonst Bimetallfeder auf Bruch untersuchen bzw. Stromanschluß zur Startautomatik überprüfen.

Einspritzmenge der Beschleunigungspumpe prüfen/einstellen

Die Einspritzmenge der Beschleunigungspumpe ist immer dann zu überprüfen, wenn der Benzinverbrauch zu hoch ist, der Übergang beim Gasgeben zu schlecht ist, der Motor nur schlecht Gas annimmt oder verzögert beschleunigt.

- Motor laufen lassen, damit die Schwimmerkammer gefüllt wird.
- Motor kurz warmlaufen lassen, damit sich die Schwimmerkammer füllt.
- Luftfilter abbauen.
- Luftklappe (obere Klappe im Vergaser) öffnen und mit Draht festklemmen.
- Abspritzröhrchen nach Zeichnung anfertigen.

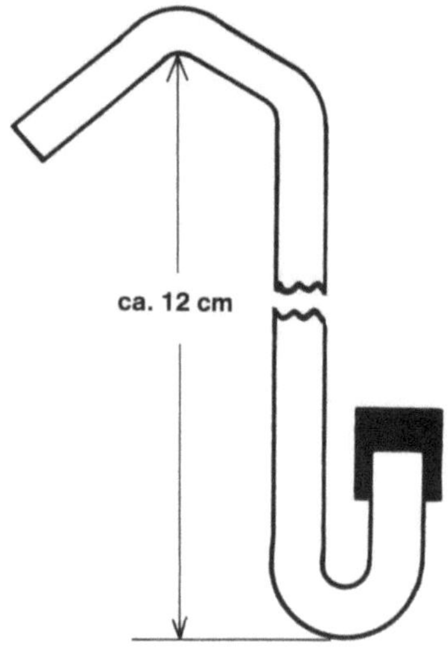

- Das Röhrchen aus 3 mm starkem Rohr biegen. Innendurchmesser 1,5 mm. Am Ende des Röhrchens geeigneten Gummistopfen aufschieben, mit dem die Verbindung zum Vergaser-Einspritzrohr hergestellt wird.
- Röhrchen über Pumpenrohr der Beschleunigungspumpe schieben.

- Drosselklappe betätigen, bis Kraftstoff aus dem Abspritzröhrchen austritt.

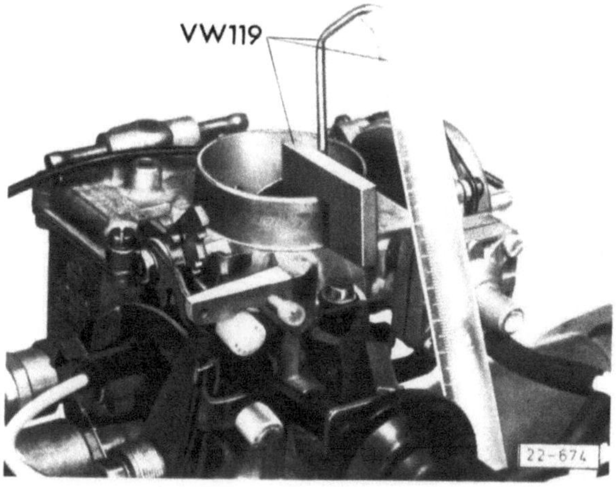

- Meßzylinder unter Abspritzröhrchen halten, Drosselklappe 5mal **langsam voll öffnen** (min. 3 sec. pro Hub).
- Eingespritzte Menge durch 5 dividieren. Errechneten Wert mit Sollwert vergleichen, ggf. korrigieren. Sollwert, siehe Seite 77.

- Wird der Sollwert nicht erreicht, Einspritzmenge einstellen: (a) = Einspritzmenge größer, (b) = Einspritzmenge geringer.
- Der Kraftstoffstrahl muß auf den Kragen des Austrittsarmes treffen, ggf. Einspritzrohr ausrichten.

Luftklappenspaltmaß prüfen und einstellen

Das Luftklappenspaltmaß ist nach einer vollständigen Vergaserüberholung einzustellen, wenn der Motor schlecht Gas annimmt oder Übergangsstörungen vorhanden sind.

Prüfen

- Luftfilter ausbauen.
- Startautomatik teilweise zerlegen.

- Luftklappe – obere Klappe im Vergaser – schließen.
- Zugstange für Unterdruckmembrane mit Schraubendreher bis zum Anschlag drücken. In dieser Stellung Spaltmaß mit Spiralbohrer prüfen. Sollwert für Luftklappenspaltmaß, siehe Seite 77.
- Luftklappenspalt gegebenenfalls an der Einstellschraube (Pfeil) einstellen.
- Startautomatik komplettieren.
- Luftfilter anbauen.

Kaltleerlaufdrehzahl prüfen/einstellen

Der Drosselklappenspalt bzw. der Kaltleerlauf ist immer dann zu überprüfen bzw. einzustellen, wenn der Motor beim Gasgeben einen schlechten Übergang hat oder der kalte Motor schlecht Gas annimmt. Vor dem Einstellen sind folgende Punkte zu beachten:

- Motoröltemperatur mindestens 60° C.
- Zündzeitpunkteinstellung überprüfen.
- Leerlaufeinstellung überprüfen.

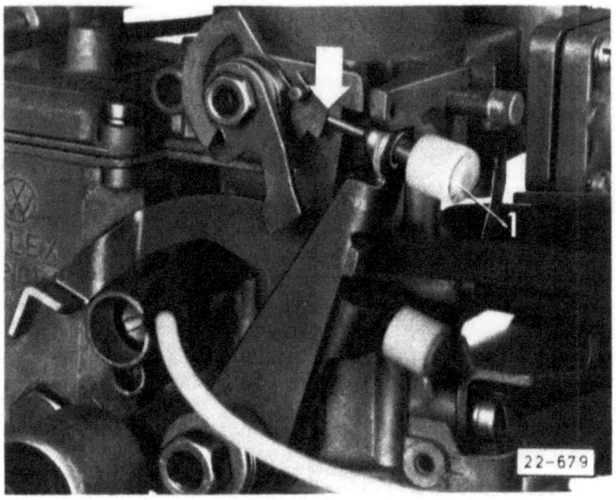

- Motor laufen lassen, Begrenzungsschraube auf die dritte Stufe stellen (Pfeil).
- Drehzahl mit Begrenzungsschraube (1) einstellen. Sollwert, siehe Seite 77.

Schließdämpfer/Verzögerungsventil prüfen/einstellen

- Motoröltemperatur min. 60° C.
- Motor im Leerlauf laufen lassen.

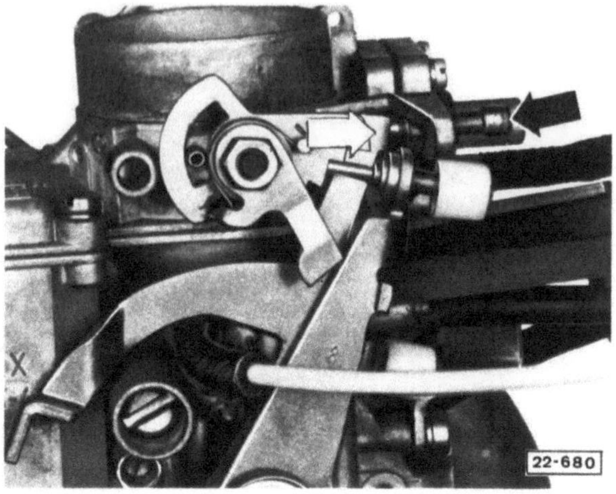

- Verstellhebel von Hand gegen die Einstellschraube drükken (weißer Pfeil).
- Drehzahl prüfen, ggf. Sicherungskappe von Einstellschraube (schwarzer Pfeil) entfernen und Drehzahl einstellen. Sollwert: 1300 ± 100/min.
- Nach einer Korrektur Einstellschraube wieder mit blauer Sicherungskappe sichern.

- Motordrehzahl auf ca. 3000/min. erhöhen, dabei wird der Verstellhebel des Schließdämpfers gegen die Einstellschraube (Pfeil) gezogen.
- Drosselklappenhebel loslassen. Verstellhebel muß langsam von der Einstellschraube abheben, und die Drosselklappe muß nach ca. 3 sec. ganz geschlossen sein.

Achtung: Einbaulage des Verzögerungsventils: Der weiße Anschluß muß in Richtung Vergaser zeigen.

Saugrohr für 34 PICT-Vergaser

Hinweis:
Alle Schläuche mit Schlauchschellen so befestigen, daß auch Federbandschellen bei eingebautem Motor mit einer Zange ausbaubar sind. Dichtungen ersetzen.

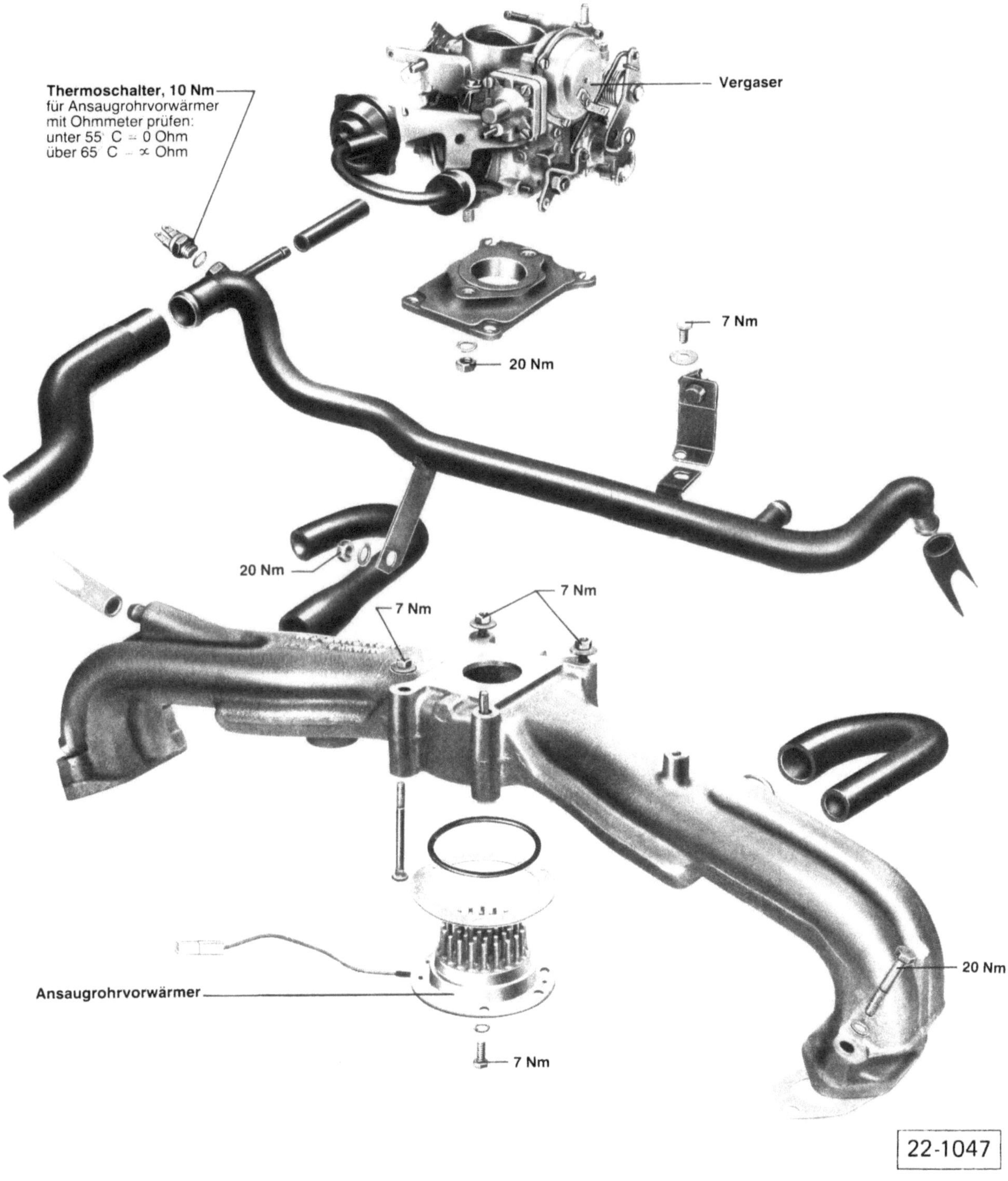

Saugrohr mit Vergaser aus- und einbauen

Ausbau

- Luftfilterhutze ausbauen.
- Unterdruckschläuche am Vergaser kennzeichnen und abziehen.
- Kraftstoffschläuche am Vergaser kennzeichnen und abnehmen.
- Elektrische Leitung für Umluftabschaltventil, Startautomatik und Ansaugvorwärmer kennzeichnen und abziehen.
- Gaszug am Vergaser abklemmen, Steckraste am Halter für Vergaserzug rausziehen, Gaszug aus Halter herausziehen.
- Halter für Kühlmittelrohr abschrauben, das Kühlmittelrohr bleibt eingebaut.
- Sämtliche Unterdruckschläuche vom Saugrohr abnehmen.
- Schrauben für Saugrohr herausdrehen, Saugrohr abnehmen.
- Saugrohröffnungen an den Zylinderköpfen mit sauberem Tuch abdecken.

Einbau

- Saugrohr mit neuen Dichtungen an den Zylinderköpfen ansetzen, Schrauben mit 20 Nm festziehen.
- Sämtliche Unterdruckschläuche auf Saugrohr aufschieben und mit Schellen sichern.
- Halter für Kühlmittelrohr anschrauben.
- Gaszug in Halter einführen und mit Steckraste befestigen.
- Gaszug einstellen, siehe Seite 70.
- Elektrische Leitungen für Umluftabschaltventil, Startautomatik und Ansaugvorwärmer aufschieben.
- Kraftstoffschläuche entsprechend der Markierung aufschieben und mit Schellen sichern.
- Unterdruckschläuche entsprechend der Markierung auf Vergaser aufschieben.
- Luftfilterhutze anbauen.
- Leerlauf kontrollieren, gegebenenfalls einregulieren.

Saugrohrvorwärmung prüfen/ersetzen

Zur Verbesserung des Fahrverhaltens während der Warmlaufphase ist im Saugrohr ein elektrisch beheizter Saugrohrvorwärmer eingebaut. Der Saugrohrvorwärmer heizt sich sekundenschnell auf und gibt seine Wärme an das Kraftstoffluftgemisch ab.

Prüfen

Prüfvoraussetzung: Der Motor muß kalt sein.

- Mit Ohmmeter Widerstand zwischen dem abgezogenen Anschlußkabel – 1 – und Masse messen. Sollwert: 0,25 – 0,50 Ω Kaltwiderstand.
- Spannungsversorgung zwischen Anschlußkabel – 2 – und Masse messen. Sollwert mindestens 11,5 Volt.
- Werden die Sollwerte nicht erreicht, Saugrohrvorwärmung auswechseln.

Ausbau

- Luftfilter ausbauen.
- Vergaser ausbauen.

- Mutter – 1 – und Schraube – 2 – abschrauben.

- Befestigungsschrauben Ansaugrohr an Zylinderkopf ausbauen.
- Ansaugrohr anheben und die 3 Schrauben vom Ansaugrohrvorwärmer abschrauben.
- Holzklötze unter Ansaugrohr legen.
- Ansaugrohrvorwärmer mit Kunststoffhammer vorsichtig aus dem Ansaugrohr treiben (Pfeil).
- Elektrischen Anschluß für Ansaugrohrvorwärmer abziehen.

Einbau

- Gummidichtring für Ansaugrohrvorwärmer mit Kühlmittel bestreichen, das erleichtert die Montage.
- Ansaugrohrvorwärmer mit neuem Dichtring einsetzen und mit 3 Schrauben (7 Nm) befestigen.
- Saugrohr mit neuen Dichtungen an die Zylinderköpfe mit 20 Nm festschrauben.
- Elektrische Verbindung für Saugrohrvorwärmer anschließen.
- Kühlmittelrohr, Schraube – 1 – und – 2 – anschrauben.
- Vergaser montieren.
- Luftfilter anbauen.

Vergaserdaten I

Motor	Motorleistung		44 kW/60 PS	40 kW/54 PS
	Einsatz		10.82	10.82
	Motor-Nummer		DF 000001	EY 000001
Vergaser	Typ		34 PICT-5	34 PICT-5
	Teile-Nummer		025 129 027 025 129 027 B[1])	025 129 027 A
	Änderungszustand		138-1 157-1[1])	156-1
Vergaser-bestückung	Lufttrichter	∅ mm	26	26
	Hauptdüse		127,5	132,5
	Luftkorrekturdüse		60 Z	60 Z
	Leerlaufdüse		50	55
	Leerlaufluftdüse[2])		140	140
	Zusatzkraftstoffdüse		45	45
	Zusatzluftdüse[2])		90	90
	Einspritzmenge langsam	cm^3/Hub	1,3 ± 0,15	1,3 ± 0,15
	Schwimmernadelventil	∅ mm	1,5	1,5
	Schwimmergewicht	g	11 ± 0,5	11 ± 0,5
	Dichtung unter Schwimmernadelventil	mm	0,5	0,5
	Kaltleerlaufdrehzahl	1/min	1900 ± 100	1900 ± 100
	Luftklappenspaltmaß	mm	2,8 ± 0,2	2,8 ± 0,2
Leerlauf[3])	Prüfwert (DLS angeschlossen)	1/min	800 ± 50	850 ± 50
	Einstellwert (DLS abgeklemmt)[4])	1/min	750 ± 50	850 ± 50
	CO-Gehalt	Vol. %	1,5 ± 0,5	2 ± 1

[1]) für Südafrika.
[2]) Düse läßt sich nicht auswechseln.
[3]) Prüf- und Einstellbedingungen beachten.
[4]) Stecker vom DLS-Schaltgerät abgezogen und zusammengesteckt.

2 E 3-Vergaser

Achtung: Seit 3.87 sind Fahrzeuge mit 78 PS (Motorkennbuchstaben DG), die Sonderausstattungen wie Servolenkung, Klimaanlage beziehungsweise Automatisches Getriebe besitzen, mit dem 2 E 4-Vergaser anstelle des 2 E 3-Vergasers ausgerüstet. Der 2 E 4-Vergaser hat eine elektronisch geregelte Leerlaufstabilisierung, alle anderen Bauteile entsprechen dem 2 E 3-Vergaser.

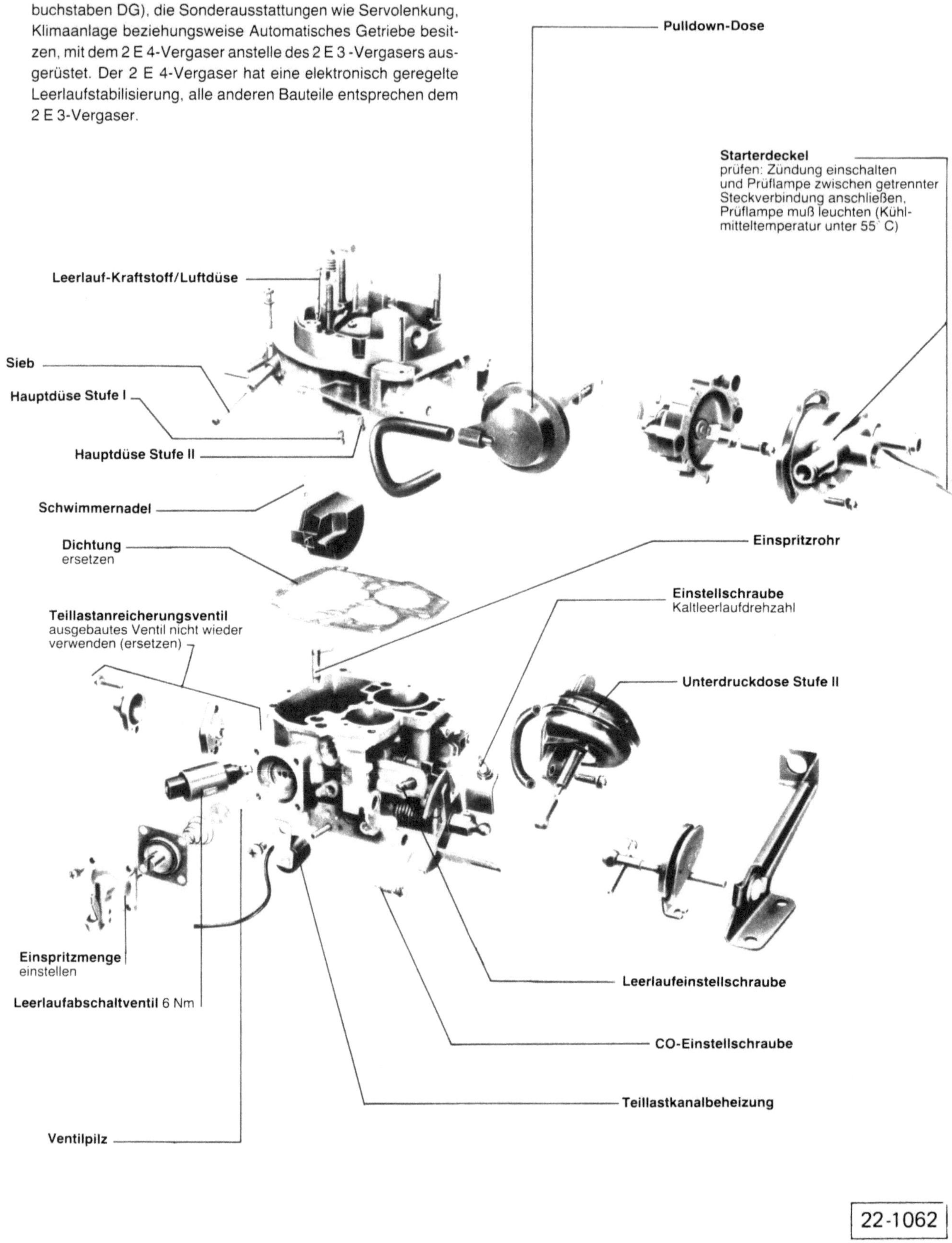

2 E 4-Vergaser

Mit Leerlaufstabilisierung

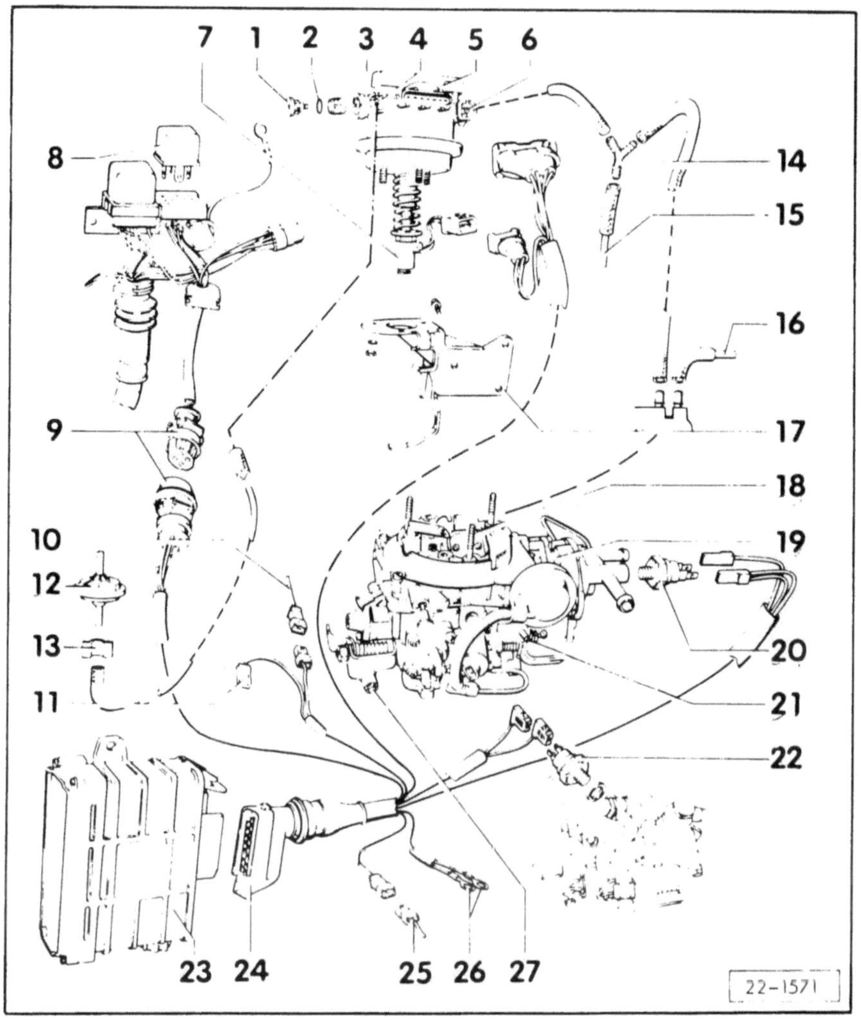

1 – **Sicherungskappe**

2 – **O-Ring**

3 – **Filter**

4 – **Belüftungsventil**

5 – **Drosselklappensteller**

6 – **Entlüftungsventil**

7 – **Drosselklappenschalter**

8 – **Stromversorgungsrelais**

9 – **Steckverbindung, 4fach**
Zum Stromversorgungsrelais, bei automatischem Getriebe auch zum Schalter für Wählhebel.

10 – **Leitung grün**
Zum TSZ-H-Schaltgerät Klemme 7.

11 – **Leitung schwarz/weiß**
Zur Zündspule Klemme 15.

12 – **Filter für Belüftungsventil**
Sitzt am Halter für Steuergerät. Bei Verschmutzung ist die Leerlaufdrehzahl zu niedrig. Filter ersetzen.

13 – **Halteklammer**

14 – **Abzweigstück**

15 – **Unterdruckleitung**
Zum Zündverteiler.

16 – **Unterdruckleitung**
Zum Temperaturregler am Luftfiltergehäuse.

17 – **Halter**

18 – **Luftklappe**
Mit Flatterventil.

19 – **Stufenscheibe**
Mit Kaltstartraste.

20 – **Thermoschalter, 15 Nm**
Unter +17 °C Durchgang, über +25 °C kein Durchgang.

21 – **Abreißschraube**

22 – **Druckschalter, 15 Nm**
Für Servolenkung.

23 – **Steuergerät**
Für Leerlaufstabilisierung. Zum Ausbau vorher linkes Rücklicht abnehmen.

24 – **Anschlußstecker**
Nur bei ausgeschalteter Zündung abziehen oder aufstecken. Zum Ausbau Feder nach oben drücken.

25 – **Leitung rot/blau**

26 – **Masseleitungen**
Zum Zylinderkopf.

27 – **Einstellschraube**
Zur Einstellung Abstand Drosselklappenschalter zum Drosselklappenhebel.

Drosselklappenansteller prüfen

Nur 2 E 4-Vergaser

Der Drosselklappenansteller ist erforderlich für die automatische Steuerung von Start, Hochlauf, Warmlauf, Leerlaufdrehzahl, Schubabschaltung und das Abstellen des Motors.

Beim Drosselklappenansteller handelt es sich um einen elektropneumatischen Steller, der vom Vergaser-Steuergerät angesteuert wird und dementsprechend die Stellung der Drosselklappe in einem bestimmten Bereich regelt. Dieser Regelbereich reicht von erhöhter Leerlaufdrehzahl bis zum vollständigen Schließen der Drosselklappe, also Schubabschaltung oder Abstellen des Motors. Der Stellerstößel liegt am Drosselklappenhebel an und kann mit Hilfe einer unterdruckbeaufschlagten Membran gegen die Kraft einer Rückstellfeder bewegt werden. Der notwendige Arbeitsdruck wird durch 2 Elektromagnetventile gesteuert, wobei an einem Ventil der Saugrohrunterdruck und am anderen Ventil der atmosphärische Druck anliegt. Je nach Ansteuerung der Ventile durch das Steuergerät verändert sich der an der Membran anliegende Druck und damit die Stellung des Stößels stufenlos.

Sobald der Fahrer Gas gibt, schließt der Leerlaufschalter vorn im Stößel und meldet dadurch dem Steuergerät das Abheben des Drosselklappenhebels vom Stößel.

- Stecker, Belüftungs- und Unterdruckschlauch vom Drosselklappensteller abziehen.

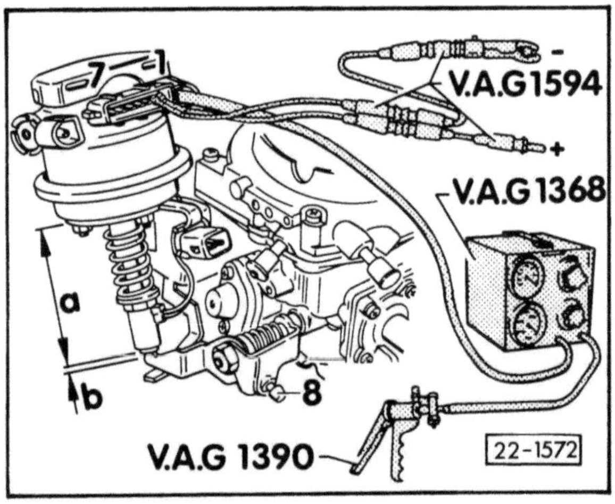

- Unterdruckprüfgerät und Unterdruckpumpe an den Unterdruckanschluß am Entlüftungsventil anschließen.
- Meßleitungen V.A.G 1594 an den Kontakten 1 und 2 am Drosselklappensteller aufstecken und eine Leitung an Masse (−) anklemmen.
- Gleichzeitig mit der Unterdruckpumpe mindestens 400 mbar Unterdruck erzeugen und mit der zweiten Leitung **nur so lange** auf die Klemme (+) am Drehstromgenerator tippen, bis der Stößel des Druckstellers ganz eingezogen ist. Stößellänge a = 55 ± 0,5 mm, siehe Abbildung 22-1572.
- Der Stößel muß mindestens 1 Minute eingezogen bleiben, andernfalls Drosselklappensteller ersetzen.
- Bei ganz eingezogenem Stößel Abstand −b− zwischen Drosselklappenhebel und Drosselklappenschalter prüfen, gegebenenfalls mit der Einstellschraube −8− einstellen, siehe Abbildung 22-1572. Der Abstand −b− muß 0,8 ± 0,4 mm betragen.

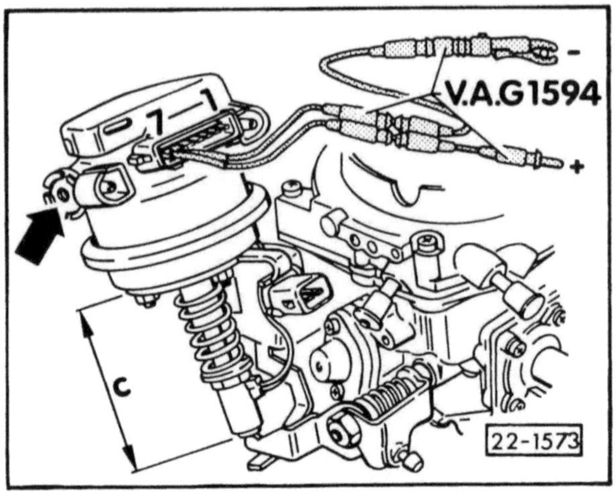

- Meßleitungen am Drosselklappensteller von den Kontakten 1 und 2 auf 6 und 7 umstecken und mit der freien Leitung **nur so lange** auf die Klemme (+) am Drehstromgenerator tippen, bis der Stößel ganz ausgefahren ist.
  Stößellänge c = 72 ± 0,5 mm. Der Stößel muß in max. 1 Sekunde ganz ausgefahren sein.

Achtung: Fährt der Stößel zu langsam aus oder erreicht nicht seine volle Länge, ist entweder der Filter −Pfeil− für das Belüftungsventil verschmutzt (reinigen oder ersetzen), oder der Drosselklappensteller ist defekt, ersetzen.

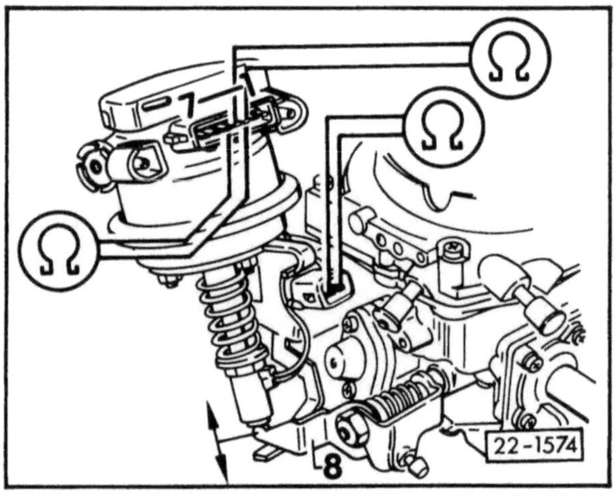

- Mit Prüfgerät V.A.G 1526 oder Ohmmeter Widerstand zwischen folgenden Kontakten prüfen:
  Sollwerte Drosselklappenpotentiometer: Zwischen Kontakt 3 und 4: 0 Ω (Durchgang).
  Zwischen Kontakt 3 und 5: 0 Ω (Durchgang).
- Werden die Sollwerte nicht erreicht, Drosselklappensteller ersetzen.

- Betätigungshebel –8– vom Drosselklappenschalter wegdrücken. Widerstand am Drosselklappenschalter messen. **Sollwert:** 0 Ω (Durchgang).
- Hebel –8– gegen den Schalter drücken, Widerstand messen. **Sollwert:** ∞ Ω (kein Durchgang).
- Werden die Sollwerte nicht erreicht, Drosselklappensteller ersetzen.

Vergaser aus- und einbauen

2 E 3 und 2 E 4-Vergaser

Achtung: Beim 2 E 4-Vergaser zusätzlich elektrische Leitungen für Leerlaufstabilisierung abklemmen, siehe Seite 79.

Ausbau

- Batterie-Masseband abklemmen.
- Luftfilterhutze abschrauben.
- Am Drosselklappenhebel mit Hand Vollgas geben und Gaszug aushängen. Steckraste am Halter für Gaszug abziehen und Gaszug aus Halter herausnehmen.
- Elektrische Anschlüsse von Leerlaufabschaltventil, Umluftkanalbeheizung und Startautomatik mit Tesaband kennzeichnen und abziehen.
- Kraftstoffschläuche mit Tesaband kennzeichnen, Klemmen mit Zange aufbiegen und abziehen.
- Unterdruckschläuche mit Tesaband kennzeichnen und vom Vergaser abziehen.
- Kühlmittelschläuche für Startautomatik abnehmen und mit Schrauben oder Korken verschließen, oder Startautomatik ausbauen.
- 3 Muttern oben am Vergaser abschrauben, Vergaser mit Dichtung abnehmen.
- Saugrohr mit sauberem Tuch abdecken.

Einbau

- Anlageflächen für Vergaser säubern, Vergaser mit neuer Dichtung aufsetzen und mit neuen, selbstsichernden Muttern und Federringen festschrauben (7 Nm).
- Kraftstoffschläuche aufschieben und mit neuen Schellen sichern. Zu- und Rücklauf nicht verwechseln. In der Zulaufleitung befindet sich ein Sieb, das vorher gereinigt werden sollte.
- Beide Unterdruckschläuche entsprechend der Kennzeichnung auf Vergaser schieben.
- Elektrische Anschlüsse herstellen: Leerlaufabschaltventil, Startautomatik, Umluftkanalbeheizung.
- Gaszug in Halter einführen und mit Steckraste befestigen. Drosselklappenhebel Vollgas geben und Gaszug einhängen.
- Kühlmittelschläuche für Startautomatik am Vergaser mit Schellen befestigen.
- Luftfilterhutze anbauen.
- Massekabel an Batterie anklemmen.
- Leerlaufeinstellung kontrollieren.
- Kühlmittelstand überprüfen.

Düsenbestückung

Düsen oben im Vergaseroberteil

1 – Leerlauf-Kraftstoff/Luftdüse
2 – Luftkorrekturdüse mit Mischrohr Stufe I (nicht auswechselbar)
3 – Luftkorrekturdüse mit Mischrohr Stufe II (nicht auswechselbar)

Düsen unten im Vergaseroberteil

1 – Hauptdüse Stufe I
2 – Hauptdüse Stufe II
3 – Steigrohr für Vollastanreicherung
4 – Steigrohr für Übergang Stufe II

Leerlaufdrehzahl und CO-Gehalt prüfen/einstellen

2 E 3 und 2 E 4-Vergaser

Achtung: Beim 2 E 4-Vergaser kann nur der CO-Wert eingestellt werden. Leerlaufdrehzahl prüfen, siehe Ende des Kapitels.

- Motor warmfahren, Öltemperatur muß mindestens +60° C betragen.
- Luftklappe muß voll geöffnet sein.
- Schlauch für Kurbelgehäuseentlüftung an der Ansauglufthutze abziehen und Anschlußstutzen mit Korken verschließen.
- Elektrische Leitung vom Temperaturgeber (unten am Thermostatgehäuse) für Zündanlage abziehen.
- Elektrische Verbraucher (Radio, Scheinwerfer usw.) ausschalten.
- Drehzahlmesser nach Vorschrift anschließen.
- CO-Meßgerät anschließen.
- Leerlaufdrehzahl und CO-Gehalt prüfen. Sollwert siehe Seite 88.

Einstellen

- Sicherungskappe für Einstellschrauben entfernen.

22 - 1063

- Leerlaufdrehzahl-Einstellschraube –A– (nur 2 E 3-Vergaser), sowie CO-Einstellschraube –B– **wechselweise** verdrehen, bis Sollwerte erreicht sind, siehe Seite 88.

Achtung: Schraube –C– darf nicht auf Stufenscheibe stehen, gegebenenfalls Stufenscheibe verdrehen. Beim 2 E 4-Vergaser nur CO-Einstellschraube –B– verdrehen.

Achtung: Bei den Einstellarbeiten darf der Lüfter für Kühler nicht laufen.

- Neue Sicherungskappen auf Einstellschrauben aufsetzen.

Achtung: Nach der CO-Einstellung muß der Schlauch für die Kurbelgehäuseentlüftung wieder aufgesteckt werden. Wenn jetzt der CO-Gehalt ansteigt, liegt das nicht an einer falschen Einstellung, sondern an einer Anfettung aus dem Kurbelgehäuse infolge Ölverdünnung bei überwiegendem Kurzstreckenverkehr. Bei längeren zügigen Überlandfahrten verringert sich der Kraftstoffanteil im Öl und der CO-Gehalt normalisiert sich wieder. Kurzfristig läßt sich das auch durch eine ca. 30-minütige scharfe Fahrt oder durch einen sowieso anstehenden Ölwechsel erreichen.

---

2 E 4-Vergaser

Achtung: Beim 2 E 4-Vergaser wird die Leerlaufdrehzahl unmittelbar nach dem Anspringen des Motors in Abhängigkeit von der Temperatur des Thermoschalters am Vergaser automatisch auf folgende Werte geregelt:

Sollwerte: unter +17° C: ca. 1100/min
über +25° C: 900 ± 50/min

Hinweis: Wird die vorgegebene Leerlaufdrehzahl unter- oder überschritten, können folgende Störungen vorhanden sein:
Drehzahl unter 800/min: Filter für Belüftungsventil am Drosselklappensteller verstopft.
Drehzahl über 2000/min: Leitungsunterbrechung zum Steuergerät für Leerlaufstabilisierung oder zu geringer Unterdruck am Entlüftungsventil des Drosselklappenstellers.

Startautomatik prüfen

- Luftfilter von Vergaser abbauen, siehe Seite 90.
- Zündung einschalten.
- Stromanschluß für Startautomatik prüfen: Steckverbindung trennen, Prüflampe zwischen Stecker und Batterie-Plus (+) klemmen, Prüflampe muß leuchten. Andernfalls Starterdeckel ersetzen. Bei der Prüfung muß die Kühlmitteltemperatur unter 55° C liegen.
- Gaspedal einmal langsam durchtreten, Luftklappe (obere Klappe im Vergaser) muß geschlossen sein.
- Motor starten.
- Je nach Außentemperatur muß sich die Luftklappe nach etwa 5 Minuten geöffnet haben. Sonst Bimetallfeder auf Bruch untersuchen oder Thermoschalter für Startautomatik überprüfen.

Die Startautomatik

Die Startautomatik wird elektrisch- und wasserbeheizt. Die elektrische Beheizung wird über einen Thermostaten im Kühlmittelkreislauf bei Kühlmitteltemperaturen über ca. 55° C abgeschaltet. Die Grundeinstellung sollte nur, wenn unbedingt erforderlich, verändert werden.

- Richtig eingestellt ist die Startautomatik, wenn die Markierungen von Starterdeckel und Startergehäuse – Pfeil – fluchten.

Ausbau

- Massekabel von Batterie abklemmen.
- Elektrische Leitungen für Startautomatik abziehen.
- 3 Schrauben an den Langlöchern herausdrehen, Starterdeckel abnehmen.

Einbau

- Beim Einbau darauf achten, daß die Heizspirale in den Mitnehmerhebel greift.
- Starterdeckel ansetzen, 3 Schrauben reindrehen, Kerben von Starterdeckel und Startergehäuse müssen fluchten. Starterdeckel festziehen.
- Elektrische Leitung für Startautomatik aufstecken.
- Batterie-Massekabel anschließen.
- Falls die Startautomatik zu früh abschaltet (Motor bleibt während der Warmlaufphase stehen), kann der Starterdeckel um etwa 5 mm (zwischen Markierung Vergasergehäuse und Markierung Starterdeckel) verdreht werden.
- Luftfilter abbauen, Schrauben am Starterdeckel lösen, Starterdeckel verdrehen. Soll die Starterklappe länger geschlossen bleiben, Starterdeckel so verdrehen, daß die Starterklappe sich in Richtung „zu" bewegt (höchstens 5 mm von der Markierung).
- Starterdeckel festziehen.
- Anschließend Startautomatik prüfen. Die Starterklappe muß nach der Warmlaufphase offen sein (senkrecht stehen).
- Falls die Startautomatik eher abschalten soll, Starterdeckel entgegengesetzt verdrehen (max. 5 mm).

Teillastkanal-Beheizung prüfen

Der Vergaser ist mit einem Heizelement zur Beheizung des Teillastkanals ausgestattet. Das Heizelement soll die Vergaservereisung verhindern. Ein defektes Heizelement macht sich während der kalten Jahreszeit durch Übergangsstörungen während der Warmlaufphase bemerkbar; der noch nicht warme Motor bleibt plötzlich stehen.

Achtung: Die Überprüfung erfolgt bei kaltem Motor (Umgebungstemperatur).

- Zündung einschalten.

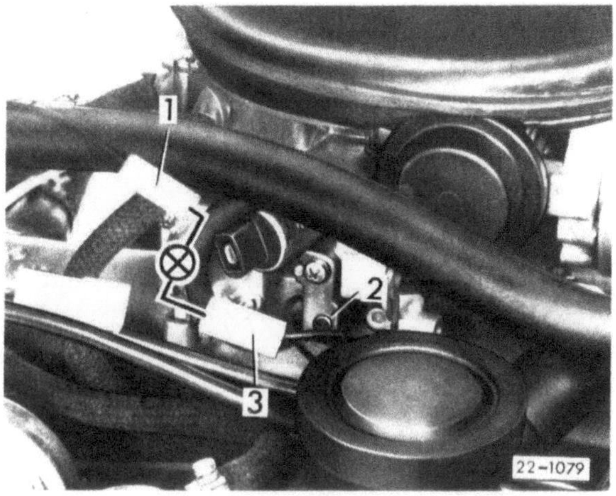

- Stecker – 1 – vom Leerlaufabschaltventil abziehen.
- Steckverbinder für Heizelement – 2 – trennen.
- Prüflampe an Stecker – 1 – und – 3 – anschließen.
- Prüflampe muß aufleuchten, andernfalls Heizelement ersetzen.

Kaltleerlaufdrehzahl prüfen und einstellen

Der Drosselklappenspalt kann auch über die Kaltleerlaufdrehzahl eingestellt werden. Das hat den Vorteil, daß zum Einstellen der Vergaser nicht ausgebaut werden muß. Die Kaltleerlaufdrehzahl ist immer dann zu überprüfen bzw. einzustellen, wenn der Motor beim Gasgeben einen schlechten Übergang hat oder der kalte Motor schlecht Gas annimmt.

- Vergaser bleibt eingebaut.
- Motoröltemperatur mind. 60 C.
- Leerlaufeinstellung i. O.
- Zündzeitpunkteinstellung i. O.
- Drehzahlmeßgerät anschließen.
- Luftfilter ausbauen.
- Motor starten.

- Gasgeben und dadurch Drosselklappe öffnen bis die Drehzahl ca. 2500/min beträgt. Stufenscheibe – 1 – bis zum Anschlag – Pfeil – herunterdrücken und Drosselklappe (Gas) zurücknehmen (Einstellschraube steht auf zweithöchster Stufe der Stufenscheibe).
- Drehzahl prüfen, Sollwert siehe Seite 88.

- Kaltleerlaufdrehzahl gegebenenfalls an der Einstellschraube – 2 – korrigieren.

Luftklappenspaltmaß prüfen und einstellen

Das Luftklappenspaltmaß ist nach einer vollständigen Vergaserüberholung einzustellen oder wenn der Motor schlecht Gas annimmt beziehungsweise Übergangsstörungen vorhanden sind. Zum Einstellen des Luftklappenspaltmaßes ist ein Unterdruckprüfgerät erforderlich.

- Starterdeckel ausbauen.

- Drosselklappe betätigen und Stufenscheibe – 1 – der Kaltstarteinrichtung so verdrehen, daß die Einstellschraube – 2 – auf der höchsten Stufe der Stufenscheibe steht.

- Betätigungsstange für die Luftklappe an der Einstellschraube – 1 – in Richtung Pulldown-Dose – Pfeil – auf Anschlag drücken.
- In dieser Stellung Spaltmaß mit Spiralbohrer – 2 – prüfen, ggf. an der Einstellschraube – 1 – einstellen. Sollwert siehe Seite 88.

Einspritzmenge prüfen und einstellen

Die Einspritzmenge der Beschleunigerpumpe ist immer dann zu überprüfen, wenn der Benzinverbrauch zu hoch ist, der Übergang beim Gasgeben zu schlecht ist, der Motor nur schlecht Gas annimmt oder verzögert beschleunigt.

- Vergaser ausbauen.

- Stufenscheibe – 1 – so verdrehen, daß die Einstellschraube für die Kaltleerlaufdrehzahl – 2 – nicht mehr aufliegt. Stufenscheibe in dieser Stellung festhalten.

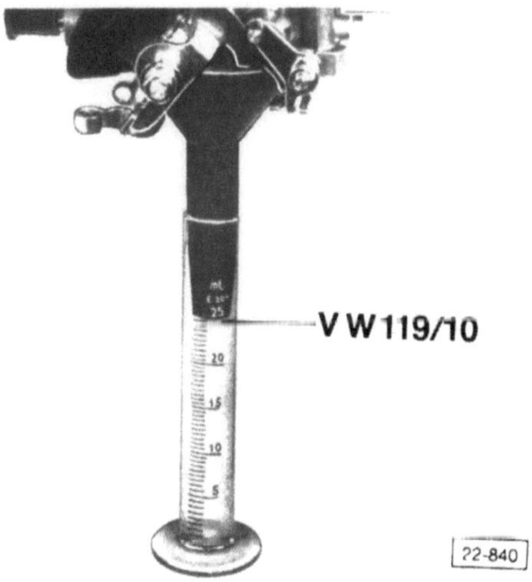

- Trichter und Meßzylinder unter den Vergaser halten.
- Drosselklappenhebel 5mal langsam voll öffnen (mind. 3 s/Hub).
- Abgelesenen Wert der eingespritzten Menge durch 5 dividieren und mit Sollwert vergleichen. Sollwert siehe Seite 88.

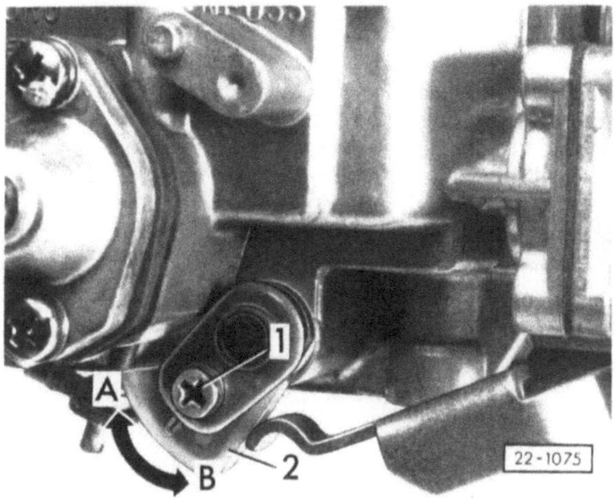

- Einspritzmenge einstellen: Klemmschraube – 1 – lösen, und Kurvenscheibe – 2 – verdrehen.
  A = Einspritzmenge größer
  B = Einspritzmenge geringer
- Klemmschraube nach der Einstellung mit Sicherungslack sichern.
- Vergaser einbauen.
- Leerlaufdrehzahl und CO-Gehalt einstellen.

Pulldown-Einrichtung prüfen

Die Pulldown-Einrichtung am Vergaser dient dazu, daß bei geschlossener Luftklappe (Startautomatik im Einsatz) die Luftklappe beim Gasgeben etwas geöffnet wird. Das Öffnen geschieht in zwei Abschnitten. Gesteuert wird das Öffnen vom Unterdruck, der in einem separaten Behälter gespeichert wird. Wenn die Pulldown-Einrichtung defekt ist, erhält der Motor zu fettes Gemisch. Es treten Schwierigkeiten während der Warmlaufphase auf.

- Luftfilter ausbauen.
- Motor starten und im Leerlauf belassen.
- Luftklappe (oberste Klappe im Vergaser) von Hand schließen.
- Läßt sich die Luftklappe bis zu einem Spalt von ca. 3,0–3,5 mm leicht schließen und tritt dann ein größerer Widerstand auf, ist die Pulldown-Einrichtung in Ordnung.
- Kann die Luftklappe ohne Widerstand ganz geschlossen werden, ist entweder die Membran gerissen oder das Unterdrucksystem undicht. Pulldown-Einrichtung auf Dichtigkeit prüfen lassen.
- Luftfilter einbauen.

Leerlaufabschaltventil prüfen

Das Leerlaufabschaltventil verschließt beim Abschalten der Zündung den Zulauf des Leerlauf- und Zusatzgemisches in die Mischkammer. Dadurch wird verhindert, daß der abgeschaltete Motor aufgrund von Glühzündungen nachläuft. Bei einem Defekt des Ventils springt der Motor nicht an.

Prüfen

- Zündung einschalten und elektrische Zuleitung zum Ventil mehrmals aufstecken und abziehen. Dabei muß das Ventil hörbar klicken.

Das Ventil kann auch in ausgebautem Zustand überprüft werden:

- Ventil abschrauben und an Masse legen (auf Motor).
- Von Batterie-Pluspol Leitung an die Klemme für Leerlaufabschaltventil anschließen.
- Vorn am Ventil den Stift ca. 3 bis 4 mm einschieben. Dabei muß der Kern angezogen werden, sonst Ventil auswechseln bzw. elektrische Zuleitung überprüfen.

- Zum Ausbau des Leerlaufabschaltventils nehmen die Werkstätten das Spezialwerkzeug VW 3064. Das Ventil läßt sich auch mit einer Rohrzange lösen. Zange gefühlvoll ansetzen.

Einspritzrohr einbauen

- Falls beim Zerlegen des Vergasers das Einspritzrohr ausgebaut wurde, ist es wieder so einzusetzen, daß der Kraftstoffstrahl in Richtung Aussparung – Pfeil – abspritzt.

Saugrohr für 2 E 3 / 2 E 4-Vergaser

- Ausbau des Saugrohrs, siehe Seite 76.
- Ausbau der Saugrohrvorwärmung, siehe Seite 76.
- Saugrohrvorwärmer prüfen, siehe Seite 76.

Hinweis

Alle Schläuche mit Schlauchschellen so befestigen, daß auch Federbandschellen bei eingebautem Motor mit einer Zange ausbaubar sind. Dichtungen ersetzen.

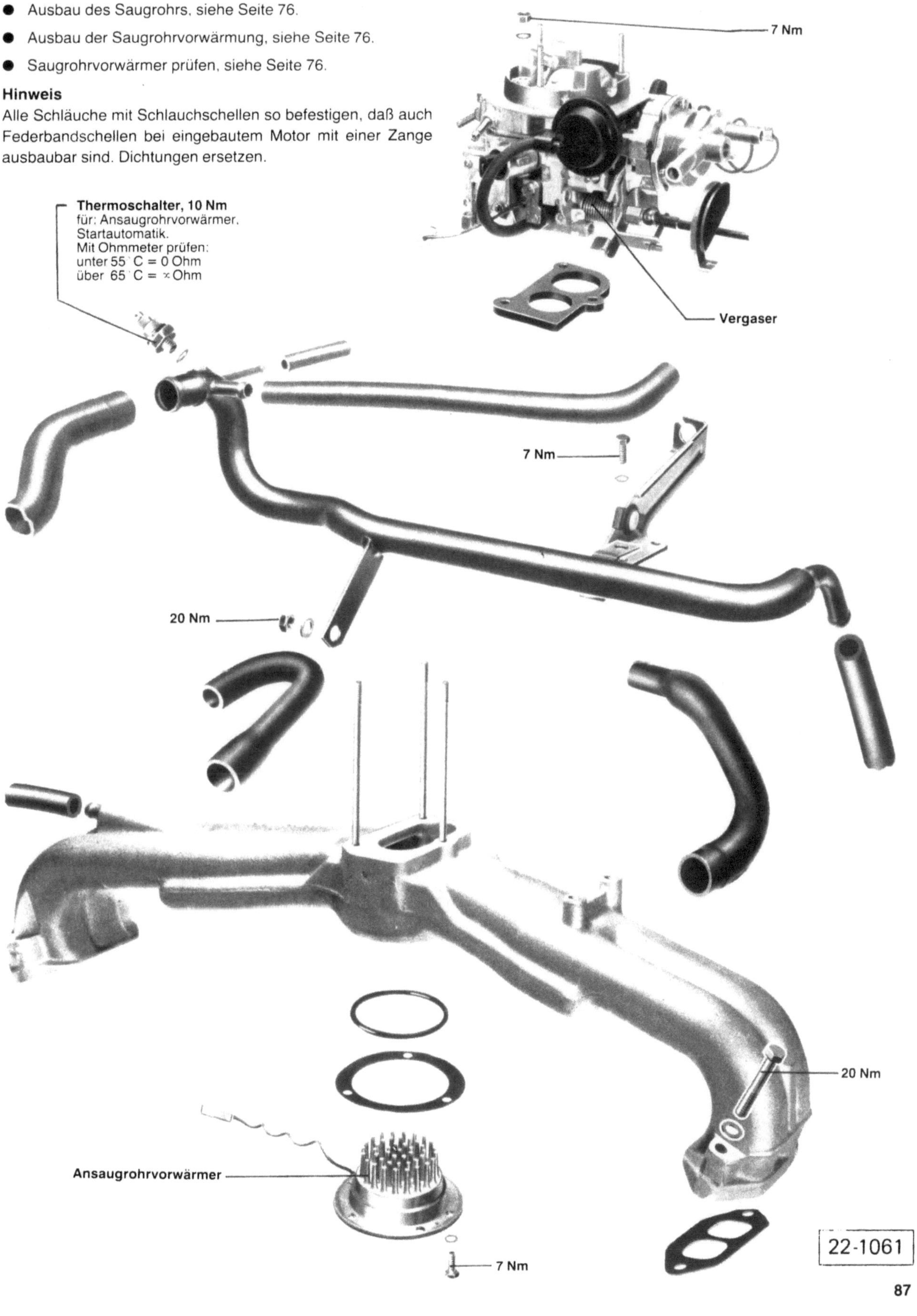

Vergaserdaten II

Motor	Motorleistung		57 kW/78 PS		57 kW/78 PS		57 kW/78 PS	
	Einsatz		10.82		2.85		3.87	
	Motor-Kennbuchstaben		DG		DG (Syncro)		DG	
Vergaser	Typ		2 E 3		2 E 3		2 E 4	
	Teile-Nr. Schaltgetriebe		025 129 015		025 129 015 D		025 129 015 E[2]	
	autom. Getriebe		025 129 015 A				(025 129 015 F)	
Vergaserbestückung			Stufe I	Stufe II	Stufe I	Stufe II	Stufe I	Stufe II
	Lufttrichter	Ø mm	22	22	22	26	22	26
	Hauptdüse		X 102,5	X 110	X 100	X 112.5	X 102,5 A (L)	X 110 L
	Luftkorrekturdüse mit Mischrohr		50	45	50	45	50 D	45 F
	Leerlauf-Kraftstoff/Luftdüse		45/110	–	45/110	–	45/+125	–
	Vollastanreicherung	Ø mm	–	1,1	–	0,9	–	0,5
	Pumpen-Einspritzrohr	Ø mm	0,45	–	0,45	–	0.45 (0.30)	–
	Einspritzmenge langsam	cm^3/Hub	1,35 ± 0.2	–	1,35 ± 0,2	–	–	–
	Luftklappenspaltmaß							
	Schaltgetriebe	mm	3,5	–	3,3 ± 0,2	–	3,3	–
	autom. Getriebe	mm	3,0	–	–	–	3,3	–
	Kaltleerlaufdrehzahl		2000 ± 200		2000 ± 200		3600 ± 200	
	Kennzeichnung des Starterdeckels		256		286		303	
Leerlaufeinstellung[1]	Drehzahl	1/min	900 ± 50		900 ± 50		900 ± 50[3]	
	CO-Gehalt	Vol. %	1,5 ± 0,5		1,5 ± 0,5		1,5 ± 0,5	

[1]) Prüf- und Einstellbedingungen beachten
[2]) Für Syncro: 025 129 015 G
[3]) Leerlaufdrehzahl automatisch geregelt, nicht einstellbar

Luftfilter und Unterdruckanschlüsse für 34 PICT-Vergaser

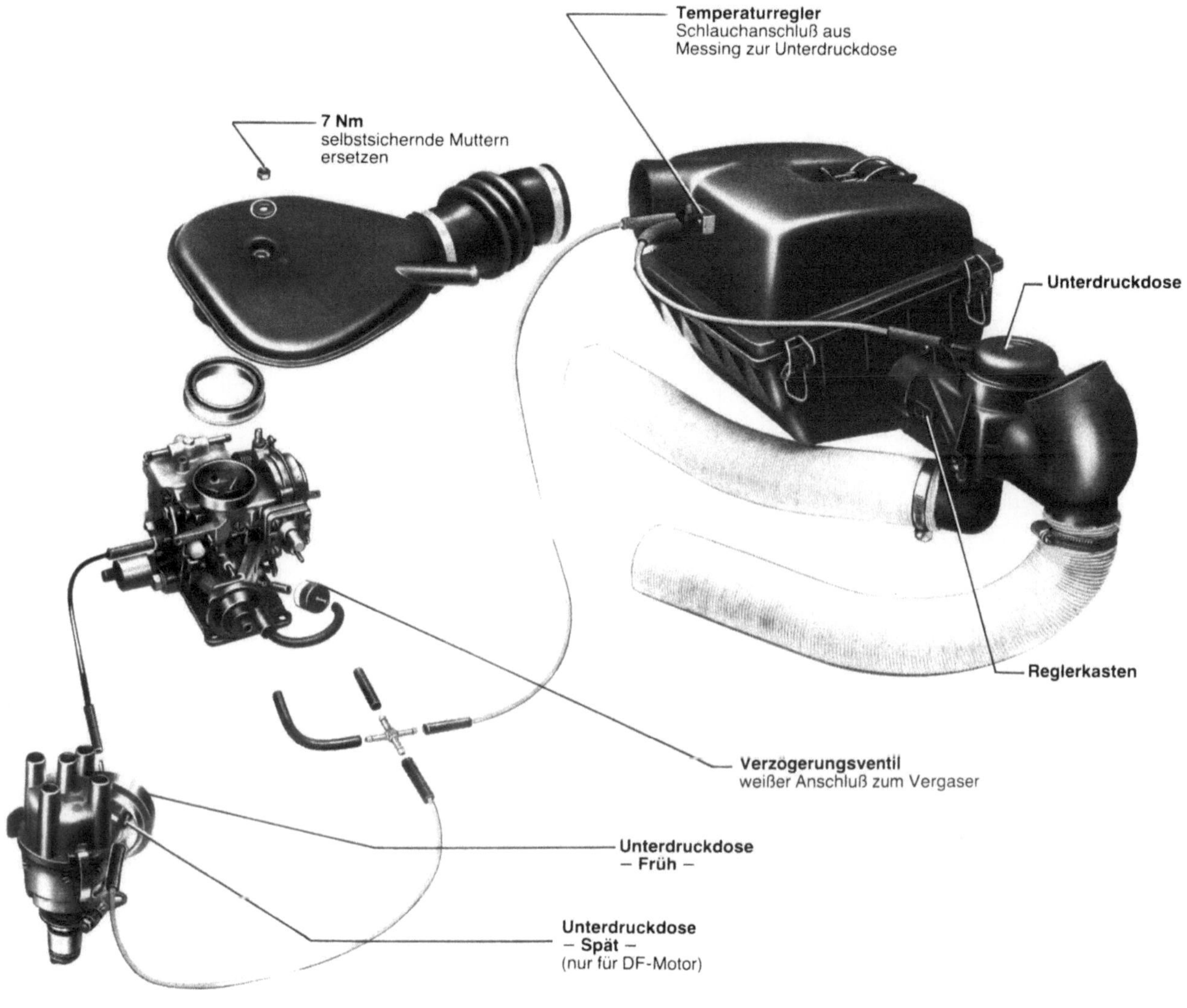

22-1046

Luftfilter und Unterdruckanschlüsse für 2 E 3-Vergaser

Achtung: Unterdruckanschlüsse für 2 E 4-Vergaser, siehe Seite 79.

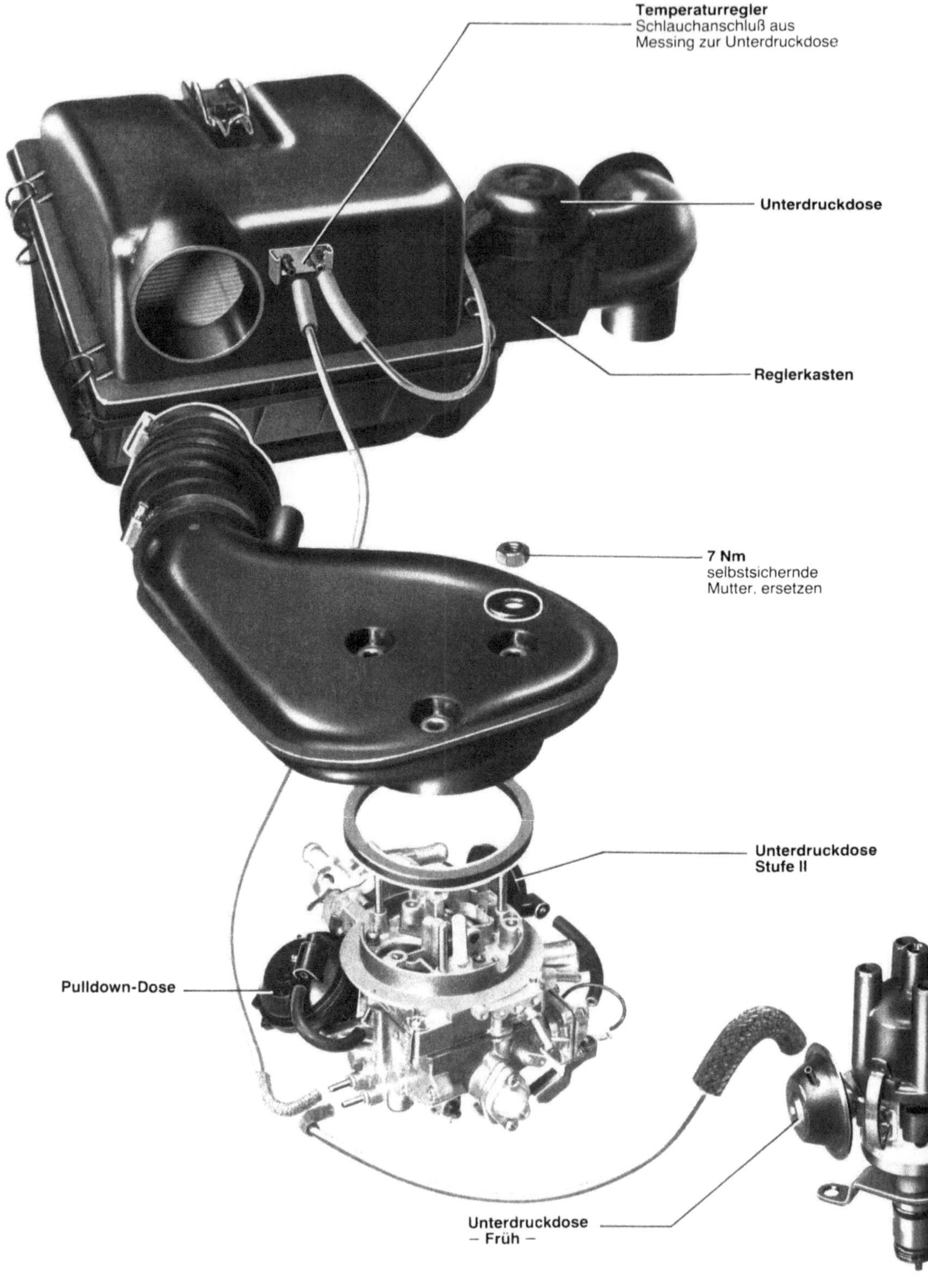

Luftfiltereinsatz aus- und einbauen
Luftfilter aus- und einbauen

Einsatz ausbauen

- Schlauch für Kurbelgehäuseentlüftung von Lufthutze abziehen.
- Braunen Unterdruckschlauch von Unterdruckdose abziehen.
- Mit Schraubendreher Klammer am Luftfilterdeckel zurückbiegen und grauen Schlauch abziehen.
- 4 Haltebügel am Luftfilter öffnen und oben auf dem Deckel eine Klammer.
- Luftfilterdeckel abnehmen.
- Luftfiltereinsatz herausnehmen.
- Luftfilterunterteil und -oberteil mit sauberem Lappen auswischen.

Einbau

- Neuen Luftfiltereinsatz einlegen.
- Luftfilterdeckel auflegen und mit 4 Haltebügeln befestigen.
- Mit der oberen Klammer Luftfilter befestigen.
- Braunen Unterdruckschlauch auf Unterdruckdose aufschieben.
- Grauen Unterdruckschlauch auf Luftfilterdeckel aufschieben.
- Schlauch für Kurbelgehäuseentlüftung auf Lufthutze aufschieben.

Lufthutze ausbauen

- Schlauch für Kurbelgehäuseentlüftung von Lufthutze abziehen.
- Schlauchschelle an der Verbindung Schlauch/Luftfilterdeckel öffnen.
- Mutter(n) aus Lufthutze/Vergaser herausdrehen und mit Unterlegscheibe abnehmen.
- Lufthutze abnehmen.

Einbau

- Lufthutze aufsetzen. Darauf achten, daß der Dichtungsring einwandfrei am Vergaser anliegt.
- Neue selbstsichernde Mutter(n) zur Befestigung der Lufthutze nehmen, Mutter(n) gefühlvoll anziehen.
- Schlauch auf Luftfilterdeckel aufschieben und mit Schelle befestigen.
- Schlauch für Kurbelgehäusebelüftung auf Lufthutze aufschieben.

Luftfiltergehäuse komplett ausbauen

- Mutter für Lufthutze am Vergaser herausdrehen.
- Mit Schraubendreher am Luftfilterdeckel Klammer zurückdrücken und grauen Unterdruckschlauch abziehen.
- Schlauch für Kurbelgehäuseentlüftung von Lufthutze abziehen.
- Am Luftfiltergehäuse beide Schläuche für Ansaugluftvorwärmung abziehen.
- Obere Klammer am Luftfilter öffnen.
- Luftfiltergehäuse komplett nach oben herausnehmen.

Einbau

- Das Luftfiltergehäuse rastet unten in ein Blech ein. Auf den beiden Halterasten am Luftfilterunterteil muß je ein Gummiring aufgeschoben sein.
- Luftfiltergehäuse einsetzen, einrasten lassen und mit Klammer arretieren.
- Vorwärmschläuche für Ansaugluft mit Schellen befestigen.
- Grauen Unterdruckschlauch auf Luftfilteroberteil aufschieben.
- Luftfilterhutze mit neuer selbstsichernden Mutter am Vergaser befestigen. Darauf achten, daß der Gummidichtring einwandfrei am Vergaser anliegt.
- Schlauch für Kurbelgehäusebelüftung auf Lufthutze aufschieben.

Ansaugluftvorwärmung prüfen

Bei neueren Motoren wird die Ansaugluftvorwärmung automatisch geregelt. Fall die Ansaugluftvorwärmung defekt ist, können verschiedene Beanstandungen auftreten.

- Schlechter Leerlauf in der Warmlaufphase.
- Übergangsstörungen.
- Schlechte Leistung, Höchstgeschwindigkeit wird nicht erreicht.
- Hoher Kraftstoffverbrauch.

Regelkasten/Unterdruckdose prüfen

- Ansauglufttemperatur mind. 20° C.

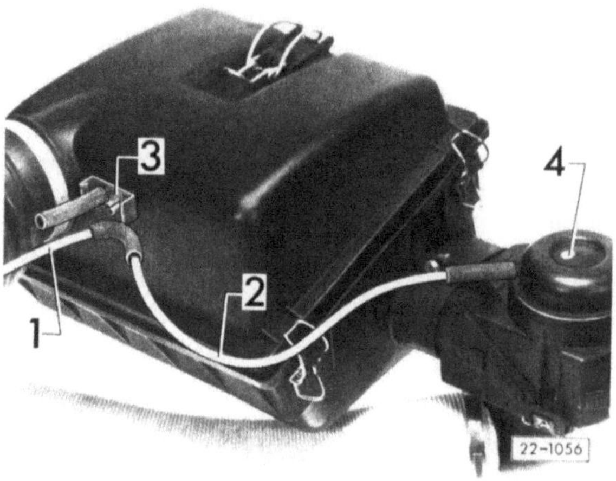

- Schläuche – 1 – und – 2 – vom Temperaturregler – 3 – abziehen und zusammenstecken.
- Im Leerlauf Schlauch – 2 – von der Unterdruckdose – 4 – abziehen. Die Klappe im Regelkasten muß hörbar zufallen. Anderenfalls Regelkasten ersetzen.

Temperaturregler prüfen

- Ansauglufttemperatur mind. 20° C.
- Regelkasten/Unterdruckdose i. O.
- Schläuche – 1 – und – 2 – am Temperaturregler – 3 – aufgesteckt.
- Vor der Prüfung Motor **nicht** länger als 5 Minuten laufen lassen.

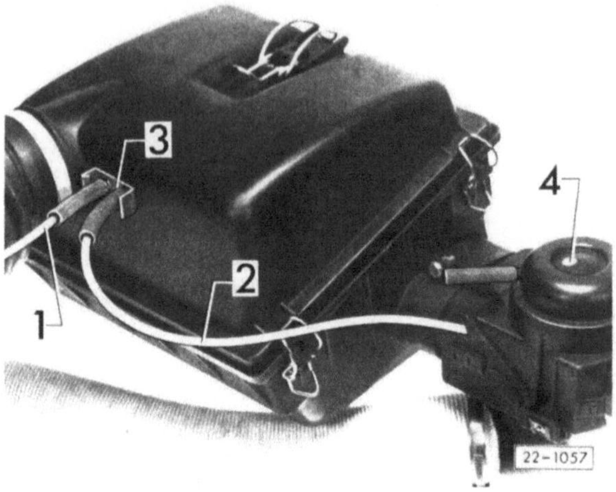

- Im Leerlauf Schlauch – 2 – von der Unterdruckdose – 4 – abziehen. Die Klappe im Regelkasten muß hörbar zufallen. Anderenfalls Temperaturregler – 3 – ersetzen.

Kraftstoffpumpe aus- und einbauen

Die Kraftstoffpumpe sitzt an der rechten Seite des Motors neben dem Zündverteiler. Die Kraftstoffpumpe kann nicht geöffnet werden. Bei einem Defekt muß sie komplett ausgetauscht werden. Der Pumpendruck soll 0,2 bis 0,3 bar betragen.

Ausbau

- Masseband von Batterie abklemmen. Kein offenes Feuer, Brandgefahr!
- Schellen an den Kraftstoffschläuchen lösen, Kraftstoffschläuche abziehen.
- Muttern für Kraftstoffpumpe abschrauben, Pumpe herausnehmen.
- Pumpenstößel mit Dichtungen und Zwischenflansch herausziehen.

Einbau

- Pumpenunterteil mit Universalfett füllen.
- Neue Dichtung mit großem Durchmesser unter den Zwischenflansch legen.
- Zwischenflansch einsetzen, dann den Stößel.

Achtung: Zuerst Zwischenflansch einsetzen. Sonst besteht die Gefahr, daß der Stößel in das Kurbelgehäuse fällt.

- Neue Dichtung mit kleinem Innendurchmesser auf Zwischenflansch auflegen.
- Kraftstoffpumpe einsetzen, Befestigungsmuttern mit 15 Nm festziehen.
- Kraftstoffschläuche auf Pumpe aufsetzen und mit Schellen sichern. Der obere Schlauch an der Pumpe führt zum Vergaser, der untere zum Kraftstofftank.
- Masseband an Batterie anschließen.

Kraftstoffilter aus- und einbauen

Der Kraftstoffilter sitzt unter dem Fahrzeugboden auf der rechten Fahrzeugseite unmittelbar hinter dem Tank. Der Kraftstoffilter ist alle 30000 km zu ersetzen.

Ausbau

- Fahrzeug hinten aufbocken.
- Masseband von Batterie abklemmen.
- Mit Schlauchklemme Kraftstoffschlauch vom Tank abklemmen.
- Schellen an den Kraftstoffschläuchen lösen, Filter herausnehmen.

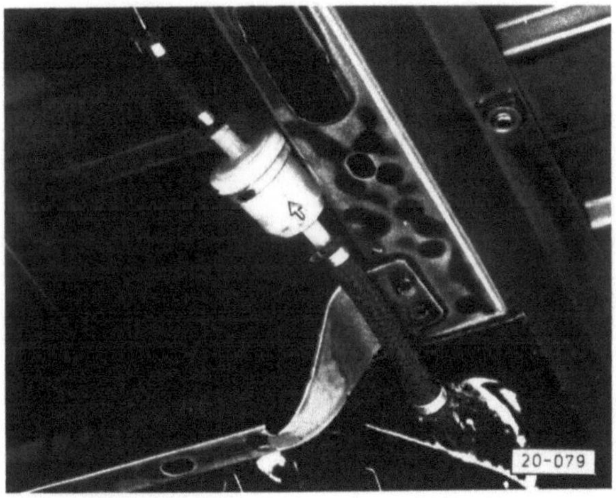

- Neuen Kraftstoffilter einsetzen. **Achtung:** Auf Durchflußrichtung achten. Der Pfeil auf dem Filter zeigt in Richtung Kraftstoffpumpe (zum Motor).
- Schellen an den Kraftstoffschläuchen festziehen. Schlauchklemme entfernen.
- Masseband an Batterie anklemmen.

Gaszug aus- und einbauen

Ausbau

- Fahrzeug aufbocken.
- Gaszug an Klemmschraube Vergaser lösen, bei 2E3-Vergaser von Hand Vollgas geben, Gaszug aushängen.
- Steckraste am Halter für Gaszug herausziehen, Gaszug aus Halter herausziehen.
- Reserverad herausnehmen, Abdeckkappe für Gaspedal ausbauen, siehe Seite 94.
- Am Gashebel Klemmschraube für Gaszug lösen.
- Am Fahrzeugboden im Bereich der Blechwanne Halterung für Gaszug mit Steckschlüssel herausschrauben.
- Gaszug herausnehmen.

Einbau

- Gaszug einsetzen und am Halter unten am Fahrzeugboden befestigen.
- Gaszug vorn am Gashebel anschrauben, Abdeckung für Gaspedal montieren.
- Gaszug zum Vergaser verlegen und anklemmen, siehe Seite 94.

Gasbetätigung

Der Gaszug verbindet das Gaspedal mit dem Drosselklappenhebel am Vergaser, beziehungsweise an der Einspritzanlage. Vorn ist er in den Übertragungshebel des Gaspedals eingehängt und wird dann am Rahmen zum Vergaser geführt. Am Drosselklappenhebel ist der Gaszug mit seinem bolzenförmigen Ende in einer Klemmhülse eingeklemmt, bzw. im Gasbetätigungshebel eingehängt.

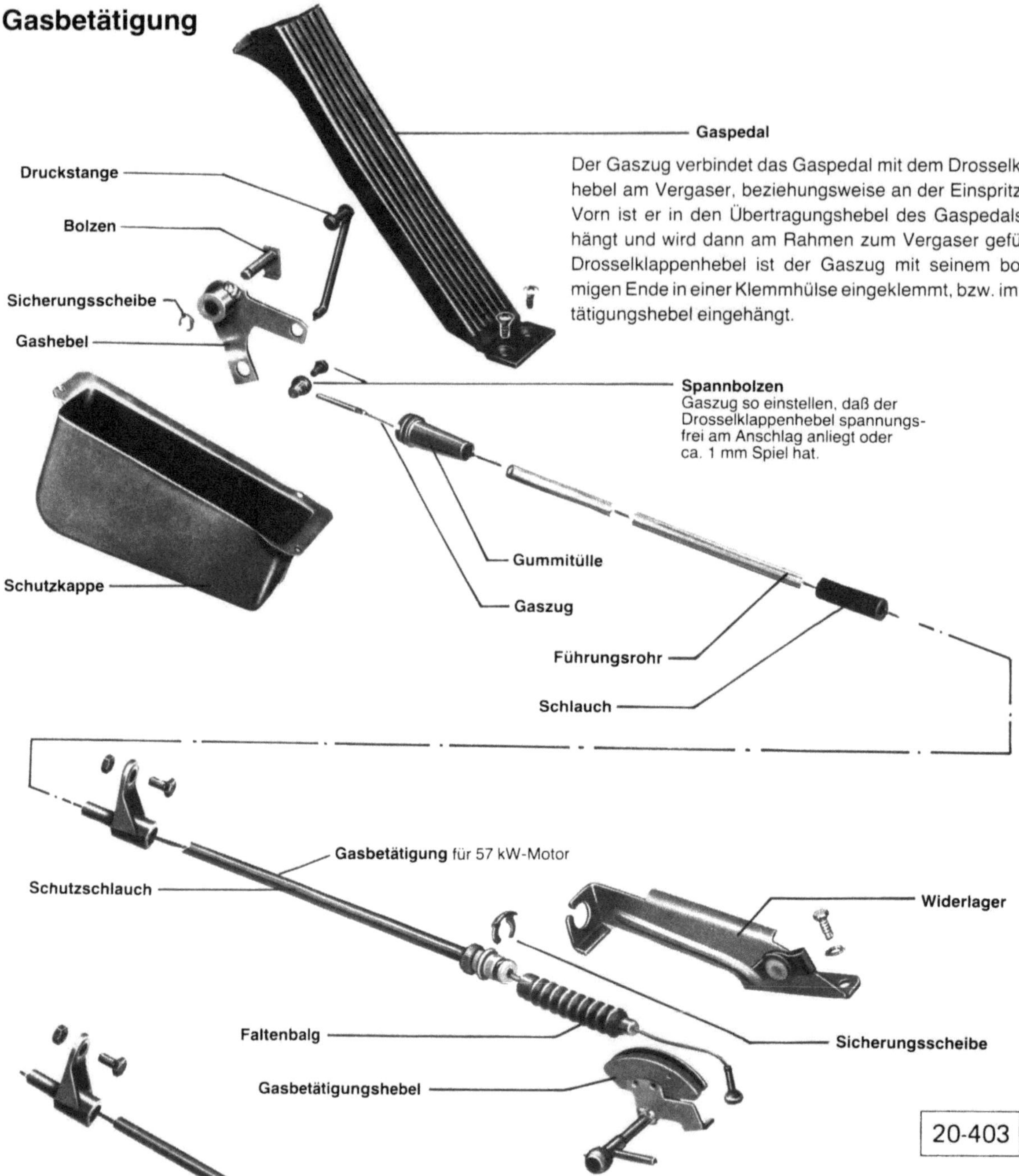

20-403

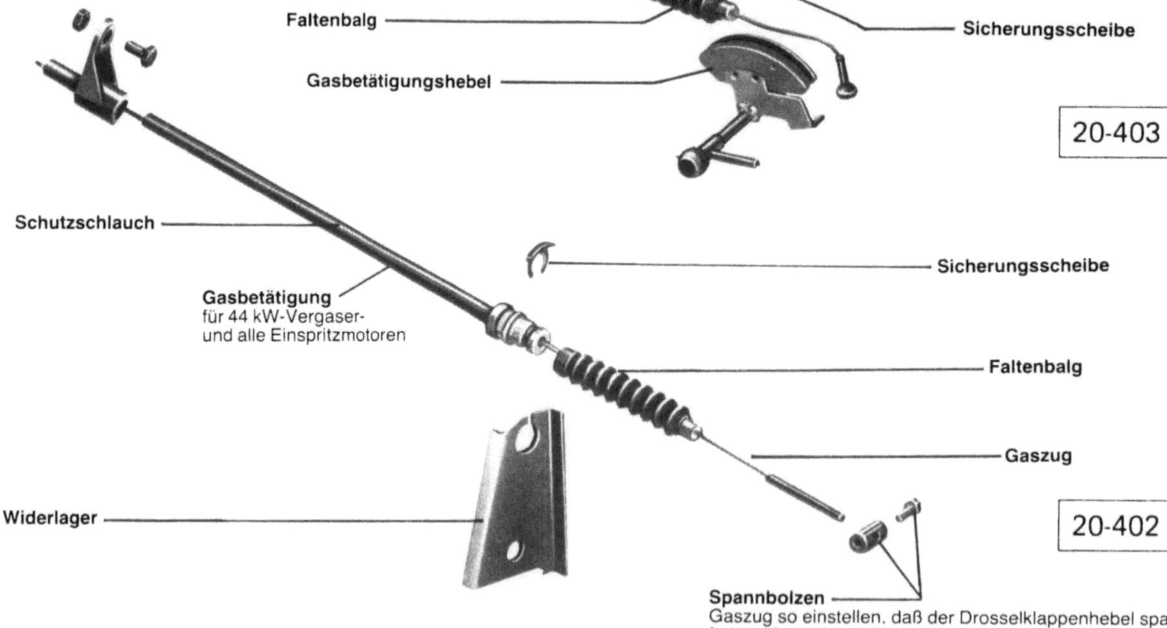

20-402

Gasbetätigung für Automatik-Fahrzeuge einstellen

Die Gasbetätigung ist so einzustellen, daß bei geschlossenen Drosselklappen (Leerlauf) der Betätigungshebel am Getriebe am Anschlag in Nullgasstellung steht. Anderenfalls erfolgen die Hochschaltungen bei mittleren Geschwindigkeiten zu spät.

Die Gasbetätigung ist bei Leerlaufstellung (Motor betriebswarm: Drosselklappen geschlossen, Luftklappe vollständig geöffnet) wie folgt einzustellen:

- Mutter – 1 – lösen.
- Überwegfeder – 2 – ausbauen.
- Stange für Gasbetätigung in Pfeilrichtung ziehen (Nullgasstellung).
- Endstück – 3 – durch Drehen mit einem Schraubendreher so einstellen, daß die Anschlagfläche des Endstückes am Bolzen der Betätigungswelle anliegt.
- Überwegfeder – 2 – einbauen. Motor starten und überprüfen, ob Leerlaufdrehzahl erreicht wird. Gegebenenfalls durch Drehen des Endstückes – 3 – nachregulieren.
- Endstück durch Mutter – 1 – sichern.

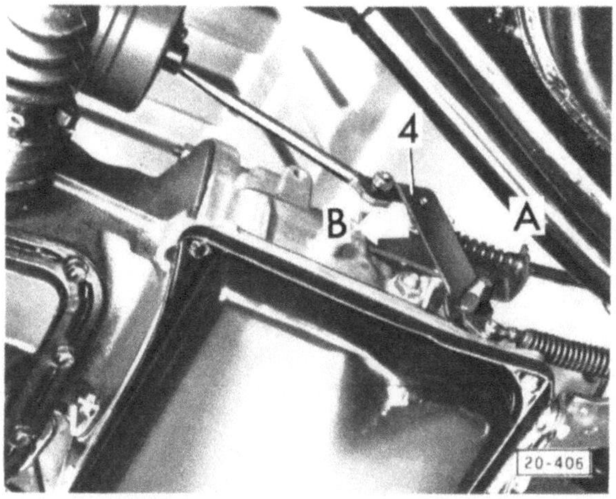

- Gaspedal bis Anschlag durchtreten. Betätigungshebel/Getriebe – 4 – muß am Anschlag in Kickdownstellung stehen – Pfeil A –
- Gaspedal loslassen. Betätigungshebel muß am Anschlag in Nullgasstellung stehen – Pfeil B –.

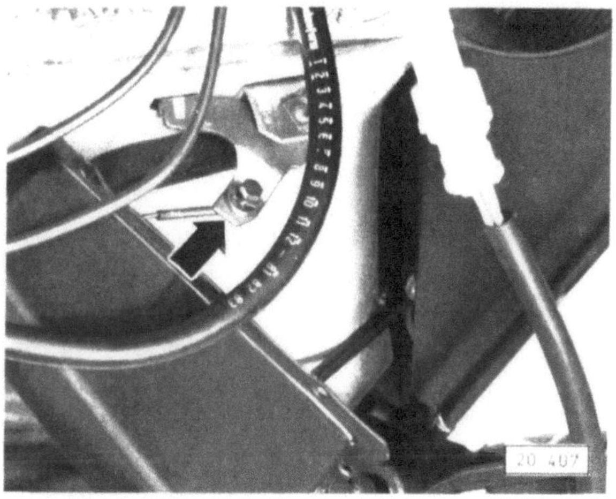

- Ggf. Gaspedalzug am Spannbolzen einstellen.

Einstellung kontrollieren

- Gaspedal bis Vollgasdruckpunkt niedertreten. Drosselklappenhebel muß am Anschlag anliegen (ohne Kickdown).
- Gaspedal über Vollgasdruckpunkt bis Anschlag niedertreten. Überwegfeder muß eingefedert sein. Betätigungshebel/Getriebe muß in Kickdownstellung stehen.

Der Kraftstoffbehälter

Die Abbildung zeigt den Tank der Fahrzeuge mit Hinterradantrieb.

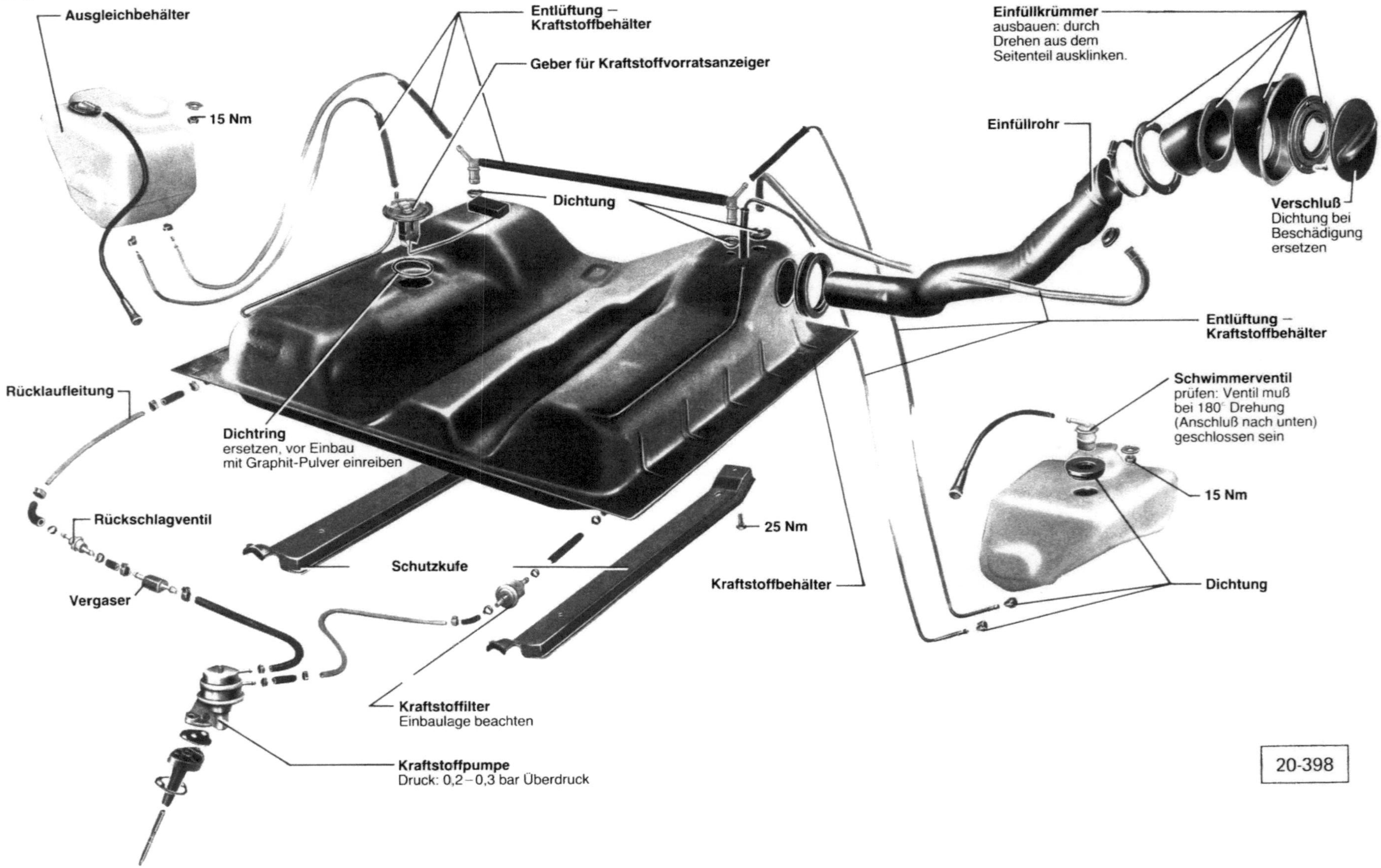

Tank aus- und einbauen

Der Tank ist bei Fahrzeugen mit Hinterradantrieb vom Fahrzeugboden aus zugänglich, er sitzt hinter der Vorderachse **Hinweis:** Bei Fahrzeugen mit Allradantrieb sitzt der Tank über dem Schaltgetriebe, daher ist zum Tankausbau vorher das Schaltgetriebe auszubauen. Beschrieben wird hier der Ausbau des Tanks der hinterradgetriebenen Fahrzeuge.

Achtung: Kraftstoffdämpfe sind giftig und feuergefährlich, deshalb auf besonders gute Belüftung des Arbeitsplatzes achten. Kein offenes Feuer, Brandgefahr!

Ausbau

- Massekabel (–) von der Batterie abklemmen.
- Kraftstoff aus dem Tank mit einer Pumpe absaugen.
- Fahrzeug aufbocken.

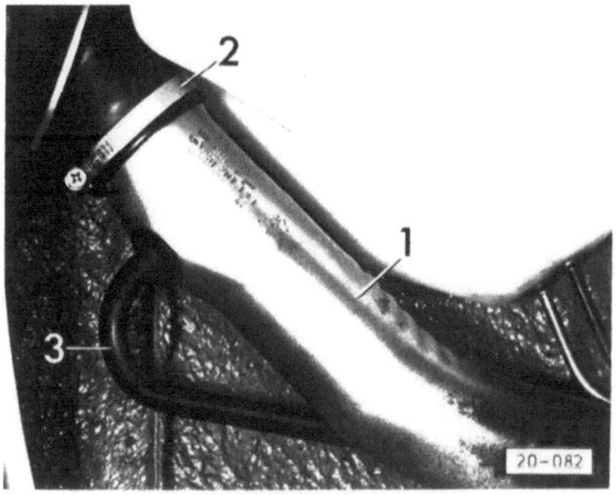

- Einfüllrohr (1) ausbauen. Dazu Schelle (2) am Einfüllkrümmer lösen und Entlüftungsleitung (3) herausziehen.

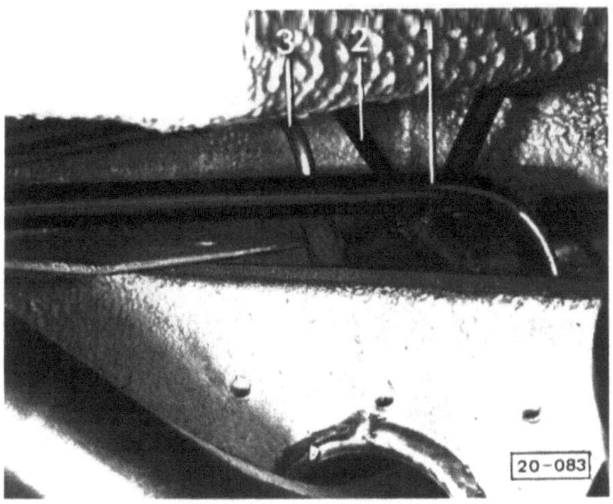

- Entlüftungsleitungen rechts (1), (2) und (3) ausbauen.

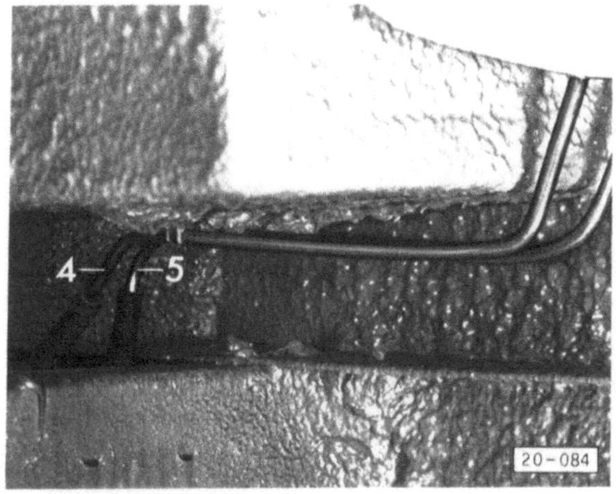

- Entlüftungsleitungen links (4) und (5) abziehen.

- Ansaugleitung (1) und Rücklaufleitung (2) vom Kraftstoffbehälter abziehen.

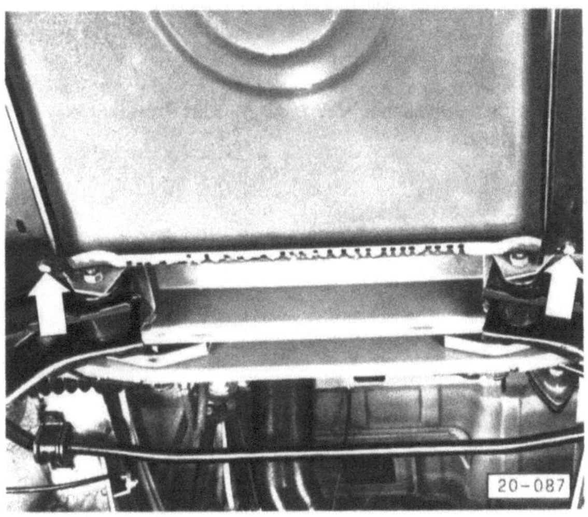

- Schutzkufen – weiße Pfeile – vom Aufbau abschrauben und aus den Halterungen herausnehmen.
- Kraftstoffbehälter absenken und elektrischen Anschluß vom Geber für Kraftstoffvorratsanzeige abziehen. Kraftstoffbehälter herausnehmen.

Einbau

- Kraftstoffbehälter einsetzen und elektrischen Anschluß für Kraftstoffvorratsanzeige aufschieben.
- Schutzkufen in die Halterungen einsetzen und festschrauben.
- Ansaugleitungen und Entlüftungsleitungen – siehe unter Ausbau – aufschieben und mit Schellen sichern.
- Einfüllrohr und Entlüftungsleitung einbauen und mit Schellen sichern.
- Kraftstoff auffüllen.
- Batterie-Masseband anklemmen.

Geber für Kraftstoffvorratsbehälter aus- und einbauen

Achtung: Kraftstoffdämpfe sind giftig und feuergefährlich, deshalb auf besonders gute Belüftung des Arbeitsplatzes achten. Kein offenes Feuer, Brandgefahr!

Ausbau bei Fahrzeugen mit Hinterradantrieb

- Kraftstoffvorratsbehälter ausbauen.

- Mit Spezialschlüssel (VW 2012 A) oder Rohrzange Geber ausbauen.

Einbau

- Geber mit neuem Dichtring in den Tank einsetzen. Dichtring vorher mit Graphitpulver einreiben.

- Geber mit Rohrzange festschrauben. Der Geber muß so eingebaut werden, daß der elektrische Anschluß mit der gestrichelten Linie übereinstimmt. Der Pfeil zeigt in Fahrtrichtung.
- Kraftstoffbehälter einbauen.

Ausbau bei Fahrzeugen mit Allradantrieb

- Kraftstoffvorratsbehälter so weit entleeren (leerfahren), daß der Kraftstoffspiegel unterhalb der Geberöffnung liegt.
- Batterie-Massekabel (–) abklemmen.

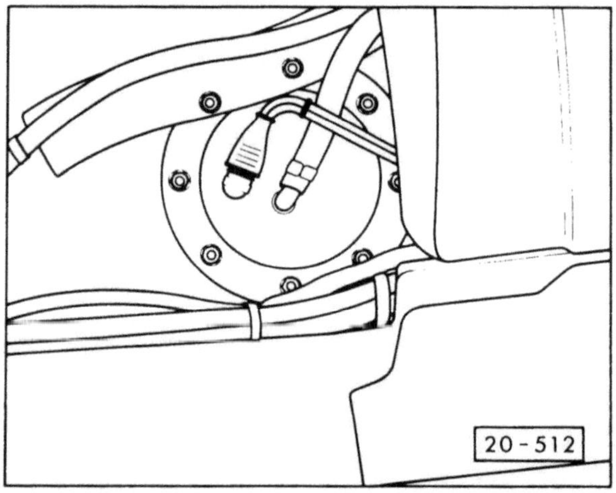

- Tankgeber am Haltering abschrauben. Der Tankgeber liegt hinter dem Radhaus hinten links.

Einbau

- Tankgeber so einsetzen, daß der Schwimmerhebel senkrecht steht.
- Geber festschrauben.
- Batterie-Massekabel anklemmen.
- Tank auffüllen und auf Dichtigkeit kontrollieren.

Störungstabelle Vergaser

Voraussetzungen für das Abstellen von Fehlern anhand dieser Tabelle sind eine einwandfreie Einstellung und Funktion des Motors, aller Nebenaggregate sowie ein dichtes Saugrohr und eine korrekte Steuerung der Vorwärmung im Luftfilter. Außerdem ist zu prüfen, ob Kraftstoff mit dem vorgesehenen Druck zum Vergaser gefördert wird.

Störung	Mögliche Ursache	Abhilfe
1. Der kalte Motor springt nicht an	1. Starterklappe schließt nicht	
	a) Starterdeckel steht nicht auf Markierung	Auf Markierung stellen
	b) Starterklappe schwergängig	Gangbarmachen
	c) Bimetallfeder defekt oder ausgehängt	Erneuern oder einhängen
	2. Drosselklappe nicht weit genug geöffnet	Drosselklappenspalt einstellen
2. Motor bleibt nach dem Kaltstart stehen	1. Starterklappe öffnet nicht	
	a) Starterklappe schwergängig	Gangbarmachen
	b) Starterklappenspalt zu groß/zu klein	Einstellen
	c) Startermembrane oder Schlauch zur Membrane defekt	Erneuern
	2. Starterklappe öffnet zu weit	Einstellen
	3. Drosselklappe ist nicht genügend angestellt	Drosselklappenspalt einstellen
	4. Nicht genügend Kraftstoff in der Schwimmerkammer durch Ausdampfen bei heiß abgestelltem Motor	Durchstarten
3. Motor bleibt vor Erreichen der Betriebstemperatur stehen	1. Wie unter 2. 1—3	Wie unter 2. 1—3
	2. Leerlaufeinstellung nicht wie vorgesehen	Drehzahl und CO-Vol.-% einstellen
	3. Starterklappe öffnet zu schnell/zu langsam	
	a) Starterdeckel nicht auf Markierung	Auf Markierung stellen
	b) Keine Beheizung	Anschluß wieder herstellen, evtl. Starterdeckel erneuern
	c) Bimetallfeder defekt oder ausgehängt	Starterdeckel erneuern oder Feder einhängen
	4. Vereisung durch hohe Luftfeuchtigkeit	Kraftstoffzusatz AOS 150 000 03

Störung	Mögliche Ursache	Abhilfe
4. Heißstart schwierig	Überfetten durch Ausdampfen und Tropfen von Kraftstoff infolge des Hitzestaus	Mit Vollgas starten (Gaspedal festhalten)
5. Leerlauf unregelmäßig — Motor bleibt stehen (Motor warm)	1. Leerlaufeinstellung	
	a) Drehzahl zu niedrig	Einstellen
	b) CO-Wert zu niedrig/zu hoch	Einstellen
	2. Leerlaufdüsendurchgang zu gering	
	a) Düsen verschmutzt	Reinigen
	b) Düsen beschädigt	Erneuern
	3. Undichtigkeiten	
	a) Am Saugrohr	Dichtungen bzw. Zwischenflansch erneuern
	b) Am Zwischenflansch	Dichtungen bzw. Zwischenflansch erneuern
	c) Am Vergaser	Dichtungen bzw. Zwischenflansch erneuern
	4. Kraftstoffniveau zu hoch	
	a) Schwimmernadelventil undicht	Reinigen, evtl. erneuern
	b) Schwimmer zu schwer	Erneuern
	5. Leerlaufabschaltventil	Ventil prüfen
	a) Öffnet nicht	Erneuern
	b) Schließt zeitweise	Für einwandfreien elektrischen Anschluß sorgen
	6. Starterdeckel defekt	
	a) Keine Beheizung	Anschluß herstellen
	b) Bimetallfeder defekt oder ausgehängt	Erneuern bzw. Feder einhängen
	c) Heizwendel	Erneuern
6. Ruckeln bei konstanter Fahrt (Teillast)	1. Wie unter 5. 2. + 3. a) Spritzrichtung falsch	Einstellen
7. Übergangsfehler beim Beschleunigen	1. Wie unter 5. 2. + 3.	
	2. Beschleunigungspumpe	
	a) Einspritzmenge zu groß/zu klein	Einstellen
	b) Pumpensaughebel oder Druckventil klebt	Reinigen
	c) Einspritzrohr verschmutzt	Reinigen
	d) Spritzrichtung falsch	Einstellen

Störung	Mögliche Ursache	Abhilfe
	3. Drosselklappe schwergängig	
	a) Klappe ist nicht angestellt	Einstellen
	b) Gaszug hakt	Gangbarmachen bzw. erneuern
	c) Drosselklappenwellenlager ausgeschlagen	Vergaser austauschen
8. Endleistung wird nicht erreicht	1. Kraftstoff-Luftgemisch zu mager oder viel zu fett	
	a) Kraftstoff-Filter verschmutzt	Erneuern
	b) Kraftstoffzufluß mit Rücklauf verwechselt	Anschluß korrigieren
	c) Düsenbestückung nicht nach Vorschrift	Düsen nach Tabelle einbauen
	d) Düsen verschmutzt	Reinigen
	e) Kraftstoffniveau zu tief/zu hoch	Schwimmer prüfen, evtl. erneuern
	f) Tankbelüftung zu	Reinigen
	2. Luftdurchsatz zu klein	
	a) Starterklappe öffnet nicht vollständig	Beheizung prüfen Bimetallfeder prüfen, evtl. erneuern
	b) Vollgasstellung wird nicht erreicht	Gaszug einstellen
	c) Luftfiltereinsatz verschmutzt	Erneuern
9. Motor läuft nach	1. Leerlaufabschaltventil defekt	Erneuern
	2. Anstellung der Drosselklappe zu groß	Einstellen
10. Knallen im Auspuff beim Schieben	Gemisch zu mager Wie unter 5. 1 — 3 + 5.5	Wie 5. 1 — 3 + 5.5
11. Verbrauch zu hoch. Der Kraftstoffverbrauch wird ganz entscheidend von den Einsatzbedingungen des Fahrzeugs, der Verkehrsdichte und dem Fahrstil des Fahrers beeinflußt und kann, ohne daß ein Fehler am Fahrzeug vorliegt, mehr als den doppelten Normverbrauch erreichen.	1. Leerlaufgemisch zu fett	
	a) CO-Einstellung falsch	Einstellen
	b) Leerlauf- und Zusatzluftdüsen	Reinigen und einstellen
	2. Einspritzmenge zu groß	Einstellen
	3. Kraftstoffniveau zu hoch	Schwimmer und Dichtring prüfen, evtl. erneuern
	4. Starterklappe öffnet nicht ganz	Wie unter 1.1 c) oder 3.3 b)
	5. Düsenbestückung falsch	Düsen nach Tabelle einbauen
	6. Luftfilter verschmutzt, verölt	Erneuern

Die Benzin-Einspritzanlage

Die Vorteile der Benzineinspritzung gegenüber dem Vergaser sind:

- Genau dosierte Kraftstoffmenge in jedem Betriebszustand des Motors, dadurch geringerer Verbrauch bei guten Fahrleistungen.
- Reduzierung der Abgas-Schadstoffe durch exakte Kraftstoffzumessung.
- Abgasreinigung durch Lambda-geregelten Katalysator möglich.

Alle Einspritzanlagen sind praktisch wartungsfrei, nur der Luftfiltereinsatz und der Kraftstoffilter müssen alle 30000 km gewechselt werden.

Digijet/Digifant-Einspritzung

Die Digijet-Anlage wird in Motoren mit den Kennbuchstaben GW und DJ eingebaut, die Digifant-Anlage in den Motor mit Kennbuchstaben MV. Der Unterschied zwischen beiden Anlagen besteht darin, daß im Steuergerät der Digifant zusätzlich die Steuerung für die Zündung untergebracht ist. Der Einspritzteil entspricht im wesentlichen der L-Jetronic von Bosch.

Die Digijet/Digifant hat eine elektronische Benzineinspritzung, die den Kraftstoff intermittierend, also stoßweise in das Ansaugrohr vor jedes Einlaßventil einspritzt.

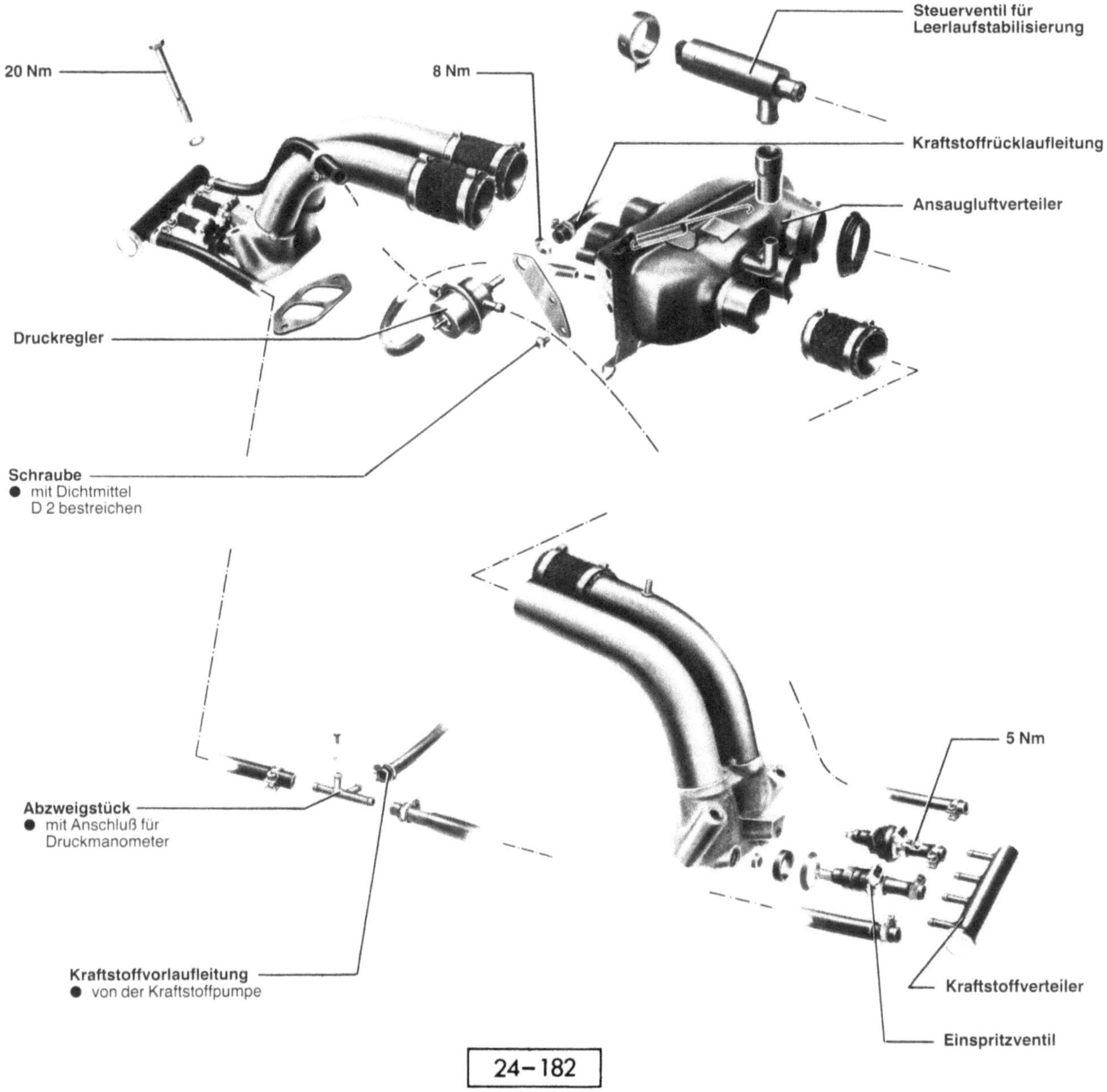

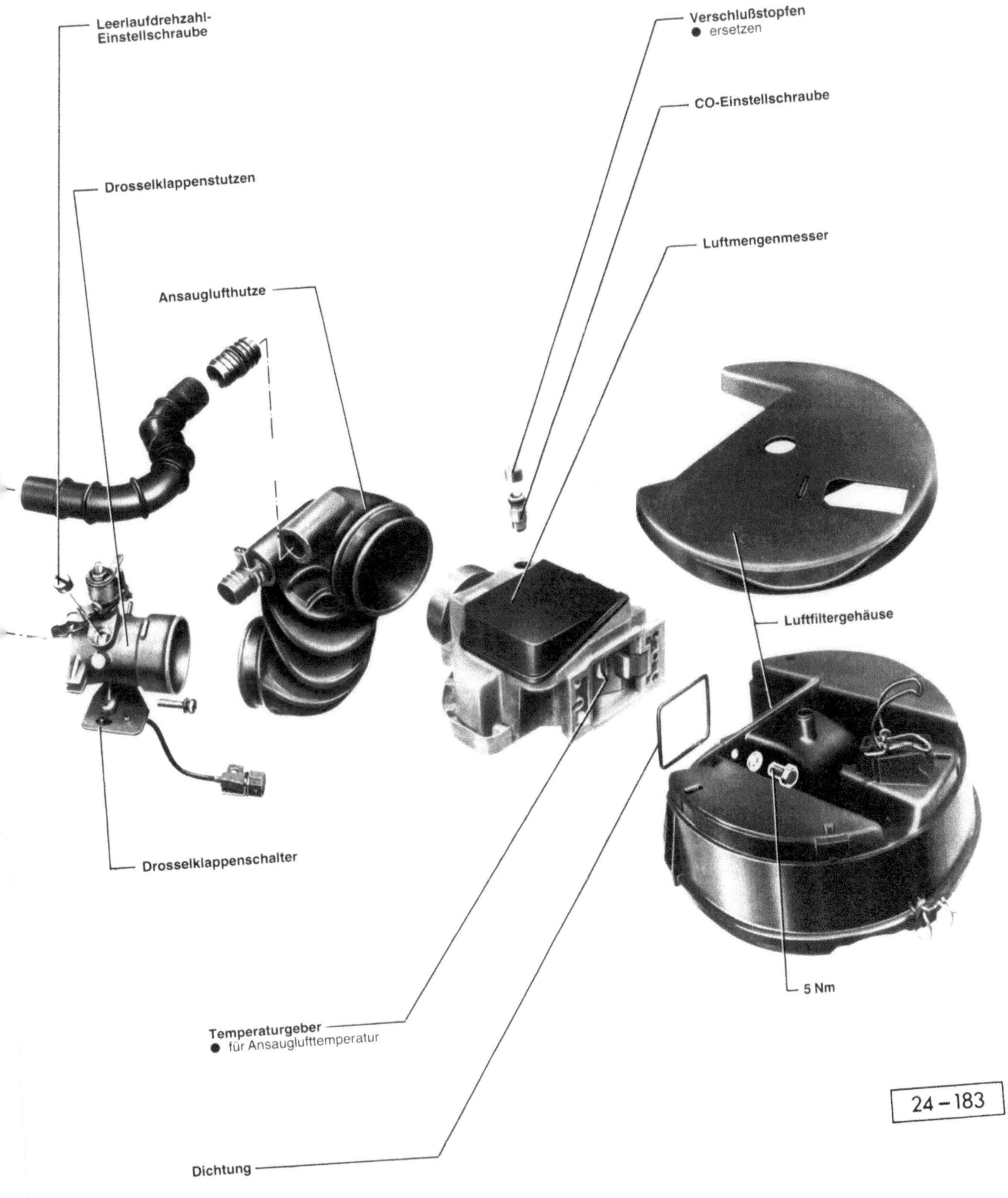
Leerlaufdrehzahl-
Einstellschraube
Drosselklappenstutzen
Ansauglufthutze
Drosselklappenschalter
Verschlußstopfen
● ersetzen
CO-Einstellschraube
Luftmengenmesser
Luftfiltergehäuse
5 Nm
Temperaturgeber
● für Ansauglufttemperatur
Dichtung

24 – 183

Der Kraftstoff wird aus dem Kraftstoffbehälter von der elektrischen Kraftstoffpumpe angesaugt und über den Kraftstoffilter zum Verteilerrohr und dann zu den Einspritzdüsen gefördert. Ein Druckregler am Verteilerrohr sorgt dafür, daß der Druck im Kraftstoffsystem konstant auf ca. 2,0 bar gehalten wird. Ein Schwingungsdämpfer im Druckregler verringert Druckschwingungen in der Rücklaufleitung.

Die Luftmenge wird vom Motor über den Luftfilter angesaugt und vom Luftmengenmesser gemessen. Im Gehäuse des Luftmengenmessers befindet sich eine Stauklappe, die von der Luftströmung in eine bestimmte Stellung ausgelenkt und gehalten wird. Die Winkelstellung der Stauklappe dient als Maß für die durchströmende Luftmenge. Über ein Potentiometer werden entsprechende Signale von der Stauklappe an das Steuergerät übermittelt.

Das Steuergerät regelt entsprechend der gemessenen Luftmenge und der jeweiligen Motordrehzahl die Einspritzzeit und dadurch die Einspritzmenge. Bei längerer Öffnung des Einspritzventils wird mehr Kraftstoff eingespritzt. Zusätzliche Fühler und Geber sorgen auch in besonderen Betriebszuständen für die richtig bemessene Kraftstoffmenge.

- Das Steuerventil für Leerlaufstabilisierung regelt die Leerlaufdrehzahl insbesondere während der Warmlaufphase und wenn der Motor durch elektrische Verbraucher belastet wird.
- Der Drosselklappenschalter sitzt direkt an der Drosselklappenwelle. Er übermittelt dem Steuergerät die Leerlauf- und die Vollaststellung der Drosselklappe. Dadurch wird insbesondere die Schubabschaltung gesteuert, denn so lange der Leerlaufkontakt des Schalters geschlossen ist und gleichzeitig die Drehzahl über ca. 1500/min liegt (fahren ohne Gas geben), wird vom Steuergerät die Kraftstoffzufuhr für den Motor gesperrt.
- Die Lambda-Sonde (Sauerstoffsensor) mißt bei Fahrzeugen mit geregeltem Katalysator den Sauerstoffgehalt im Abgasstrom und schickt entsprechende Spannungssignale an das Steuergerät. Daraufhin verändert das Steuergerät das angesaugte Kraftstoff-Luftverhältnis, so daß die Abgase größtenteils im Katalysator nachverbrannt werden können.
- Fallen wichtige Geber aus, schaltet das Steuergerät auf ein Notlaufprogramm um, damit Motorschäden vermieden werden und weitergefahren werden kann. In diesem Fall ruckelt der Motor extrem und neigt beim Gasgeben zum Absterben.

Leerlauf und CO-Gehalt prüfen/einstellen

Digijet-Anlage, Motorkennbuchstaben GW, DJ

Achtung: Leerlaufdrehzahl, CO-Gehalt und Zündzeitpunkt müssen zusammen geprüft und eingestellt werden.

- Motor warmfahren. Motoröltemperatur beträgt ca. +80 C.
- Alle elektrischen Verbraucher sowie Klimaanlage ausschalten.
- Wurden Einspritzleitungen gelöst beziehungsweise gewechselt, ist vor dem Prüfen des Motors dieser mehrmals auf 3000/min zu bringen und mindestens 2 Minuten bei Leerlaufdrehzahl zu belassen.

Achtung: Prüfgeräte nur bei ausgeschalteter Zündung anschließen.

- Zündzeitpunkt prüfen, siehe Seite 211.
- Sicherstellen, daß das Ventil für Leerlaufstabilisierung arbeitet. Dazu Zündung einschalten und Hand auf das Ventil legen. Es muß vibrieren und hörbar summen. Das Ventil sitzt neben dem Drosselklappenstutzen, siehe Seite 102.
- Schlauch für Kurbelgehäuseentlüftung am Luftfilter abziehen und Anschlußstutzen verschließen, zum Beispiel mit einem Korken.
- Prüfgeräte für Zündzeitpunkt und Drehzahl nach Bedienungsanleitung anschließen. CO-Meßgerät am Abgasendrohr anschließen.

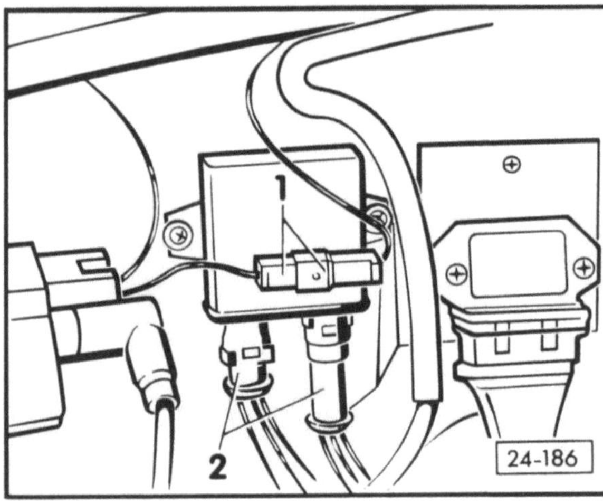

- Steckverbindung –1– zur Klemme 1 der Zündspule für Steuerventil der Leerlaufstabilisierung trennen.
- Stecker –2– vom DLS-Steuergerät abziehen und zusammenstecken, siehe auch Seite 213.

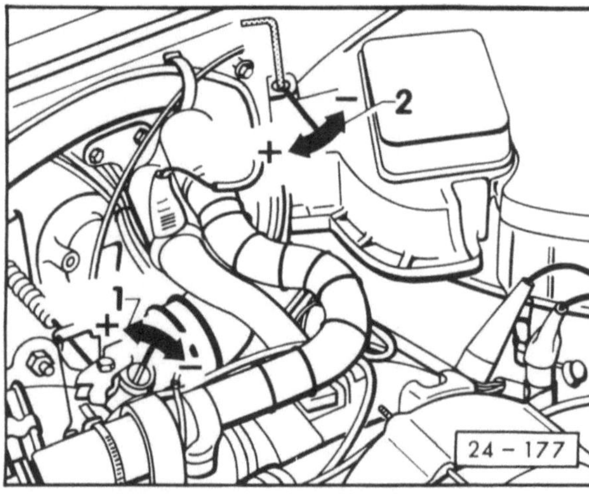

Achtung: Während der Prüf- und Einstellarbeiten darf der Lüfter für Kühler nicht laufen.

- Leerlaufdrehzahl und CO-Gehalt prüfen und gegebenenfalls durch wechselweises Verdrehen der Leerlaufdrehzahl-Einstellschraube –1– sowie der CO-Einstellschraube –2– auf die Sollwerte einstellen. Sind die Einstellschrauben gesichert, Sicherungskappe anbohren und Blechschraube reindrehen. Blechschraube mit Sicherungskappe abziehen.

Motor-Kennbuchstaben	CO-Gehalt Vol. %	Drehzahl 1/min
DJ	2,0 ± 0,5	800 ± 50
GW	1,3 ± 0,5	870 ± 50

- Schlauch für Kurbelgehäuseentlüftung am Luftfilter aufstecken und mit Schelle sichern.

Achtung: Wenn jetzt der CO-Gehalt ansteigt, liegt das nicht an einer falschen Einstellung, sondern an einer Anfettung aus dem Kurbelgehäuse infolge Ölverdünnung bei überwiegendem Kurzstreckenverkehr.

Bei längeren zügigen Überlandfahrten verringert sich der Kraftstoffanteil im Öl und der CO-Gehalt normalisiert sich wieder. Kurzfristig läßt sich das auch durch eine ca. 30-minütige Fahrt oder durch einen sowieso anstehenden Ölwechsel erreichen.

- Prüfgeräte bei ausgeschalteter Zündung abklemmen.
- Sämtliche abgezogenen Schläuche und Leitungen wieder aufstecken.
- Nach einer Korrektur CO-Einstellschraube mit blauer Sicherungskappe sichern.

Leerlauf und CO-Gehalt prüfen/einstellen

Digifant-Anlage, Motorkennbuchstaben MV

Achtung: Leerlaufdrehzahl, CO-Gehalt und Zündzeitpunkt müssen zusammen geprüft und eingestellt werden. Die Lambda-Sonde wird bei der Prüfung abgeklemmt.

Prüfvoraussetzung: Abgasanlage muß dicht sein.

- Motor warmfahren. Motoröltemperatur beträgt ca. +80° C.
- Alle elektrischen Verbraucher sowie Klimaanlage ausschalten.
- Wurden Einspritzleitungen gelöst beziehungsweise gewechselt, ist vor dem Prüfen des Motors dieser mehrmals auf 3000/min zu bringen und mindestens 2 Minuten bei Leerlaufdrehzahl zu belassen.

Achtung: Prüfgeräte nur bei ausgeschalteter Zündung anschließen.

- Zündzeitpunkt prüfen, siehe Seite 211.
- Sicherstellen, daß das Ventil für Leerlaufstabilisierung arbeitet. Dazu Zündung einschalten und Hand auf das Ventil legen. Es muß vibrieren und hörbar summen. Das Ventil sitzt neben dem Drosselklappenstutzen, siehe Seite 102.
- Schlauch für Kurbelgehäuseentlüftung am Luftfilter abziehen und Anschlußstutzen verschließen, zum Beispiel mit einem Korken.

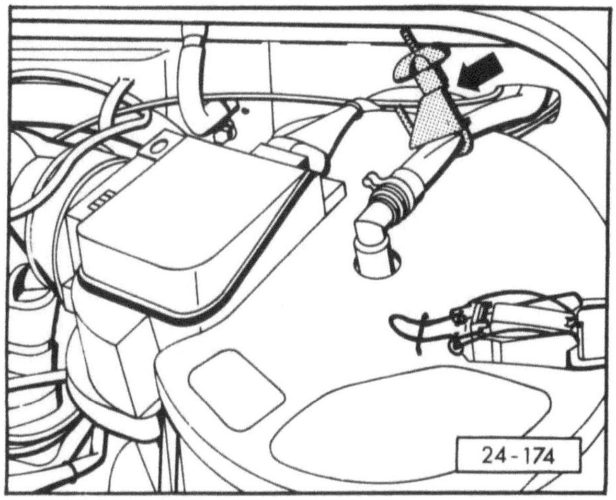

- Falls vorhanden, oberen Schlauch (vom Aktivkohlebehälter) zum Luftfilter mit geeigneter Klemme abklemmen.
- Prüfgeräte für Zündzeitpunkt und Drehzahl nach Bedienungsanleitung anschließen. **Achtung:** Dabei muß die Zündung ausgeschaltet sein.

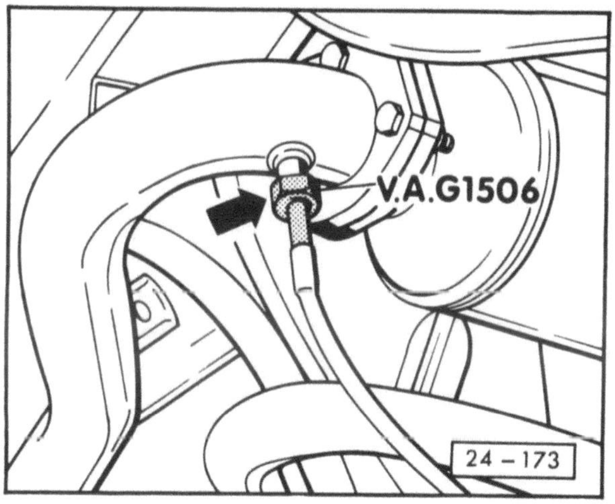

- Schlauch vom CO-Prüfgerät mittels Schraubtülle an die Entnahmestelle am Abgasrohr links anschließen –Pfeil–. **Achtung:** Die Schraubtülle muß absolut dicht schließen.

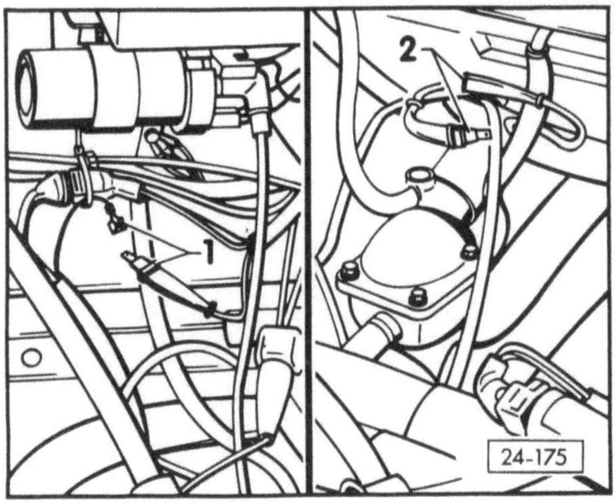

- Bei ausgeschalteter Zündung Steckverbindung –1– für Lambda-Sonde und Steckverbindung –2– für Steuerventil der Leerlaufstabilisierung trennen.

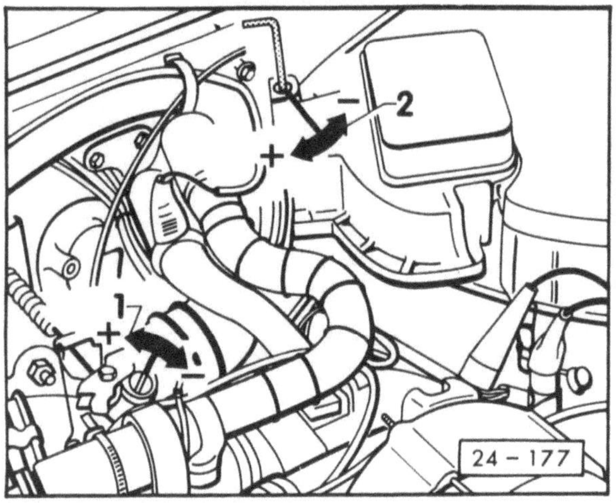

Achtung: Während der Prüf- und Einstellarbeiten darf der Lüfter für Kühler nicht laufen.

- Leerlaufdrehzahl und CO-Gehalt prüfen und gegebenenfalls durch wechselweises Verdrehen der Leerlaufdrehzahl-Einstellschraube –1– sowie der CO-Einstellschraube –2– auf die Sollwerte einstellen. Sind die Einstellschrauben mit Sicherungskappen versehen, diese anbohren, Blechschraube reindrehen und so Sicherungskappe entfernen.

Motor-Kennbuchstaben	CO-Gehalt Vol.%	Drehzahl 1/min
MV, SS	0,7 ± 0,4	880 ± 50

- Stecker für Lambda-Sonde und Stecker für Steuerventil der Leerlaufstabilisierung zusammenstecken.
- Motor ca. 2 Minuten im Leerlauf laufen lassen. Der CO-Gehalt muß zwischen 0,7 ± 0,4 Vol. % bleiben.

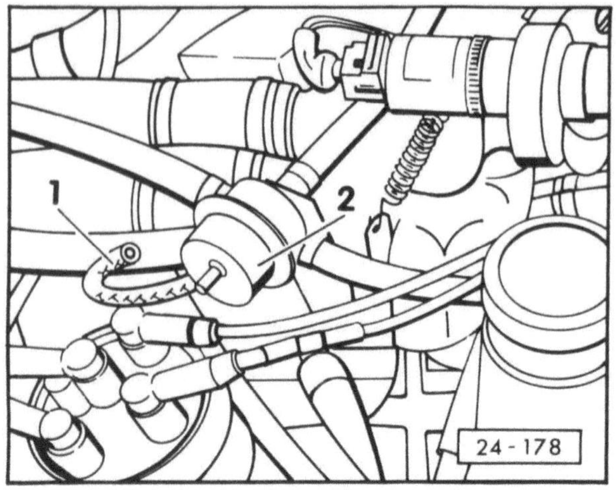

- Funktion der Lambda-Regelung prüfen. Dazu Schlauch –1– vom Druckregler –2– abziehen und verschließen. Der CO-Gehalt muß kurzzeitig ansteigen und **danach wieder absinken** (Regelung).
- CO-Einstellschraube mit neuer Sicherungskappe sichern.
- Schlauch für Kurbelgehäuseentlüftung am Luftfilter aufstecken und mit Schelle sichern.

Achtung: Wenn jetzt der CO-Gehalt ansteigt, liegt das nicht an einer falschen Einstellung, sondern an einer Anfettung aus dem Kurbelgehäuse infolge Ölverdünnung bei überwiegendem Kurzstreckenverkehr.

Bei längeren zügigen Überlandfahrten verringert sich der Kraftstoffanteil im Öl und der CO-Gehalt normalisiert sich wieder. Kurzfristig läßt sich das auch durch eine ca. 30-minütige Fahrt oder durch einen sowieso anstehenden Ölwechsel erreichen.

- Prüfgeräte bei ausgeschalteter Zündung abklemmen.
- Sämtliche abgezogenen Schläuche und Leitungen wieder aufstecken.

Katalysator-Funktion prüfen

Zur Prüfung werden ein CO-Meßgerät und ein Drehzahlmesser benötigt.

Prüfvoraussetzung

- Motoröltemperatur mindestens 60° C.
- Abgasanlage auf Dichtheit überprüfen.
- Die Funktion der Lambda-Regelung überprüfen.

Prüfen

- Drehzahlmesser anschließen. CO-Prüfgerät an CO-Meßrohr im Motorraum anschließen.

Achtung: Um Meßfehler zu vermeiden, muß der Schlauch am CO-Meßrohr absolut dicht schließen.

- Motor mindestens 1 Minute mit 2500 + 200/min laufen lassen.
- Bei 2500 + 200/min Meßwert am CO-Prüfgerät ablesen und notieren.

- Sonde des CO-Prüfgerät ins Auspuffendrohr einschieben.
- Bei 2500 + 200/min Meßwert am CO-Prüfgerät ablesen und notieren.

Der Wirkungsgrad des Katalysators wird rechnerisch ermittelt. Die Formel lautet:

$$\frac{\text{Meßwert nach Katalysator} \times 100\,\%}{\text{Meßwert vor Katalysator}} = \text{Wirkungsgrad in } \%$$

Liegt der Wirkungsgrad unter 50 % muß der Katalysator ausgetauscht werden.

Luftfiltereinsatz wechseln

Der Luftfiltereinsatz ist alle 30000 km zu erneuern. Bei stärkerem Staubanfall Filtereinsatz in kürzeren Abständen erneuern.

Ausbau

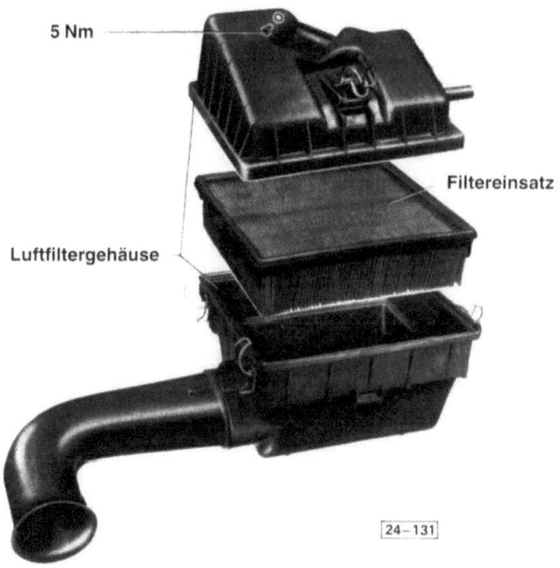

- Spannverschlüsse am Filtergehäuse öffnen. **Achtung:** Die Abbildung zeigt das Luftfiltergehäuse vom 1.9-l-Motor. Luftfiltergehäuse vom 2,1-l-Motor, siehe Seite 103.
- Luftfilterdeckel nach unten absenken und zusammen mit dem Filtereinsatz herausnehmen.
- Filtergehäuse mit einem Lappen auswischen.
- Filtereinsatz bei geringer Verschmutzung vorsichtig mit der Schmutzseite nach unten ausklopfen. Verölten Filter auf jeden Fall ersetzen.

Achtung: Filtereinsatz weder mit Benzin reinigen, noch mit Öl benetzen. Filter nicht mit Preßluft ausblasen.

Einbau

- Neuen Filtereinsatz in den Deckel einlegen.
- Deckel einführen, von unten ansetzen und mit Schnellverschlüssen sichern.

Kraftstoffilter aus- und einbauen

Der Kraftstoffilter mit Kraftstoffpumpe sitzt unter dem Fahrzeugboden hinter dem Tank. Der Kraftstoffilter ist alle 30000 km zu ersetzen.

Achtung: Kraftstoffdämpfe sind giftig und feuergefährlich, deshalb auf besonders gute Belüftung des Arbeitsplatzes achten. Kein offenes Feuer, Brandgefahr!

Ausbau

- Massekabel (–) von der Batterie abklemmen.

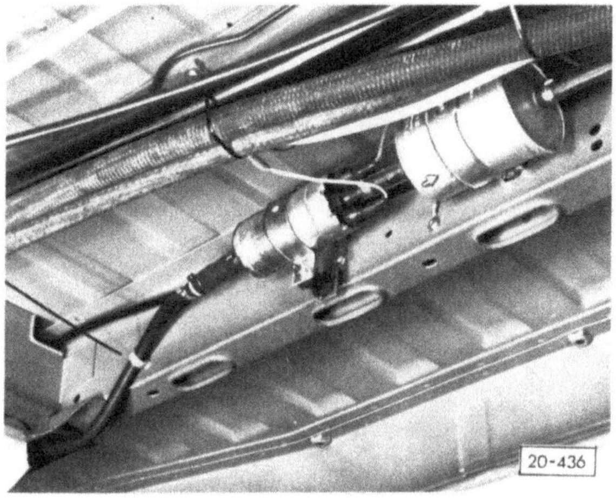

- Kraftstoffschlauch von der Kraftstoffpumpe –in der Abbildung links– zum Filter –rechts– mit Quetschklemme abklemmen.
- Kraftstoffleitung zum Motor am Filter abziehen.
- Filterhalter abschrauben und Filter mit Kraftstoffschlauch herausziehen.
- Kraftstoffschlauch am Kraftstoffilter abziehen, vorher Klemmschelle lösen und zurückschieben. Sind Spannbänder verwendet, diese mit einem Seitenschneider durchzwicken. Beim Einbau dann Schellen zum Schrauben verwenden.

Einbau

- Kraftstoffschlauch zum Motor am neuen Filter aufschieben und mit Schelle sichern.

Achtung: Der Pfeil auf dem Filtergehäuse muß in Durchflußrichtung, also in Richtung Motor zeigen, siehe Abbildung.

- Abgeklemmten Kraftstoffschlauch am Kraftstoffilter aufschieben und mit Schelle sichern.
- Kraftstoffilter einsetzen und Halter anschrauben.
- Klemmwerkzeug abnehmen.
- Batterie-Massekabel anklemmen.
- Motor starten und Dichtheit der Kraftstoffanschlüsse kontrollieren.

Die Abgasanlage

Die Abgasanlage besteht aus dem Schalldämpfer mit abschraubbarem Endrohr und den beiden Abgasrohren, die den Schalldämpfer mit den Zylinderköpfen verbinden.

Hinweis:
Dichtungen ersetzen. Schläuche mit Schlauchschellen so befestigen, daß auch Federbandschellen bei eingebautem Motor mit einer Zange ausbaubar sind.

Abgasanlage für 1,9-l-Motoren

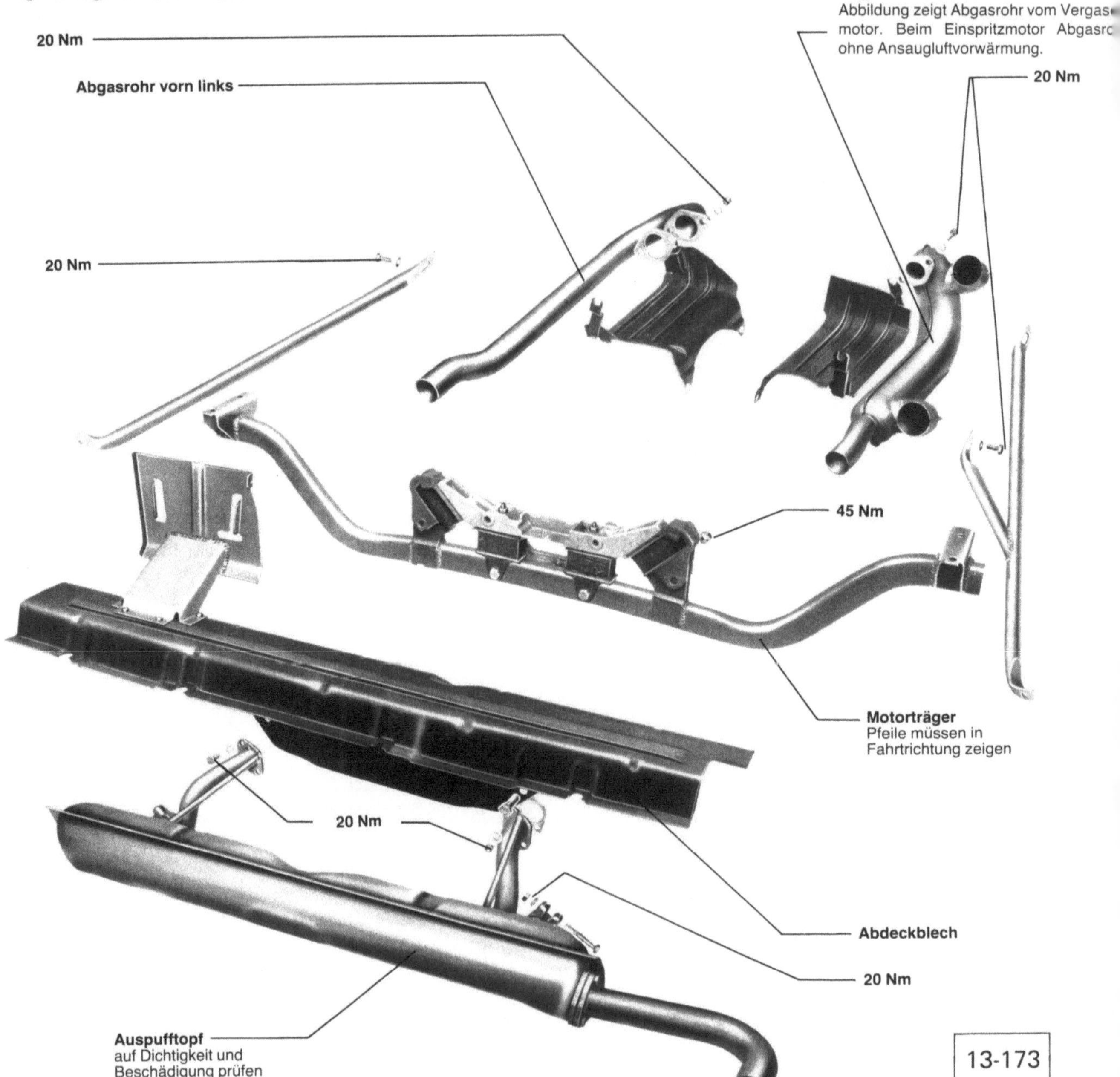

Abgasanlage 2,1-l-Motor mit Katalysator

Achtung: Bei Fahrzeugen ohne Katalysator ist stattdessen ein Zwischenrohr eingebaut. Einbaulage der Lambda-Sonde unterschiedlich: Entweder wie in der Abbildung gezeigt, oder im Katalysatorgehäuse.

Hinweis: Dichtungen und selbstsichernde Muttern ersetzen. M 8-Schrauben und Muttern mit 20 Nm anziehen.

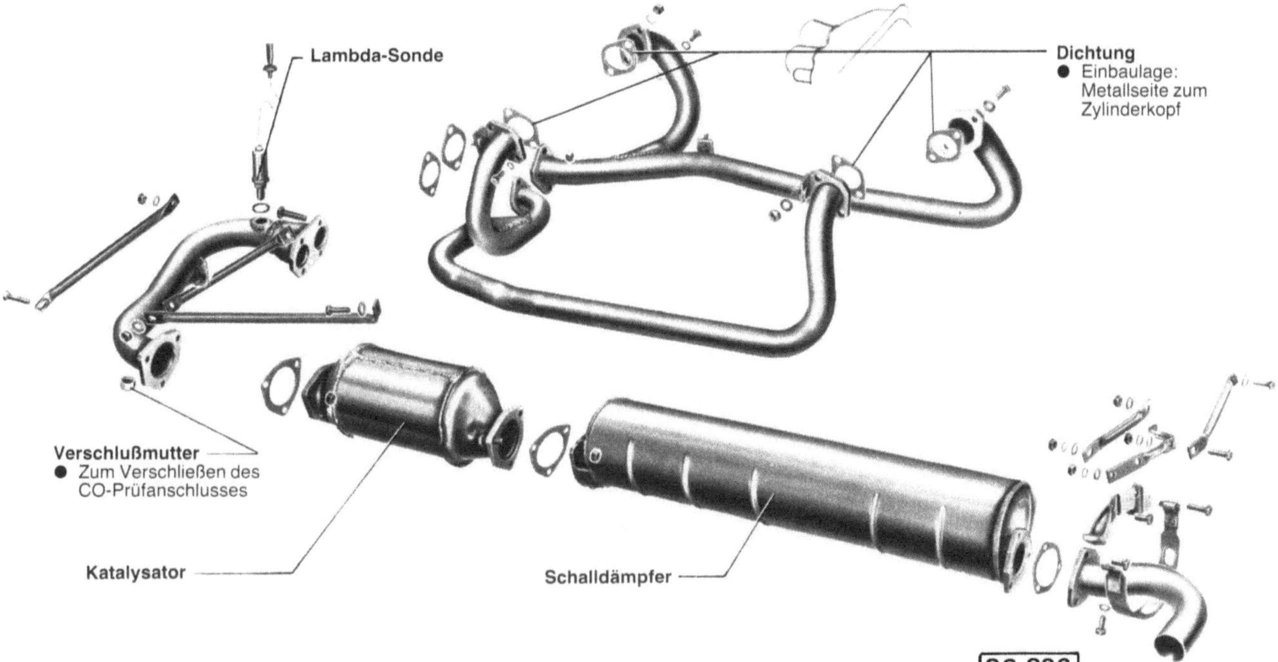

Schalldämpfer aus- und einbauen/ Abgasrohr aus- und einbauen

Ausbau

- Vor dem Ausbau alle Schraubverbindungen am Schalldämpfer mit einem rostlösenden Mittel einsprühen.
- Von unten am Flansch Schalldämpfer/Abgasrohr auf jeder Seite je 2 Schrauben herausdrehen und Schalldämpfer nach unten herausnehmen.
- Muß ein Abgasrohr ausgebaut werden, so ist vorher der Schalldämpfer auszubauen.
- **Katalysatormotoren:** Steckverbindung der Lambda-Sonde trennen.
- **Vergasermotor:** Am rechten Abgasrohr beide Schläuche für Ansaugluftvorwärmung abnehmen.
- Abgasrohr vom Zylinderkopf abschrauben.

Einbau

- Alle Dichtflächen reinigen, grundsätzlich alle Dichtungen erneuern.

Achtung 1,9-l-Motoren: Seit 7.84 werden verstärkte Abgasrohre zwischen Auspufftopf und Zylinderkopf eingebaut. Die bisherigen Rohre sind nicht mehr als Ersatzteil erhältlich. Zum Einbau der neuen Rohre in Fahrzeuge vor 7.84 müssen einige zusätzliche Arbeiten durchgeführt werden, damit das Abgasrohr keine Fahrzeugteile berührt:

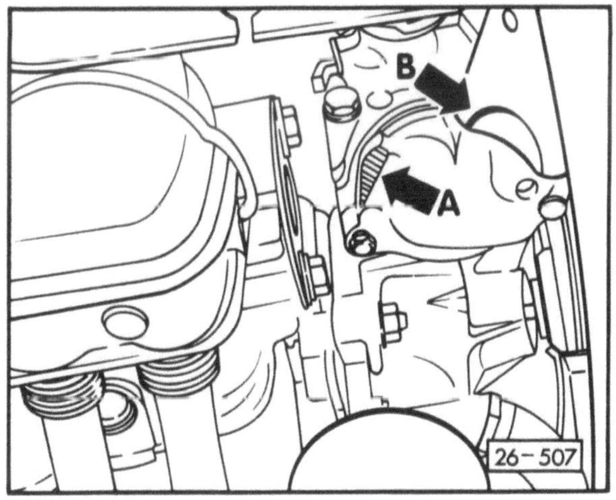

- Vor dem Einbau des linken Abgasrohres ist der Anguß am Deckel des Thermostatgehäuses –Pfeil A– entsprechend der schraffierten Fläche abzuschleifen.
- Das Schlauchabschirmblech –Pfeil B– ist soweit einzubeulen, daß ein Abstand von mindestens 2 mm zum Abgasrohr vorhanden ist.

- Abgasrohr an Zylinderkopf mit neuer Dichtung ansetzen, Muttern handfest aufschrauben. **Achtung:** Die Metallseite der Dichtung zeigt zum Zylinderkopf.
- Schalldämpfer mit neuen Dichtungen ansetzen, Schrauben handfest anziehen.

Achtung: Wo vorhanden, links und rechts Halter für Schalldämpfer beim Befestigen des Schalldämpfers mit anschrauben.

- Schrauben am Zylinderkopf und an der Verbindung Schalldämpfer/Abgasrohr mit 20 Nm anziehen.
- **Vergasermotor:** Am rechten Abgasrohr die beiden Schläuche für Ansaugluftvorwärmung aufschieben und mit Schellen sichern.
- **Katalysatorfahrzeuge:** Falls ausgebaut, Lambda-Sonde einbauen. **Nur** Gewinde der Lambda-Sonde mit V.A.G-Spezialfett G 5 bestreichen. G 5 darf nicht an die Schlitze, beziehungsweise Bohrungen des Sondenkörpers kommen. Sondenkörper der neuen Lambda-Sonde möglichst nicht berühren, nicht verschmutzen. Lambda-Sonde mit 50 Nm in das Abgasrohr, beziehungsweise den Katalysator einschrauben. Stecker für Lambda-Sonde zusammenfügen.

Fahrzeuge mit Katalysator

Je nach Modell und Ausstattung hat der VW BUS einen Katalysator. Der Katalysator erfordert, daß der Motor grundsätzlich mit bleifreiem Benzin betrieben wird. Für Fahrzeuge mit geregeltem Katalysator muß außerdem ein regelbarer Gemischbildner vorhanden sein.

Unter einem regelbaren Gemischbildner verstehen die Techniker einen Vergaser oder eine Einspritzanlage, bei der das Verhältnis von Kraftstoff zu Luft in Abhängigkeit von den Fahrzuständen und vom Sauerstoffgehalt im Abgas ständig verändert werden kann. Mit einem herkömmlichen Vergaser ist das nicht möglich, da er keine entsprechende Steuereinheit besitzt. Aus diesem Grund greifen die Techniker entweder auf einen elektronisch regelbaren Vergaser oder eine Einspritzanlage zurück.

Die Steuerungsbefehle erhält der Gemischbildner von der Lambda-Sonde, die vorn im Abgaskrümmer sitzt und hier vom Abgasstrom umspült wird. Die Lambda-Sonde ist ein elektrischer Meßfühler, der den Restgehalt an Sauerstoff im Abgas durch elektrische Spannungsschwankungen anzeigt und Rückschlüsse auf die Zusammensetzung des Luft-/Benzin-Gemisches ermöglicht. In Bruchteilen von Sekunden kann die Lambda-Sonde entsprechende Signale an die Steuereinheit des Gemischbildners weitergeben und dadurch das Kraftstoff-Luftverhältnis ständig verändern. Das ist einerseits erforderlich, da sich ja die Betriebsverhältnisse (Leerlauf, Vollgas) ständig ändern, zum anderen aber auch, weil nur dann eine Nachverbrennung im Katalysator erfolgt, wenn noch genügend Benzin-Anteile im Motor-Abgas vorhanden sind.

Damit es also bei einer Temperatur von +300° bis +800° C im Katalysator überhaupt zu einer Nachverbrennung kommen kann, muß das Kraftstoff-Luftgemisch mehr Kraftstoffanteile aufweisen, als für die reine Verbrennung erforderlich wäre. Mithin muß bei Katalysatorbetrieb mit einem um bis zu 5 Prozent höheren Kraftstoffverbrauch gerechnet werden.

Bei dem allgemein verwendeten Katalysator handelt es sich um einen sogenannten 3-Wege-Katalysator. Das bedeutet, daß bei diesem Katalysator aufgrund der Lambda-Regelung die Oxidation von Kohlenmonoxid (CO) und Kohlenwasserstoffen (HC) sowie die Reduktion der Stickoxide (NO_X) gleichzeitig durchgeführt werden.

Der Umgang mit Katalysator-Fahrzeugen

Um Beschädigungen an der Lambda-Sonde und am Katalysator zu vermeiden, sind nachstehende Hinweise unbedingt zu beachten:

- Grundsätzlich nur bleifreies Benzin tanken.
- Wird das Fahrzeug nachträglich umgerüstet, vor Einbau des Katalysators mindestens 2 Tankfüllungen bleifreien Kraftstoff verwenden. Außerdem ist bei Motoren, die Superkraftstoff benötigen, der Zündzeitpunkt in Richtung „spät" zu verstellen, da der angebotene bleifreie Superkraftstoff eine geringere Oktanzahl (ROZ 95) besitzt. Um wieviel Grad der Zündzeitpunkt in Richtung „spät" verstellt werden muß, ist modellabhängig.
- Das Anlassen des Motors durch Anschieben oder Anschleppen ist nicht erlaubt. Unverbrannter Kraftstoff könnte bei einer Zündung zur Überhitzung des Katalysators und zu seiner Zerstörung führen. Starthilfekabel verwenden.
- Häufige Kaltstarts hintereinander sollten vermieden werden. Sonst sammelt sich im Katalysator unverbrannter Kraftstoff, der bei Erwärmung schlagartig verbrennt und dabei den Katalysator beschädigt.
- Bei Startschwierigkeiten nicht unnötig lange den Anlasser betätigen. Während des Anlassens wird permanent Kraftstoff eingespritzt. Fehlerursache ermitteln und beseitigen.
- Treten Zündstörungen auf, muß bei der Fehleridentifizierung verhindert werden, daß während der Betätigung des Anlassers Kraftstoff eingespritzt wird. Dazu das Steuerrelais der Kraftstoffeinspritzung beziehungsweise das Kraftstoffpumpenrelais abziehen.
- Keine Funkenprüfung mit abgezogenem Zündkerzenstecker durchführen.
- Es darf kein Zylindervergleich (Balancetest) durch Zündabschaltung eines Zylinders durchgeführt werden. Bei Zündabschaltung der einzelnen Zylinder – auch über Motortester – gelangt unverbrannter Kraftstoff in den Katalysator.
- Treten Zündaussetzer auf, hohe Motor-Drehzahlen vermeiden und Fehler umgehend beheben.

Motorträger aus- und einbauen

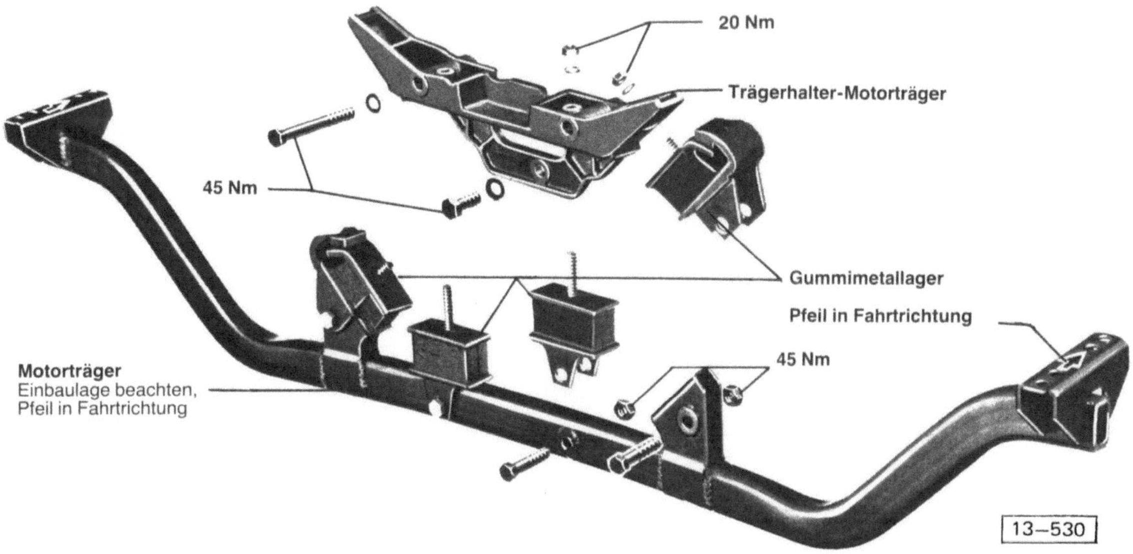

Ausbau

- Beim Ausbau des Motors kann der Motorträger am Motor befestigt bleiben. Wenn nur der Motorträger ausgebaut werden soll, muß der Motor vorher abgestützt werden. Am besten mit einem breiten Brett und einem Werkstattwagenheber.
- 3 Schrauben an der Verbindung Motor/Motorträger herausschrauben.
- Auf jeder Seite des Motorträgers je 2 Schrauben herausdrehen, Träger nach unten abnehmen.

Einbau

- Beim Einsetzen des Trägers darauf achten, daß die Pfeile auf dem Träger in Fahrtrichtung zeigen.
- Alle Befestigungsschrauben für den Motorträger mit 45 Nm festziehen.

Die Kupplung

Die Kuppung befindet sich in der Schwungscheibe des Motors. Sie besteht aus der Kupplungsdruckplatte und der Kupplungs-Mitnehmerscheibe.

Im Gebtriebegehäuse ist die drehbare Ausrückwelle angeordnet. Sie trägt für die Kupplung das wartungsfreie Ausrücklager. Außerhalb des Gehäuses ist auf der Ausrückwelle der Kupplungshebel befestigt, der hydraulisch betätigt wird.

Funktion

In eingekuppeltem Zustand wird durch die Kupplungsmembranfeder die Kupplungsscheibe von der Druckplatte gegen das Schwungrad gepreßt und so der Kraftschluß zwischen der Kurbelwelle und der Getriebeantriebswelle hergestellt. Ausrücklager und Ausrückring berühren sich nicht.

Beim Niedertreten des Kupplungspedals wird das Ausrücklager hydraulisch gegen die Kraft der Membranfeder bewegt und die Druckplatte ein wenig angehoben. Die Kupplungsscheibe zwischen Druckplatte und Schwungrad wird dadurch frei, der Kraftschluß zwischen Motor und Getriebe somit aufgehoben.

Ein Einstellen des Kupplungsspiels ist bei der hydraulisch betätigten Kupplung nicht erforderlich.

Achtung!
Kupplungen mit beschädigter oder loser Nietverbindung sind zu ersetzen.

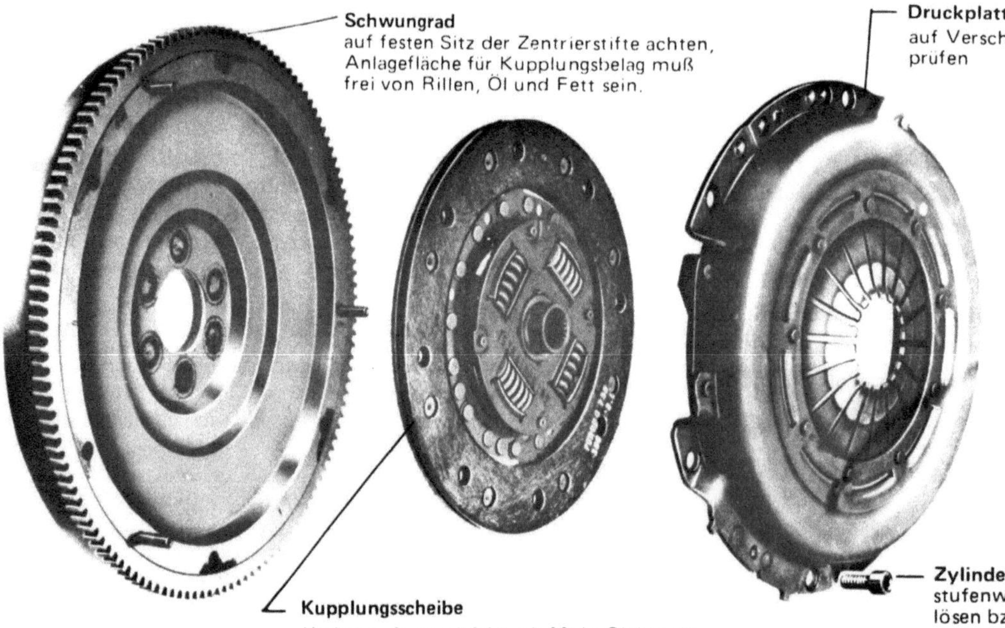

* Sechskant- bzw. Zylinderschraube M 8 x 16 **ohne Federring** einbauen.
Sechskant- bzw. Zylinderschraube M 8 x 18 **mit Federring** einbauen.
Nur Schrauben gleicher Abmessungen an einer Kupplung einbauen.

Kupplung aus- und einbauen

Ausbau

- Getriebe ausbauen, siehe Seite 117.
- Soll die Kupplung wieder eingebaut werden, vor dem Ausbau der Druckplatte, Druckplatte und Schwungscheibe markieren. Hierzu nimmt man eine Reißnadel oder einen Meißel und zieht einen Strich (Pfeil) über Druckplatte und Schwungscheibe.

30-091

- Sechskantschrauben an der Druckplatte abwechselnd über Kreuz um ein bis zwei Gewindegänge lösen, anschließend ganz herausschrauben.
- Damit das Schwungrad beim Lösen der Schrauben nicht mitdreht, Schwungrad am Bolzen mit breitem Schraubenzieher arretieren.
- Druckplatte und Mitnehmerscheibe herausnehmen.
- Schwungscheibe innen ausblasen oder mit benzingetränktem Lappen auswischen.

Prüfen

30-093

- Vor dem Einbau Federverbindungen zwischen Druckplatte und Deckel auf Risse, Nietbefestigungen auf festen Sitz prüfen. Kupplungen mit beschädigten oder losen Nietverbindungen sind zu erneuern.

30-094

- Enden der Membranfeder prüfen. Einlaufspuren bis zu einer Tiefe von 0,3 mm sind bedeutungslos.

30-006

- Auflagefläche der Druckplatte auf Risse, Brandstellen und Verschleiß prüfen. Druckplatten, die bis zu 0,3 mm nach innen durchgebogen sind, dürfen noch eingebaut werden. Die Prüfung erfolgt mit Stahllineal und Fühlerblattlehre.
- In den Werkstätten kann die Kupplungsscheibe auch auf Schlag geprüft werden. Diese Prüfung ist nur dann notwendig, wenn die Kupplung wieder eingebaut werden soll und diese vorher nicht richtig ausgekuppelt hat. Der Seitenschlag darf maximal 0,5 mm betragen.
- Kerbverzahnung der Getriebe-Antriebswelle prüfen und mit einer Bürste Molybdän-Disulfid-Puder auftragen.
- Kupplungsausrücklager prüfen. Das Lager ist wartungsfrei. Es darf keinesfalls mit Waschbenzin oder anderen Reinigungsmitteln ausgewaschen werden. Lager nur mit sauberem Lappen abwischen. Laute Lager gegebenenfalls austauschen.
- Führungsbuchse für Ausrücklager leicht mit Molybdän-Disulfid-Paste bestreichen.
- Nadellager im Schwungrad mit etwas MoSz-Fett schmieren, wenn es gereinigt wurde.
- Filzring mit Motoröl benetzen, überflüssiges Öl abwischen.

Einbau

Achtung: Beim Austausch von Motoren, Getrieben oder Kupplungen ist darauf zu achten, daß die Anlaufdurchmesser von Ausrücklager und Membranfeder zusammenpassen.

Auf keinen Fall darf ein Ausrücklager mit Anlaufdurchmesser 46 mm mit einer Kupplung Anlaufdurchmesser 55 mm zusammengebaut werden.

Als Ersatzteil werden nur Ausrücklager geliefert, deren Anlauffläche so breit ist, daß sie für beide Durchmesser verwendet werden können.

30-093

a = 46 mm ∅ oder 55 mm ∅

30-237

Ausrücklager für Kupplung mit a = 46 mm ∅

30-236

Ausrücklager für Kupplung mit a = 46 mm ∅ oder 55 mm ∅

- Kupplungsscheibe und Druckplatte einsetzen. Zum Zentrieren der Kupplungsscheibe entweder Kupplungsdorn oder alte Antriebswelle verwenden.

30-031

- Beim Einbau der alten Kupplung Kennzeichnung auf Kupplung und Schwungscheibe beachten.
- Befestigungsschrauben gleichmäßig und kreuzweise mit 25 Nm festziehen. Während des Festziehens Schwungscheibe mit Schraubenzieher arretieren. **Achtung:** Zylinderschraube M 8 x 16 **ohne Federring** und Zylinderschraube M 8 x 18 **mit Federring** einbauen.
- Getriebe einbauen, siehe Seite 117.

Hydraulische Kupplungsbetätigung

Bei der hydraulisch betätigten Kupplung ist ein Einstellen des Kupplungsspiels nicht erforderlich.

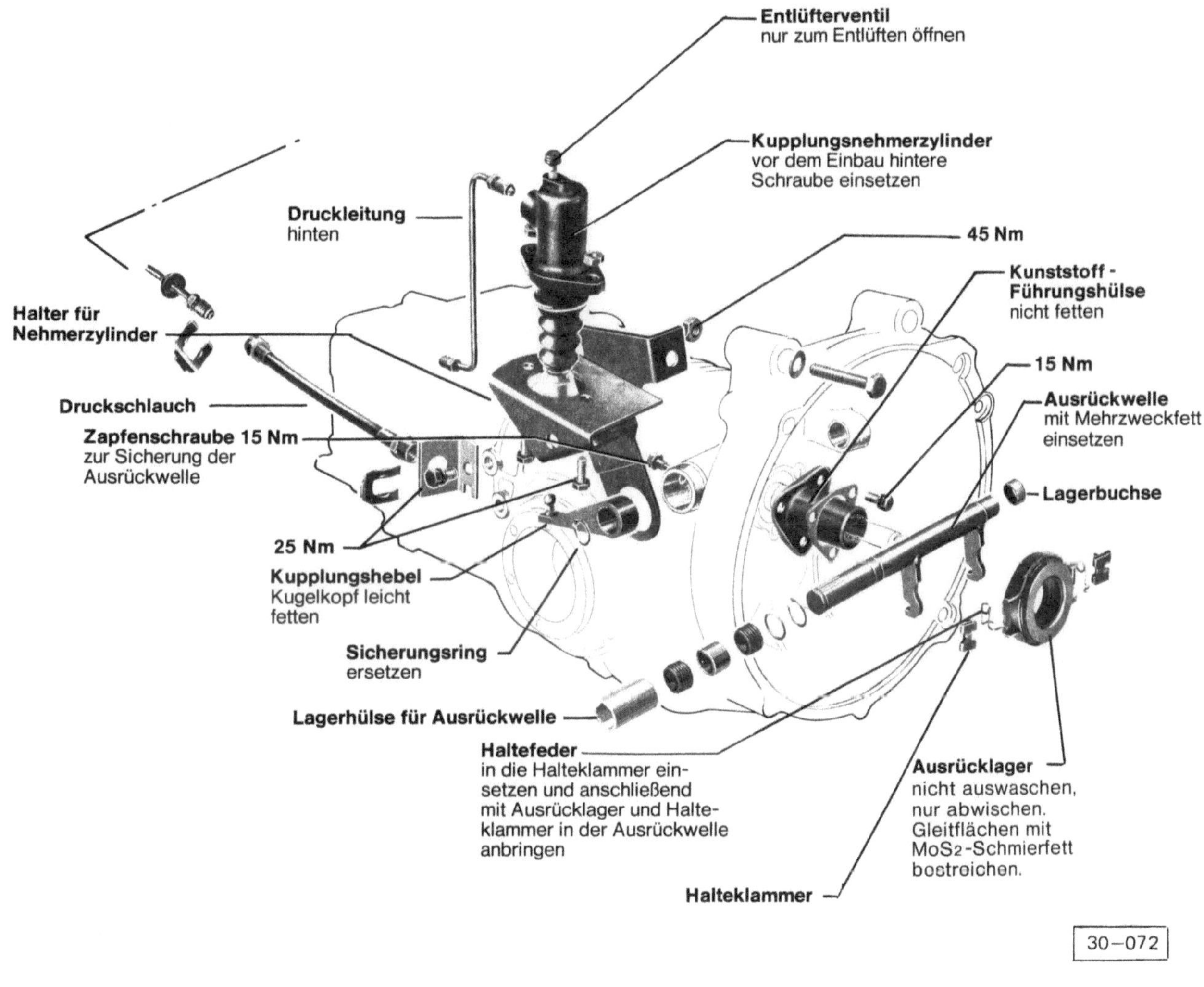

Entlüften

Arbeiten an der hydraulischen Kupplungsbetätigung sollten von einer V.A.G-Fachwerkstatt durchgeführt werden. Die Hydraulik der Kupplungsbetätigung muß nur dann entlüftet werden, wenn eine Leitung gelöst wurde und Luft eintreten konnte, bzw. nach einem Defekt in der Hydraulikanlage. Beim Ausbau des Getriebes ist es nicht erforderlich, die Hydraulik zu öffnen. Entlüftet wird die hydraulische Kupplungsbetätigung über das Entlüfterventil, das im Kupplungsnehmerzylinder sitzt.

Störungstabelle Kupplung

Störung	Ursache	Abhilfe
Kupplung rupft	Zu niedrige Leerlaufdrehzahl	■ Drehzahl einstellen
	Motor- und Getriebelager defekt	■ Prüfen, gegebenenfalls auswechseln
	Getriebe liegt in der Aufhängung nicht fest	■ Befestigungsschrauben nachziehen
	Druckplatte trägt ungleichmäßig	■ Druckplatte auswechseln
	Mitnehmerscheibe kein Original-VW-Teil	■ Original-VW-Kupplungsscheibe einbauen
	Kurbelwelle fluchtet nicht zur Getriebe-Antriebswelle	■ Zentrierflächen von Motor und Getriebe überprüfen
	Ausrücker drückt einseitig	■ Ausrücker überprüfen
Kupplung rutscht	Kupplungsscheibe verschlissen	■ Dicke der Kupplungsscheibe prüfen, gegebenenfalls auswechseln
	Nehmerzylinder klemmt	■ Nehmerzylinder ersetzen
	Spannung der Membranfeder zu gering	■ Druckplatte auswechseln
	Nehmerzylinder undicht	■ Sichtprüfung durchführen
	Belag verhärtet oder verölt	■ Kupplungsscheibe austauschen
	Kupplung wurde überhitzt	■ Original-VW-Teil einbauen
Kupplung trennt nicht richtig	Belag durch Abrieb verklebt	■ Kupplungsscheibe austauschen
	Kupplungsscheibe klemmt auf der Antriebswelle, Kerbverzahnung trocken oder verklebt	■ Kerbverzahnung reinigen, entgraten, ggf. Rost entfernen und neu schmieren; z. B. MoS_2-Puder einbürsten
	Kupplungsscheibe hat Seitenschlag	■ Kupplungsscheibe prüfen lassen, ersetzen
	Geberzylinder undicht	■ Kupplung entlüften oder Geberzylinder austauschen
	Kupplungspedal erreicht den Begrenzungsanschlag nicht	■ Prüfen, ob Begrenzungsanschlag erreicht wird, gegebenenfalls Fußmatte ausschneiden
	Ausrücker defekt	■ Ausrücker auf Verformung prüfen
	Luft im Hydrauliksystem	■ Kupplungshydraulik entlüften
	Führungslager für die Getriebe-Antriebswelle in der Kurbelwelle defekt	■ Führungslager in der Kurbelwelle ersetzen
	Mitnehmerscheibe stark verbogen, oder Belag gebrochen	■ Mitnehmerscheibe ersetzen
Geräusch bei betätigtem Kupplungspedal	Ausrücklager defekt	■ Ausrücklager prüfen, ersetzen
	Kupplungsscheibe schlägt an die Druckplatte	■ Kupplungsscheibe auswechseln
Auf- und abschwellendes Geräusch bei Zug- oder Schubzustand, oder wenn das Fahrzeug in ausgekuppeltem Zustand rollt	Torsionsdämpfer der Kupplungsscheibe schwergängig	■ Kupplungsscheibe erneuern
	Nietverbindungen der Kupplung locker	■ Kupplung ersetzen
	Unwucht der Kupplung zu groß	■ Kupplung und Mitnehmerscheibe ersetzen

Das Getriebe

Das Schaltgetriebe bildet mit dem Achsantrieb eine Einheit. Das komplette Aggregat kann sowohl nach Ausbau des Motors als auch allein (Motor bleibt im Fahrzeug) nach unten ausgebaut werden. Ein Ausbau ist aber meistens nur dann notwendig, wenn Austausch beziehungsweise Überholung von Getriebe oder Achsantrieb erforderlich wird. Da es jedoch nicht anzuraten ist, Reparaturen am Schaltgetriebe oder am Achsantrieb mit Heimwerkermitteln in Angriff zu nehmen, wird lediglich der Ausbau des kompletten Aggregates beschrieben.

Getriebe aus- und einbauen

Soll bei einem Fahrzeug das Getriebe ausgebaut werden, ist es zweckmäßig, nur das Getriebe auszubauen. Falls keine Hebebühne zur Verfügung steht, genügt es, das Fahrzeug hinten ca. 1 Meter hoch aufzubocken. Das Fahrzeug muß auf soliden Unterstellböcken ruhen, andere Hilfsmittel sind nicht zulässig.

Ausbau

- Fahrzeug hinten aufbocken.
- Masseband von der Batterie abklemmen.

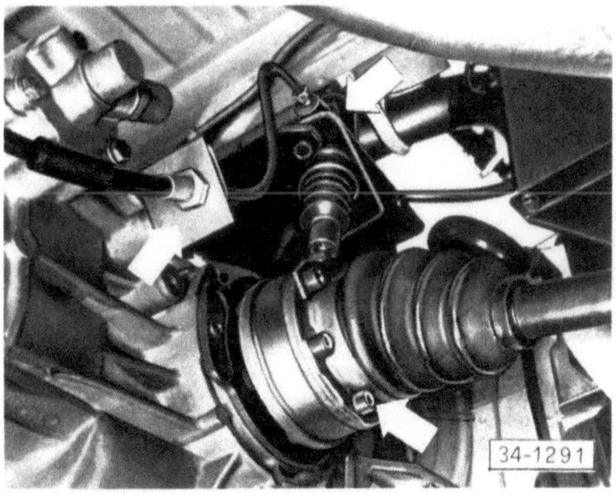

- Gelenkwelle links vom Getriebe abschrauben und mit Drahthaken nach oben hängen.
- Halter für Kupplungsleitung vom Getriebe abschrauben.
- Kupplungsnehmerzylinder vom Halteblech abschrauben und mit Drahthaken nach oben hängen.

Achtung: Hydraulikleitung bleibt geschlossen.

- Kabel für Rückfahrleuchten abziehen.

- Anlasserkabel –1– abklemmen. Fahrzeuge mit Dieselmotor: Anlasser komplett ausbauen. 2 – Gasbetätigungsstange.
- Gelenkwelle rechts vom Getriebe abschrauben und mit Drahthaken nach oben hängen.

- Motor mit Haltevorrichtung VW 785/1 B abfangen. Dazu Gummistopfen im Radhaus links abnehmen. Steht die Haltevorrichtung nicht zur Verfügung, geeignetes Brett unter den Motor legen und Motor mit Werkstattwagenheber abstützen.

34-1292

- Schaltgestänge vom Getriebe abschrauben.
- Getriebe mit einem Getriebeheber (z. B. V.A.G 1383) abstützen oder Werkstattwagenheber benutzen. Unbedingt Holz zwischen Heber und Getriebe legen.

34-1294

- Massekabel vom Aufbau abschrauben.
- Vordere Getriebeaufhängung vom Aufbau abschrauben.
- Getriebe vorn so weit absenken (Spindel der Haltevorrichtung zurückdrehen bzw. Wagenheber absenken), bis es unter der Traverse vorgezogen werden kann.
- Verbindungsschrauben Motor-Getriebe unten abschrauben.
- Getriebe von den Stiftschrauben am Motor abziehen und herausnehmen.

Einbau

- Vor Einbau des Getriebes sind folgende Arbeiten durchzuführen.
- Kupplungsausrücklager auf Verschleiß prüfen, gegebenenfalls ersetzen. **Achtung:** Ausrücklager nicht auswaschen, nur abwischen.
- Kerbverzahnung der Antriebswelle reinigen und leicht mit Moly-Gleitpaste oder Moly-Spray schmieren.
- Getriebe mit Rangierheber einsetzen.
- Verbindungsschrauben Motor-Getriebe unten mit 30 Nm festziehen. Getriebe und Motor anheben.
- Massekabel am Aufbau anschrauben.
- Vordere Getriebeaufhängung am Aufbau handfest anschrauben, **nicht** festziehen!
- Schaltgestänge an Getriebe festschrauben.
- Gelenkwellen mit 45 Nm an Getriebe anschrauben.
- Anlasser einbauen.
- Kabel für Rückfahrleuchten aufstecken.
- Kupplungsnehmerzylinder an Halteblech anschrauben.
- Halter für Kupplungsleitung an Getriebe anschrauben.
- Verbindungsschraube Motor-Getriebe oben anschrauben.
- Stütze für Gaszug befestigen.
- Vordere Getriebeaufhängung mit 45 Nm festziehen.
- Masseband an Batterie anklemmen.
- Fahrzeug ablassen.

Getriebeöle

Zur Schmierung von Schaltgetriebe und Achsantrieb ist ein Hypoid-Markenöl SAE 80 oder SAE 80 W-90 der Spezifikation Mil L 2105 vorgeschrieben; bisweilen findet man auch die Kennzeichnung API/GL 4. Dieses Öl gilt für alle Klimazonen und ganzjährig.

Achtung: Getriebe mit selbstsperrendem Ausgleichsgetriebe dürfen nur mit Spezialöl nach VW-Spezifikation M 2 C 104 A befüllt werden.

Ölwechsel – Schaltgetriebe und Achsantrieb

Ein Wechsel der gemeinsamen Hypoidfüllung für Wechselgetriebe und Achsantrieb ist nicht erforderlich. Die Füllmenge beträgt etwa 3,0 Liter.

- Die Ölkontrolle erfolgt alle 20000 km. Ölbefüllung und Kontrolle erfolgen über die Einfüllbohrung am Getriebe. Das Öl soll bei waagerecht aufgebocktem Wagen 15 mm bis zum unteren Gewinderand der Einfüllbohrung reichen. Ölstand mit Finger abtasten.
- Öl langsam einfüllen. Nachgefüllt werden muß ein Hypoid-Getriebeöl SAE 80 oder SAE 80 W 90 der Spezifikation MIL-L-2105, Kennzeichnung GL 4.

Achtung: Getriebe mit selbstsperrendem Ausgleichsgetriebe dürfen nur mit Spezialöl nach VW-Spezifikation M 2 C 104 A befüllt werden.

Der Allradantrieb

Die Syncro-Ausführungen des VW-BUS sind mit Allradantrieb ausgestattet. Um auch die Vorderräder antreiben zu können sind zusätzlich folgende Bauteile erforderlich: Ein Ausgleichgetriebe und zwei Antriebswellen für die Vorderachse sowie eine Kardanwelle für die Verbindung zwischen Getriebe und Vorderachsdifferential.
Den Syncro-Bus gibt es wahlweise mit permanentem oder zuschaltbarem Allradantrieb.
Der Syncro-Bus wird seit 11/90 nur noch in der Ausführung mit dem permanentem Allradantrieb produziert.

Permanenter Allradantrieb

Beim VW BUS mit permanentem Allradantrieb sitzt zwischen Vorder- und Hinterachse eine sogenannte Visco-Kupplung. Die Visco-Kupplung übernimmt zwei Aufgaben: 1. Sie verteilt den Kraftfluß zwischen Hinterachse und Vorderachse. 2. Sie gleicht geringfügige Drehzahlunterschiede zwischen beiden Achsen aus.

In Kurven treten unterschiedliche Raddrehzahlen zwischen Vorder- und Hinterachse auf. Damit der Antriebsstrang bei höheren Geschwindigkeiten nicht zu stark verspannt und ein ausgeglichenes Fahrverhalten geboten wird, muß die Kraftverteilung flexibel sein.

Die Visco-Kupplung besteht aus einem mit Silikonöl angefüllten Gehäuse, in dem sich eng aneinander liegende Stahllamellen befinden, zwischen denen keine mechanische Verbindung besteht. Die Lamellen sind abwechselnd mit dem Kupplungsgehäuse – und damit der Kardanwelle – und mit der Antriebswelle zur Vorderachse verbunden. Der Kraftschluß entsteht durch zähflüssiges Silikonöl, das auf Drehzahlunterschiede zwischen den Lamellen reagiert. Ein Drehzahlunterschied zwischen Hinter- und Vorderachse bewirkt einen ebenso hohen Drehzahlunterschied zwischen den Lamellen. Je größer der Drehzahlunterschied ist, desto mehr Kraft wird von der Hinterachse auf die Vorderachse abgegeben. Der Einsatz der Vorderräder ist weich und gleitend und wird vom Fahrer praktisch nicht wahrgenommen.

Auf normaler, trockener Straße drehen sich alle Räder mit nahezu gleicher Geschwindigkeit. Hier wird nahezu alle Antriebskraft von der Hinterachse übertragen. Drehen sich jedoch durch schlechten Untergrund die Hinterräder geringfügig schneller als die Vorderräder, überträgt die Visco-Kupplung sofort mehr Kraft auf die Vorderachse. Drehen die Hinterräder durch, wird praktisch der gesamte Antrieb von den Vorderrädern übernommen.

Zuschaltbarer Allradantrieb

Der zuschaltbare Allradantrieb besitzt im wesentlichen die gleichen Bauteile wie der permanente Allradantrieb, jedoch ohne Visco-Kupplung. Wegen Verspannungen des Antriebsstranges bei Kurvenfahrt und höheren Geschwindigkeiten sollte dieser Antrieb nur auf schlechtem Fahrbahnuntergrund und bei geringen Geschwindigkeiten eingesetzt werden.

Im Unterschied zum VW BUS mit Visco-Kupplung kann der Vorderradantrieb ständig entkoppelt werden. Die Entkoppelung erfolgt über eine Trennkupplung im Schaltgetriebe vor der Kardanwelle. Diese Kupplung wird über ein Ventil durch den Saugrohrunterdruck des Motors eingerückt.

Als Zusatzausstattung für schweres Gelände bietet VW für beide Allradversionen Differentialsperren für Vorder- und Hinterachsen an. Auch diese Sperren werden über Unterdruck vom Saugrohr gesteuert.

Das Vorderachs-Differential für beide Allradvarianten ist mit 1.5 Litern **Getriebeöl GL 4 SAE 80** befüllt. Ein Ölwechsel ist nicht erforderlich. Die Ölkontrolle erfolgt seitlich an der Ölkontrollbohrung entsprechend der Prüfung des Getriebeölstandes.

Reparaturarbeiten am Allradantrieb sollten von einer Fachwerkstatt ausgeführt werden.

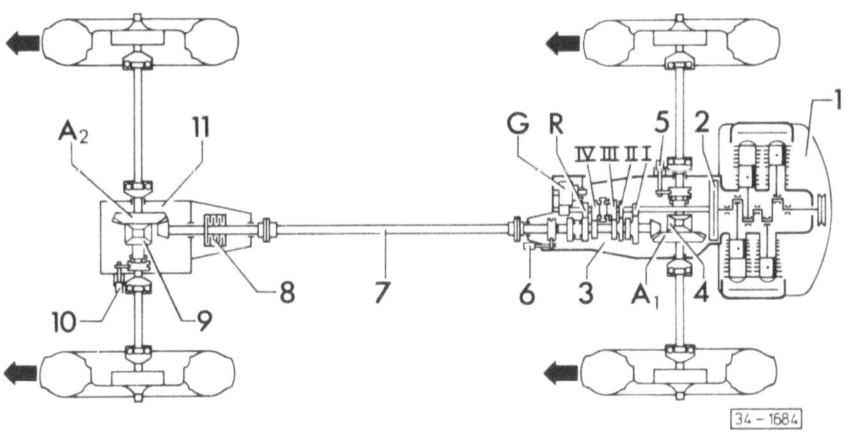

1 – **Motor**
2 – **Kupplung**
3 – **Schaltgetriebe**
4 – **Ausgleichgetriebe hinten**
5 – **Differentialsperre hinten**
6 – **Stellelement für Allradantrieb**
Nur bei Fahrzeugen mit zuschaltbarem Allradantrieb.
7 – **Kardanwelle**
8 – **Visco-Kupplung**
Nur bei Fahrzeugen mit permanentem Allradantrieb.
9 – **Ausgleichgetriebe vorn**
10 – **Differentialsperre vorn**
11 – **Achsantrieb vorn**
A_1 – **Achsantrieb hinten**
A_2 – **Achsantrieb vorn**

Die Schaltung

Die Explosionszeichnung zeigt das 4-Gang-Schaltgetriebe.

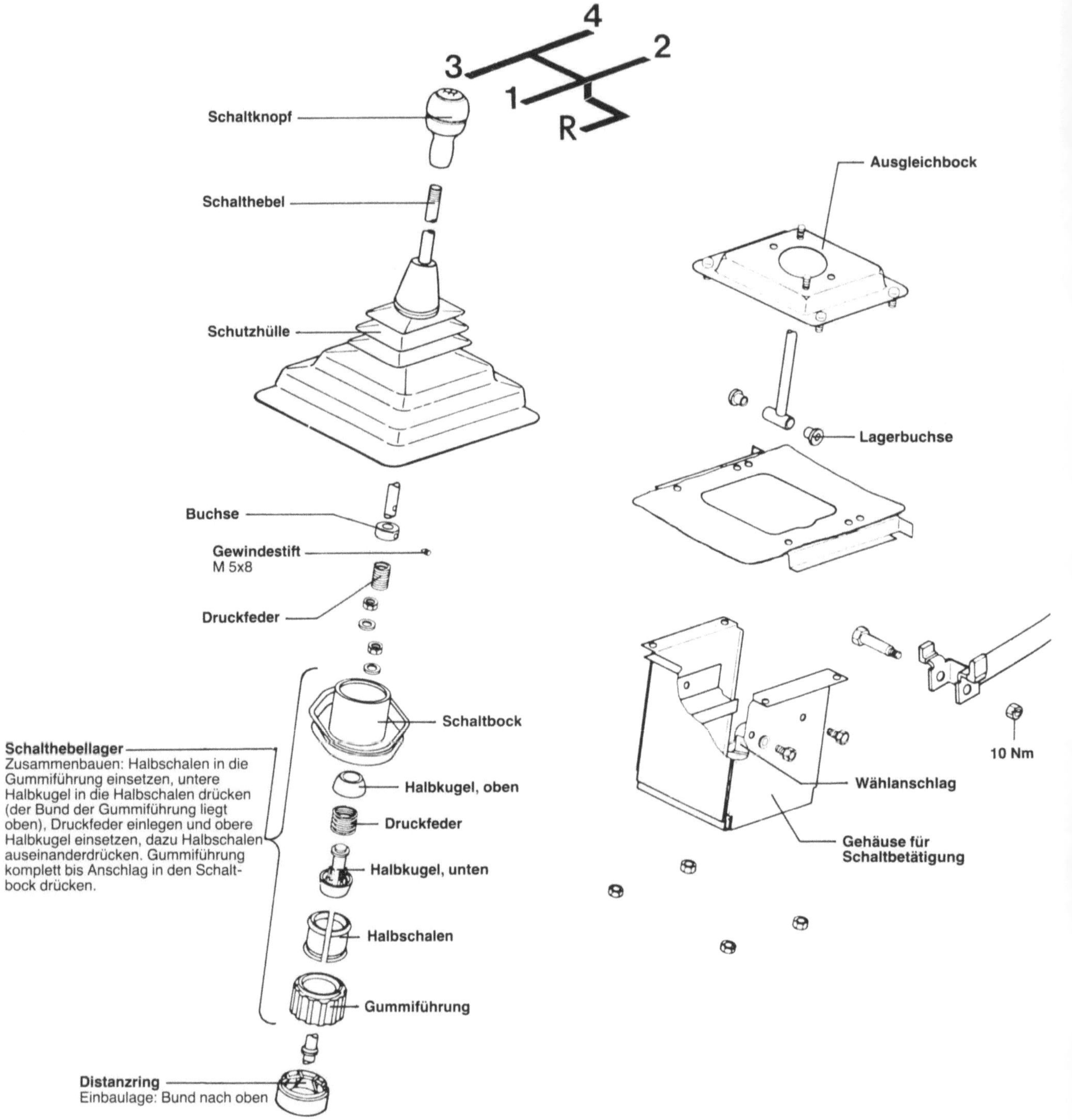

Achtung: Sämtliche Gelenke und Gleitflächen mit Molyschmierfett, ET-Nr. G000602 fetten. Bei Fahrzeugen bis 1/86 ist das alte, weiße Fett vorher zu entfernen.

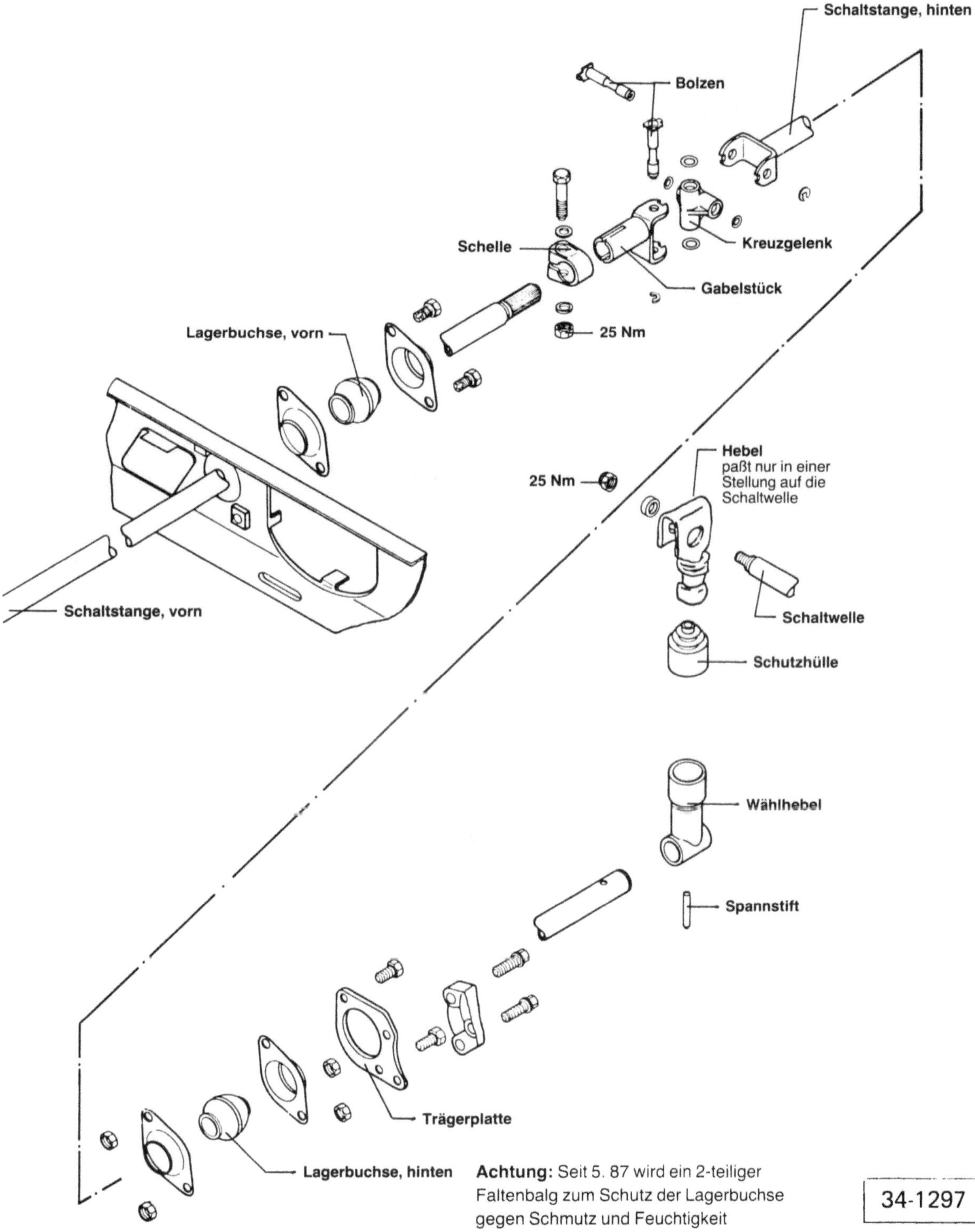

Achtung: Seit 5. 87 wird ein 2-teiliger Faltenbalg zum Schutz der Lagerbuchse gegen Schmutz und Feuchtigkeit eingebaut.

34-1297

Schaltgestänge einstellen

- Getriebe in Leerlaufstellung bringen.

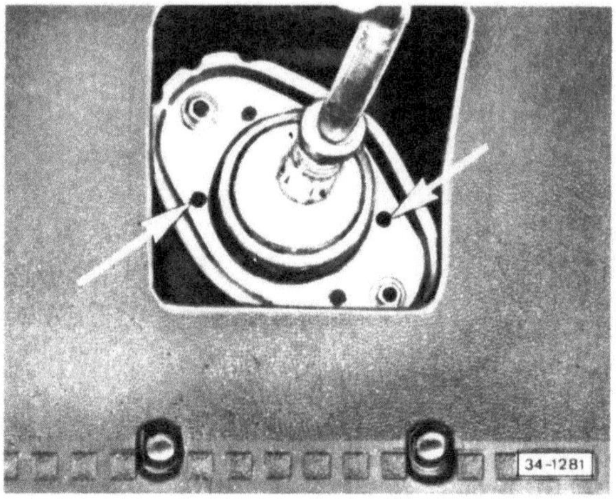

- **Fahrzeuge bis 6.88:** Zentrierbohrungen –Pfeile– von Ausgleichbock und Schalthebellager übereinanderstellen.

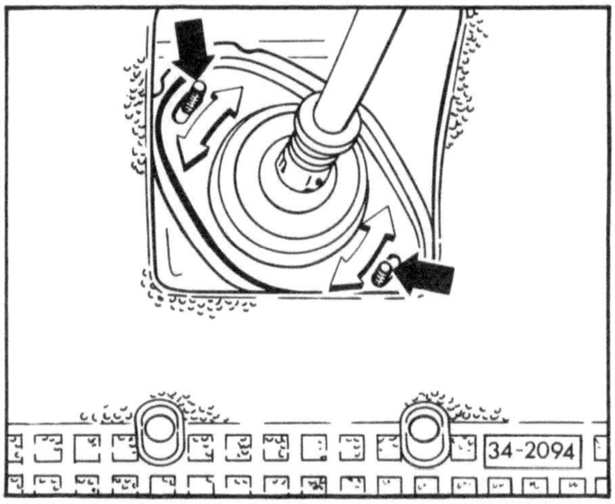

- **Fahrzeuge ab 7.88:** Seit 7.88 wird ein Schalthebellager ohne Zentrierbohrungen eingebaut. Schalthebellager in den Langlöchern –Pfeile– so weit wie möglich nach links oder rechts verdrehen (die Befestigungsbolzen vom Ausgleichbock müssen anliegen). **Hinweis:** Das neue Schalthebellager kann auch in bisherige Fahrzeuge eingebaut werden.
- Fahrzeug aufbocken, siehe Seite 236.
- Schutzwanne unten ausbauen.

- Schelle –Pfeil– lösen. Die Verbindung der Schaltstangen muß leichtgängig sein.
- Reserverad ausbauen.

- Hebel am Getriebe senkrecht stellen.
- Anschlagfinger der vorderen Schaltstange in die Mitte des Anschlagbleches im Gehäuse stellen.

4-Gang-Schaltgetriebe

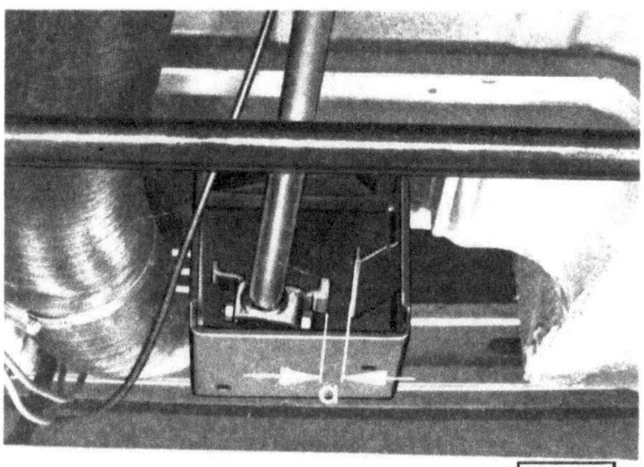

35 - 679

- Abstand **„a“ = 23 mm** mit selbstgefertigtem Blechstreifen einstellen. Bei Fahrzeugen mit Herstellungsdatum vor Oktober 1982: **„a“ = 22 mm;** vor Fahrgestellnummer 25 BH 137156: **„a“ = 19 mm.**
- Vor dem Festziehen der Schelle hintere Schaltstange nach links drehen, so daß die rechte Wange des Blechgehäuses an der oberen Kugel anliegt. **Achtung:** Schaltwelle dabei nicht hineindrücken. In dieser Stellung Schelle mit 25 Nm festziehen. Schraube mit Sicherungsmittel „D6“ ansetzen.
- Schutzwanne einbauen.
- Der Abstand zwischen Schalthebel und Heizungsverkleidung muß bei eingelegtem 1. Gang mindestens 15 mm betragen. Andernfalls Schalthebellager in den Langlöchern etwas nach hinten versetzen.
- Alle Gänge durchschalten, sie müssen sich leicht und ohne zu haken einlegen lassen. Auf die Wirksamkeit der Rückwärtsgangsperre ist besonders zu achten.

5-Gang-Schaltgetriebe

- Schaltstange nach rechts in die Gasse 1./R.-Gang drükken und in Längsrichtung so verschieben, daß das Maß zwischen der Sperre für den Rückwärtsgang und dem Anschlag auf der Schaltstange **„a“ = 3,0 mm** beträgt. Maß „a“ mit einem 90° abgewinkelten 3 mm dicken Blechstreifen messen.

Achtung: Getriebe in Leerlaufstellung. Hebel am Getriebe muß senkrecht stehen.

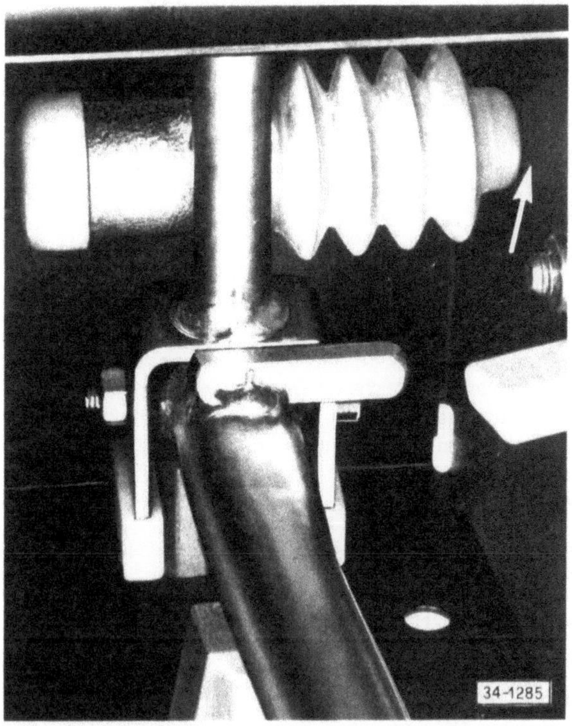

- Schaltstange nach links in die Gasse 2./3.-Gang zurückfedern lassen und leicht nach rechts drücken (der Kunststoffbalg muß rechts am Topf anliegen – Pfeil).
- Schelle in dieser Stellung mit 25 Nm festziehen. Schraube mit Sicherungsmittel „D6“ ansetzen.
- Der Abstand zwischen Schalthebel und Heizungsverkleidung muß bei eingelegtem 2. Gang mindestens 15 mm betragen. Andernfalls Schalthebellager in den Langlöchern etwas nach hinten versetzen.
- Alle Gänge durchschalten, sie müssen sich leicht und ohne zu haken einlegen lassen. Auf die Wirksamkeit der Rückwärtsgangsperre ist besonders zu achten.

Die Vollautomatik

Der VW Bus wird auf Wunsch mit einer Getriebe-Vollautomatik ausgestattet. Die Automatik hat drei Vorwärtswählbereiche, die automatisch geschaltet werden. Um dennoch, zum Beispiel bei Überholvorgängen, schneller beschleunigen zu können, hat die Automatik einen sogenannten Kickdown-Schalter, der sich beim vollen Niedertreten des Gaspedals einschaltet. Der Kickdown-Effekt sorgt dafür, daß das Getriebe entweder länger im kürzeren Gang verweilt oder von einem höheren in einen niedrigeren zurückschaltet.

Für die Beurteilung der Funktion der Getriebeautomatik und für die richtige Fehlersuche ist Erfahrung mit automatischen Getrieben und die Kenntnis der Arbeitsweise unerläßlich. Da diese Materie nur durch lange Berufserfahrung erworben werden kann, werden hier nur einige leichte Überprüfungsarbeiten beschrieben.

ATF-Stand prüfen

Der Drehmomentwandler und der Planetenteil des automatischen Getriebes werden durch eine gemeinsame ATF-(Automatic Transmission Fluid) Füllung geschmiert.

Der vorgeschriebene Flüssigkeitsstand ist für die einwandfreie Funktion des automatischen Getriebes äußerst wichtig. Darum ist die Prüfung mit großer Sorgfalt durchzuführen! ATF-Stand nach jeder Kontrolle des Motorölstandes prüfen.

ATF-Stand im Planetengetriebe prüfen.

- Wagen auf ebene Fläche stellen.
- Wählhebel in „N" legen und Handbremse anziehen.
- Motor muß während der Prüfung im Leerlauf laufen.
- Motor ATF-Flüssigkeit soll handwarm sein (40° – 60 C).
- Der Flüssigkeitsstand muß unbedingt zwischen den beiden Marken des Peilstabes liegen. Die Differenz zwischen unterer und oberer Marke beträgt 0,23 Liter.
- Muß ATF nachgefüllt werden: Sauberen Trichter und passenden Schlauch verwenden.
- Zum Abwischen des Peilstabs darf nur ein sauberer, nicht fasernder Lappen verwendet werden.

Achtung: Bei höheren oder niedrigeren Temperaturen kann der Ölstand darüber oder darunter liegen (Wärmeausdehnung des ATF). Eine einwandfreie Messung ist deshalb nur in dem angegebenen Temperaturbereich möglich.

- Nicht zuviel ATF einfüllen. Zuviel Öl kann Störungen in der Automatik hervorrufen.
- Altes ATF gleichzeitig am Peilstab auf Aussehen und Geruch prüfen. Verbrannte Reibbeläge verursachen Brandgeruch. Durch verschmutztes Öl können Störungen an der Getriebesteuerung auftreten.

Achtung: Es dürfen nur die vom Werk freigegebenen ATF-Öle mit Dexron verwendet werden.

Alle zugelassenen ATF-Öle mit Dexron lassen sich miteinander mischen. Kein Zusatzschmiermittel verwenden.

Automatikfahrzeug anschleppen

- Bei Fahrzeugen mit automatischem Getriebe kann der Motor **nicht** durch Anschleppen oder Anschieben des Wagens angeworfen werden!
- Springt der Motor nicht an, weil die Batterie entladen ist, besteht die Möglichkeit, mit einem Starthilfekabel die Batterie eines anderen Fahrzeuges zum Starten zu benutzen.

Automatikfahrzeug abschleppen

- Wählhebelstellung „N".
- **Nicht schneller als mit 50 km/h abschleppen lassen!**
- **Maximale Schleppentfernung: 50 Kilometer!**
- Über größere Entfernungen muß der Wagen hinten angehoben oder es müssen vorher die Gelenkwellen ausgebaut werden. Sonst arbeitet bei stehendem Motor die Getriebeölpumpe nicht, das Getriebe wird für höhere Drehzahlen und längere Laufzeiten daher nicht ausreichend geschmiert.

ATF-Wechsel

Die ATF-Füllung muß in regelmässigen Abständen gewechselt werden, siehe im Kapitel »Wartungsplan«. Bei erschwerten Bedingungen (Anhängerbetrieb, überwiegenden Kurzstrekken, dauerndes Fahren im Gebirge, extrem hohe Außentemperaturen) sollte die ATF-Füllung häufiger gewechselt werden. Beim Wechseln des Öls muß die Ölwanne abgeschraubt, das Ölsieb gereinigt und die Ölwannendichtung erneuert werden (Werkstattarbeit). Beim Wechseln der ATF-Füllung auf peinlichste Sauberkeit achten.

Achtung: Ohne ATF-Füllung im Drehmomentwandler und automatischen Getriebe darf weder der Motor laufen noch darf der Wagen abgeschleppt werden.

Achtung: ATF darf nicht einfach weggeschüttet werden, sondern muß bei einer Sondermüllstelle abgegeben werden. Oder altes ATF dort abgeben wo man es gekauft hat, deshalb Kassenzettel aufbewahren.

Ölstand im Achsantrieb prüfen

Das Gehäuse des Achsantriebes ist mit einer Hypoid-Füllung (SAE 90, GL5, MIL-L-2105 B) gefüllt. Zur Kontrolle des Ölstands muß das Fahrzeug waagerecht stehen. Der Ölstand soll bis zum Rand der Einfüllöffnung stehen. Dazu Schraube mit Innensechskant aus dem Achsgehäuse herausschrauben. **Das Getriebeöl im Achsantrieb braucht nicht gewechselt zu werden.**

Die Vorderachse

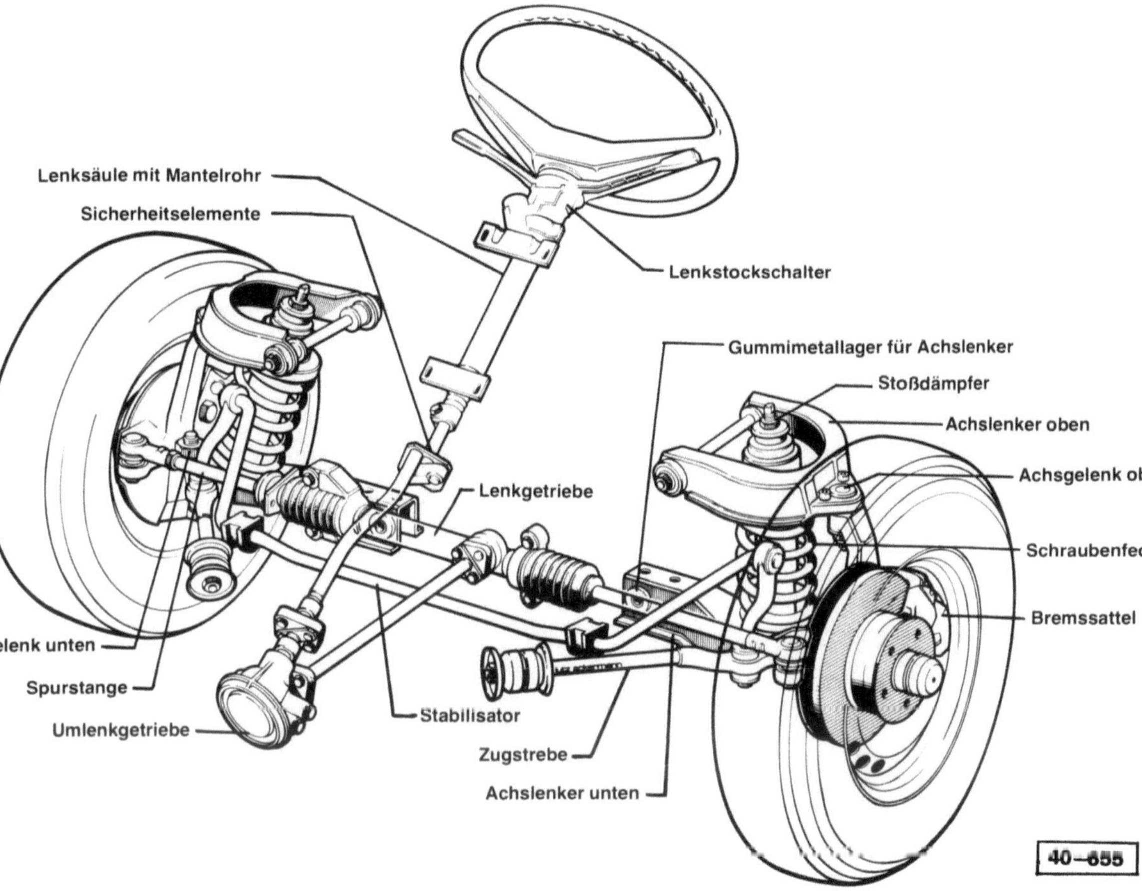

Die Vorderräder sind einzeln an Doppelquerlenkern aufgehängt. Schraubenfedern mit innenliegenden Stoßdämpfern bewirken bei progressiver Federkennung ein schnelles Ansprechen über den vollen Federungsweg. Um die Neigung des Fahrzeuges bei schneller Kurvenfahrt in engen Grenzen zu halten, ist serienmäßig ein Stabilisator eingebaut.

Der Achsschenkel ist über zwei Achsgelenke mit den Achslenkern verbunden. Das obere Achsgelenk ist an den Achslenkern angeschraubt und steckt mit seinem Zapfen im Achsschenkel. Das untere Achsgelenk ist in den Achsschenkel eingepreßt und steckt mit seinem Zapfen in einer Traggelenkaufnahme, die wiederum mit dem Achslenker verschraubt ist.

Radnabe und Bremsscheibe sind aus einem Stück.

Die Lenkkräfte des Lenkrades werden über ein Umlenkgetriebe auf die Zahnstangenlenkung übertragen. Zwei einstellbare Spurstangen übertragen die Kräfte auf die Räder. Die Lenksäule hat unterhalb des Mantelrohres ein Sicherheitselement. Bei großer Krafteinwirkung auf die Lenksäule werden der obere und der untere Teil der Lenksäule getrennt.

Radaufhängung vorn

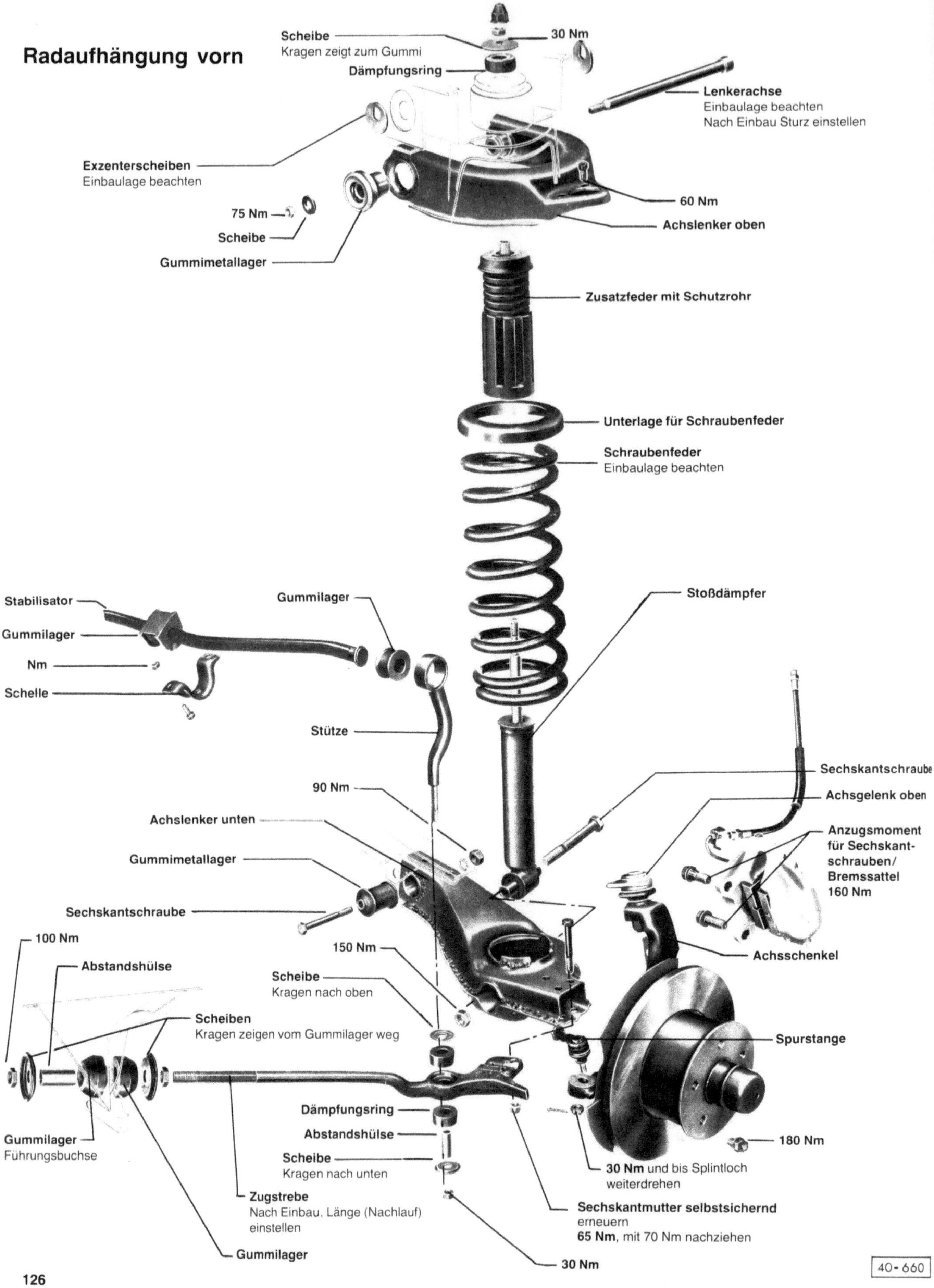

Schraubenfeder/Achsschenkel/ Achslenker unten aus- und einbauen

- Radschrauben lösen, Fahrzeug aufbocken.
- Rad abnehmen.
- Stabilisator von der Zugstrebe abschrauben.

- Verbindung Zugstrebe, Achsschenkel und Achslenker (Pfeile) unten trennen.

Achtung: Mit der Länge der Zugstrebe wird der Nachlauf bestimmt. Wird die Einstellung an der Aufbaubefestigung verändert, ist eine Neueinstellung erforderlich.

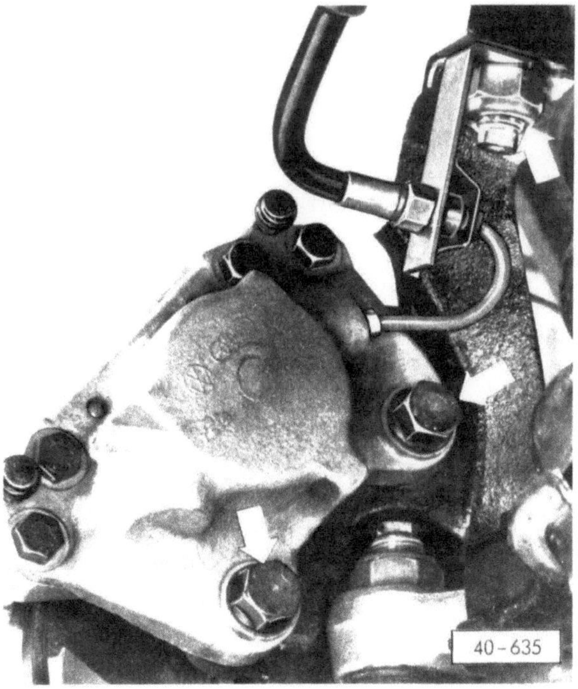

- Bremssattel und Bremsschlauchhalter abschrauben (Pfeile).

Achtung: Nicht den Bremsschlauch lösen.

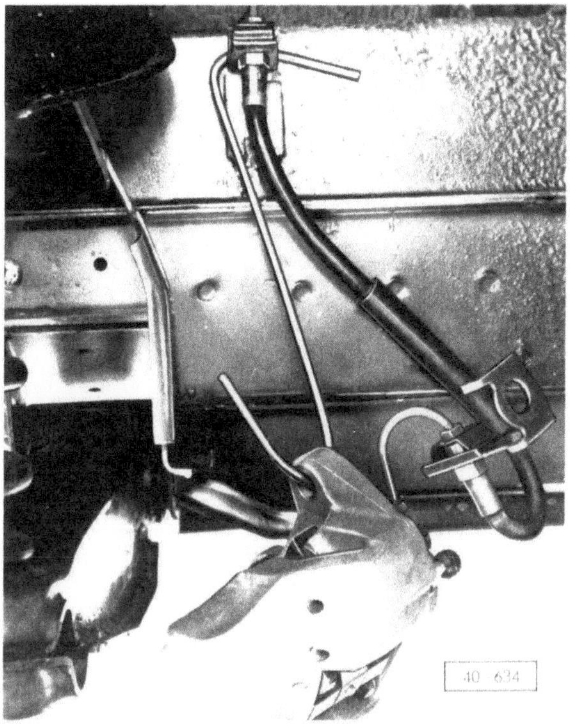

- Bremssattel mit einem Haken am Aufbau aufhängen.

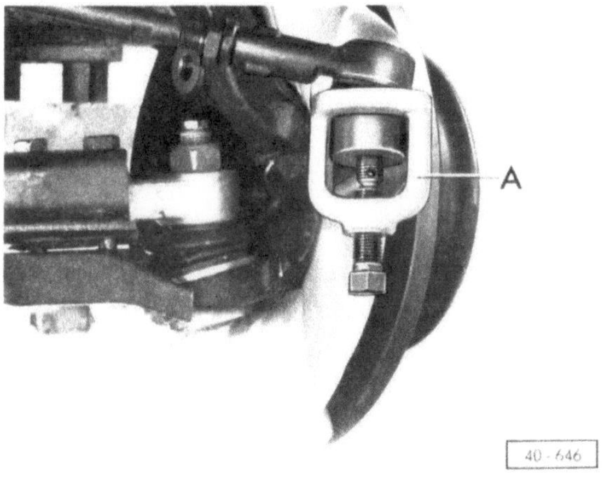

- Mutter für Spurstangen entsplinten, abschrauben und Spurstangen mit handelsüblichem Spurstangenabzieher abdrücken.
- Achsgelenk oben vom Achslenker abschrauben.
- Achsschenkel von den Achslenkern abnehmen.
- Stoßdämpfer am Achslenker unten lösen.

- Unteren Achslenker mit Wagenheber unterstützen und Dämpferschraube aus dem Achslenker herausziehen.
- Wagenheber langsam ablassen und Schraubenfeder herausnehmen, ggf. Achslenker vom Aufbau abschrauben.

Einbau

- Achslenker mit 90 Nm befestigen.

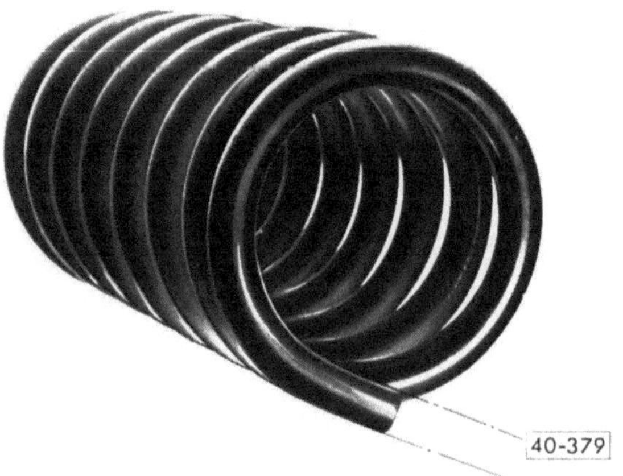

- Einbaulage der Feder bestimmen. Gerade auslaufendes Federende unten.
- Unterlage für Schraubenfeder oben mit Klebeband an der Feder befestigen.
- Schraubenfeder lagerichtig einsetzen (Federende unten in die Vertiefung des Achslenkers).
- Achslenker mit Wagenheber hochdrücken und Stoßdämpfer an Achslenker mit 150 Nm anschrauben.
- Achsschenkel an die Achslenker ansetzen. An untere Schraubverbindung Zugstrebe mit anschrauben. **Achtung:** Die 3 Befestigungsschrauben müssen unbedingt mit einer Unterlegscheibe (N 12 230.5 oder N 12 230.6) und neuen, selbstsichernden Muttern festgeschraubt werden. Schrauben mit **65 Nm** festziehen und mit **70 Nm** nachziehen.
- Stabilisator anschrauben und mit 30 Nm festziehen.
- Spurstange einsetzen, Kreuzmutter mit 30 Nm festziehen. Sollte dann der Splint nicht durchgehen, Mutter weiter festziehen, bis der Splint eingesetzt werden kann. Schenkel vom Splint umschlagen.
- Bremssattel ansetzen, Schrauben, Paßschraube oben, Sechskantschraube unten, mit **160 Nm** festziehen.
- Rad anschrauben, Fahrzeug abbocken, Radschrauben mit 170 Nm festziehen.

Stoßdämpfer aus- und einbauen

Ausbau

- Fahrzeug vorn aufbocken.
- Stoßdämpfer unten am Achslenker lösen.
- Fahrzeug auf die Räder stellen und Stoßdämpferschraube aus dem Lenker herausziehen.
- Fahrzeug anheben, Stoßdämpfer am Aufbau abschrauben.

Einbau

- Vor Einbau Stoßdämpfer prüfen.
- Stoßdämpfer einsetzen, neuen Dämpfungsring und Scheibe auflegen. Darauf achten, daß der Kragen der Scheibe zum Gummi zeigt. Mutter mit 30 Nm festziehen. Kappe auf Mutter aufsetzen.
- Fahrzeug absenken, Stoßdämpfer am Achslenker mit 150 Nm festziehen.

Achtung: Das Anheben des Fahrzeugs ohne Stoßdämpfer muß vorsichtig geschehen, da sonst das obere Achsgelenk beschädigt wird.

Stoßdämpfer prüfen

Der Stoßdämpfer kann von Hand geprüft werden.

- Stoßdämpfer ausbauen.
- Stoßdämpfer senkrecht, in Einbaulage, halten. Am sinnvollsten stellt man ihn auf den Boden und hält ihn mit den Füßen fest. Dann Stoßdämpfer mehrere Male auseinanderziehen und zusammendrücken.
- Der Stoßdämpfer muß sich über den gesamten Hub gleichmäßig schwer und ruckfrei bewegen lassen. Eventuell mit einem neuen Dämpfer vergleichen.
- Defekte Dämpfer erkennt man auch während der Fahrt an Poltergeräuschen oder zu starkem Aufschwingen der Karosserie.
- Bei einwandfreier Funktion sind geringe Spuren von Stoßdämpferöl kein Grund zum Austausch. Bei großem Ölverlust läßt sich der Stoßdämpfer ruckweise zusammendrücken und/oder auseinanderziehen.
- Bei starkem Ölverlust Stoßdämpfer austauschen.
- Kolbenstange durch Augenschein prüfen. Bei Chromschäden Stoßdämpfer ersetzen.
- Es ist nicht erforderlich, bei nur einem defektem Dämpfer beide gemeinsam auszutauschen.

Achslenker oben aus- und einbauen/ Lager prüfen

Bei ungenügender Abdichtung der Stirnseiten der Gummimetallager des Achslenkers kann es zu vorzeitigem Verschleiß kommen. Durch eine Sichtprüfung kann festgestellt werden, ob die Lager in Ordnung sind oder ersetzt werden müssen.

Prüfen

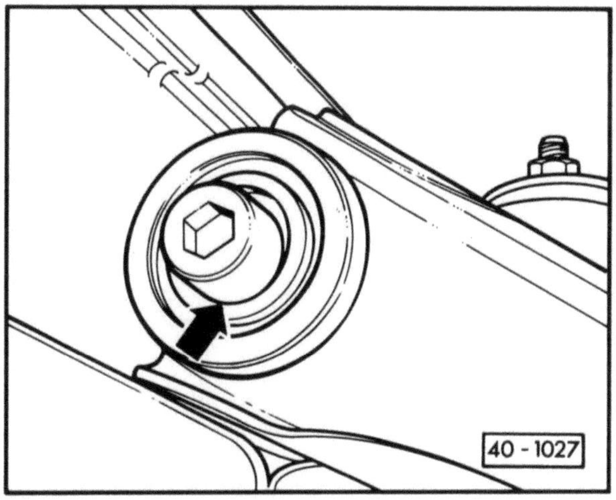

Der Schraubenkopf, beziehungsweise die Unterlegscheibe der Mutter müssen zentrisch im Gummimetallager stehen. Wenn der Schraubenkopf oder die Unterlegscheibe der Mutter die Stützscheibe berührt –Pfeil–, ist die Verschleißgrenze erreicht, Lager ersetzen.

Ausbau

- Radschrauben lösen, Fahrzeug aufbocken, Rad abnehmen.
- Befestigungsschrauben vom oberen Achsgelenk herausschrauben und Achsschenkel vorsichtig zur Seite schwenken.
- Achse für Lenker herausziehen und Achslenker abnehmen.

Einbau

- Achslenker einsetzen, Lenkerachse mit Mehrzweckfett einsetzen, dabei auf Einbaulage achten.

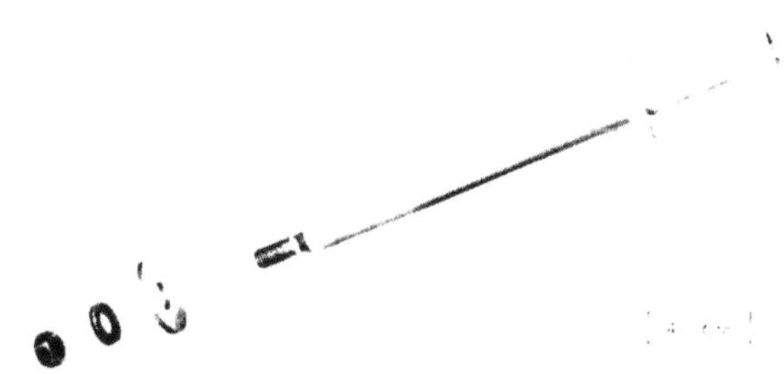

- Abflachung an Lenkerachse senkrecht und zur Fahrzeugmitte, größeren Abstand der Exzenterscheiben nach unten.
- Achslenkerschrauben mit 60 Nm festziehen.
- Rad anschrauben, Fahrzeug abbocken, Radschrauben mit 170 Nm festziehen.
- Sturz einstellen.

Radlagerung vorn

Achtung: Die nachfolgend aufgeführten Arbeiten beziehen sich nur auf Fahrzeuge mit Heckantrieb. Da zum Abpressen des Radlagers bei Fahrzeugen mit Allradantrieb eine Hydraulikpresse benötigt wird und diese in der Regel nur in Fachwerkstätten vorhanden ist.

Hinweis: Beide Radlager und Zwischenraum in der Nabe mit Mehrzweckfett füllen.

Hinweis:
Wurde der Bremsschlauchhalter gelöst, ist nach Wiedereinbau die Freigängigkeit zwischen Bremsschlauch und Reifen zu prüfen. Bei vollem Links- bzw. Rechtseinschlag muß ein Mindestabstand von 25 mm vorhanden sein. Ggf. Bremsschlauch nachrichten.

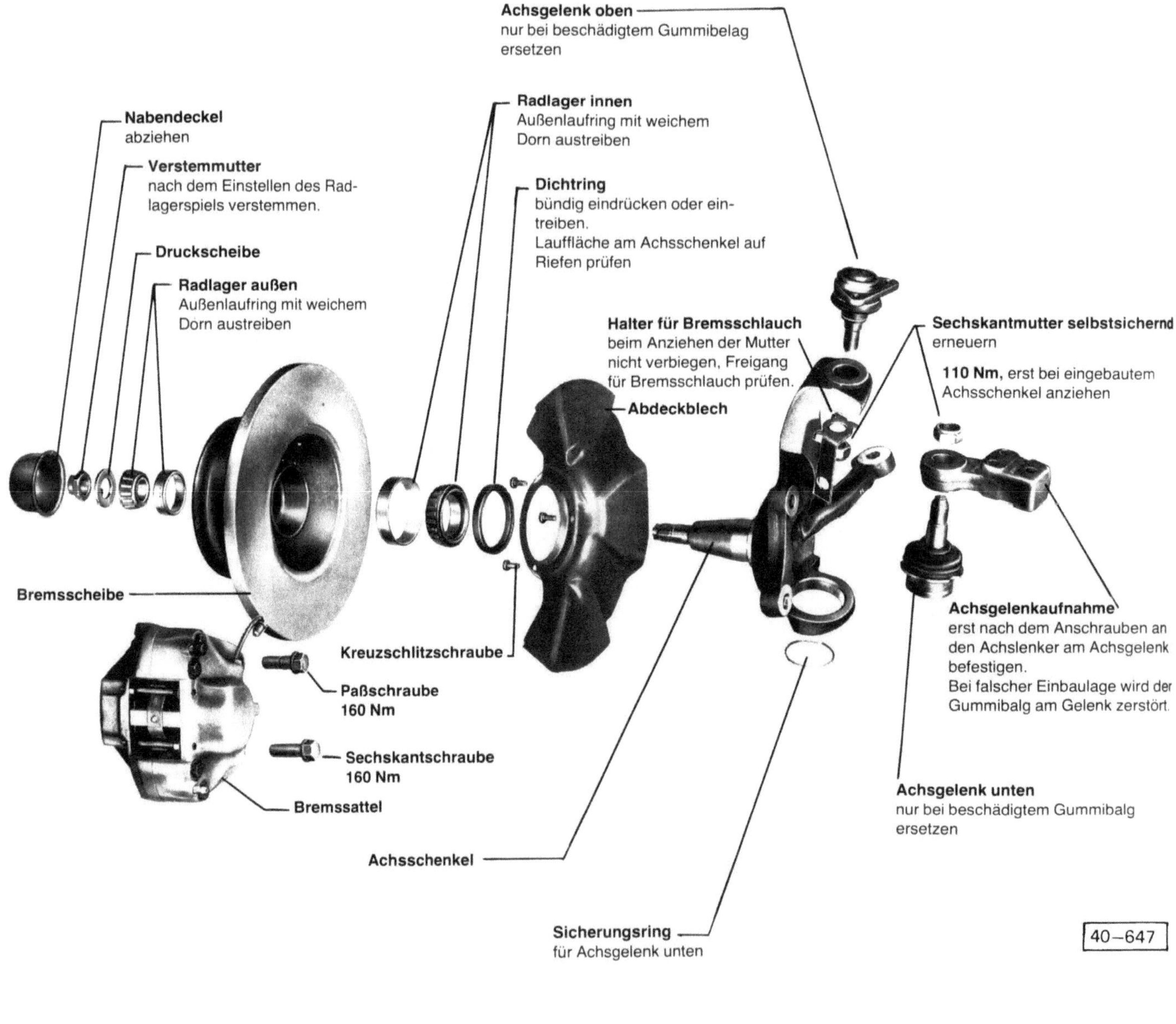

Bremsscheibe/Radlager aus- und einbauen

Ausbau

- Radmuttern lösen, Fahrzeug vorn aufbocken, Rad abnehmen.
- Bremssattel abschrauben. **Achtung:** Nicht den Schlauch am Bremssattel lösen, sonst muß nach dem Einbau entlüftet werden. Bremssattel mit Draht am Aufbau befestigen.

- Nabendeckel mit geeignetem Werkzeug abziehen oder mit leichten Hammerschlägen abschlagen.
- Verstemmung an Achsmutterbund mit Schraubenzieher aufbiegen, Achsmutter abschrauben.
- Bremsscheibe abziehen.
- Falls die Lager erneuert werden, können die Außenlaufringe mit einem weichen Dorn (Aluminium, Messing) ausgetrieben werden.
- Die neuen Außenlaufringe werden dann mit einem geeigneten Preßwerkzeug bis zum Anschlag eingepreßt. Anschließend hinteres Lager mit Mehrzweckfett einsetzen und neuen Dichtring bündig einpressen.

Einbau

- Zwischenraum in der Nabe mit Mehrzweckfett füllen.
- Bremsscheibe vor Einbau prüfen. Sie darf keine Riefen aufweisen. Die Dicke beträgt neu 13 mm, die Verschleißgrenze ist bei 11 mm erreicht.
- Bremsscheibe einsetzen, Radlager außen einfetten und einsetzen, Druckscheibe aufschieben.
- Mutter handfest aufschrauben.
- Radlagerspiel einstellen.
- Nabendeckel auftreiben.
- Bremssattel ansetzen, oben Paßschraube (hat einen Bund) einschrauben, unten Sechskantschraube. Beide Schrauben mit **160 Nm** festziehen.
- Rad anschrauben, Fahrzeug abbocken, Radmuttern mit **180 Nm** anziehen.

Radlagerspiel einstellen/prüfen

- Fahrzeug vorn aufbocken, Nabendeckel mit Abzieher abnehmen oder mit Gummihammer abtreiben.
- Mit Schraubenzieher Verstemmung an Bundmutter aufbiegen.
- Zum Nachstellen Verstemmutter fest anziehen, dabei das Rad unbedingt mit einer Hand drehen, damit sich das Lager nicht verspannt.
- Anschließend Mutter leicht lösen und Spiel prüfen.

- Das Radlagerspiel ist richtig eingestellt, wenn sich die Druckscheibe durch Fingerdruck auf den Schraubenzieher noch verschieben läßt. **Achtung:** Der Schraubenzieher darf dabei nicht abgestützt werden, keine Dreh- und Hebelbewegungen ausführen. Gegebenenfalls Mutter leicht lösen oder festziehen und Spiel nochmals prüfen.

- Nach dem Einstellen Mutter am Bund einmal verstemmen (Pfeil). Nach zweimaligem Sichern, neue Verstemmutter verwenden.
- Rad anschrauben, Fahrzeug abbocken. Radmuttern mit **180 Nm** festziehen.

Die Hinterachse

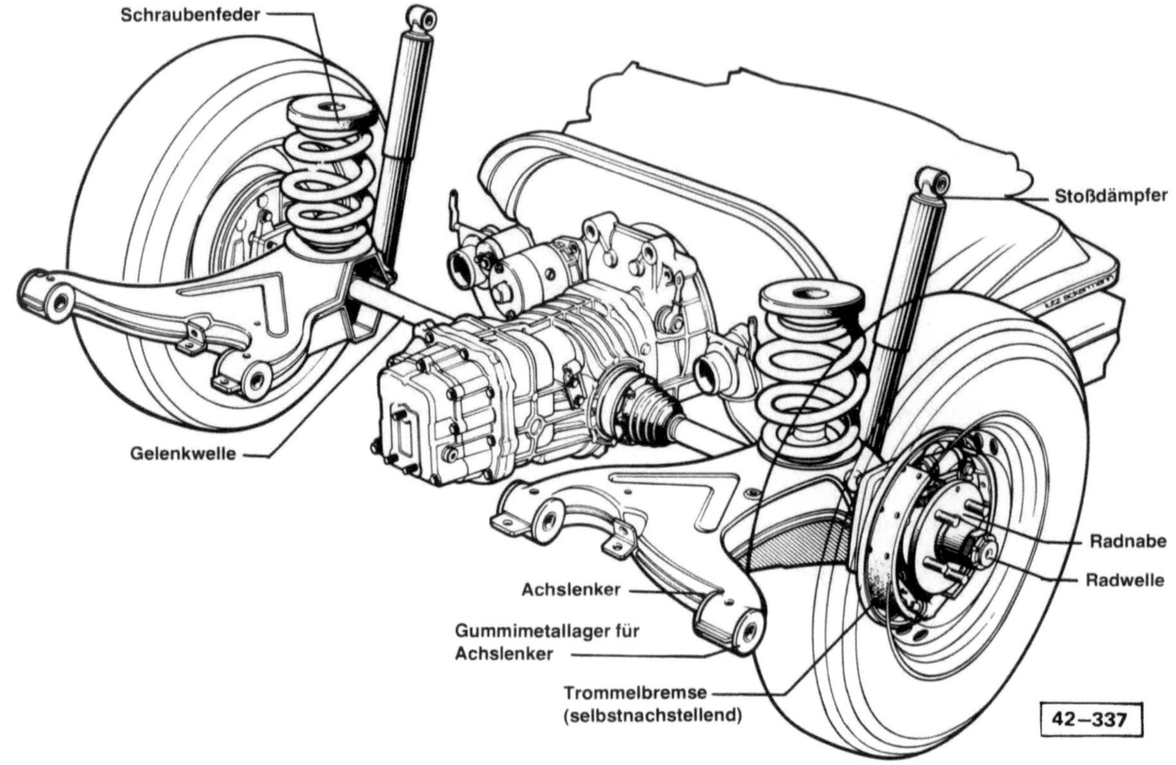

Die Hinterräder werden an Achslenkern geführt. Jeder Achslenker ist über zwei Gummilager mit dem Aufbau verbunden. Der innere Aufnahmebock hat ein Langloch, so daß eine Spureinstellung möglich ist. Zur Sturzeinstellung hat der äußere Aufnahmebock ein senkrechtes Langloch. Zwischen Achslenker und Aufbau sitzt die Schraubenfeder. Die Stoßdämpfer stehen in normaler und verstärkter Ausführung zur Verfügung. Die Antriebskräfte werden über Gelenkwellen und homokinetischen Gleichlaufgelenken übertragen. Die Radnabe steckt mit einer Keilnutverzahnung auf der Radwelle. An ihr werden die Bremstrommel und das Rad befestigt.

Radaufhängung hinten

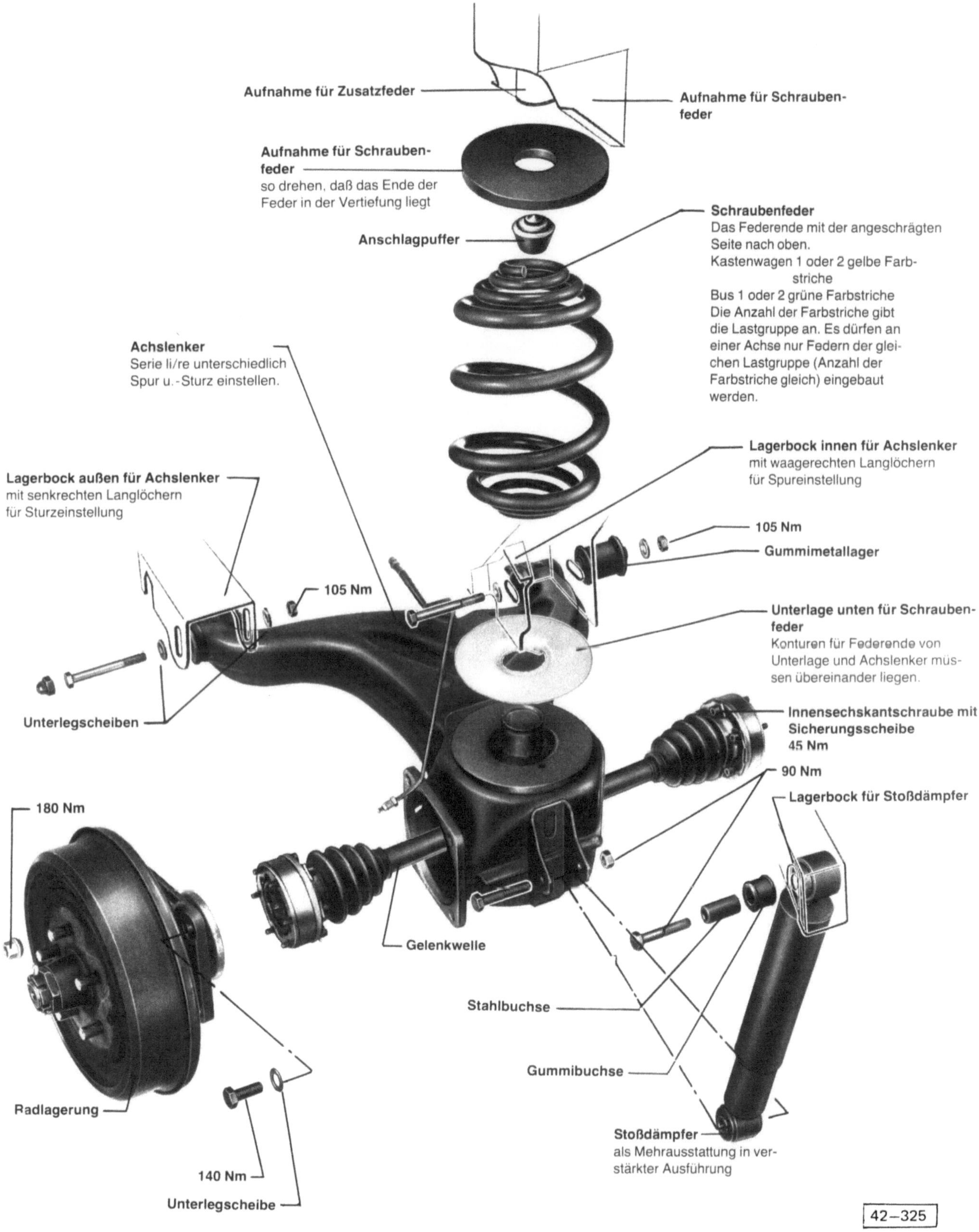

Stoßdämpfer aus- und einbauen

Ausbau

- Fahrzeug hinten aufbocken.
- Wagenheber unter Rad stellen und leicht anheben.
- Stoßdämpfer unten vom Achslenker und oben vom Aufbau abschrauben.

Einbau

- Stoßdämpfer prüfen, siehe Seite 129.
- Gummilagerung und Stahlbuchse im Stoßdämpfer prüfen, gegebenenfalls auspressen und erneuern.
- Stoßdämpfer einsetzen und oben am Aufbau mit 90 Nm festschrauben.
- Stoßdämpfer unten in Achslenker einsetzen, gegebenenfalls Rad etwas anheben oder absenken, Schraube mit 90 Nm festziehen.

Feder aus- und einbauen

Ausbau

- Radmuttern lösen.
- Stoßdämpferbefestigung unten lösen.
- Fahrzeug aufbocken, Rad abnehmen.
- Achslenker runterdrücken, Feder mit Montiereisen raushebeln. **Achtung:** Die Feder steht unter Vorspannung.

Einbau

- Unterlagen für Feder kontrollieren, beschädigte Unterlagen erneuern.
- Obere Auflage für Feder so einsetzen, daß das Ende der Feder in der Vertiefung sitzt.
- Untere Federauflage einsetzen. Darauf achten, daß die Konturen von Unterlage und Achslenker übereinstimmen.
- Feder oben einsetzen und unten mit Montierhebel einrücken. Beim Einsetzen darauf achten, daß sich das Federende den Konturen der Unterlage anpaßt.
- Wagenheber unter Rad stellen, Rad leicht anheben, Stoßdämpfer anschrauben.
- Rad anschrauben.
- Fahrzeug abbocken, Radmuttern mit **180 Nm** anziehen.

Radlagerung hinten

Lösen und Anziehen der Kronenmutter für Hinterradwelle **nur** bei auf den Rädern stehendem Fahrzeug (Unfallgefahr!).

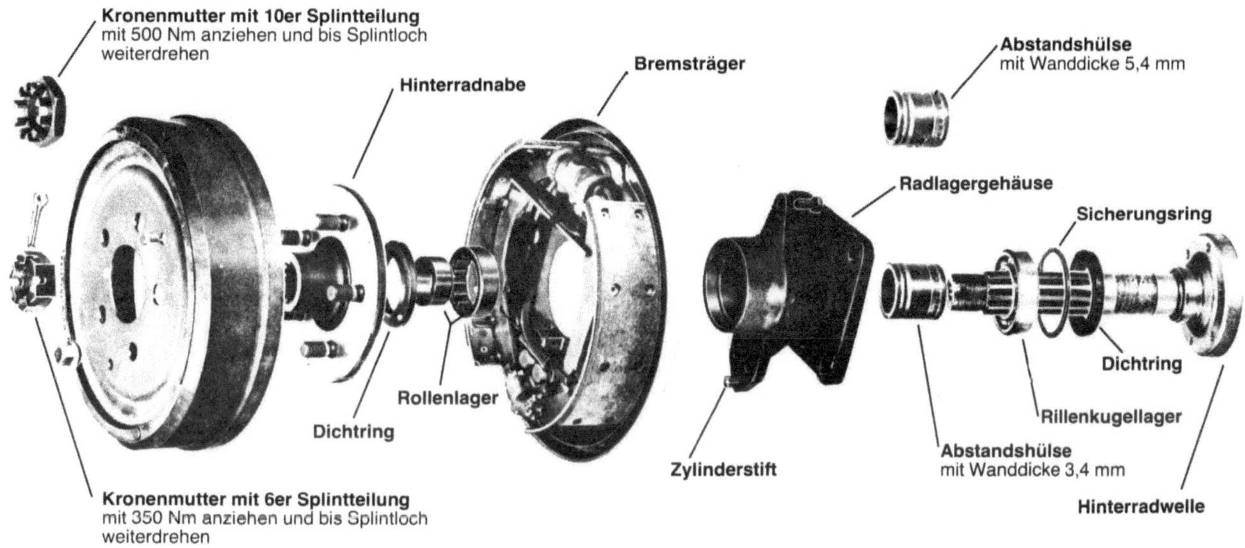

40-846

Bremstrommel aus- und einbauen

Ausbau

- Radkappe abnehmen.
- Radmuttern lösen.
- Falls die Bremstrommel mit der Radnabe abgezogen werden soll, Achsmutter abschrauben.
- Splint aus der Achswelle herausziehen, Achsmutter abschrauben. **Achtung: Beim Lösen und Anziehen der Kronenmutter muß das Fahrzeug auf den Rädern stehen (Unfallgefahr!).**
- Die Bremstrommel kann auch ohne Radnabe ausgebaut werden. Ein Lösen der Achsmutter ist dann nicht erforderlich.
- Fahrzeug hinten aufbocken.
- Rad abnehmen.
- 2 Schrauben aus Bremstrommel herausdrehen, Bremstrommel abziehen, gegebenenfalls vorher Handbremsseile am Ausgleichhebel und Bremsbacken am Nachstellritzel zurückstellen, siehe Seite 153.
- Die Bremstrommel muß sich auf jeden Fall vor dem Abziehen von Hand durchdrehen lassen.

46-392

- Soll die Radnabe mit abgezogen werden, geeigneten Abzieher ansetzen und Bremstrommel mit Hinterradnabe abziehen.
- Riefige Bremstrommeln ausdrehen lassen oder erneuern.

Einbau

- Hinterradbremse einstellen, siehe Seite 162.
- Bremstrommel beziehungsweise Radnabe mit Bremstrommel einsetzen.
- Wurde nur die Bremstrommel abgenommen, Bremstrommel mit 2 Schrauben befestigen.
- Kronenmutter aufschrauben und leicht beiziehen.
- Rad anschrauben.
- Fahrzeug abbocken. **Achtung:** Die Kronenmutter darf nur angezogen werden, wenn die Räder auf dem Boden stehen.
- Kronenmutter (mit 6er Splintteilung) mit **350 Nm** beziehungsweise Kronenmutter (mit 10er Splintteilung) mit **500 Nm** festziehen. Sollte sich der Splint nicht einsetzen lassen, **Kronenmutter bis zum nächsten Splintloch weiter festziehen**.
- Radmuttern mit **180 Nm** über Kreuz anziehen.
- Radkappe aufsetzen.

Gelenkwelle aus- und einbauen

Hinterachse

Hinweis:
45 gr. G6-Schmierfett von jeder Seite in das Gelenk eindrücken (gesamt 90 gr.). Bei Erneuern der Gelenkschutzhülle Gelenk ggf. nachfetten.

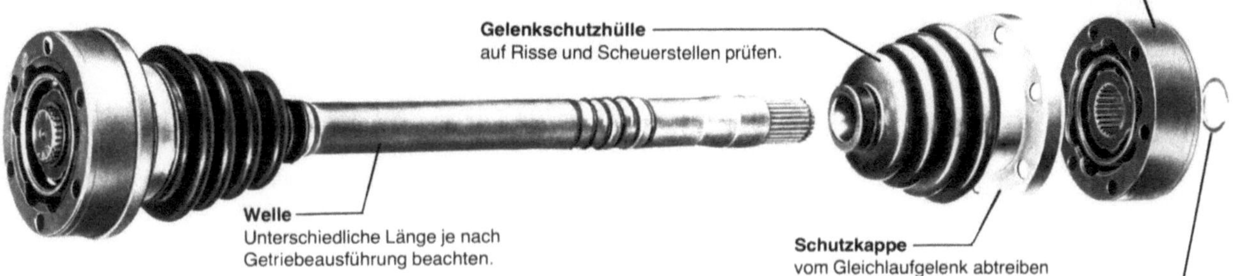

42–335

Ausbau

- Fahrzeug hinten aufbocken.
- Innensechskantschrauben an beiden Gelenken herausschrauben, Gelenkwelle herausnehmen. **Achtung:** Die Gelenke dürfen nicht mit Schmutz in Berührung kommen.

Einbau

- Vor Einbau Gelenkschutzhüllen prüfen, defekte Schutzhüllen sofort erneuern.
- Gelenkwelle einsetzen, Schrauben für Gelenkwelle mit Sicherungsscheiben einsetzen. Schrauben mit 45 Nm festziehen.
- Fahrzeug abbocken.

Gelenkwelle zerlegen/ Schutzhülle/Gelenk erneuern

Defekte Gelenkschutzhüllen sind sofort zu erneuern, da sonst das Lager in Mitleidenschaft gezogen wird. Defekte Gleichlaufgelenke, die sich durch Geräusche oder Lastwechselschlagen bemerkbar machen, komplett erneuern.

Zerlegen

- Welle ausbauen.

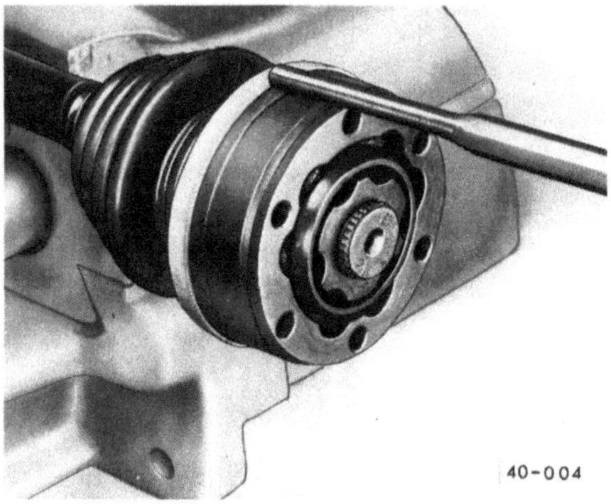

40-004

- Schutzkappe vom Gleichlaufgelenk mit Durchschlag abtreiben.

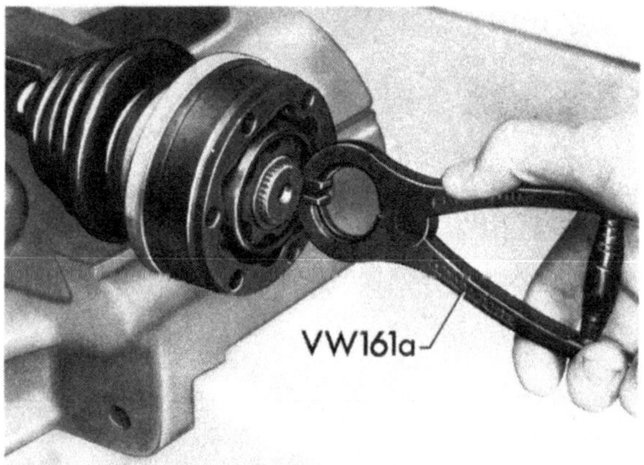

40-003

- Sicherungsring mit Sprengringzange abnehmen.

Achtung: Die Gelenke dürfen nicht mit Schmutz in Berührung kommen.

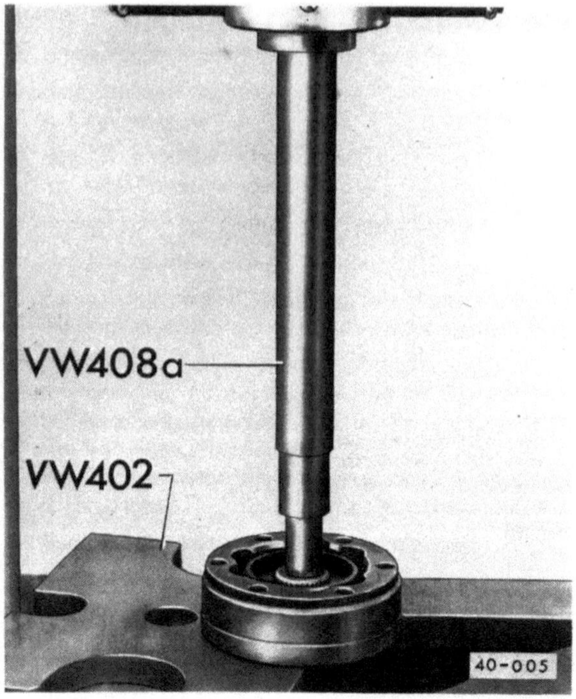

- Gleichlaufgelenk mit geeigneter Presse abpressen, Schutzkappe abnehmen.

Zusammenbau

Achtung: Von jeder Seite müssen in das saubere Gelenk 45 Gramm MoS_2-Schmierfett eingedrückt werden. Beim Erneuern der Gelenkschutzhülle Gelenk gegebenenfalls nachfetten.

- Vor dem Einbau Gelenkschutzhülle auf Risse und Scheuerstellen untersuchen, gegebenenfalls erneuern.
- Gelenkschutzhülle aufschieben. Gleichlaufgelenk auf die Welle aufpressen. Gleichzeitig Sicherungsring in die Nut einsetzen. Gegebenenfalls Sicherungsring mit Zange nachdrücken.
- Schutzkappe auf Gleichlaufgelenk auftreiben, hinten mit Schlauchbinder sichern.
- Anlageflächen der Gleichlaufgelenke am Getriebe säubern.
- Gelenkwelle einsetzen, Sicherungsscheiben unter die Innensechskantschrauben legen. Schrauben mit **45 Nm** festziehen.

Die Lenkung

Der VW CARAVELLE ist mit einer Zahnstangenlenkung ausgestattet, deren Lenkgetriebe mit einer Dauerfüllung Lenkgetriebefett gefüllt ist. Arbeiten an der Lenkung sollten der Werkstatt vorbehalten bleiben.

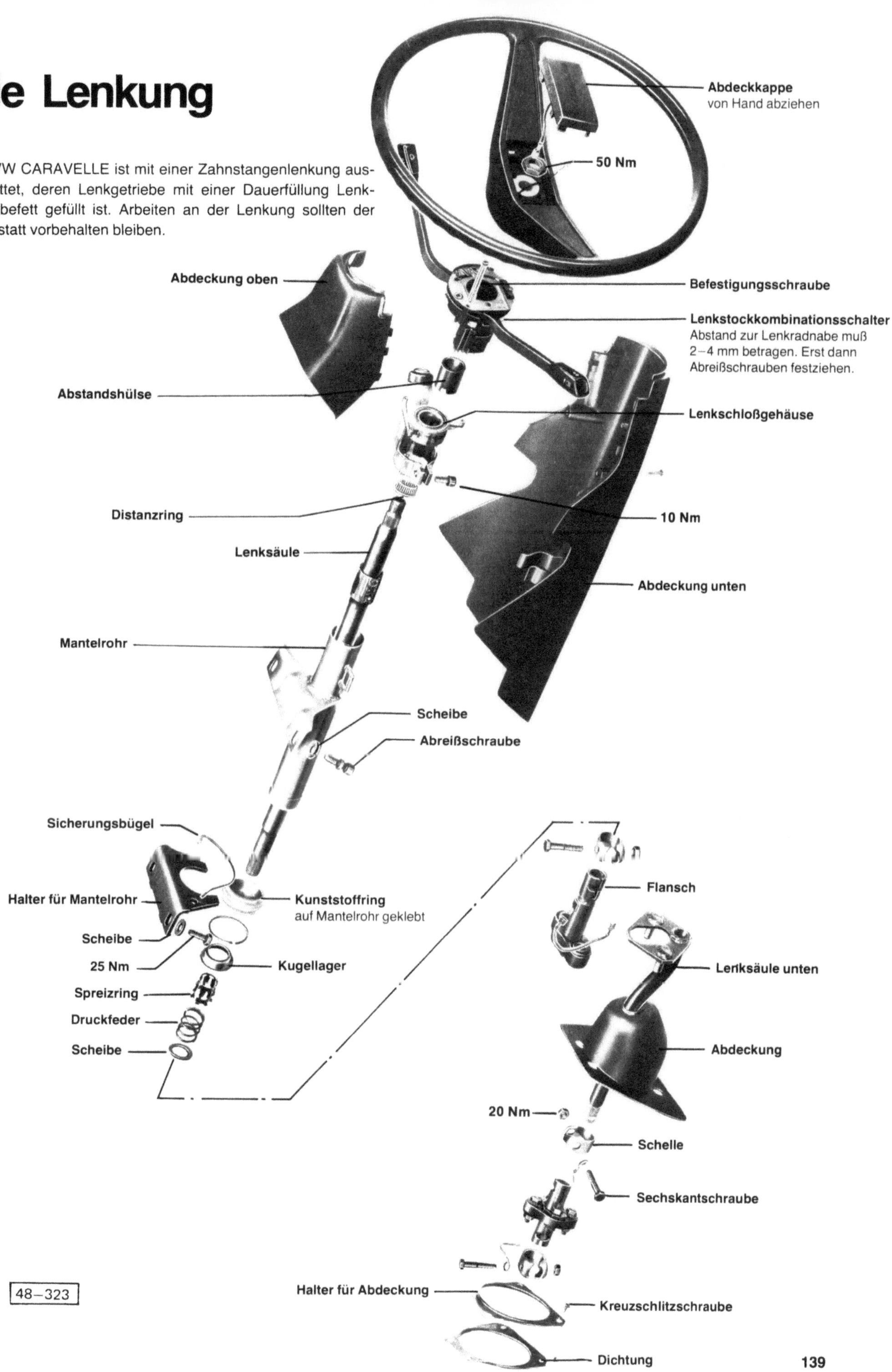

48–323

Lenkrad aus- und einbauen

Ausbau

- Räder in Geradeausstellung bringen.
- Abdeckkappe von Hand vom Lenkrad abziehen, Kontakt abziehen.
- Sechskantmutter abschrauben, Lenkrad mit der Hand von Verzahnung abschlagen.

Einbau

- Schleifring mit Universalfett einfetten.
- Lenkrad bei Geradeausstellung der Räder aufsetzen, darauf achten, daß die Lenkradspeichen waagerecht stehen. Der Blinkerhebel muß in Nullstellung stehen.
- Mutter mit 50 Nm festziehen.
- Massekontakt aufschieben.
- Abdeckkappe aufsetzen.
- Probefahrt durchführen, Lenkradspeichen müssen bei Geradeausfahrt waagerecht stehen, ggf. Lenkrad umsetzen.

Lenkung prüfen

- Fahrzeug auf den Rädern stehen lassen.
- Lenkrad hin- und herbewegen. Dabei muß die Lenkung spielfrei sein, andernfalls Lenkgetriebe von Werkstatt überprüfen lassen.

Spurstange aus- und einbauen

Ausbau

- Radschrauben lösen, Fahrzeug vorn aufbocken, Rad abnehmen.
- Am Spurstangenkopf Splint herausziehen, Kreuzmutter abschrauben.

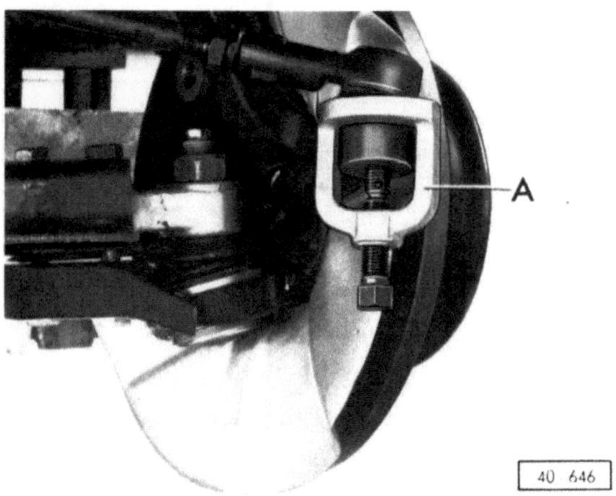

- Mit handelsüblichem Spurstangenabzieher Spurstangenkopf abdrücken.
- Am Lenkgetriebe Schelle für Faltenbalg abnehmen, Faltenbalg zurückdrücken.

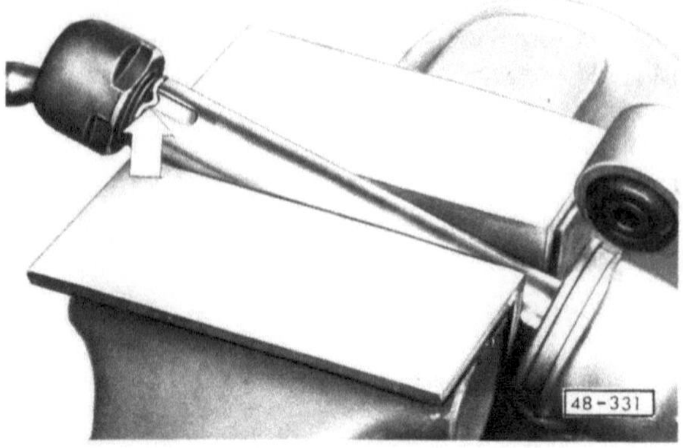

- Spurstange am Lenkgetriebe entsichern und abschrauben.

Einbau

Achtung: Bei Ersatz der Spurstangen grundsätzlich Faltenbälge erneuern, um eine einwandfreie Abdichtung gegen Feuchtigkeit sicherzustellen.

- Neue Spurstange auf das Maß der alten bringen, durch Ein- bzw. Abschrauben des Spurstangenkopfes.
- Spurstange auf Lenkgetriebe aufschrauben und mit 70 Nm festziehen.
- Zahnstange mit Lenkgetriebefett (ET-Nr. AOF 063.000.04) einfetten, Faltenbalg auf Lenkgetriebe aufschieben und mit Draht oder Schelle sichern.

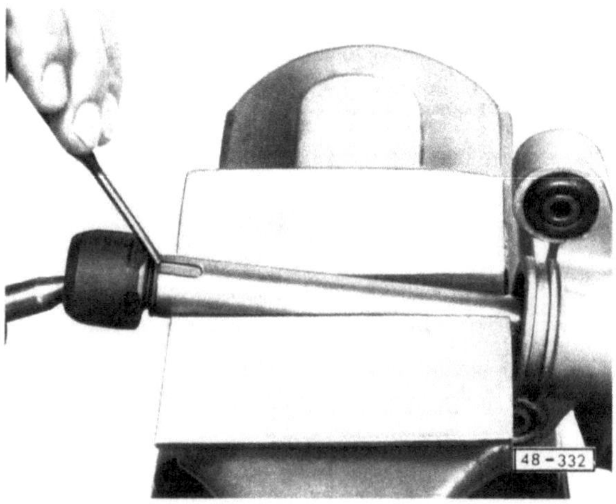

- Spurstange am Lenkgetriebe nach dem Anziehen sichern.
- Spurstangenkopf einsetzen, Kreuzmutter aufschrauben und mit 30 Nm festziehen. Falls der Splint nicht durch die Bohrung geht, Mutter weiter festziehen.
- Splint einsetzen, Schenkel umschlagen.
- Rad anschrauben, Fahrzeug abbocken, Radmuttern mit **180 Nm** anziehen.
- Spur einstellen, siehe Seite 144.

Lenkgetriebe/Spurstangen

Mechanische Lenkung

Hinweis:
Schweiß- und Richtarbeiten an Lenkungsteilen sind nicht gestattet.

Hinweis:
Zum Fetten des Lenkgetriebes nur Lenkgetriebefett ET-Nr. AOF 06300004 (1 kg-Dose) verwenden.

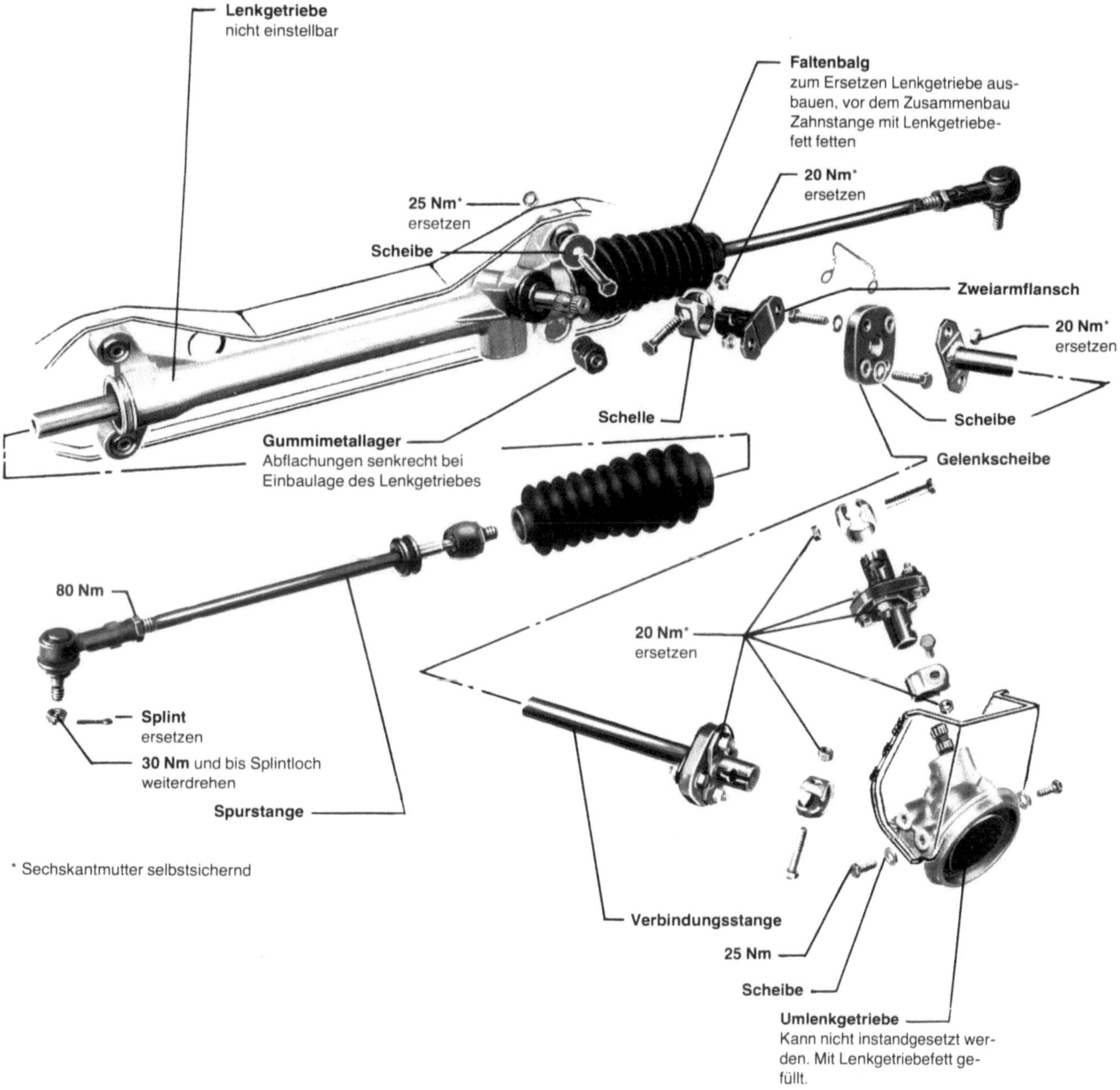

* Sechskantmutter selbstsichernd

48–329

Die Servolenkung

Je nach Modell oder Ausstattung wird die Bedienung der Lenkung durch eine hydraulische Lenkhilfe erleichtert. Die hydraulische Lenkhilfe (Servolenkung) sorgt dafür, daß der Kraftaufwand beim Einschlagen der Lenkung möglichst gering gehalten wird. Die Lenkhilfe besteht aus der Ölpumpe (Flügelzellenpumpe), dem Vorratsbehälter und den Öldruckleitungen. Angetrieben wird die Ölpumpe über einen Keilriemen. Die Pumpe saugt das Hydrauliköl aus dem Vorratsbehälter an und fördert es mit hohem Druck zum Ventilkörper. Der Ventilkörper sitzt im Lenkgetriebe. Er ist mit der Lenksäule mechanisch verbunden und leitet das Öl je nach Lenkeinschlag in die entsprechende Seite des Arbeitszylinders. Dort drückt das Öl gegen den Zahnstangenkolben und unterstützt dadurch die Lenkbewegung. Gleichzeitig preßt der Kolben das Öl auf der anderen Seite des Arbeitszylinders über die Rücklaufnut des Drehschieberventils durch die Rücklaufleitung zurück zum Nachfüllbehälter.

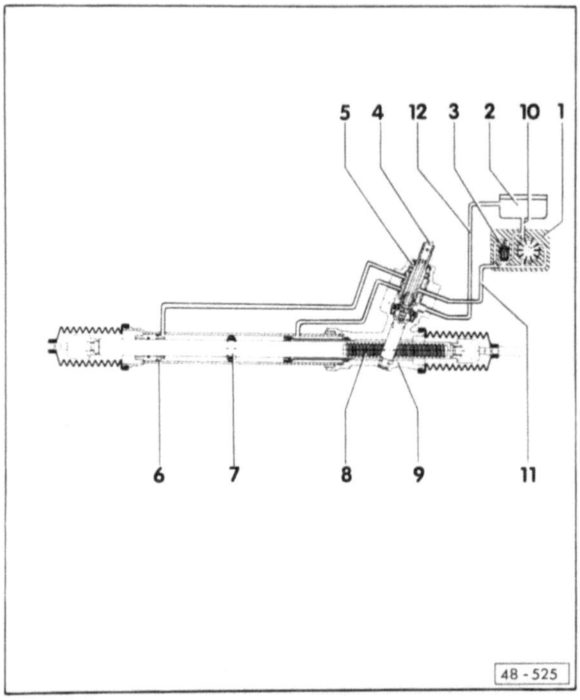

1 – **Flügelzellenpumpe**
2 – **Nachfüllbehälter**
3 – **Druck- und Strombegrenzungsventil**
4 – **Lenkritzel**
5 – **Ventilkörper**
6 – **Gehäuse**
7 – **Kolben**
8 – **Zahnstange**
9 – **Ritzelgehäuse**
10 – **Zufluß Flügelzellenpumpe**
11 – **Druckleitung**
12 – **Rücklaufleitung**

Servolenkung auf Dichtheit prüfen

Bei fehlendem Hydrauliköl im Ausgleichbehälter grundsätzlich Lenksystem auf Dichtheit prüfen.

- Motor starten und im Leerlauf drehen lassen.
- Lenkrad beidseitig bis zum Anschlag drehen und kurzzeitig festhalten. Dadurch baut sich der größtmögliche Leitungsdruck auf.
- In dieser Position folgende Sichtprüfungen auf Undichtigkeit durchführen:
  1. Drehkolbenventil
  2. Zahnstangenabdichtung. Hierzu Schlauchbinder des Faltenbalges lösen und Faltenbalg zur Seite schieben.
  3. Flügelpumpe
  4. Leitungsanschlüsse

Ölstand für Servolenkung prüfen

Der Ölstand für die Lenkhilfe sollte alle 30000 km geprüft werden.

- Motor starten und im Leerlauf laufen lassen.

- Flüssigkeitsstand im Ausgleichbehälter bei geradeaus stehenden Rädern prüfen. Der Ölstand muß zwischen der MIN.- und MAX.-Markierung liegen.
- Wenn der Ölspiegel bis zur MIN.-Markierung abgesunken ist, Hydrauliköl **ATF-Dexron** nachfüllen. Grundsätzlich nur **neues Öl** nachfüllen, da bereits kleinste Verunreinigungen zu Störungen an der hydraulischen Anlage führen können.
- Anschließend bei laufendem Motor das Lenkrad mehrmals von Anschlag zu Anschlag bewegen, dadurch entlüftet sich die Anlage.
- Falls Öl nachgefüllt wurde, Lenksystem auf Dichtheit prüfen.

Keilriemen für Servo-Pumpe spannen

- Der Keilriemen ist richtig gespannt, wenn er sich zwischen den beiden Keilriemenscheiben mit dem Daumen ca. 10 mm durchdrücken läßt.

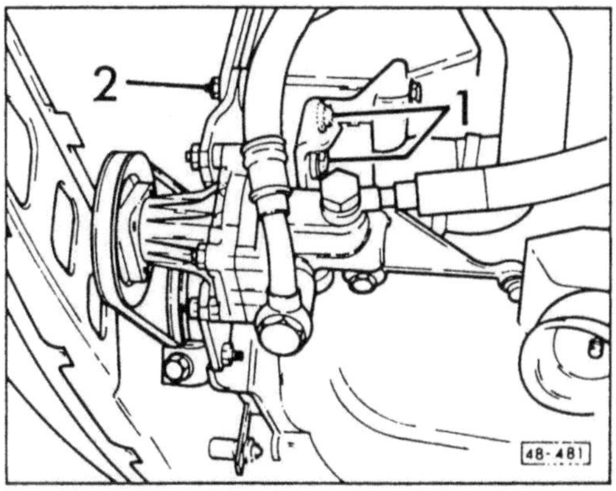

- Schrauben –1– lösen. 2. Schraube ist aus diesem Blickwinkel nicht sichtbar.
- Schraube –2– lösen.
- Mit Montierhebel Servo-Pumpe vom Motor wegdrücken und so Keilriemen spannen.
- Befestigungsschrauben festziehen, Keilriemenspannung durch Daumendruck nochmals prüfen, gegebenenfalls korrigieren.

Die Fahrzeugvermessung

Optimale Fahreigenschaften und geringster Reifenverschleiß sind nur dann zu erzielen, wenn die Stellung der Räder einwandfrei ist. Bei anormaler Reifenabnutzung sowie mangelhafter Straßenlage – bei schlechter Richtungsstabilität in Geradeausfahrt sowie schlechten Lenkeigenschaften in Kurvenfahrt – sollte die Werkstatt aufgesucht werden, um den Wagen optisch vermessen zu lassen.

Wo solch eine Gesamtvermessung nicht möglich ist, werden lediglich Sturz und Vorspur der Vorderräder überprüft.

Mehr als diese Prüfung von Sturz und Vorspur ist auch außerhalb der Werkstätten kaum durchzuführen. Ich beschränke mich daher auf die Beschreibung nur dieser Messungen, wobei zunächst die theoretischen Grundbegriffe erklärt werden sollen.

Die Spur

In der Regel müssen Vorderräder Vorspur haben, weil sie – veranlaßt durch Sturz und Rollwiderstand – in Geradeausfahrt etwas nach außen laufen, da Spiel in den Radlagern, Radaufhängungen und Spurstangengelenken vorhanden ist. Die Vorspur kompensiert das Bestreben der Vorderräder, nach außen zu laufen. Für die Vorspur werden die Räder so eingestellt, daß sie – in Höhe des Radmittelpunktes gemessen – vorn etwas enger zusammenstehen als hinten.

Sturz und Spreizung

Sturz und Spreizung vermindern die Übertragung von Fahrbahnstößen auf die Lenkung und halten bei Kurvenfahrt die Reibung möglichst gering.

Sturz ist der Winkel, um den die Radebene von der Senkrechten abweicht. Die Vorderräder stehen also schräg, und zwar im Radaufstandspunkt mehr zusammen als oben.

Spreizung ist der Winkel zwischen der Schwenkachse des Achsschenkels und der Senkrechten im Reifenaufstandspunkt, in Längsrichtung des Wagens gesehen.

Durch den Spur- und Spreizungswinkel werden die Berührungspunkte der Räder auf der Fahrbahn näher an die Schwenkachse des Achsschenkels herangebracht. Damit wird der sogenannte Lenkrollhalbmesser klein gehalten. Je kleiner der Lenkrollhalbmesser ist, desto leichtgängiger ist die Lenkung. Auch die Fahrbahnstöße wirken sich wesentlich schwächer auf das Lenkgestänge aus.

Nachlauf

Der Nachlauf beeinflußt maßgeblich die Geradeausführung der Vorderräder. Zu geringer Nachlauf begünstigt ein Abweichen aus der Fahrtrichtung auf schlechten Straßen und bei Seitenwind, läßt überdies nach der Kurvenfahrt die Lenkung nicht weit genug zur Mittelstellung zurücklaufen. Der Nachlauf wird durch die Länge der Zugstrebe erreicht und ist dadurch einstellbar. Er muß nach einer Reparatur des Vorderwagens kontrolliert werden (Werkstattarbeit). Außerdem bei einseitigem Ziehen der Lenkung und Flattern der Vorderräder.

Das Einstellen

Die Fahrzeugvermessung ist zweckmäßig mit einem optischen Achsmeßgerät, das wagenunabhängig arbeitet, durchzuführen. Falls ein optisches Achsmeßgerät nicht zur Verfügung steht, kann der Sturz auch mit dem Winkelmeßgerät VW 3021 und der Spurwinkel mit einem mechanischen Spurmaß geprüft werden. Für jede Vermessung müssen folgende Voraussetzungen erfüllt sein.

- Vorschriftsmäßiger Reifendruck.
- Genau ebene, waagerechte Meßfläche.
- Fahrzeug bei Leergewicht (mit Reserverad und möglichst mit gefülltem Kraftstoffbehälter).
- Richtig eingestellte Lenkung.
- Kein unzulässiges Spiel im Lenkgestänge und in der Radaufhängung.
- Fahrzeug richtig durchgefedert.

Spur prüfen/einstellen (Vorderachse)

Prüfvoraussetzungen

- Genau ebene, waagerechte Aufstandsfläche.
- Leergewicht des Fahrzeuges (mit Reserverad).
- Vorschriftsmäßiger Reifenfülldruck.
- Fahrzeug durchgefedert.
- Kein unzulässiges Spiel im Lenkgestänge.
- Kein unzulässiges Spiel in der Radaufhängung.

Prüfen

- Vorderräder in Geradeausstellung bringen.
- Spurmeßgerät vor den Vorderrädern aufstellen.

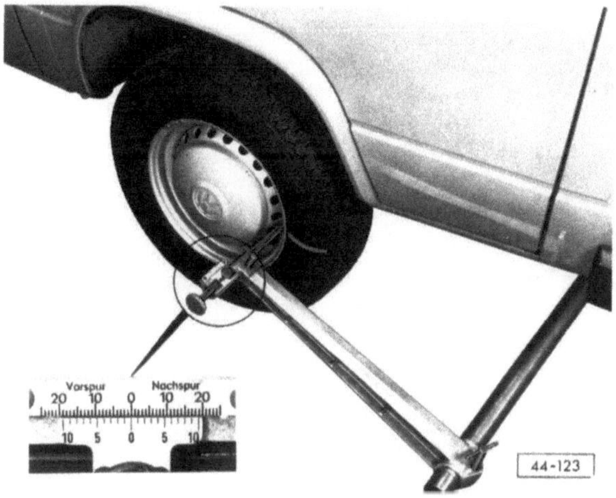

44-123

- Tastfinger des Spurmeßgerätes vorn an den Felgenhörnern beider Vorderräder anlegen. Skala der Meßuhr auf 0 (Null) stellen und Meßstelle mit einem Kreidestrich am Reifen markieren.
- Fahrzeug eine halbe Radumdrehung nach vorn rollen.

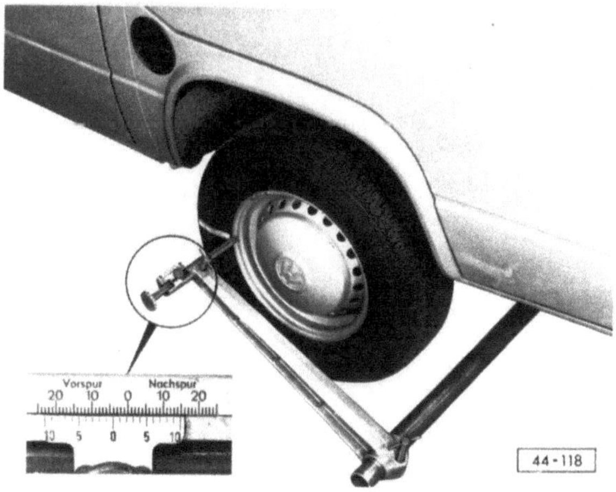

44-118

- Spurmeßgerät an der markierten Meßstelle an den Felgenhörnern anlegen, Gesamtwert ablesen.

Einstellen

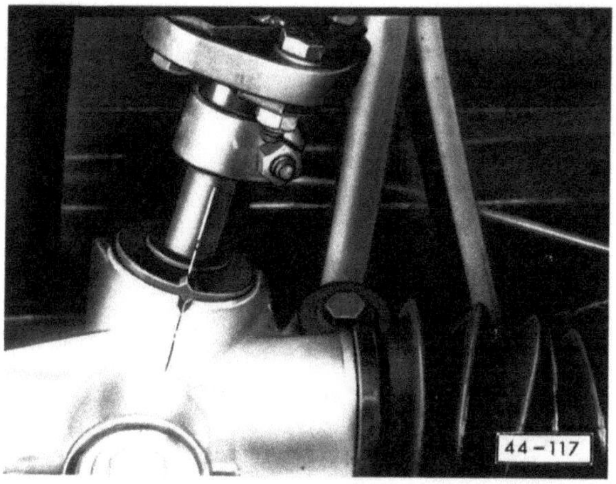
44-117

- Lenkgetriebe in Mittelstellung bringen. Dazu Lenkrad von Anschlag zu Anschlag drehen und Umdrehungen zählen. Lenkrad die Hälfte der Umdrehungen zurückdrehen. Mit Hilfe der Nase an der Gummischeibe und der Kerbe im Gehäuse Lenkspindel genau ausrichten. Nase und Kerbe müssen fluchten.

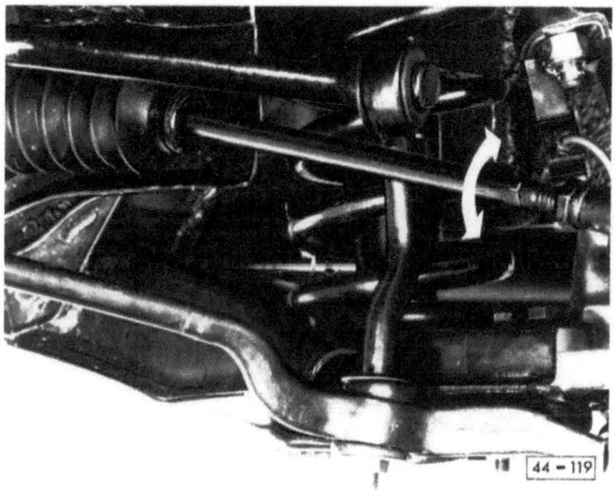
44-119

- Kontermuttern lösen, beide Spurstangen verdrehen, bis Sollwert erreicht ist und Kontermuttern festziehen. Sollwert siehe Seite 148.

Achtung: Die Lenkung muß in Mittelstellung bleiben.

- Nach Verdrehen der Spurstangen sicherstellen, daß die Faltenbälge in sich nicht verdreht sind. Verdrehte Faltenbälge verschleißen in kurzer Zeit.
- Fahrzeug vorwärts rollen bzw. Probefahrt durchführen, Lenkung muß in Mittelstellung stehen. Ggf. beide Spurstangen verdrehen, bis Lenkung in Mittelstellung bleibt.

Sturz prüfen/einstellen (Vorderachse)

Prüfen

- Vorderräder in Geradeausstellung bringen.

44 - 113

- Winkelmesser 3021 an die Felge anlegen. Libelle ausrichten und Wert ablesen.

Einstellen

- Mutter an der Lenkerachse lösen.

44 - 114

- Lenkerachse mit Innensechskantschlüssel verdrehen, bis Sollwert erreicht ist. Sollwert siehe Seite 148.

Nachlauf prüfen/einstellen

Der Nachlauf wird bestimmt durch die Länge der Zugstrebe.

Der Nachlauf muß geprüft werden bei:

- einseitigem Ziehen der Lenkung.
- Flattern der Vorderräder.
- Aufbauinstandsetzungen an der Zugstrebenaufnahme.

Abweichungen können folgende Ursachen haben:

- Achslenker verwunden (Achslenker erneuern).
- Zugstrebenaufnahme nicht in der richtigen Lage.

Prüfen

Der Nachlauf bezieht sich stets auf Fahrzeugneigung null. Eventuell vorhandene Neigung muß berücksichtigt werden.

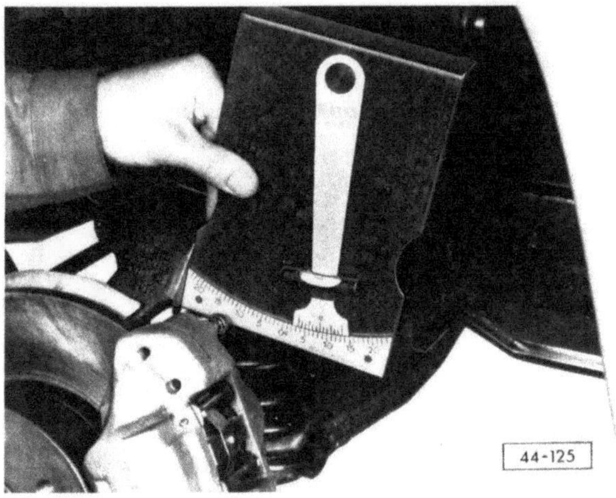

44-125

- Neigung des Achsschenkels an der dafür bearbeiteten Fläche messen. Beispiel: 8°10'.

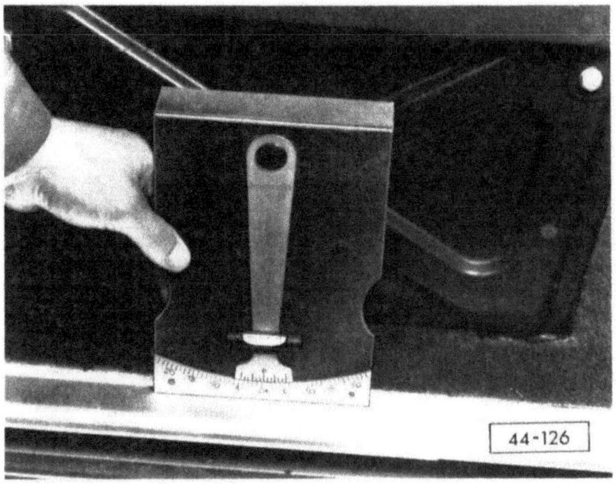

44-126

- Neigung des Fahrzeuges im Ausschnitt der Schiebetür gemessen. Beispiel: 40' nach hinten.
- Neigung des Achsschenkels 8°10'
- Neigung des Fahrzeuges (nach hinten) – 40'
- **Nachlauf tatsächlich** 7°30'

Hinweis: Neigung des Fahrzeuges:
nach vorn – Meßwert dazuzählen
nach hinten – Meßwert abziehen.

Einstellen

- Länge der Zugstrebe verändern, bis Sollwert erreicht ist. Sollwert, siehe Seite 148.

Achtung: Eine Veränderung des Nachlaufwinkels beeinflußt Sturz und Spur. Deshalb stets Nachlauf, Sturz und Spur in genannter Reihenfolge einstellen.

Spur prüfen/einstellen (Hinterachse)

Prüfen

- An der Hinterachse ist die Spur nur auf dem optischen Achsmeßstand zu prüfen und einzustellen, da ein Bezug zur Fahrzeug-Längsachse fehlt.

Einstellen

- Innere Lenkerschraube lösen.

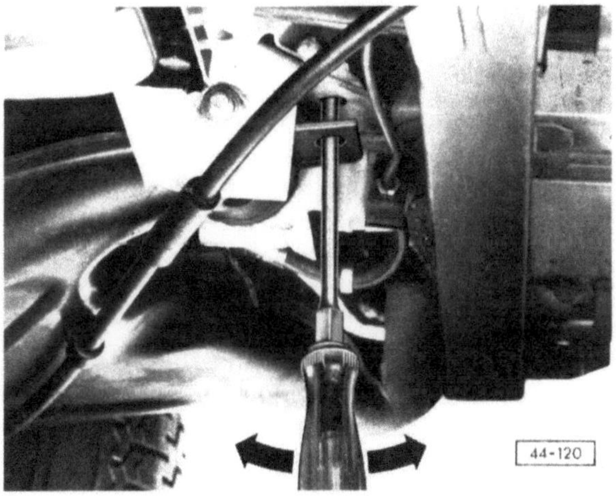

- Achslenker nach vorn oder hinten verschieben, bis Sollwert erreicht ist (Fahrzeug auf den Rädern). Sollwert siehe Seite 148.

Sturz prüfen und einstellen (Hinterachse)

Prüfen

- Sturz auf optischem Achsmeßstand oder mit Sonderwerkzeug 3021 prüfen, siehe Seite 148.

Einstellen

- Äußere Lenkerschraube lösen.
- Achslenker nach oben oder unten verschieben, bis Sollwert erreicht ist (Fahrzeug auf den Rädern). Sollwert siehe Seite 148.

Einstellwerte für Spur/Sturz/Nachlauf

Sollwerte

Vorderachse	Doppelquerlenkachse		
	Vorderachslast		
	ca. 800 kg (leer)	ca. 1000 kg (1/2-Nutzlast*)	ca. 1100 bzw. 1200 kg (Vollast*)
Spur pro Rad (ungedrückt)	+ 10' ± 15'	+ 10' ± 15'	0 ± 15'
Gesamtspur (ungedrückt)	+ 20' ± 30' (2,0 ± 3,5 mm)	+ 20' ± 30' (2,0 ± 3,5 mm)	0 ± 30' (0 ± 3,5 mm)
Sturz (in Geradeausstellung)	0 ± 30'	+ 15' ± 30'	0 ± 30'
Spurdifferenzwinkel bei 20 Lenkeinschlag nach links und rechts (nicht einstellbar)	– 1 10' ± 20'	– 1 10' ± 20'	– 1 50' ± 20'
Nachlauf (bei Fahrzeugneigung null)[1]	+ 7 15' ± 15'	+ 6 30' ± 15'	+ 6 ± 15'
entspricht dem Sturzunterschied beim Lenkeinschlag von 20 links nach 20 rechts	+ 4 50' ± 10'	+ 4 20' ± 10'	+ 4 ± 10'
Höchstzulässiger Unterschied zwischen beiden Seiten	1	1	1
Hinterachse	Schräglenkerachse		
	Hinterachslast		
	ca. 700 kg (leer)	ca. 1050 kg (1/2-Nutzlast*)	ca. 1300 bzw. 1400 kg (Vollast*)
Spur pro Rad	0 ± 10'	+ 10' ± 10'	+ 10' ± 10'
Gesamtspur (bei vorgeschriebenem Sturz)	0 ± 20'	+ 20' ± 20'	+ 20' ± 20'
Sturz	– 30' ± 30'	– 1 10' ± 30'	– 1 50' ± 30'
Höchstzulässiger Unterschied zwischen beiden Seiten	30'	30'	30'

*) Die Werte unter 1/2 Nutzlast und Vollast sind für Fahrzeuge angegeben, an denen wegen einsatzbedingter Ein- und Aufbauten eine Achsvermessung nicht bei Leergewicht vorgenommen werden kann.

[1]) Ist das Fahrzeug nach vorn oder hinten geneigt, sind für je 15' Neigung (messen im Türausschnitt der Schiebetür) 10' abzuziehen bzw. hinzuzuzählen.

Beispiel:	
Am Gerät abgelesener Wert	6 40'
Korrekturwert für Fahrzeugneigung (1 nach vorn)	40'
Nachlauf tatsächlich	7 20'

Hinweis: Neigung des Fahrzeuges:
nach vorn – Korrekturwert dazuzählen
nach hinten – Korrekturwert abziehen

Einstellwerte Vorderachsspur bei Allradantrieb

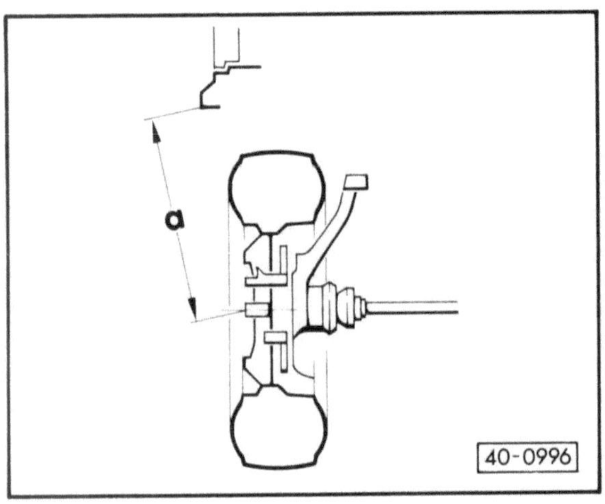

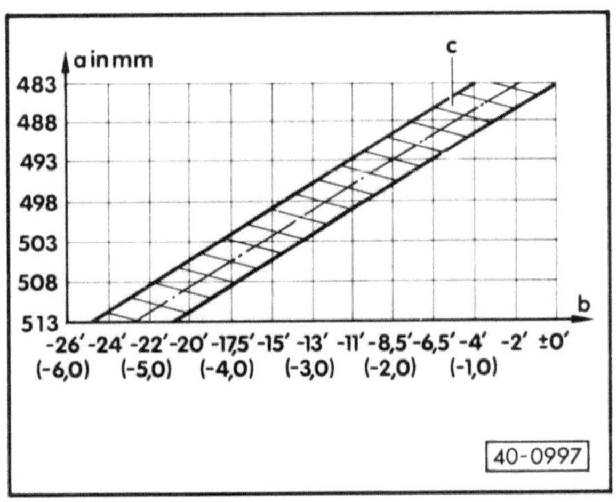

- Die Sollwerte für die Spur der Vorderachse beziehen sich auf des Einfederungszustand des Fahrzeuges. Die Einfederung ist vor der Vermessung zu ermitteln. Als Maß der Einfederung gilt der Abstand –a– von Radmitte bis Radhausunterkante. Zu messen ist ohne Radkappe von der Senkbohrung in der Gelenkwelle senkrecht nach oben. Danach ist aus der Tabelle der entsprechende Spurwert abzulesen.

- Spurwert so genau wie möglich einstellen. a = Maß zwischen Radmitte und Radhausunterkante, b = Spur pro Rad × 2 (Werte in Klammern geben die Gesamtspur in mm an). c = Toleranzbereich für Gesamtspur.

Die Bremsanlage

Das hydraulische Fußbremssystem besteht beim VW BUS aus dem Hauptbremszylinder, den Scheibenbremsen für die Vorderräder und den Trommelbremsen für die Hinterräder. Das hydraulische Bremssystem ist in zwei Kreise aufgeteilt, die diagonal wirken. Ein Bremskreis wirkt vorn rechts/hinten links, der zweite vorn links/hinten rechts. Dadurch bremst bei Ausfall eines Kreises ein Vorderrad und das entgegengesetzte Hinterrad.

Der Druck für die beiden Bremskreise wird im Hauptbremszylinder über das Bremspedal aufgebaut.

Die Bremsflüssigkeit für das gesamte Bremssystem erhält der Hauptbremsbehälter aus dem Bremsflüssigkeitsbehälter, der in der Armaturentafel unter der Instrumentenabdeckung untergebracht ist.

Die Fußbremse stellt sich automatisch nach, so daß nur bei der Bremsmontage eine Brems-Grundeinstellung erforderlich ist.

Die Handbremse wirkt über Seilzüge auf die Bremsbacken der Hinterräder. Nachgestellt wird die Handbremse am Ausgleichbügel.

Das Arbeiten an der Bremsanlage erfodert peinliche Sauberkeit und exakte Arbeitsweise. Falls die nötige Arbeitserfahrung fehlt, sollten die Arbeiten von einer Fachwerkstatt durchgeführt werden.

Hinweis: Auf stark regennassen Fahrbahnen sollte während des Fahrens die Bremse von Zeit zu Zeit betätigt werden, um die Bremsscheiben von Rückständen zu befreien.

Durch die Zentrifugalkraft wird zwar das Wasser von den Bremsscheiben geschleudert, doch bleibt teilweise ein dünner Film von Silikonen, Gummiabrieb, Fett und Verschmutzungen zurück, der das Ansprechen der Bremse vermindert.

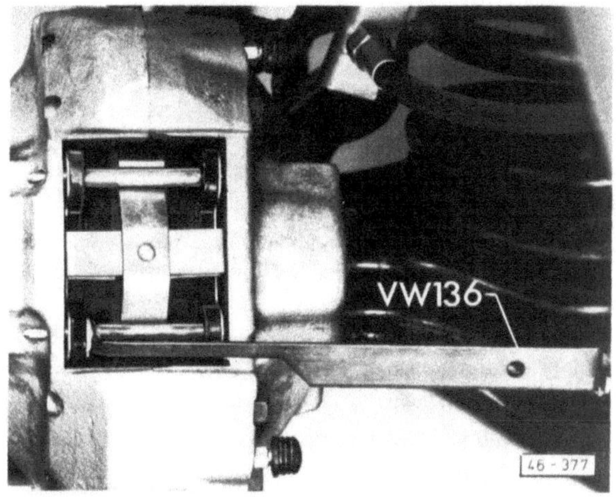

Bremssattel der Firma Teves

Bremssattel der Firma Girling

Scheibenbremsbelagdicke prüfen

- Die Belagstärke kann bei angeschraubtem Rad mit dem Spezialwerkzeug VW 136 geprüft werden. Prüfwerkzeug von innen zwischen Radschüssel und Bremssattel einführen, auf den unteren Haltestift setzen und Spiel zwischen Kreuzfeder und Belagrückenplatte prüfen. Läßt sich die Lehre an dieser Stelle nicht mehr einsetzen, hat der Bremsbelag seine Verschleißgrenze (2 mm) erreicht.
- Steht dieses Werkzeug nicht zur Verfügung, Radmuttern lösen, Wagen vorn aufbocken, Rad abnehmen.
- Mit Lampe in den Bremssattel leuchten. Die Verschleißgrenze ist erreicht, wenn der Bremsbelag nur noch 2 mm stark ist. Zur genauen Kontrolle gegebenenfalls Bremsbeläge ausbauen.

Hinweis: Nach einer Faustregel entspricht 1 mm Bremsbelag einer Fahrleistung von mindestens 1000 km. Diese Faustregel gilt unter ungünstigen Bedingungen. Im Normalfall halten die Beläge sehr viel länger. Bei einer Belagdicke von 5 mm halten die Bremsbeläge also noch mindestens 3000 km.

- Rad aufschrauben, Wagen ablassen, Radschrauben mit 170 Nm festziehen.

Scheibenbremsbeläge aus- und einbauen

Achtung: Es empfiehlt sich nur Original VW/AUDI-Bremsbeläge zu verwenden. **Grundsätzlich alle Scheibenbremsbeläge vorn gleichzeitig ersetzen, auch wenn nur ein Belag die Verschleißgrenze erreicht hat.**

Fahrzeuge mit Hinterradantrieb

Es können sowohl Bremssättel der Firma Teves als auch der Firma Girling eingebaut sein. Grundsätzlich dürfen Teves-Bremsbeläge nur in Teves-Bremssättel und Girling-Bremsbeläge nur in Girling-Bremssättel eingebaut werden.

Beschrieben ist der Aus- und Einbau der Teves-Bremse. Wo Abweichungen zur Girling-Bremse vorhanden sind, ist extra darauf hingewiesen.

Ausbau

- Radschrauben lösen, Wagen aufbocken, Vorderräder abnehmen.

Achtung: Sollen die Bremsbeläge wieder verwendet werden, so müssen sie beim Ausbau gekennzeichnet werden. Ein Wechseln der Beläge von der Außen- zur Innenseite und umgekehrt oder auch vom rechten zum linken Rad ist nicht zulässig. Der Wechsel kann sonst zu ungleichmäßiger Bremswirkung führen.

- Girling-Bremse: Sicherungsösen aus den Haltestiften herausziehen.

- Haltestifte mit einem Durchschlag herausschlagen.

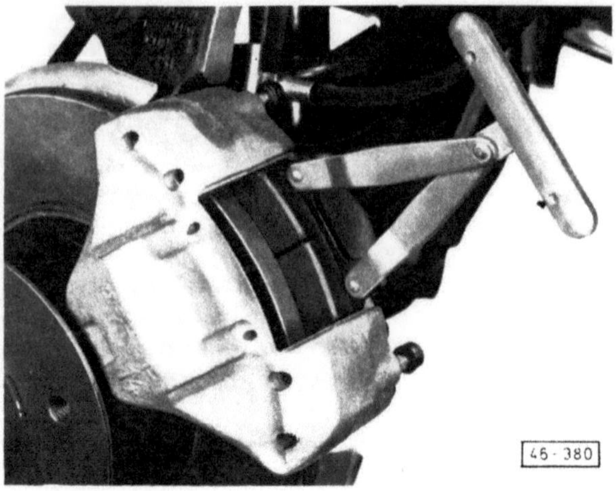

- Bremsbeläge mit Ausziehhaken, Zange oder Schraubenzieher herausziehen.
- Girling-Bremse: Geräuschdämpfungsbleche herausnehmen, Teves: Kolbenverdrehsicherungen herausnehmen.

Einbau

Achtung: Vor dem Einbau der Beläge Bremsscheibe auf Riefen untersuchen. Riefige Bremsscheiben abdrehen oder austauschen lassen.

- Kolben in die Bremszylinder zurückdrücken. Die Werkstatt benutzt dazu eine Kolbenrücksetzvorrichtung. Man kann die Kolben auch mit einem glatten Hartholzstab zurückdrücken. Darauf achten, daß die Schutzkappe nicht beschädigt wird. **Achtung:** Beim Zurückdrücken der Kolben wird Bremsflüssigkeit aus den Bremszylindern in den Ausgleichsbehälter gedrückt. Flüssigkeitsstand im Behälter beobachten, eventuell Bremsflüssigkeit mit einem Saugheber absaugen. Vorsicht! Bremsflüssigkeit ist giftig und zerstört den Lack. Bremsflüssigkeit nicht über einen Schlauch mit dem Mund absaugen. Grundsätzlich Bremsflüssigkeit nur in einer Flasche aufbewahren, die ausschließlich mit Bremsflüssigkeit in Berührung kommt, keine Trinkflaschen benutzen.
- Sitz und Führungsflächen der Bremsbeläge im Bremssattel reinigen.

- Bei der Teves-Bremse wird die Kolbenstellung durch Verdrehsicherungen bestimmt, die plan an den Kolben anliegen müssen. Nasen in den Kolbenverdrehsicherungen greifen in die Aussparungen der Kolben und zeigen zur unteren Führungsfläche im Bremssattel.

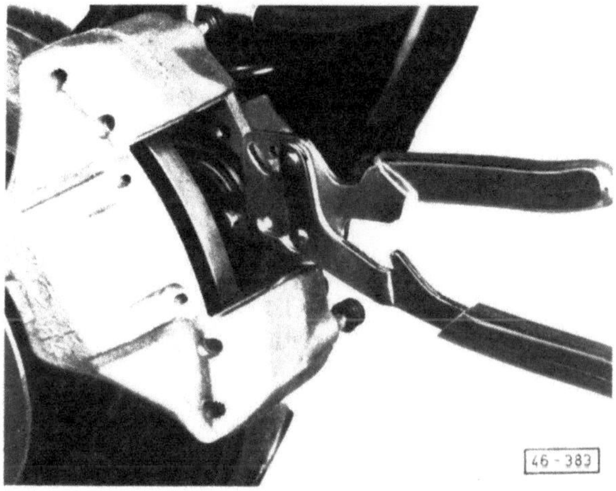

- Gegebenenfalls Kolben mit Kolbenverdrehzange einstellen. Steht die Zange nicht zur Verfügung, kann der Kolben auch mit einem Hartholzstab verdreht werden. In der Regel ist jedoch kaum ein Einstellen des Kolbens erforderlich.
- Neue Kolbenverdrehsicherungen einsetzen.
- Bei der Girling-Bremse neue Geräuschdämpfungsbleche einsetzen. Dabei darauf achten, daß der Pfeil auf den Blechen nach oben zeigt.

- Bremsbeläge und neue Kreuzfedern bzw. Belaghaltefeder einsetzen, Haltestifte mit geeignetem Durchschlag und Hammer einschlagen.
- Girling-Bremse: Neue Sicherungsösen für die Haltestifte verwenden, Sicherungsösen in die Haltestifte einsetzen.

Achtung: Bremspedal im Stand mehrmals kräftig durchtreten, damit sich die Bremsbeläge entsprechend dem Betriebszustand einpassen.

- Rad aufsetzen, Wagen ablassen, Radschrauben mit 170 Nm festziehen.

Fahrzeuge mit Allradantrieb

Ausbau

- Vorderrad ausbauen. Vorher Einbaulage des Rades gegenüber Radnabe mit Filzstift kennzeichnen.

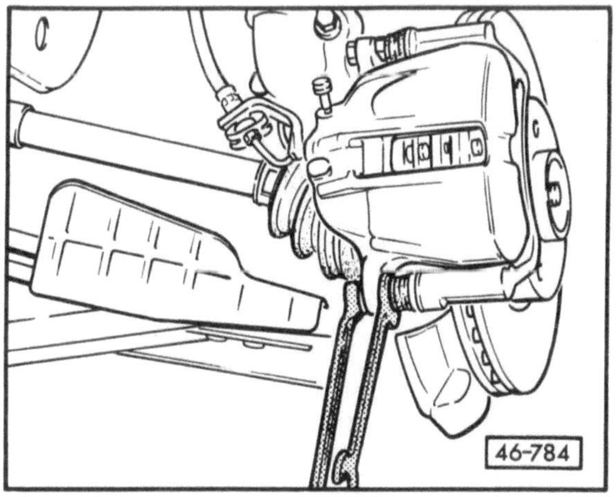

- Untere Befestigungschraube für Bremssattelgehäuse herausschrauben. Dabei Führungsbolzen mit Maulschlüssel gegenhalten.

- Bremssattelgehäuse nach oben schwenken.
- Bremsbeläge herausnehmen.

Einbau

Achtung: Bei ausgebauten Bremsbelägen nicht auf das Bremspedal treten, sonst wird der Bremskolben aus dem Gehäuse herausgedrückt.

- Führungsflächen beziehungsweise Sitz der Beläge im Gehäuseschacht mit geeigneter Weichmetallbürste reinigen oder mit einem Lappen und Spiritus auswischen. Keine mineralölhaltigen Lösungsmittel oder scharfkantige Werkzeuge verwenden.
- Vor Einbau der Beläge ist die Bremsscheibe durch abtasten mit den Fingern auf Riefen zu untersuchen. Riefige Bremsscheiben können abgedreht werden (Werkstattarbeit), sofern sie noch eine ausreichende Dicke aufweisen. Bremsscheiben immer beidseitig abdrehen lassen.
- Bremsscheibendicke messen.
- Staubmanschette des Bremskolben auf Anrisse prüfen. Eine beschädigte Staubmanschette umgehend ersetzen lassen, da eingedrungener Schmutz schnell zu Undichtigkeiten des Bremssattels führt. Der Bremssattel muß hierzu ausgebaut und zerlegt werden (Werkstattarbeit).

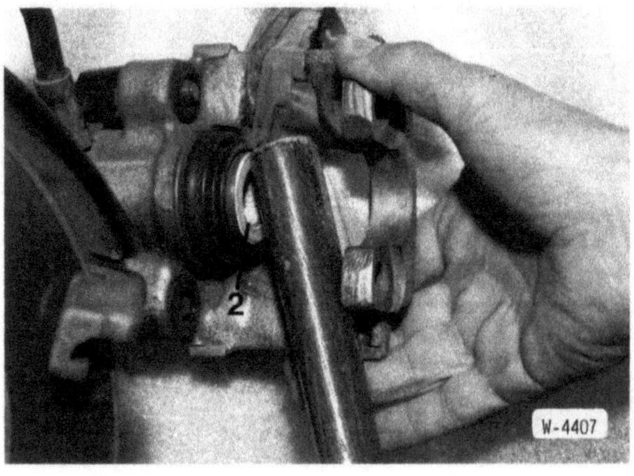

- Bremskolben –2– mit Rücksetzvorrichtung zurückdrükken. Es geht auch mit einem Hartholzstab (Hammerstiel), dabei jedoch besonders darauf achten, daß der Kolben nicht verkantet wird und die Kolbenfläche sowie die Staubmanschette nicht beschädigt werden.

Achtung: Beim Zurückdrücken der Kolben wird Bremsflüssigkeit aus den Bremszylindern in den Ausgleichsbehälter gedrückt. Darauf achten das keine Bremsflüssigkeit überläuft. Überschüssige Bremsflüssigkeit absaugen.

Achtung: Bei hohem Bremsbelagverschleiß Leichtgängigkeit des Kolben prüfen. Dazu Holzklotz in den Bremssattel einsetzen und durch Helfer langsam auf das Bremspedal treten lassen. Der Bremskolben muß sich leicht heraus- und hineindrükken lassen. zur Prüfung muß der andere Bremssattel mit Bremsbelägen eingebaut sein. Darauf achten das der Kolben nicht ganz herausgedrückt wird. Bei schwergängigen Kolben Bremssattel überholen oder austauschen (Werkstattarbeit).

- Festen Sitz des Wärmeschutzbleches im Kolben prüfen.
- Beide Bremsbeläge in den Bremsträger einsetzen. Dabei darauf achten, das die Druckfeder gleichmässig nach oben und parallel zur Belagsoberkante stehen.
- Kolbengehäuse herunterschwenken und am Bremsträger mit **neuer** selbstsichernder Befestigungsschraube und **35 Nm** festschrauben. Dabei Führungsbolzen gegenhalten. Beschädigte Schutzkappe für Führungsbolzen ersetzen (Reparatursatz).

Hinweis: Jedem Original-V.A.G-Bremsbelag-Reparatursatz liegt für jeden Bremssattel eine neue Sechskantschraube bei. **Diese Schrauben sind in jedem Fall zu benutzen**.

- Rad in der markierten Stellung anschrauben. Fahrzeug ablassen und Radmuttern mit **180 Nm** über Kreuz anziehen.

Achtung: Bremspedal im Stand mehrmals kräftig niedertreten, bis fester Widerstand spürbar ist. Dadurch werden die Bremsbeläge an die Bremsscheibe angelegt und nehmen einem dem Betriebszustand entsprechenden Sitz ein.

- Bremsflüssigkeit im Ausgleichsbehälter prüfen, gegebenenfalls bis zur Max-Markierung auffüllen.

Bremsscheibendicke prüfen

- Rad ausbauen.
- Bremsscheibendicke messen. Die Werkstätten benutzen dazu eine spezielle Lehre, da sich durch die Abnutzung der Bremsscheibe ein Rand bildet. Man kann die Bremsscheibendicke auch mit einer normalen Schieblehre messen, allerdings muß dann auf jeder Seite der Bremsscheibe eine 3 mm starke Unterlage (oder 2 Zehn-Pfennigstücke) zwischengelegt werden. Um die exakte Bremsscheibendicke zu haben, müssen von dem Maß dann die 6 mm für die Unterlage abgezogen werden.
- Die Bremsscheibendicke beträgt neu 13 mm. Wenn Riefen vorhanden sind, kann die Bremsscheibe von der Werkstatt um maximal 0,5 mm beidseitig abgedreht werden. Mindestdicke nach dem Abdrehen: 12 mm.
- Ist die Verschleißgrenze von 11 mm erreicht, muß die Bremsscheibe ausgetauscht werden. Gleichzeitig auch neue Scheibenbremsbeläge montieren.

Achtung: Grundsätzlich **beide** Bremsscheiben abdrehen lassen oder erneuern.

Die Hinterradbremse

Hinweis:
Gewinde der Druckstange, Bremsbackenstege in den Abstützungen, Bremshebel an Bremsbacke und Anlageflächen der Bremsbacken am Bremsträger leicht mit Molykote-Paste G einfetten.

Achtung!
Bremsbeläge grundsätzlich achsweise ersetzen. Nur Bremsbeläge gleicher Qualität verwenden.

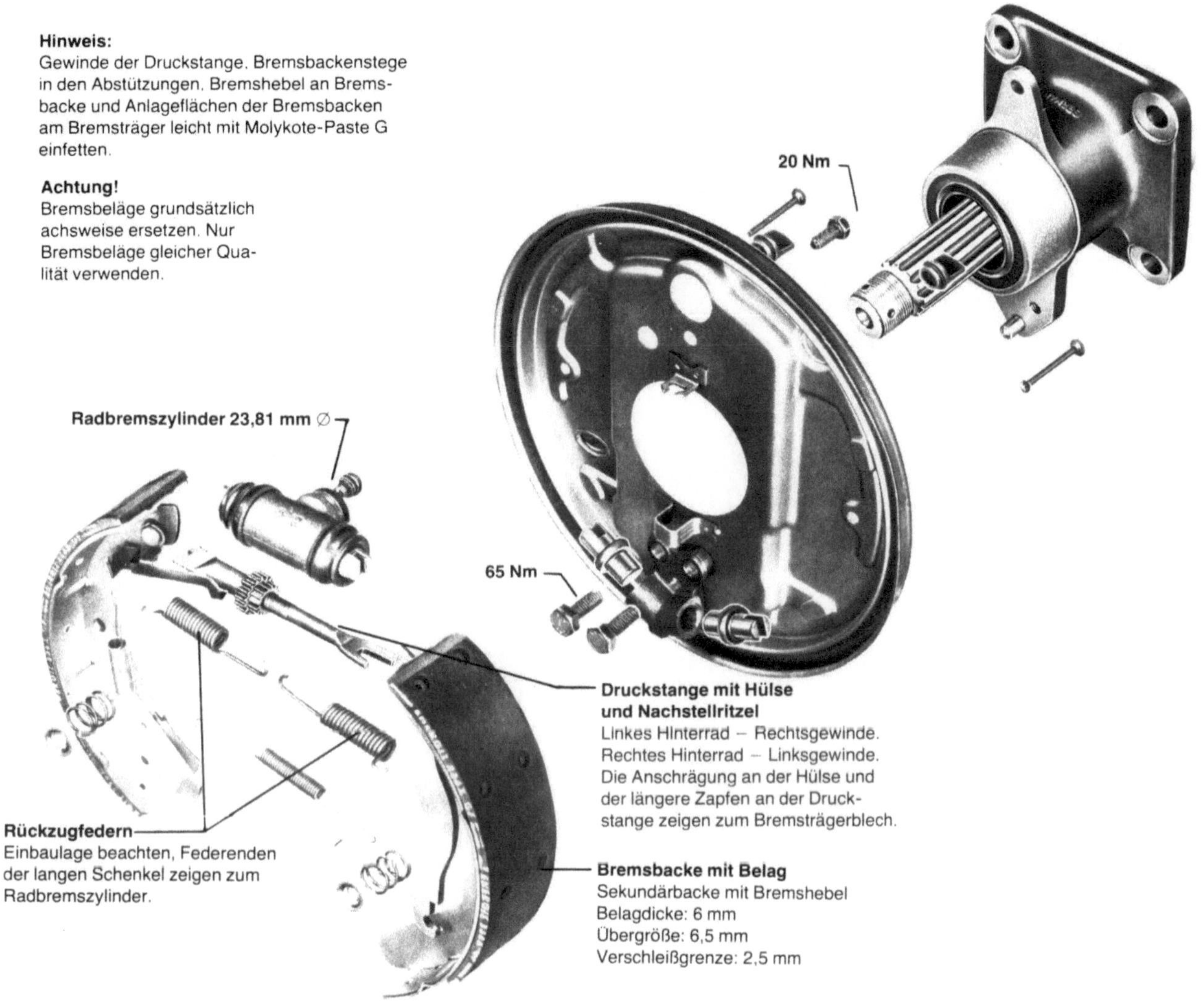

Trommelbremse hinten: Bremsbeläge kontrollieren

Die Bremsbacken alle 15000 km prüfen und gegebenenfalls erneuern.

- Schutzkappe hinten am Bremsträger vorm Schauloch abnehmen.
- Mit Taschenlampe in Schauloch strahlen.

46-388

- Die Belagdicke beträgt im Neuzustand 6,0 bzw. 6,5 mm (Übergröße). Die Verschleißgrenze ist bei einer Dicke des Bremsbelages von 2,5 mm erreicht.

Hinterradbremse zurückstellen

- Falls die Bremstrommel ausgebaut werden muß, sollen vorher die Bremsbacken zurückgestellt werden. Ein Einstellen der Bremsbacken ist nicht erforderlich, sofern bei der Montage die Grundeinstellung durchgeführt wurde, siehe Seite 155.
- Wagen hinten aufbocken, Schutzkappe von Bremsträgerblech abnehmen.

46 - 391

- Nachstellritzel mit Schraubenzieher durch das Loch im Bremsträger drehen, bis die Bremsbeläge nicht mehr an der Bremstrommel anliegen und sich das Rad frei durchdrehen läßt.

Bremsbacken aus- und einbauen

Ausbau

- Bremstrommel mit Hinterradnabe ausbauen, siehe Seite 136.

46 - 393

- Mit Rohrzange Druckfedern aushängen, Stift von hinten gegenhalten.
- Handbremsseil am Bremshebel aushängen.
- Untere Rückzugfeder aushängen.
- Feder für Nachstellhebel aushängen.

46 - 394

- Bremsbacken aus der unteren Abstützung heben.
- Rückzugfedern oben mit einer Kombizange aushängen. Bremsbacken mit Druckstange abnehmen.

Achtung: Nicht auf die Bremse treten, damit nicht die Kolben aus dem Zylinder austreten.

Einbau

Achtung: Grundsätzlich Bremsbeläge achsweise – also auf beiden Seiten – ersetzen. Nur Bremsbeläge gleicher Qualität verwenden.

- Radbremszylinder auf Dichtigkeit überprüfen. Hierzu Staubkappen abnehmen. Falls es hinter den Staubkappen feucht ist, Radbremszylinder überholen beziehungsweise austauschen.

- Bremsbacken mit den oberen Rückzugfedern einsetzen. Einbaulage beachten: Federenden der langen Schenkel zeigen zum Radbremszylinder.
- Bremsbacken von Hand auf die untere Abstützung heben.
- Gewinde der Druckstange leicht einfetten. Das Nachstellritzel muß leicht zu verdrehen sein.

- Bremsbacke mit Schraubenzieher abheben und Druckstange einsetzen. Die Anschrägung an der Hülse und der längere Zapfen an der Druckstange zeigen zum Bremsträgerblech.
- Druckfedern mit Federteller einsetzen, dabei Stift von hinten gegenhalten.

- Feder für Nachstellhebel einhängen.
- Handbremsseil am Bremshebel einhängen.

- Untere Rückzugfeder einhängen. Einbaulage beachten: Die Federenden der langen Schenkel zeigen zum Radbremszylinder.
- Hinterradbrems-Grundeinstellung einstellen.
- Bremstrommel mit Hinterradnabe montieren, Kronenmutter aufschrauben, siehe Seite 136.
- Rad anschrauben, Fahrzeug ablassen, Radmuttern mit **180 Nm** festziehen.

Hinterradbremse einstellen Grundeinstellung

Die Grundeinstellung der Hinterradbremse wird bei abgebauter Bremstrommel vorgenommen. Ein Nachstellen der hinteren Bremsbacken ist auch bei angebauter Bremstrommel möglich, siehe Seite 136.

- Einstellmutter für Handbremsseile lösen, Handbremshebel im Fahrerhaus in Lösestellung.
- Bremsbacken zum Bremsträger ausmitteln, zentrieren.

- Bremsbacken durch Verdrehen des Nachstellritzels – von hinten durch das Bremsträgerblech – auf den Durchmesser - **a** - einstellen.
- Innendurchmesser der Bremstrommel ermitteln.

a = Innendurchmesser der Bremstrommel **minus 1,5 mm.**

- Beispiel: Innendurchmesser der Bremstrommel:
  252,0 mm
  – 1,5 mm
  a = 250,5 mm

- Einstellmutter für Handbremsseile so weit verdrehen, daß zwischen Bremshebel und Druckstange kein Spiel mehr vorhanden ist (Pfeil). Einstellmutter für Handbremsseile, siehe Seite 161.

Achtung: Nach Einstellen der Hinterradbremse ergibt sich ein etwas vergrößerter Hand- und Fußhebelweg, der sich während des Fahrbetriebs durch Betätigen der Fußbremse verringert.

Bremsbeläge ersetzen

Ausbau

- Bremsbacken ausbauen.
- Bremsbeläge mit entsprechendem Bohrer abbohren.
- Abgebohrte Nieten mit passendem Durchschlag aus Bremsbacken entfernen.

Einbau

- Bremsbeläge werden in zwei Stärken geliefert: In 6,0 mm und – in Übergröße – mit 6,5 mm. Die dickeren Bremsbeläge (Übermaß) werden dann verwendet, wenn vorher die Trommel ausgedreht wurde. Grundsätzlich alle Bremsbeläge einer Achse erneuern.
- Bremsbacken an den Auflageflächen sorgfältig reinigen. Keine Klebstoffe zwischen den Bremsbacken und dem Bremsbelag auftragen.

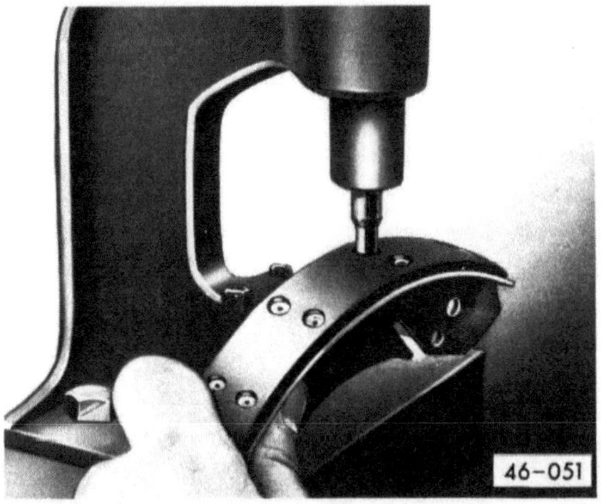

- Mit entsprechendem Werkzeug Beläge aufnieten.
- Beim Aufnieten der neuen Beläge in der Mitte beginnen.
- Bremsbacken einbauen.

Radbremszylinder ausbauen/überholen

Achtung!

Bei Instandsetzungen Reparatursatz komplett einbauen.

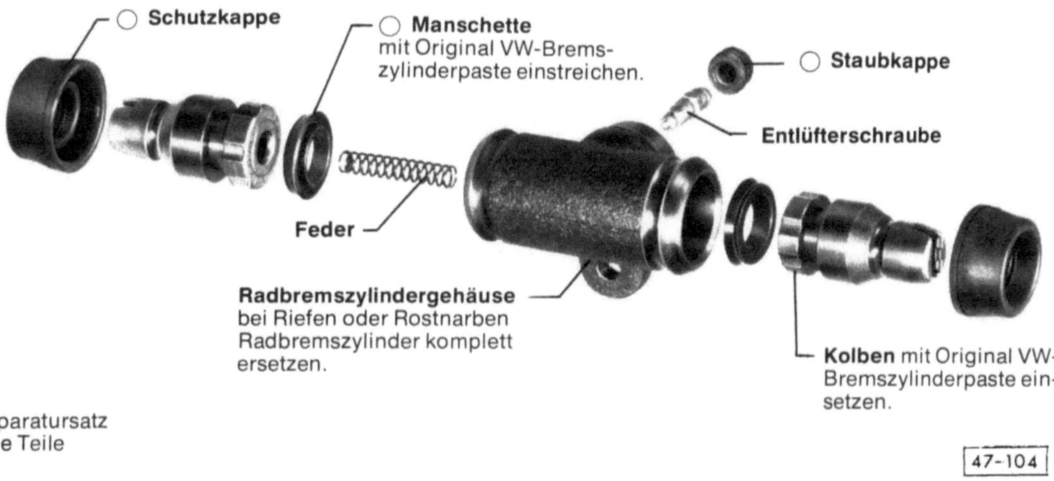

Ausbau

- Bremstrommel mit Hinterradnabe ausbauen, siehe Seite 136.
- Bremsbacken ausbauen, siehe Seite 154.
- Bremsleitung am Radbremszylinder abschrauben und mit Staubkappe für Entlüfterventil verschließen.

Achtung: In die Bremsleitung darf kein Schmutz eindringen.

- Befestigungsschraube für Radbremszylinder abschrauben, Radbremszylinder abnehmen.

Überholen

- Der Radbremszylinder kann auch in eingebautem Zustand überholt werden. Eine Überholung ist dann erforderlich, wenn die Manschetten undicht sind oder die Bremskolben festsitzen. In jedem Fall muß der Radbremszylinder dann ausgetauscht werden, wenn im Zylinder Riefen oder Rostnarben vorhanden sind. Es ist nicht erlaubt, diese Freßspuren wegzuschmirgeln. Sinnvollerweise sollte ein defekter Radbremszylinder komplett erneuert werden, eine Überholung ist nur in den seltensten Fällen anzuraten. Bei einer Überholung grundsätzlich kompletten Einbausatz verwenden. Hierbei auf richtigen Durchmesser achten. Es gibt Abweichungen bei den Radbremszylindern.
- Schutzkappe mit Schraubenzieher abhebeln, Kolben mit Manschette und Druckfeder herausnehmen.
- Alle Teile in Bremsflüssigkeit oder Spiritus reinigen. Radbremszylinder nur mit einem nicht fasernden Lappen auswischen. Die sauberen Kolben müssen sich saugend im Zylinder hin- und herbewegen lassen.
- Neue Manschetten auf die Kolben schieben, hierbei zeigt der lange Bund in den Radbremszylinder. Manschetten und Kolben und Bremszylinder mit Original-VW/Audi-Bremszylinderpaste einstreichen.
- Entlüfterschraube gangbar machen, gegebenenfalls erneuern.
- Linken Kolben in Radbremszylinder einschieben. Staubkappe aufsetzen.
- Von rechts Feder einsetzen und rechten Kolben einschieben. Staubkappe aufsetzen.

Einbau

- Radbremszylinder einsetzen und mit Schraube festziehen.
- Bremsleitung an Radbremszylinder anschrauben. Vorsicht: gefühlvoll festschrauben.
- Bremsbacken einbauen.
- Bremse einstellen.
- Bremstrommel einbauen, siehe Seite 136.
- Bremse entlüften, siehe Seite 160.
- Bei Probefahrt Probe-Bremsung durchführen.

Bremsleitungen und Bremsschläuche

Für das Bremsleitungssystem, das zusammen mit den druckfesten Bremsschläuchen für die Räder die Verbindung vom Hauptbremszylinder zu den vier Radbremsen herstellt, werden Rohre verwendet.

Die Rohrverbindungen zu den Bremszylindern und Verteilerstücken sind als sogenannte Kegelkupplungen ausgebildet.

Die Rohrenden sind vorn gestaucht und haben dann eine kegelförmige Anlagefläche für die ebenfalls mit einem kegeligen Grund versehenen Gewindeöffnungen in den Bremszylindern bzw. Verteilerstücken. Bevor die Rohrenden gestaucht werden, wird eine Rohrmutter auf das Rohr gesteckt, die dann später nach dem Einschrauben die kegelige Anlagefläche des Rohres gegen den kegeligen Grund der Gewindeöffnung drückt und damit zuverlässig abdichtet.

Die Bremsschläuche stellen die flexiblen Verbindungen zwischen den starren und beweglichen Fahrzeugteilen her.

Bremsleitungen auswechseln

Die Bremsleitungen sollen alle 15000 km auf einwandfreien Zustand geprüft werden.

Hierbei ist vor allem auf Rostansatz und mechanische Beschädigungen sowie auf Steinschläge zu achten.

- Beschädigte oder korrodierte Bremsleitungen ersetzen.
- Bei beschädigter Oberfläche Leitung mit Kaltreiniger reinigen und trocknen. Anschließend Korrosionsschutzgrundierung (ALN 747003) dünn auftragen.
- Nach der Reinigung der Leitungen sind diese mit Wachs (AKR 321 M 15.4) zu schützen.
- Bremsleitungen ausbauen und möglichst an gleicher Stelle verlegen.
- Beim Anschließen der Bremsleitung die kegelige Anlagefläche mit einigen Tropfen Bremsflüssigkeit benetzen und mit 15–20 Nm festziehen.
- Anschließend Bremssystem entlüften.

Achtung: Die Bremsleitungen sind zum Schutz gegen Korrosion mit einer Kunststoffschicht überzogen. Wird diese Schutzschicht beschädigt, kann es zur Korrosion der Leitungen kommen. Aus diesem Grund dürfen Bremsleitungen nicht mit Drahtbürste, Schmirgelleinen oder Schraubenzieher gereinigt werden.

Bremsschlauch auswechseln

- Rad abnehmen.
- Rohranschlußmutter lösen und Schlauchhalter am Haltewinkel entfernen.
- Bremsschlauch vom Bremssattel lösen.
- Neuen Bremsschlauch so einbauen, daß er ohne Draht durchhängt (Anzugsdrehmoment 15-20 Nm).
- Nach dem Einbau bei entlastetem Rad prüfen (Wagen angehoben), ob der Schlauch allen Radbewegungen folgt, ohne irgendwo anzuscheuern.

Achtung: Bremsschläuche nicht mit Öl oder Petroleum in Berührung bringen, nicht lackieren oder mit Unterbodenschutz besprühen.

- Bremsanlage entlüften.

Bremsflüssigkeitsbehälter

- Der Vorratsbehälter für die Bremsflüssigkeit befindet sich in der Armaturentafel unter der Instrumentenabdeckung. Die Instrumentenabdeckung kann nach oben abgehoben werden. Dazu in die Griffmulden an der Rückseite der Abdeckung fassen. Beim Einbau erst die Vorderseite unten einsetzen.
- Der Bremsflüssigkeitsbehälter hat zwei Kammern, je eine für jeden der beiden Bremskreise.
- Der Schraubverschluß für die gemeinsame Einfüllöffnung hat eine Belüftungsbohrung. Diese Bohrung im Verschluß darf nicht verstopft sein.

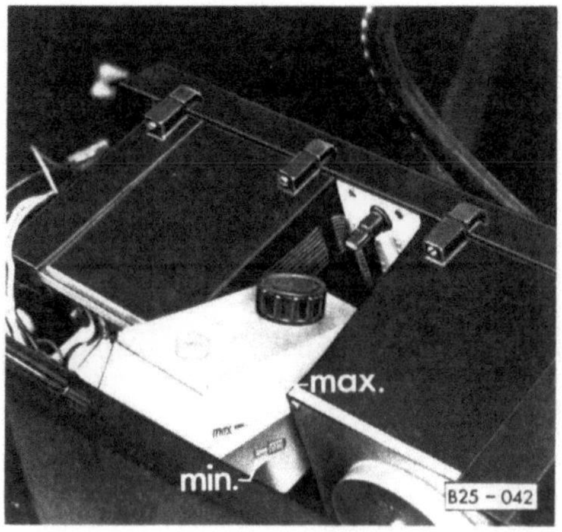

- Der Vorratsbehälter ist durchscheinend, so daß der Flüssigkeitsspiegel von außen überwacht werden kann. Er soll immer zwischen den min.- und max.-Markierungen liegen.
- Durch die Abnutzung der vorderen Scheibenbremsen entsteht ein geringfügiges Absinken der Bremsflüssigkeit. Das ist normal.
- Vor dem Einfüllen von Bremsflüssigkeit Lappen um den Behälter legen.
- Sinkt die Bremsflüssigkeit jedoch innerhalb kurzer Zeit stark ab, ist das ein Zeichen für Bremsflüssigkeitsverlust.
- Die Leckstelle muß dann sofort ausfindig gemacht werden. In der Regel liegt es an verschlissenen Manschetten in den Radbremszylindern. Sicherheitshalber sollte die Überprüfung der Anlage von einer Fachwerkstatt durchgeführt werden.

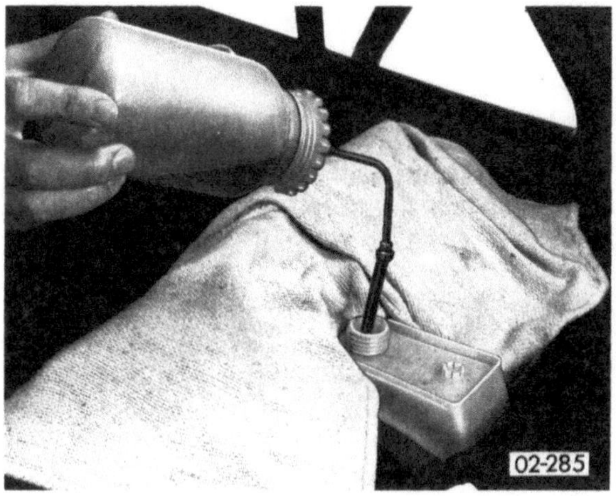

- Vor dem Einfüllen von Bremsflüssigkeit Lappen um den Behälter legen. Darauf achten, daß Bremsflüssigkeit nicht auf den Schalttafeleinsatz tropft. Nichtbeachtung führt zu Schäden.

Bremsanlage entlüften

Nach jeder Reparatur an der Bremse, bei der die Anlage geöffnet wurde, kann Luft in die Druckleitungen eingedrungen sein. Dann ist das Bremssystem zu entlüften. Luft ist auch dann in den Leitungen, wenn beim Treten auf das Bremspedal der Bremsdruck sich schwammig anfühlt. In diesem Fall muß die Undichtigkeit beseitigt und die Bremsanlage entlüftet werden.

Beim Umgang mit Bremsflüssigkeit ist zu beachten:

- Bremsflüssigkeit ist giftig. Keinesfalls Bremsflüssigkeit mit dem Mund über einen Schlauch absaugen. Bremsflüssigkeit nur in Behälter füllen, bei denen ein versehentlicher Genuß ausgeschlossen ist.
- Bremsflüssigkeit ist ätzend und darf deshalb nicht mit dem Autolack in Berührung kommen, gegebenenfalls sofort mit viel Wasser abwaschen.
- Bremsflüssigkeit ist hygroskopisch, das heißt, sie nimmt aus der Luft Feuchtigkeit auf. Bremsflüssigkeit deshalb nur in geschlossenen Behältern aufbewahren.
- Bremsflüssigkeit, die schon einmal im Bremssystem verwendet wurde, darf nicht wieder verwendet werden. Auch beim Entlüften der Bremsanlage nur neue Bremsflüssigkeit verwenden.
- Spezifikation: **DOT 4**. Original V.A.G-Bremsflüssigkeit entspricht dieser Norm.
- Bremsflüssigkeit darf nicht mit Mineralöl in Berührung kommen. Schon geringe Spuren Mineralöl machen die Bremsflüssigkeit unbrauchbar, beziehungsweise führen zum Ausfall des Bremssystems.
- Alte Bremsflüssigkeit bei der örtlichen Sondermülldeponie abgeben, nicht in die Kanalisation schütten oder dem Hausmüll beigeben.

Entlüften

Muß die ganze Anlage entlüftet werden, jeden Radbremszylinder (bzw. Bremssattel) einzeln entlüften. Das ist immer dann der Fall, wenn Luft in jeden einzelnen Bremszylinder gedrungen ist. Falls nur ein Radbremszylinder erneuert bzw. überholt wurde, genügt das Entlüften des betreffenden Radzylinders.

Die Reihenfolge des Entlüftens: 1. Radbremszylinder hinten rechts, 2. Radbremszylinder hinten links, 3. Bremssattel vorn rechts, 4. Bremssattel vorn links.

- Fahrzeug auf eine ebene Fläche stellen.
- Verschlußdeckel vom Ausgleichbehälter abnehmen und Bremsflüssigkeit bis zur Max.-Markierung auffüllen.
- Staubkappe vom Entlüfterventil des Bremszylinders abnehmen und Ringschlüssel ansetzen. Bei älteren Fahrzeugen Entlüfterschraube vorsichtig gangbar machen.
- Sauberen Schlauch aufstecken und anderes Schlauchende in eine mit Bremsflüssigkeit halbvoll gefüllte Flasche stecken.
- Von einer Hilfsperson Bremspedal so oft niedertreten lassen („pumpen"), bis sich im Bremssystem Druck aufgebaut hat. Zu spüren am wachsenden Widerstand beim Betätigen des Pedals.
- Ist genügend Druck vorhanden, Bremspedal ganz durchtreten. Fuß auf dem Bremspedal halten.
- Entlüfterventil am Bremszylinder etwa eine halbe Umdrehung mit Maulschlüssel öffnen. Ausfließende Bremsflüssigkeit in der Flasche sammeln. Darauf achten, daß sich das Schlauchende in der Flasche ständig unterhalb des Flüssigkeitsspiegels befindet. Soll die gesamte Bremsflüssigkeit gewechselt werden, an den einzelnen Entlüfterventilen folgende Mengen ausfließen lassen:

Reihenfolge Entlüfterventile:	Bremsflüssigkeitsmenge:
hinten rechts	500 cm^3
hinten links	500 cm^3
vorn rechts unten	500 cm^3
vorn rechts oben	100 cm^3
vorn links unten	500 cm^3
vorn links oben	100 cm^3

- Entlüftungsvorgang an einem Bremszylinder so lange wiederholen, bis sich in der Bremsflüssigkeit, die in die Entlüfterflasche strömt, keine Luftblasen mehr zeigen.
- Bei durchgetretenem Pedal Entlüfterschraube anziehen.
- Schlauch vom Entlüfterventil abziehen, Ringschlüssel entfernen und Staubkappe auf Ventil stecken.
- Die anderen Bremszylinder auf die gleiche Weise entlüften.

  Achtung: Während des Entlüftens ab und zu den Ausgleichbehälter beobachten. Der Flüssigkeitsspiegel darf nicht zu weit sinken, sonst wird über den Ausgleichbehälter Luft angesaugt. **Immer nur neue Bremsflüssigkeit nachgießen!**
- Vorratsbehälter mit neuer Bremsflüssigkeit auffüllen. **Achtung:** Der Flüssigkeitsstand darf auch bei aufgeschraubtem Deckel nicht über der Max.-Markierung liegen.
- Belüftungsbohrung im Deckel auf freien Durchgang prüfen.

Die Handbremse

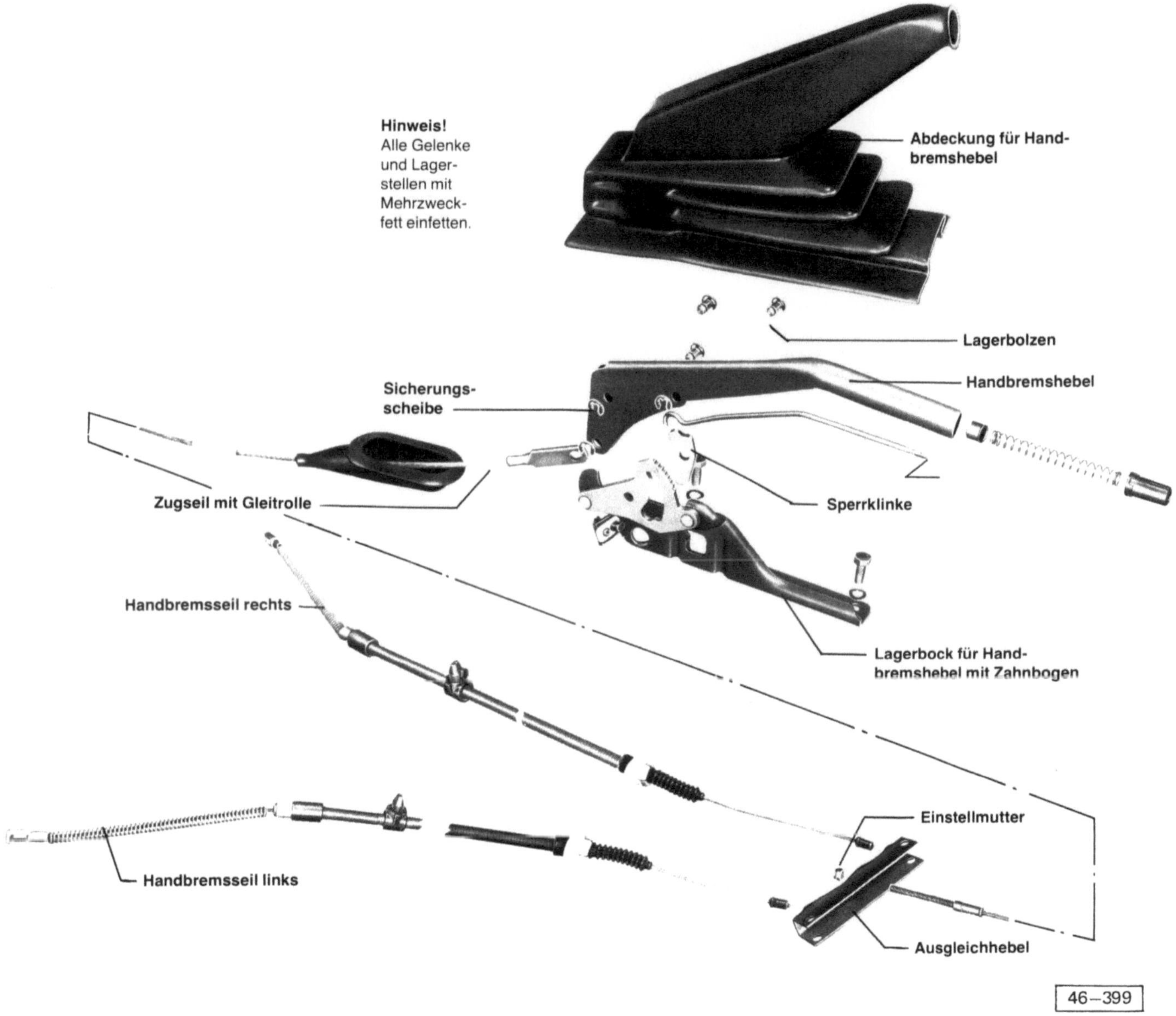

Handbremse einstellen

- Handbremshebel in Lösestellung (lösen).
- Fahrzeug hinten aufbocken.

- Einstellmutter am Ausgleichhebel soweit verdrehen, bis in der gesamten Handbremsbetätigung kein Spiel mehr vorhanden ist. Spiel durch Ziehen an den Handbremsseilführungen, die sich an den Bremsträgern abstützen, prüfen.
- Handbremshebel mehrere Male betätigen.
- Handbremshebel 2 bis 4 Zähne anziehen. Hinterräder dürfen sich nicht mehr von Hand drehen lassen.
- Handbremshebel lösen und prüfen, ob beide Räder frei drehen, ggf. Bremseinstellung am Ausgleichhebel etwas lösen.

Handbremsseil aus- und einbauen

Ausbau

- Bremstrommel mit Hinterradnabe ausbauen, siehe Seite 136.
- Einstellmutter am Ausgleichhebel lösen, Handbremsseil am Ausgleichhebel aushängen.
- Handbremsseil am Bremshebel aushängen und herausnehmen.

Einbau

- Handbremsseil in Bremsträgerblech einführen, Seil in Bremshebel einhängen.
- Handbremsseil am Ausgleichhebel einhängen, selbstsichernde Einstellmutter am Handbremshebel aufschrauben.
- Grundeinstellung der Bremse durchführen, siehe Seite 155.
- Bremstrommel mit Hinterradnabe einbauen, siehe Seite 136.
- Handbremseinstellung kontrollieren.

Die ABS-Anlage

Je nach Ausstattung besitzt der VW BUS das BOSCH-Anti-Blockier-System (ABS). Ein nachträglicher Einbau des ABS ist nicht möglich.

Das Antiblockiersystem (ABS) verhindert, daß bei scharfem Abbremsen die Räder blockieren. Dadurch verkürzt sich der Anhalteweg, da der Kraftschluß zwischen Rädern und Fahrbahn größer ist, wenn sich beim Abbremsen die Räder eben noch drehen. Außerdem bleibt das Fahrzeug bei einer Vollbremsung lenkbar.

Das ABS ist als Dreikreis-Bremsanlage ausgelegt. Das heißt, die Antiblockierregelung der Vorderräder erfolgt unabhängig voneinander. Die Hinterräder werden gemeinsam geregelt, und zwar wird die Regelung von dem Rad bestimmt, das zuerst zum Blockieren neigt.

Das ABS ist funktionsbereit, sobald die Zündung eingeschaltet ist und die Geschwindigkeit 5–7 km/h erreicht. Es regelt alle Bremsvorgänge im Blockierbereich, sobald die Geschwindigkeit von 12 km/h einmal überschritten wurde.

Durch Drehzahlfühler an allen vier Rädern wird die Radgeschwindigkeit gemessen. Aus den Signalen der einzelnen Drehzahlfühler errechnet das elektronische Steuergerät eine Durchschnittsgeschwindigkeit, die in etwa der Fahrzeuggeschwindigkeit entspricht. Durch Vergleich der Radgeschwindigkeit für ein einzelnes Rad und der Durchschnittsgeschwindigkeit aller Räder erkennt das Steuergerät den Schlupfzustand des einzelnen Rades und kann dadurch feststellen, wenn sich ein Rad kurz vor dem Blockieren befindet.

Sobald ein Rad zum Blockieren neigt, der Bremsflüssigkeitsdruck im Bremssattel beziehungsweise im Radbremszylinder ist dann zu hoch im Verhältnis zur Haftfähigkeit der Reifen auf der Straße, hält das Hydrauliksystem aufgrund von Signalen des Steuergerätes den Flüssigkeitsdruck konstant. Das heißt, der Druck im Bremszylinder erhöht sich nicht, auch wenn stärker auf das Bremspedal getreten wird. Besteht weiterhin Blokkierneigung, wird der Flüssigkeitsdruck durch Öffnen eines Auslaßventils abgesenkt. Jedoch nur so weit, bis das Rad wieder geringfügig beschleunigt, dann wird der Druck wieder konstant gehalten.

Beschleunigt das Rad über einen bestimmten Wert hinaus, wird der Druck durch das Hydrauliksystem wieder erhöht, jedoch nicht über das Maß des allgemeinen Bremsdrucks hinaus.

Dieser Vorgang wiederholt sich bei scharfem Bremsen für jeden Bremskreis so lange, bis das Bremspedal zurückgenommen wird, beziehungsweise bis kurz vor Stillstand (2–3 km/h) des Fahrzeuges.

Eine Sicherheitsschaltung im elektronischen Steuergerät sorgt dafür, daß sich das ABS bei einem Defekt (z. B. Kabelbruch) oder bei zu niedriger Betriebsspannung (Batteriespannung unter 10,5 Volt) selbst abschaltet. In diesem Fall leuchtet die ABS-Kontrolleuchte am Armaturenbrett während der Fahrt auf. Die herkömmliche Bremsanlage bleibt dabei in Betrieb. Das Fahrzeug verhält sich beim Bremsen dann so, als ob kein ABS eingebaut wäre.

Leuchtet während der Fahrt die ABS-Kontrollampe auf, dann weist dies darauf hin, daß sich das ABS abgeschaltet hat.

- Fahrzeug kurz anhalten, Motor abstellen und wieder starten.
- Batteriespannung prüfen. Wenn die Spannung unter 10,5 Volt liegt, Batterie laden.

Achtung: Wenn die ABS-Kontrolleuchte am Anfang einer Fahrt aufleuchtet und nach einiger Zeit wieder erlöscht, deutet das darauf hin, daß die Batteriespannung zunächst zu gering war, bis sie sich während der Fahrt durch Ladung über den Generator wieder erhöht hat.

- Prüfen, ob die Batterieklemmen richtig festgezogen sind und einwandfreien Kontakt haben.
- Fahrzeug aufbocken, Vorderräder abnehmen, elektrische Leitungen auf äußere Beschädigungen (durchgescheuert) prüfen.
- Weitere Prüfungen des ABS sollten der Werkstatt vorbehalten bleiben.

Achtung: Vor Schweißarbeiten mit einem elektrischen Schweißgerät muß der Stecker vom elektronischen Steuergerät abgezogen werden. Stecker nur bei ausgeschalteter Zündung abziehen. Bei Lackierarbeiten darf das Steuergerät kurzzeitig mit max. +95° C und langfristig (ca. 2 Stunden) mit max. +85° C belastet werden.

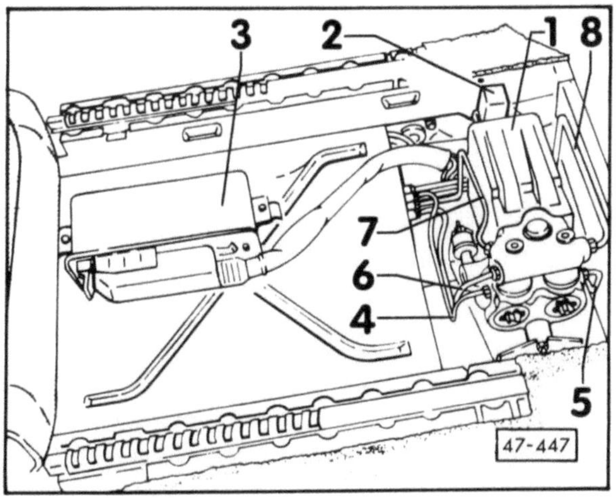

Das elektronische Steuergerät und die Hydraulikeinheit sind unter dem Fahrersitz eingebaut.
1 – Hydraulikeinheit, 2 – Kombirelais, 3 – Steuergerät, 4 – Bremsleitung Anschluß »V« Bremskreis vorn, 5 – Bremsleitung Anschluß »H« Bremskreis hinten, 6 – Bremsleitung Anschluß »l« Bremssattel vorn links, 7 - Bremsleitung Anschluß »r« Bremssattel vorn rechts, 8 – Bremsleitung Anschluß »h« Radbremszylinder hinten.

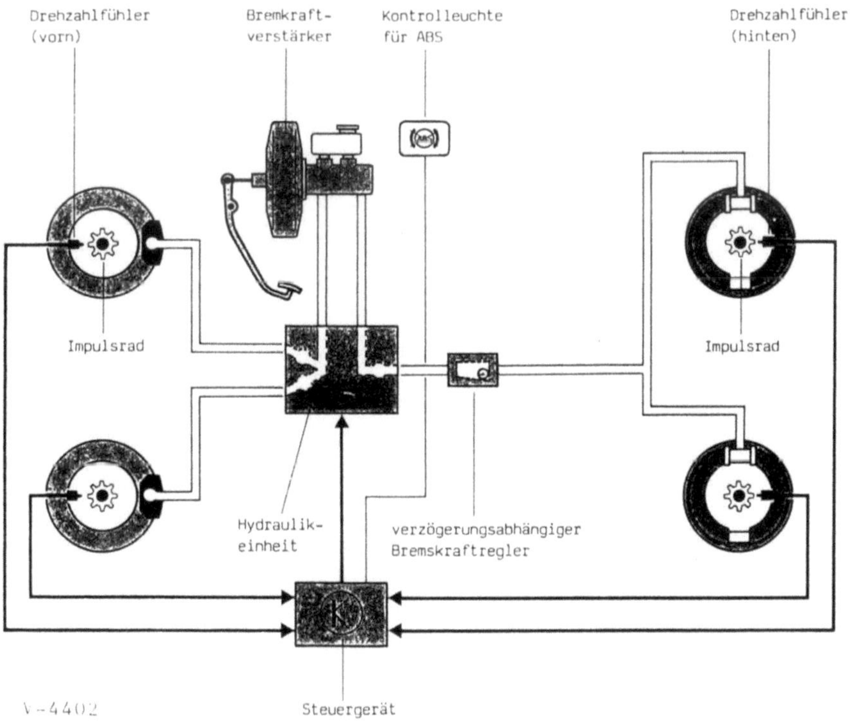

Störungsdiagnose Bremse

Störung	Ursache	Abhilfe
Leerweg des Bremspedals zu groß	Bremsbacken teilweise oder völlig abgenutzt	■ Bremsbeläge nachstellen oder Beläge erneuern
	Ein Bremskreis ausgefallen	■ Bremskreise auf Flüssigkeitsverlust prüfen
	ABS: Ein vorderer Bremskreis ausgefallen	■ Bremse instandsetzen lassen
Bremspedal läßt sich weit und federnd durchtreten	Luft im Bremssystem	■ Bremse entlüften
	Zu wenig Bremsflüssigkeit im Ausgleichbehälter	■ Neue Bremsflüssigkeit nachfüllen Bremse entlüften
	Dampfblasenbildung. Tritt meist nach starker Beanspruchung auf, z. B. Paßabfahrt	■ Bremsflüssigkeit wechseln. Bremse entlüften
Bremswirkung läßt nach, und Bremspedal läßt sich durchtreten	Undichte Leitung	■ Leitungsanschlüsse nachziehen oder Leitung erneuern
	Beschädigte Manschette im Haupt- oder Radbremszylinder	■ Manschette erneuern. Beim Hauptbremszylinder Innenteile ersetzen, ggf. Hauptbremszylinder ersetzen
	Speziell bei Scheibenbremse: Stationärer Gummidichtring beschädigt	■ Bremssattel überholen
Schlechte Bremswirkung trotz hohen Fußdrucks	Bremsbeläge verölt	■ Bremsbeläge erneuern
	Ungeeigneter oder verhärteter Bremsbelag	■ Beläge erneuern Original VW/AUDI-Beläge verwenden
	Bremskraftverstärker defekt	■ Bremsservo prüfen
	Speziell bei Scheibenbremse: Bremsbeläge abgenutzt	■ Bremsbeläge erneuern
	ABS: Hinterer Bremskreis oder Hydraulikpumpe ausgefallen	■ Bremse instandsetzen lassen
Bremse zieht einseitig	Unvorschriftsmäßiger Reifendruck	■ Reifendruck prüfen und berichtigen
	Bereifung ungleichmäßig abgefahren	■ Abgefahrene Reifen ersetzen
	Bremsbeläge verölt	■ Bremsbeläge erneuern
	Verschiedene Bremsbelagsorten auf einer Achse	■ Beläge erneuern. Original VW/AUDI-Beläge verwenden
	Schlechtes Tragbild der Bremsbeläge	■ Bremsbeläge austauschen
	Speziell bei Scheibenbremse: Verschmutzte Bremssattelschächte	■ Sitz- und Führungsflächen der Bremsbeläge im Bremssattel reinigen
	Korrosion in den Bremssattelzylindern	■ Bremssattel erneuern
	Bremsbelag ungleichmäßig verschlissen	■ Bremsbeläge erneuern (beide Räder)
	Speziell bei Trommelbremse: Kolben in den Radbremszylindern schwergängig	■ Radbremszylinder instand setzen

Störung	Ursache	Abhilfe
Bremse zieht von selbst an	Ausgleichsbohrung im Hauptbremszylinder verstopft Spiel zwischen Betätigungsstange und Hauptbremszylinderkolben zu gering	■ Hauptbremszylinder reinigen und Innenteile erneuern lassen ■ Spiel prüfen
Bremsen erhitzen sich während der Fahrt	Ausgleichsbohrung im Hauptbremszylinder verstopft Spiel zwischen Betätigungsstange und Hauptbremszylinder zu gering **Speziell bei Scheibenbremse:** Drosselbohrung im Spezial-Bodenventil verstopft **Speziell bei Trommelbremse:** Bremsbacken-Rückzugfedern erlahmt	■ Hauptbremszylinder reinigen und Innenteile erneuern lassen ■ Spiel prüfen ■ Hauptbremszylinder reinigen, Innenteile ersetzen und Bremsflüssigkeit erneuern ■ Rückzugfedern erneuern
Bremsen rattern	Ungeeigneter Bremsbelag **Speziell bei Scheibenbremse:** Bremsscheibe stellenweise korrodiert Bremsscheibe hat Seitenschlag **Speziell bei Trommelbremse:** Bremsbeläge verschlissen Bremstrommel unrund	■ Beläge erneuern Original VW/AUDI-Beläge verwenden ■ Scheibe mit Schleifklötzen sorgfältig glätten ■ Scheibe nacharbeiten oder ersetzen ■ Beläge erneuern. Original VW/AUDI-Beläge verwenden ■ Bremstrommel ausdrehen, gegebenenfalls ersetzen
Bremsbeläge lösen sich nicht von der Bremsscheibe, Räder lassen sich schwer von Hand drehen	**Speziell bei Scheibenbremse:** Korrosion in den Bremssattelzylindern	■ Bremssattel überholen, eventuell austauschen
Ungleichmäßiger Belag-Verschleiß	**Speziell bei Scheibenbremse:** Ungeeigneter Bremsbelag Bremssattel verschmutzt Kolben nicht leichtgängig Bremssystem undicht	■ Bremsbeläge erneuern Original VW/AUDI-Beläge verwenden ■ Bremssattelschächte reinigen ■ Kolben gangbar machen ■ Bremssystem auf Dichtigkeit prüfen
Keilförmiger Bremsbelag-Verschleiß	**Speziell bei Scheibenbremse:** Bremsscheibe läuft nicht parallel zum Bremssattel Korrosion in den Bremssätteln Kolben arbeitet nicht richtig	■ Anlagefläche des Bremssattels prüfen ■ Verschmutzung beseitigen ■ Kolbenstellung (Kolbenring) prüfen

Störung	Ursache	Abhilfe
Bremse quietscht	Oft auf atmosphärische Einflüsse (Luftfeuchtigkeit) zurückzuführen	■ Keine Abhilfe erforderlich, und zwar dann, wenn Quietschen nach längerem Stillstand des Wagens bei hoher Luftfeuchtigkeit auftrat, aber nach den ersten Bremsungen sich nicht wiederholt
	Speziell bei Scheibenbremse: Ungeeigneter Bremsbelag	■ Beläge erneuern. Original VW/AUDI-Beläge verwenden Rückenplatte mit Anti-Quietsch-Paste bestreichen
	Bremsscheibe läuft nicht parallel zum Bremssattel	■ Anlagefläche des Bremssattels prüfen
	Verschmutzte Schächte im Bremssattel	■ Bremssattelschächte reinigen
	Belaghaltefedern verbogen	■ Haltefedern erneuern
	Spreizfedern ausgeleiert	■ Spreizfedern erneuern
	Speziell bei Trommelbremse: Ungeeigneter Bremsbelag	■ Beläge erneuern
	Belag liegt nicht satt auf	■ Beläge erneuern
	Bremse verschmutzt	■ Radbremsen reinigen
	Rückzugfedern zu schwach	■ Rückzugfedern erneuern
Bremse pulsiert	**ABS** in Funktion	■ Normal, keine Abhilfe
	Speziell bei Scheibenbremse: Seitenschlag oder Dickentoleranz der Bremsscheibe zu groß	■ Schlag und Toleranz prüfen. Scheibe nacharbeiten oder ersetzen
	Bremsscheibe läuft nicht parallel zum Bremssattel	■ Anlagefläche des Bremssattels prüfen
	Speziell bei Trommelbremse: Anlagefläche des Scheibenrades an der Bremstrommel nicht plan, dadurch Verzug der Bremstrommel	■ Es kann versucht werden, die Scheibenräder untereinander auszutauschen. Besser: Bremstrommel mit angeschraubtem Rad auf einer geeigneten Drehbank ausdrehen

Räder und Reifen

Räder/Reifenmaße

Modelle	Serienausstattung			Mehrausstattung		
	Reifengröße	Scheibenrad	Einpreßtiefe	Reifengröße	Scheibenrad	Einpreßtiefe
Fahrzeuge mit 1,9-l-Motor	7.00 14 8PR	5½ J × 14	39	185 SR 14 reinforced 185 R 14 C 6 PR	5½ J × 14 5½ J × 14	39 39
Fahrzeuge mit 2,1-l-Motor	185 SR 14 reinforced	5½ J × 14	39	185 R 14 C 6 PR	5½ J × 14	39
Caravelle Carat	205/70 R 14	6 J × 14	30	–	–	–

Alle Scheibenränder sind als sogenannte Hump-Felgen ausgestattet. Der Hump ist ein in die Felgenschulter eingepreßter Wulst, der auch bei extrem scharfer Fahrt verhindert, daß der schlauchlose Reifen von der Felge gedrückt wird.

Achtung: Werden Leichtmetallräder montiert, so sind in der Regel längere Radschrauben notwendig. In keinem Fall die Radschrauben verwechseln, da sonst Schäden an der Bremse auftreten.

Das VW-Stahlscheibenrad $5^1/_2$ J x 14 hat die Ersatzteil-Nummer 211 601 027 H und muß an der Vorderachse mit Radschrauben der Ersatzteilnummer 251 601 139 angeschraubt werden. Für die Hinterradbefestigung gelten die Radmuttern N 020 1121.

Das VW-Leichtmetallrad 6 J x 14 mit 30 mm Einpreßtiefe muß vorn mit Radschrauben der Et.-Nr. 255 601 139 befestigt werden. Für die Hinterachse gelten die Radmuttern mit der Et.-Nr. 255 601 143.

Auswuchten der Räder

Die serienmäßigen Räder werden im Werk ausgewuchtet. Das Auswuchten ist notwendig, um unterschiedliche Gewichtsverteilung und Materialungenauigkeiten auszugleichen.

Im Fahrbetrieb macht sich die Unwucht durch Trampel- und Flattererscheinung bemerkbar.

Solche Unwuchterscheinungen können mit der Zeit Achslagerschäden hervorrufen, außerdem kann es zum Aufschwingen der ganzen Karosserie kommen. Das macht sich vor allem durch eine Unruhe am Lenkrad bemerkbar.

Räder grundsätzlich alle 15 000 km und nach jeder Reifenreparatur auswuchten lassen, da sich durch Abnutzung und Reparatur die Gewichts- und Materialverteilung am Reifen ändert.

Reifenverschleiß

Die Reifen ausgewuchteter Räder nutzen sich bei gewissenhaftem Einhalten des vorgeschriebenen Luftdrucks und bei fehlerfreier Radeinstellung und Stoßdämpferfunktion auf der gesamten Lauffläche annähernd gleichmäßig ab. Im übrigen läßt sich keine generelle Aussage über die Lebensdauer bestimmter Reifenfabrikate machen, denn die Lebensdauer hängt von sehr unterschiedlichen Faktoren ab:

- Fahrbahnoberfläche
- Reifenluftdruck
- Fahrweise
- Witterung

Vor allem sportliche Fahrweise, scharfes Anfahren und starkes Bremsen fördern den schnellen Reifenverschleiß.

Achtung: Die Rechtssprechung verlangt, daß Reifen lediglich bis zu einer Profiltiefe von 1,6 mm abgefahren werden dürfen. Dieses Mindestmaß muß über der gesamte Lauffläche vorhanden sein. Es empfiehlt sich jedoch, sicherheitshalber die Reifen bereits bei einer Mindestprofiltiefe von 3 mm auszutauschen.

B2-928

Nähert sich die Profiltiefe der gesetzlich zulässigen Mindestprofiltiefe, daß heißt, weist der mehrmals am Reifenumfang angeordnete 1,6 mm hohe Verschleißanzeiger fast kein Profil mehr auf, müssen die Reifen ausgewechselt werden.

Ungewöhnlicher Reifenverschleiß

Ungleichmäßiger Reifenverschleiß ist zumeist die Folge zu geringen oder zu hohen Luftdrucks und kann auf Fehler in der Radeinstellung oder Radauswuchtung sowie auf mangelhafte Stoßdämpfer, Felgen oder Bremstrommeln zurückzuführen sein.

In erster Linie ist auf vorschriftsmäßigen Luftdruck zu achten, wobei spätestens alle vier Wochen eine Prüfung vorgenommen werden sollte.

Achtung: Luftdruck nur bei kühlen Reifen prüfen. Der Luftdruck steigt nämlich mit zunehmender Erhitzung bei schneller Fahrt an. Dennoch ist es völlig falsch, aus erhitzten Reifen Luft abzulassen.

Bei zu hohem Luftdruck wird die Laufflächenmitte mehr abgenutzt, da der Reifen an der Lauffläche durch den hohen Innendruck mehr gewölbt ist.

Bei zu niedrigem Luftdruck liegt die Lauffläche an den Reifenschultern stärker auf, und die Laufflächenmitte wölbt sich nach innen durch – dadurch stärkerer Reifenverschleiß der Reifenschultern.

Falsche Radeinstellung und Unwucht ergeben jeweils typische Reifenverschleißbilder, auf die in der Reifen-Störungstabelle hingewiesen wird.

Gleitschutzketten

Auf allen Modellen dürfen nur feingliedrige Gleitschutzketten verwendet werden, die auf der Reifenfläche und an der Reifeninnenseite nicht mehr als 15 mm auftragen. Es empfiehlt sich, nur die von VW empfohlenen Ketten zu verwenden. Diese Ketten sind geprüft und entsprechen den VW-Forderungen. Mit Gleitschutzketten darf nicht schneller als 50 km/h gefahren werden. Auf schnee- und eisfreien Straßen sind die Gleitschutzketten abzunehmen, da sie sonst sehr schnell verschleißen.

Austauschen der Räder

Es ist nicht ratsam, Räder ohne zwingenden Grund zu wechseln, da bei häufigem An- und Abschrauben der Räder (in der Praxis zumeist ohne Drehmomentschlüssel und somit ohne Gewähr für gleichmäßig festes Anziehen der Schraubenbolzen) Verspannungen der Bremstrommeln auftreten können. Es empfiehlt sich, den Wagen so lange zu fahren, bis sich die vorderen Räder der Verschleißgrenze nähern. Dann:

- Vorn zwei neue Reifen aufziehen bzw. Ersatzrad montieren und einen neuen Reifen aufziehen.
- Hinten die besten alten Reifen montieren (unter Beibehaltung der bisherigen Drehrichtung).

Es ist nicht zweckmäßig, bei einem Austausch der Räder die Drehrichtung der Reifen zu ändern, da sich die Reifen nur unter vorübergehend stärkerem Verschleiß der veränderten Drehrichtung anpassen.

Achtung: Das Anzugsdrehmoment beträgt für alle Schrauben bzw. Radmuttern 180 Nm.

Der richtige Reifenfülldruck

	Reifenfülldruck in bar Überdruck		
Reifen/Merkmal	vorne	hinten	Reserverad
7.00 14 8PR 93 P	2,3	3,3	3,3
185 R 14C	2,6	3,8	3,8
185 SR 14 reinforced	2,3	2,9	2,9
Krankenwagen mit 185 SR 14 reinforced	2,3	2,6	2,6
185 R 14 C6 PR:			
● Krankentransportwagen	2,5	2,5	2,5
● alle anderen Fahrzeuge	2,7	3,3	3,3
205/70 R 14	2,1	2,5	2,5

Bei Verwendung von Winterreifen ist der Reifenfülldruck vorn und hinten um 0,2 atü (bar Überdruck) anzuheben. Dies gilt auch für längere Autobahnfahrten mit hohen Geschwindigkeiten.

Störungstabelle Reifen

Abnutzung	Ursache
Stärkerer Reifenverschleiß auf beiden Seiten der Lauffläche	Zu niedriger Luftdruck
Stärkerer Reifenverschleiß in der Mitte der Lauffläche, über den gesamten Umfang	Zu hoher Luftdruck
Auswaschungen der Profilseite	Statische und dynamische Unwucht des Rades. Eventuell zu großer Seitenschlag der Felge, zu großes Spiel im Radlager oder in den Achsgelenken
Auswaschungen in der Mitte des Reifenprofils	Statische Unwucht des Rades. Eventuell Folge von zu großem Höhenschlag
Starke Abnutzung an einzelnen Stellen in der Mitte der Lauffläche	Blockierspuren von Vollbremsungen. Eventuell unrunde Bremstrommel, die ein Blockieren bei stets derselben Radstellung begünstigt
Schuppenförmige oder sägezahnähnliche Abnutzung des Profils. In krassen Fällen mit Gewebebrüchen verbunden, die nach einiger Zeit nach außen sichtbar werden	Überbelastung des Wagens. Innenseite der Reifen auf Gewebebrüche untersuchen!
Gummizungen an den seitlichen Profilkanten	Fehlerhafte Radeinstellung. Reifen radiert. Bei Hinterrädern auch Zustand der Stoßdämpfer prüfen!
Gratbildung an einer Profilseite des Vorderrades	Falsche Radeinstellung. Reifen radiert. Häufiges Fahren auf stark gewölbter Fahrbahn. Schnelle Kurvenfahrt
Stoßbrüche im Reifenunterbau. Anfangs nur im Inneren des Reifens sichtbar	Überfahren von kantigen Steinen, Schienenstößen und ähnlichem bei hohen Geschwindigkeiten

Reserverad herausnehmen

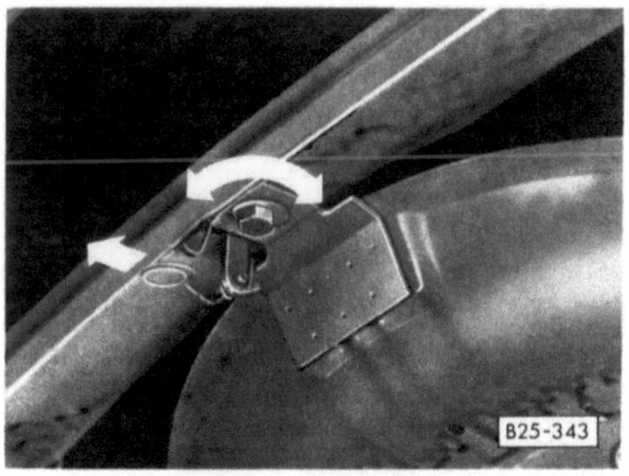

- Das Reserverad befindet sich vorn unter dem Fahrzeugboden auf einer nach unten klappbaren Schüssel. Zum Herausnehmen Sechskantschraube mit dem Radmutternschlüssel abschrauben und Fanghaken ziehen (linke Abbildung).
- **Vorsicht, die Reserveradschüssel fällt nach unten, Verletzungsgefahr!**
- Anschließend Rad nach vorn herausziehen.

- Zum Wiedereinsetzen das Reserverad mit der Radschüssel nach unten auf die Schüssel schieben und Schüssel mit einem kräftigen Schwung nach oben schwenken, daß der Fanghaken einrastet. Anschließend Sechskantschraube wieder eindrehen und anziehen.
- **Aus Sicherheitsgründen muß die Reserveradhalterung immer verschraubt sein, damit die Reserveradschüssel nicht versehentlich entriegelt werden kann.**

Die Karosserie

Die Karosserie des VW BUS ist mittragend. Bodengruppe, Seitenteile und Dach sind miteinander verschweißt. Größere Reparaturarbeiten können deshalb nur in einer Fachwerkstatt durchgeführt werden.

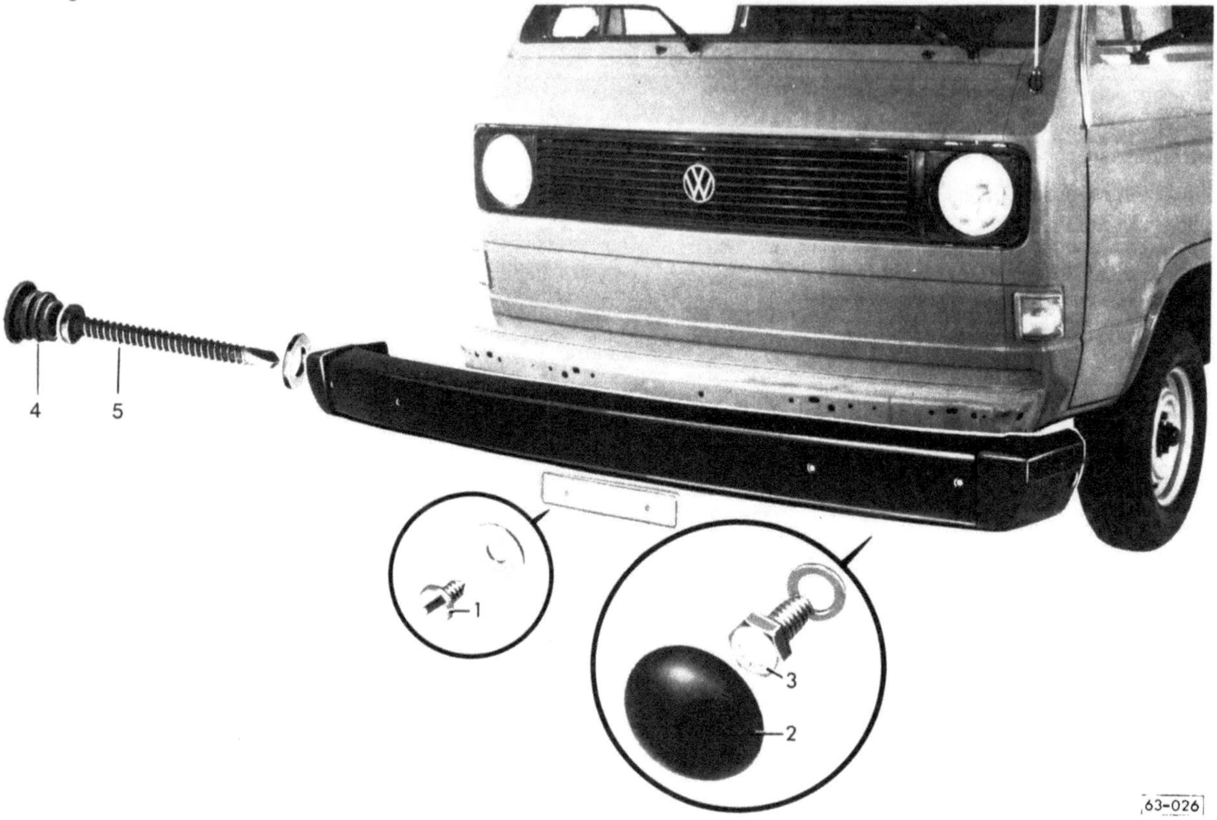

Stoßfänger vorn aus- und einbauen

Ausbau

- Schlitzschrauben (1) aus Kennzeichenschild und Deformationselement herausschrauben.
- Abdeckkappe (2) abhebeln.
- Sechskantschrauben mit Federringen (3) abschrauben.
- Abdeckklappen (4) heraushebeln und Kreuzschlitzschrauben mit Unterlegscheiben (5) herausschrauben.
- Stoßfänger abnehmen.

Einbau

- Stoßfänger ansetzen, lose mit Deformationselement verschrauben, ausrichten und festschrauben, Abdeckkappen aufsetzen.

Stoßfänger hinten aus- und einbauen

Ausbau

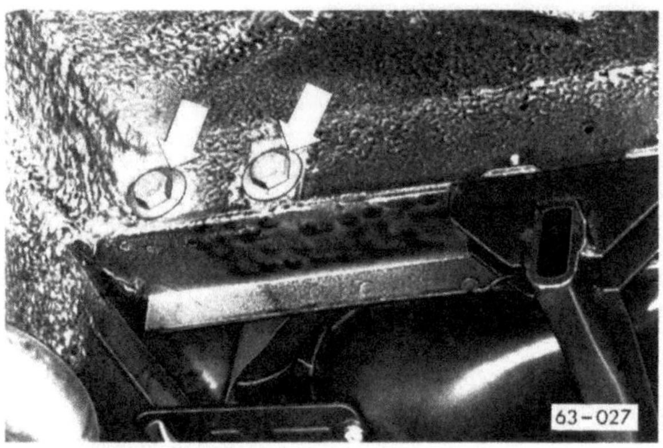

- Auf jeder Seite je 2 Sechskantschrauben (Pfeile) am Holm abschrauben. Stoßfänger nach hinten herausziehen.

Einbau

- Stoßfänger einsetzen, ausrichten und verschrauben.

Türverkleidung aus- und einbauen

(x) Ausbau in numerischer Folge, Einbau in umgekehrter Zahlenfolge.

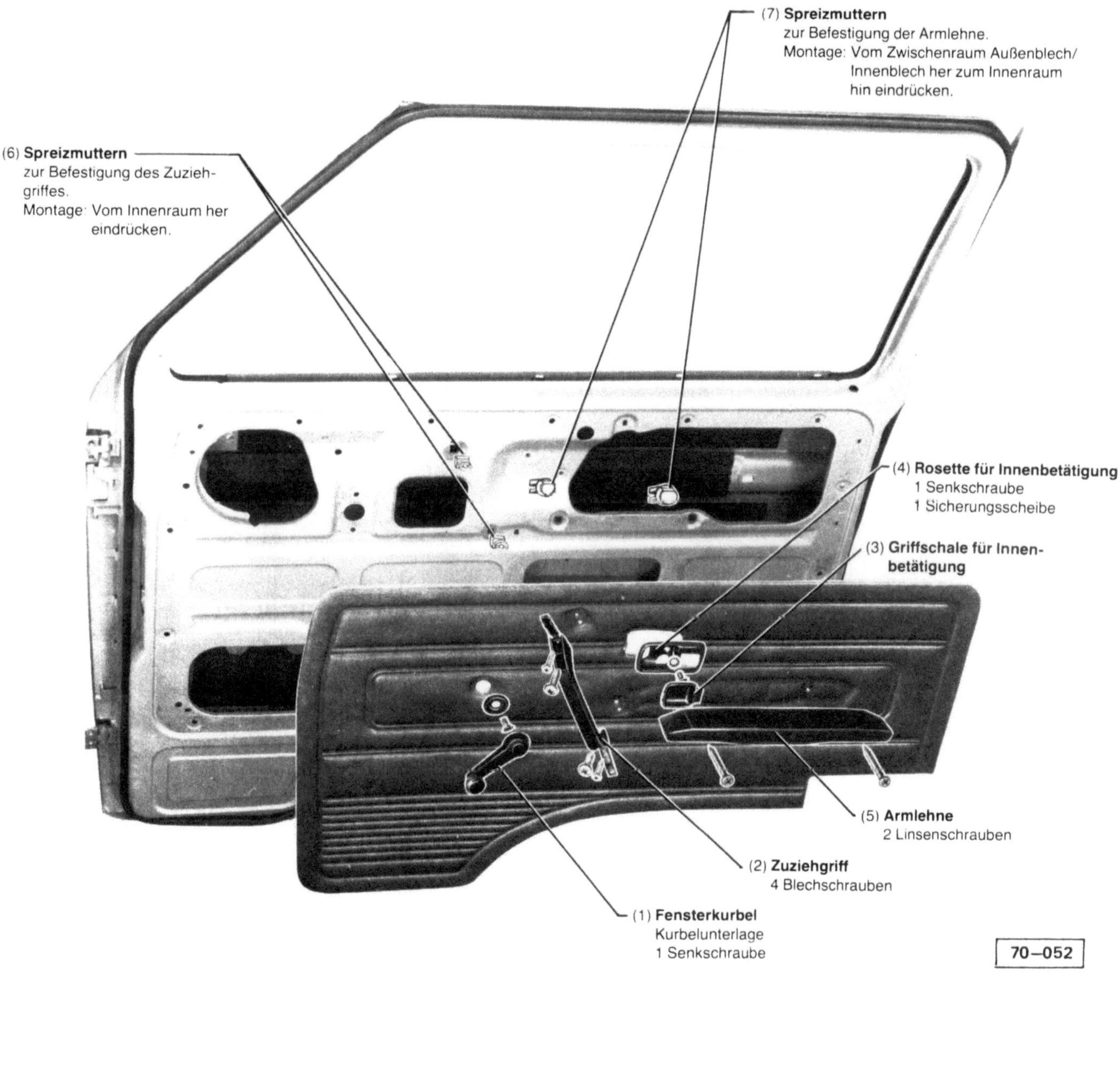

Ausbau

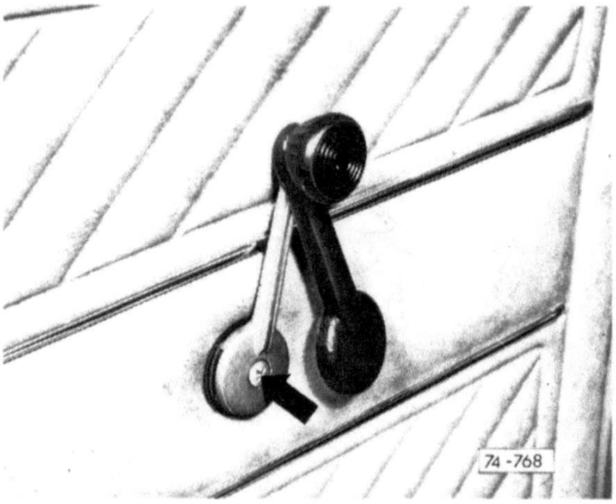

- Kunststoffkappe von Fensterkurbel abhebeln, darunter liegende Schraube herausdrehen.
- Am Zuziehgriff oben und unten Abdeckkappen mit Schraubenzieher heraushebeln, Schrauben herausdrehen.

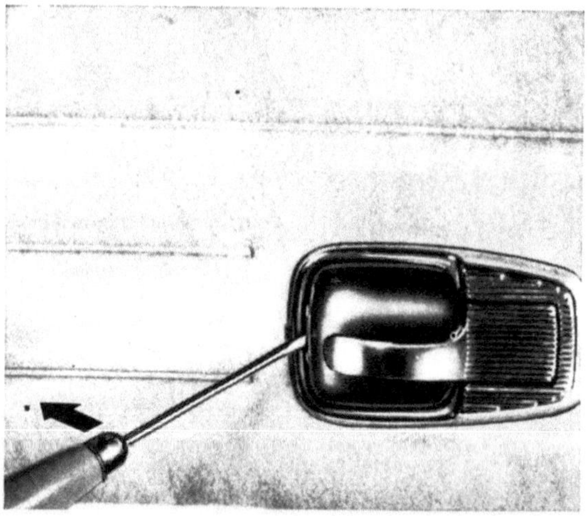

- Armlehne abschrauben.
- Türverkleidung mit breitem Schraubenzieher abdrücken und abnehmen.
- PVC-Abdichtung vorsichtig von Türausschnitt lösen. **Achtung:** Die Folie wird zum Wiedereinbau benötigt.

Einbau

- Nur heile PVC-Folie auf Türausschnitt sorgfältig aufkleben. Vor dem Aufkleben einer neuen Folie Klebebänke am Türausschnitt säubern und die neue Folie von unten nach oben faltenfrei verkleben.
- Türverkleidung ansetzen und mit der Hand Klammern der Türverkleidung einschlagen, eventuell mit Schraubenzieher ausrichten.
- Fensterkurbel aufsetzen, Rosette unterlegen und mit Kreuzschlitzschraube befestigen. Kreuzschlitzschraube vorher mit flüssigem Einkomponentenkunststoff (z. B. Omnifit oder Loctite, Nr. 74) einstreichen. Abdeckung für Fensterkurbel anschrauben.
- Rosette für Türschloßfernbedienung einsetzen und mit Kreuzschlitzschraube befestigen. Abdeckkappe einsetzen.
- Armlehne mit 2 Linsenschrauben befestigen.
- Türzuziehgriff mit 4 Schrauben befestigen, Abdeckkappen aufsetzen.

Spiegelglas außen ersetzen

Ist das Spiegelglas zerbrochen, muß normalerweise der ganze Rückblickspiegel ersetzt werden. Handelt es sich jedoch um einen elektrisch verstell- und beheizbaren Rückblickspiegel, so muß nur das Spiegelglas ersetzt werden. Es gibt als Ersatzteil plane und konvexe Spiegelgläser.

Ausbau

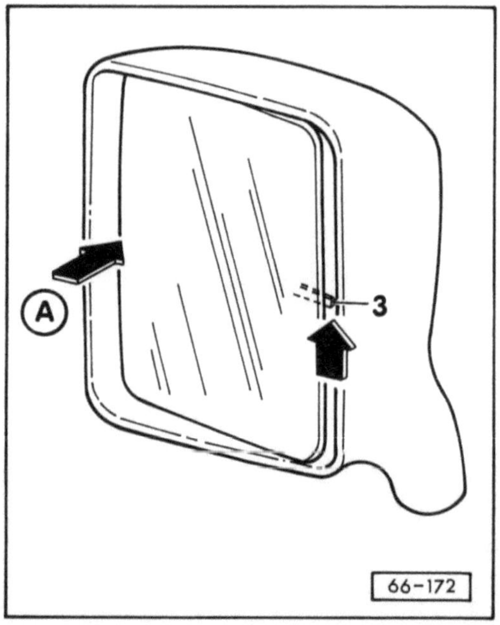

- Spiegelglas am Außenrand nach vorn bis zum Anschlag drücken –Pfeil A–, so daß der Verriegelungshebel –3– hinter dem Spiegelglas zugänglich ist.
- Verriegelungshebel –3– hochdrücken und Spiegelglas herausnehmen. Elektrisches Anschlußkabel abziehen.

Einbau

- Anschlußkabel aufstecken. Spiegelglas aufsetzen. Darauf achten, daß die Fixierzapfen vom Spiegelglas in die Zapfenaufnahmen am Antrieb einrasten.
- Verriegelungshebel –3– nach unten drücken, bis er waagerecht steht.
- Prüfen, ob der Spiegel elektrisch verstellt werden kann.

Tür vorn
Montageübersicht

sbau in numerischer Folge
nbau in umgekehrter Zahlenfolge

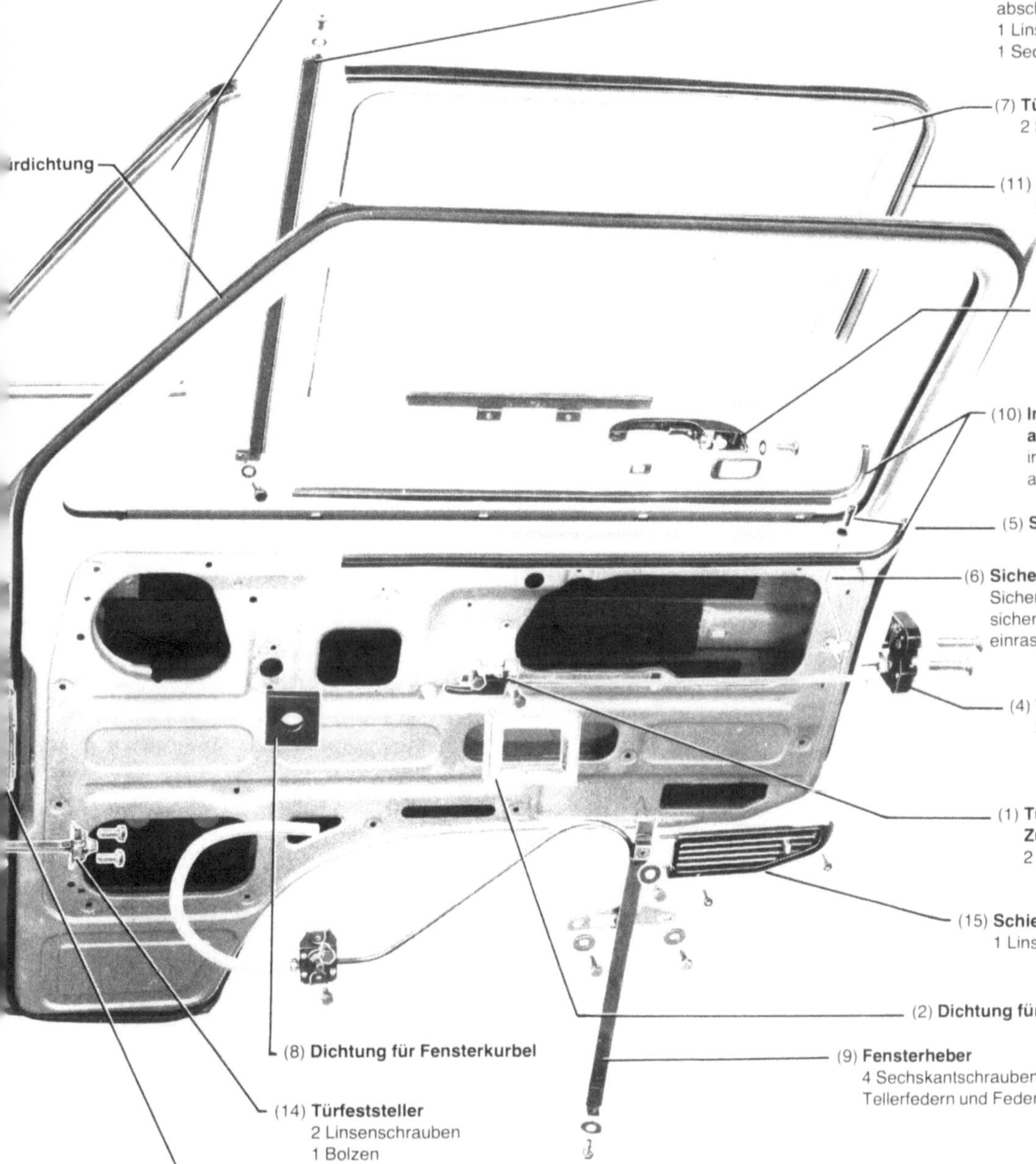

Achtung: Die Schraubverbindungen vom Türgriff (3), Türinnenbetätigung (1) und Türschloß (4) durch flüssigen Einkomponentenkunststoff sichern. Gewinde vor dem Beschichten mit dem Kunststoff fettfrei machen.

Türfensterscheibe aus- und einbauen

Ausbau

- Türverkleidung ausbauen, siehe Seite 171.
- Türfensterscheibe etwas runterkurbeln.

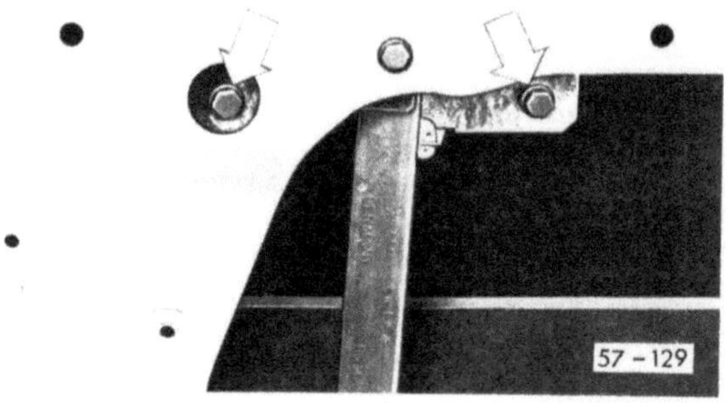

- Türfensterscheibe vom Fensterheber abschrauben (Pfeile).
- Führungsschiene oben im Fensterrahmen (Linsenschrauben) und am Türinnenblech (Sechskantschraube) abschrauben.
- Führungsschiene nach unten herausziehen.
- Eckfensterscheibe seitlich herausziehen.
- Türfensterscheibe nach oben herausnehmen.

Einbau

- Türfensterscheibe von oben in Tür einsetzen.
- Eckfensterscheibe einsetzen. Die Überlappungsbereiche der Dichtung mit Fensterführung und Fensterschachtabdichtung verkleben.
- Führungsschiene von unten einsetzen.
- Führungsschiene ansetzen und gleichzeitig die von oben eingesetzte Türscheibe in die Fensterführung einsetzen.
- Führungsschiene mit Linsenblech- und Sechskantschrauben befestigen.

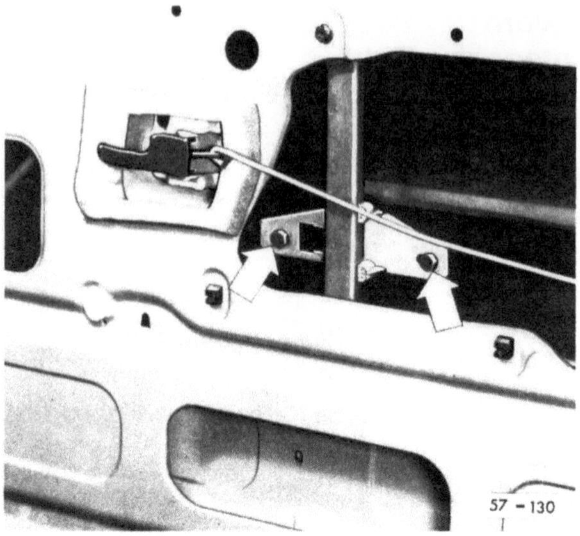

- Türfensterscheibe lose mit dem Fensterheber verschrauben (Pfeile).
- Türfensterscheibe ganz hochkurbeln, damit sie durch die Fensterführung und Fensterdichtungen justiert wird.
- Türfensterscheibe etwas runterkurbeln und durch die Montageöffnungen, siehe Abb., fest mit dem Fensterheber verschrauben.
- Türverkleidung einbauen, siehe Seite 171.

Fensterheber aus- und einbauen

Ausbau

- Türverkleidung ausbauen, siehe Seite 171.
- Fenster absenken. Fenster vom Fensterheber abschrauben, siehe Bild 57-129.

Manuell verstellbar

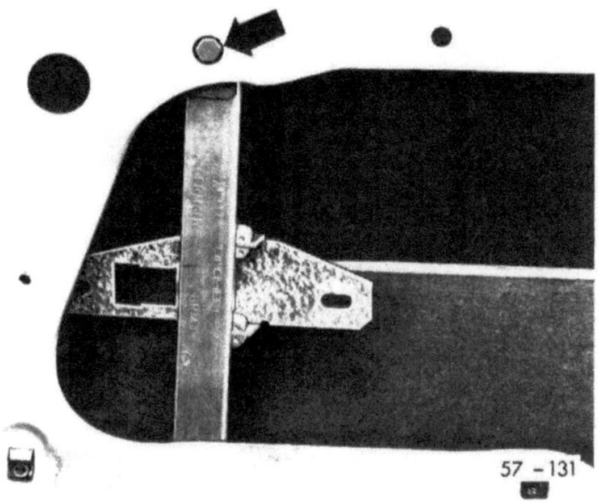

- Sechskantschraube (Pfeil) für Fensterheber herausschrauben. Vorher mit Reißnadel Unterlegscheibe der Schraube umrunden.

- Sechskantschraube (Pfeil) an der Unterkante der Tür herausschrauben. Vorher Unterlegscheibe mit Reißnadel umrunden.

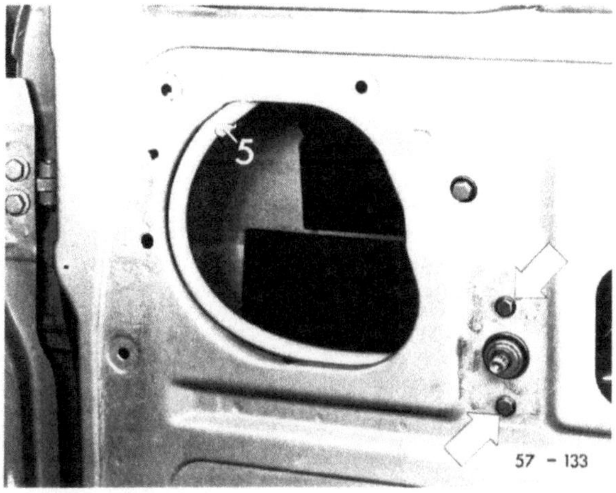

- Dichtung für Fensterkurbel abnehmen.
- 2 Sechskantschrauben (Pfeil) herausschrauben. Vorher mit Reißnadel beide Unterlegscheiben umrunden.
- Blechlasche (5) zurückbiegen und Fensterheber herausnehmen.

Elektrisch verstellbar

- Anschlußkabel abziehen.
- Türfensterscheibe ganz nach oben heben und in geschlossener Stellung arretieren, zum Beispiel mit Holzkeilen.

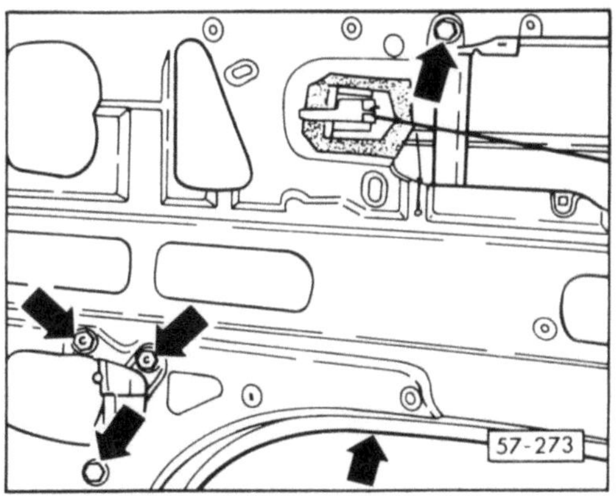

- Fensterhebermotor abschrauben, 3 Schrauben und 2 Muttern.
- Fensterhebermotor mit Führungsschiene vorsichtig durch den Türausschnitt führen. Schutzhandschuhe tragen! **Achtung:** Kunststoffführungen der Seilzüge am Motorengehäuse nicht gewaltsam verbiegen. Bruchgefahr.

Einbau

Manuell verstellbar

- Fensterheber einsetzen.
- Fensterheber an der Kurbel mit 2 Schrauben und an der Tür mit 2 Schrauben befestigen.
- Fensterheber ausrichten. Dabei auf die mit der Reißnadel gemachten Markierungen für die Unterlegscheiben achten. Fensterheber festschrauben.
- Blechlasche am Türausschnitt umbiegen.
- Türfensterscheibe nach unten schieben und am Fensterheber lose befestigen.
- Türfensterscheibe nach oben kurbeln, damit sie durch die Fensterführung und Fensterdichtung justiert wird.
- Türfensterscheibe etwas runterkurbeln und durch die Montageöffnungen fest mit dem Fensterheber verschrauben, siehe Seite 173.
- Fensterscheibe rauf- und runterkurbeln. Falls zu schwergängig, Fensterscheibe am Fensterheber lösen, ausrichten und festziehen.
- Dichtung für Fensterkurbel aufsetzen.
- Türverkleidung einbauen, siehe Seite 171.

Elektrisch verstellbar

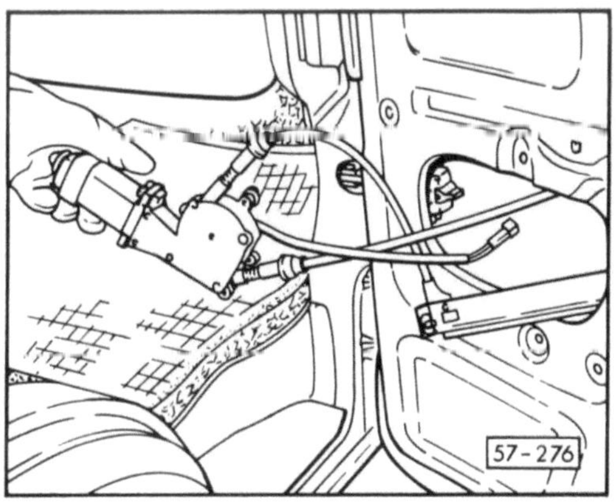

- Elektromotor mit Fenster-Führungsschiene und Seilzügen durch die Montageöffnung führen.
- Seilzüge und Elektromotor in Einbaulage bringen, Führungsschiene und Motor festschrauben.
- Anschlußkabel aufstecken.
- Fenster am Halter festschrauben.
- Funktionsprüfung durchführen.
- Folie und Türverkleidung einbauen, siehe Seite 171.

Eckfensterscheibe aus- und einbauen

Ausbau

- Türverkleidung ausbauen, siehe Seite 171.
- Türfensterscheibe ausbauen, siehe Seite 174.

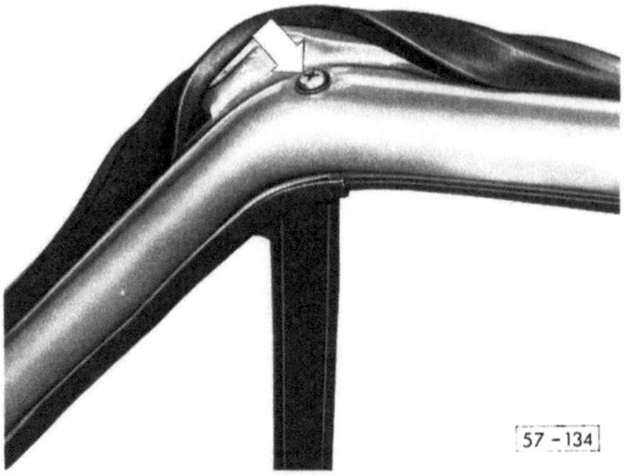

57-134

- Türdichtung abziehen und Kreuzschlitzschraube für Führungsschiene (Pfeil) herausschrauben.

57-135

- Am Türblech Sechskantschraube für Führungsschiene herausschrauben.
- Führungsschiene nach unten wegziehen.
- Eckfensterscheibe seitlich herausziehen.

Einbau

- Eckfensterscheibe einsetzen.
- Überlappungsbereiche der Dichtung mit Fensterführung und Fensterschachtabdichtung mit Regenleistenzement verkleben.
- Fensterführungsschiene von unten einsetzen und mit 2 Schrauben befestigen.
- Türdichtung oben im Bereich der Schraube einsetzen.
- Türfensterscheibe einbauen, siehe Seite 174.
- Türverkleidung einbauen, siehe Seite 171.

Türgriff/Schließzylinder aus- und einbauen

Ausbau

57-126

- Tür öffnen, Türabdichtung abziehen, Kreuzschlitzschraube (Pfeil) herausschrauben.
- Türgriff zurückdrücken und nach außen abziehen.
- Soll der Schließzylinder ausgebaut werden, Stift am Schließzylindervierkant austreiben. **Achtung:** Beim Zerlegen auf kleine Feder achten.

Achtung: Bevor der Schließzylinder aus dem Türgriff herausgezogen wird, Schlüssel in Schließzylinder stecken. Sonst fallen die Schließplatten durcheinander.

- Wird der Schlüssel aus dem Schließzylinder gezogen, Schließzylinder mit Tesafilm umwickeln.

Einbau

- Schließzylinder in Türgriff einsetzen.

- Feder aufsetzen und spannen, indem das eine Federende über die Nase am Schloß (Pfeil) gehoben wird.
- Schloßgabel aufsetzen. Dabei darauf achten, daß die Nase an der Gabel zwischen den Federenden liegt und die Gabel voll auf dem Vierkant sitzt.
- Stift durch Vierkant treiben.
- Türgriff mit Unterlage in Tür einsetzen und mit Kreuzschlitzschraube befestigen.

Türschloß für Schiebetür

Hinweis: Vor der Montage des äußeren Türgriffs der Schiebetür Verriegelungsstift – Pfeil – mit dem Schlüssel so verdrehen, bis er mit dem Gehäuse abschließt. Andernfalls können Beschädigungen am Schließzylinder auftreten.

Tür vorn einstellen

Die Tür vorn ist richtig eingestellt, wenn sie in geschlossenem Zustand überall einen gleichmäßigen Abstand zum Türausschnitt hat.

Die Gürtellinie der Tür muß mit der des Aufbaues fluchten. Außerdem ist darauf zu achten, daß die Tür nicht zu weit nach innen oder nach außen steht.

Tür im vorderen Bereich einstellen:

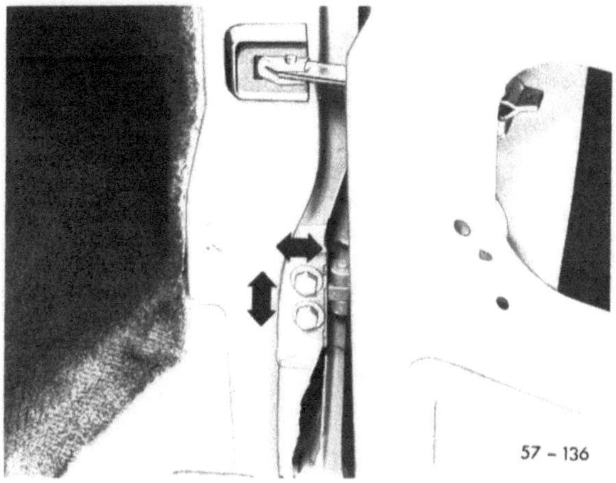

- Falls die Tür mit dem Außenblech nicht fluchtet oder keinen gleichmäßigen Abstand zum Türausschnitt hat, sind die Sechskantschrauben zur Scharnierbefestigung zu lösen und die Tür horizontal oder vertikal zu verschieben.

- Zur Einstellung der Tür im hinteren Bereich läßt sich der Schließkeil horizontal und vertikal verstellen.

Schiebetür-Abdeckung aus- und einbauen

Im September 1984 setzt eine konstruktiv überarbeitete Schiebetür ein. Die Einstell- und Reparaturarbeiten an dieser Tür sind in den folgenden Abschnitten beschrieben.

Ausbau

- Abdeckung der mittleren Führungsschiene ausbauen.

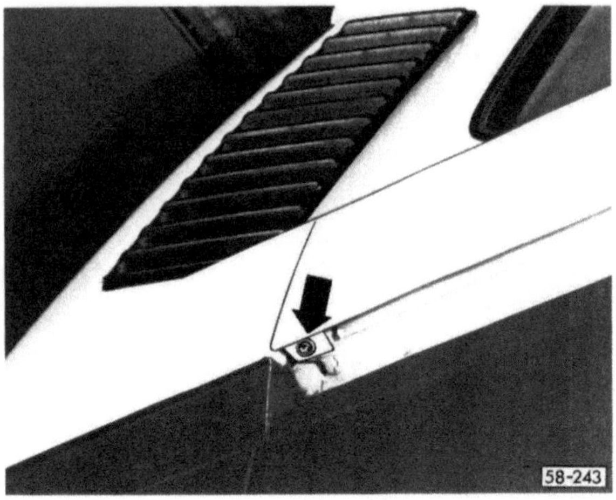

- Die Abdeckung ist zusammen mit einem Keder in einer U-förmigen Klemmschiene eingedrückt. Sie ist mit zwei Kreuzschlitzschrauben verschraubt.

- Keder vor dem Herausschlagen mit einem Gleitmittel einsprühen.
- Abdeckung – vom Rückwand-Eckteil her – mit Hammer und Plastikkeil vorsichtig nach oben herausschlagen.

Einbau

- Keder mit VW-Profilgummikleber D 21 an die Abdeckung kleben.
- Abdeckung und Keder in die Klemmschiene drücken und mit Hammer und Plastikkeil nach unten schlagen.
- Sitz der Abdeckung anhand der Gürtellinien-Sicke von Rückwand-Eckteil und Schiebetür überprüfen, gegebenenfalls korrigieren. Der Keder muß überall gleichmäßig anliegen.
- Von unten her Abdeckung mit zwei Kreuzschlitzschrauben verschrauben.

Schiebetür aus- und einbauen

Ausbau

- Schiebetür-Abdeckung ausbauen.

- Tür so weit zurückschieben, bis Rollenwagen – 1 – unterhalb der Ausbeulung in der Führungsschiene – Pfeil – steht.
- Tür im hinteren Bereich anheben, Rollenwagen – 1 – aus der Führungsschiene heraus nach außen schwenken.
- Tür etwas absenken und Leitrollen – 2 – des Scharnierbeschlages aus der Führungsschiene heraus nach außen schwenken.

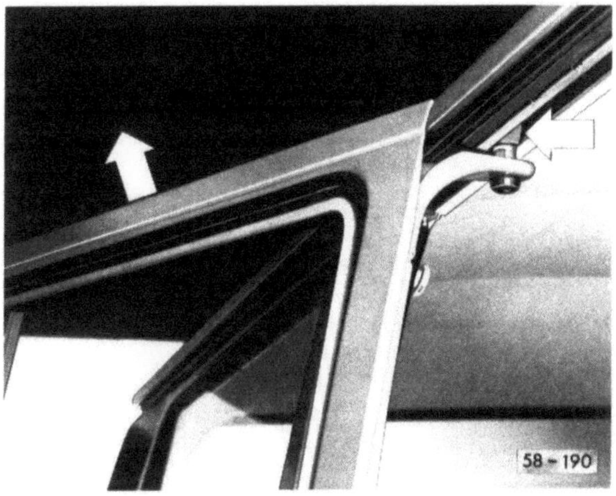

- Tür ganz zurückschieben und hinten so weit abheben, bis sich die Rolle oben aus der Führungsschiene herausnehmen läßt.

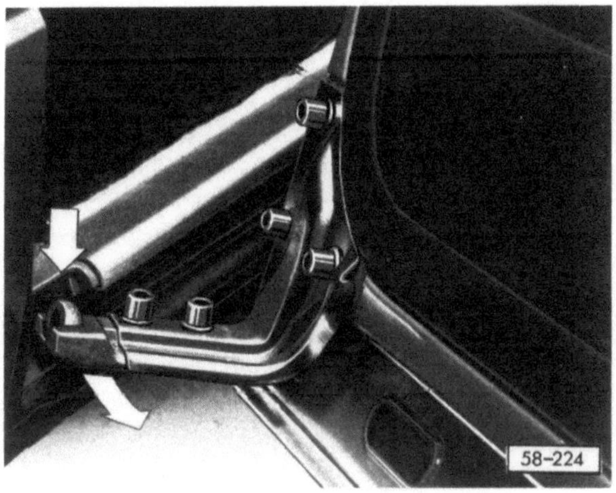

- Tür nach außen schwenken und untere Leit- und Tragrolle aus dem Durchbruch der Führungsschiene herausziehen.

Einbau

- Gummidichtung im Türausschnitt prüfen, gegebenenfalls ersetzen. Vor dem Auftragen von Profilgummikleber D 21 alte Kleberreste unbedingt entfernen.

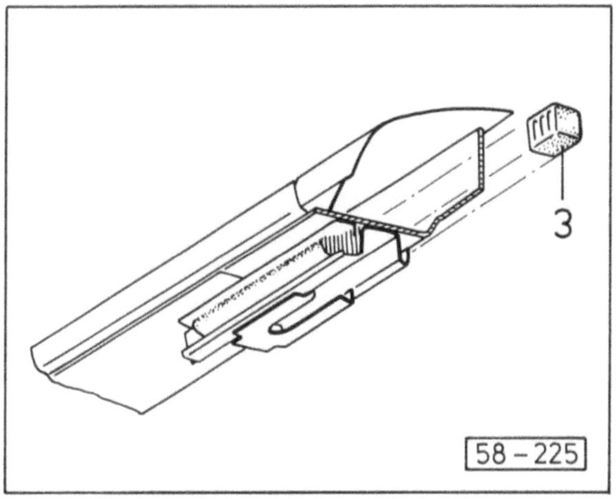

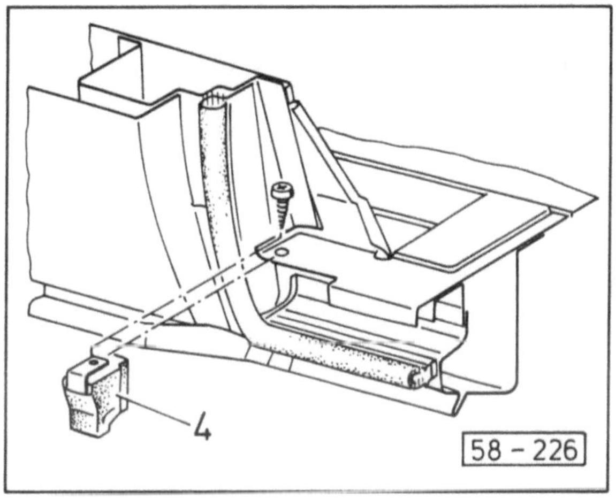

- Anschlagpuffer oben – 3 – und unten – 4 – kontrollieren, gegebenenfalls ersetzen.

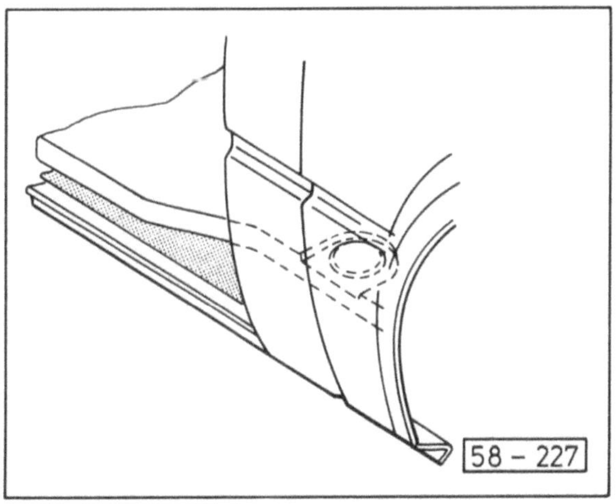

- Vorderen Einlauf der Rollenführung unten – gerasterter Bereich – mit handelsüblichem Mehrzweckfett leicht fetten.

- An der Tür die Rollenführung oben sowie Trag- und Führungsrollen unten prüfen, gegebenenfalls ersetzen.
- Tür zuerst in die untere und dann in die obere Führungsschiene einsetzen.
- Tür so weit nach vorne schieben, bis Tragrolle des Rollenwagens sich im Bereich der Ausbeulung der Führungsschiene befindet.
- Leitrollen in die Führungsschiene einführen.
- Rollenwagen in Richtung Führungsschiene schwenken und Tragrolle unterhalb der Ausbeulung auf die Führungsschiene setzen.
- Funktion der Tür durch mehrmaliges Öffnen und Schließen prüfen, gegebenenfalls muß die Tür neu eingestelllt werden, siehe Einstellarbeiten an der Schiebetür.
- Schiebetür-Abdeckung einbauen.

Einstellarbeiten an der Schiebetür

Die Einstellarbeiten an der Schiebetür sind grundsätzlich mit zwei Personen auszuführen.

Die Lage der Schiebetür ist richtig eingestellt, wenn sie in geschlossenem Zustand überall einen gleichmäßigen Abstand zum Türausschnitt hat.

Die Gürtellinie der Tür muß mit der des Aufbaues fluchten. Außerdem ist darauf zu achten, daß die Tür nicht zu weit nach innen oder außen steht. Um diese Voraussetzungen zu erfüllen, müssen folgende Arbeiten durchgeführt werden.

Untere Rollenführung einstellen

- Tür stimmt vorne höhenmäßig nicht.
- Tür fluchtet unten nicht mit Außenkontur der B-Säule.

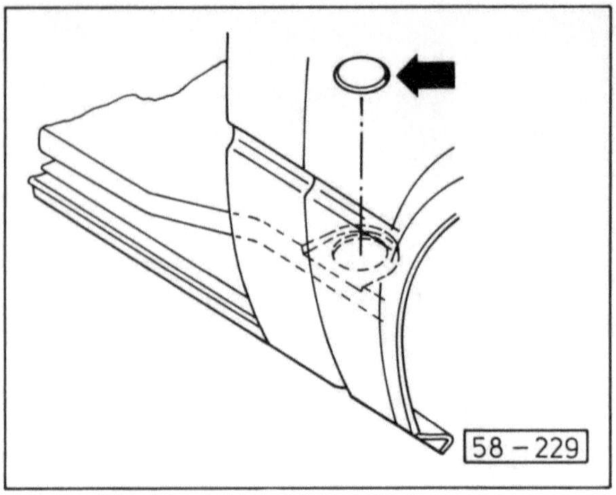

- Kunststoffklappe im Ladeboden von unten mit Finger hochdrücken.
- Die beiden Schrauben zur Befestigung des Zsb. Rollenführung unten – siehe Abb. 58-228 – lösen, Rollenführung bis zum Anschlag zur Tür drücken und nur die türseitige Schraube festdrehen.
- Tür vorsichtig schließen.
- Türseitige Schraube von innen langsam lösen. Zweite Person sagt von außen an, wann Tür mit dem Außenblech der B-Säule fluchtet, dann Schraube wieder fest andrehen.
- Tür öffnen und beide Schrauben festdrehen. Drehmoment siehe Abb. 58-228

Achtung: Sollte aufgrund von Mehrausstattungen das Montageloch im Ladeboden nicht zugänglich sein, muß – wie bisher üblich – die Tür mit der Außenkontur der Säule abgestimmt werden.

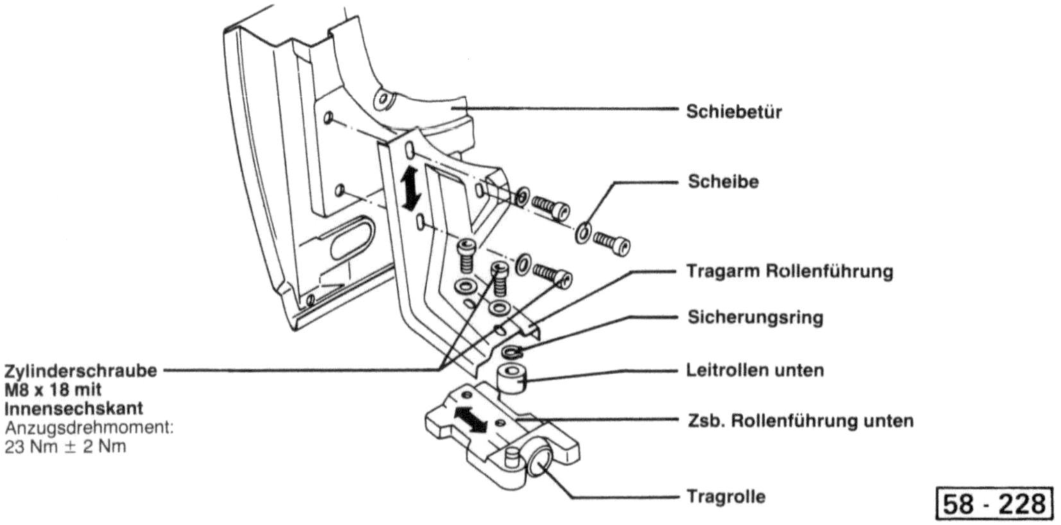

- Stimmt die Tür höhenmäßig nicht, ist der Tragarm Rollenführung zu versetzen.
- Fluchtet die Tür vorn mit dem Außenblech der B-Säule nicht, ist die Rollenführung unten zu versetzen.

Obere Rollenführung einstellen

- Tür fluchtet vorn oben nicht mit Außenkontur B-Säule.

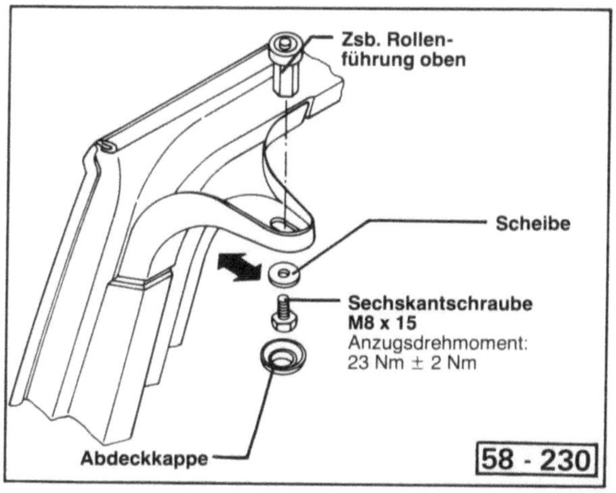

- Falls die Tür oben mit der Außenkontur der B-Säule nicht fluchtet, Abdeckkappe von Hand abziehen und den Zapfen mit der Rollenführung versetzen.

Schließbolzen mit Scharnierbeschlag einstellen

- Tür fluchtet nicht mit Außenkontur der C-Säule.
- Tür stimmt höhenmäßig nicht.
- Türfugen sind vorn und hinten ungleich.

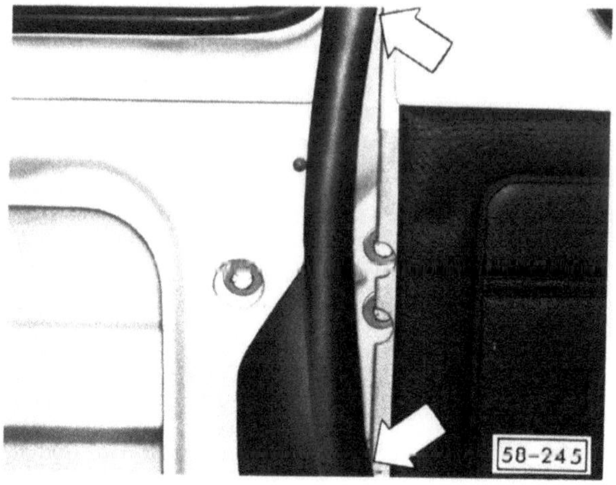

- Tür öffnen und Keder von der C-Säule abziehen.

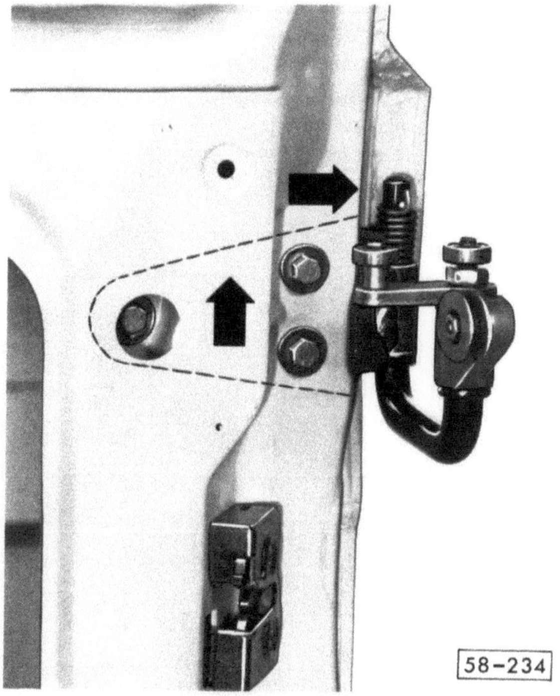

- Vor jedem Verstellen oder jeder Montage des Schließbolzens sind die Scharnierbeschlagschrauben zu lösen und der Beschlag in die oberste, hinterste Stellung zu drücken und die drei Sechskantschrauben „handfest" anzuziehen.

- Zur richtigen Justierung des Schließbolzens zum Schloßmaul muß im Schloß eine Kunststoffdistanzklammer als Einstellhilfe vorhanden sein.
- Neue Ersatzteilschlösser haben diese Klammer; sie kann aber auch als Einzelteil bestellt werden.

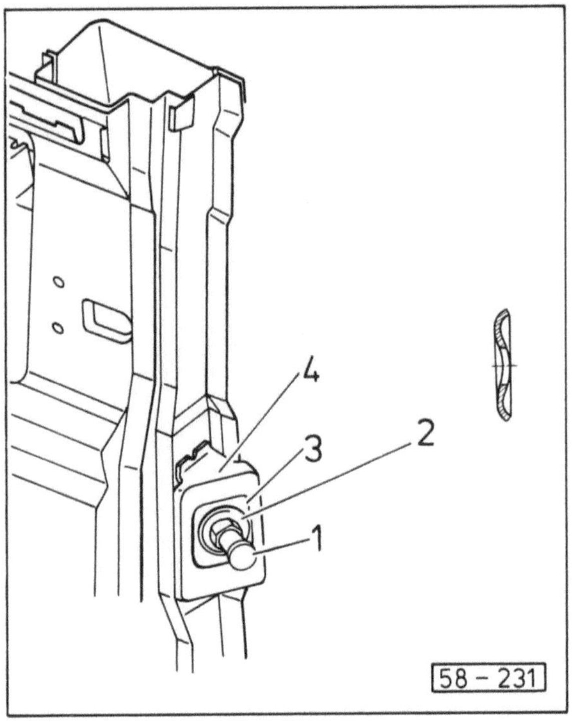

1 – Schließbolzen, 2 – Federteller (Kragen muß immer nach außen zeigen), 3 – Einstellhilfslinien für Schließbolzen, 4 – Befestigungsbock für Schließbolzen/Federteller.

- Schloß mit Distanzklammer versehen.
- Schließbolzen – 1 – und Federteller – 2 – am Befestigungsbock – 4 – festschrauben. Dabei darauf achten, daß der Federteller – 2 – mittig der Einstellinien für Schließbolzen – 3 – sitzt. Dies ist die Grundeinstellung für den Schließbolzen.
- Tür vorsichtig mit wenig Schwung hinten zudrücken, dabei im Gürtelsickenbereich etwas anheben.
- Höhenlage der Tür und Außenblechbündigkeit in Türmitte kontrollieren und eventuelle Korrekturbeträge messen.
- Tür öffnen und Korrekturbeträge am Befestigungsbock für Schließbolzen mit Filzschreiber markieren.
- Schließbolzen in die angezeichnete Position bringen.
- Tür wieder vorsichtig schließen (1 Helfer innen) und Lage erneut im Türausschnitt prüfen.
- Ist die Tür in Höhe und Außenblechbündigkeit richtig eingestellt, Scharnierbeschlagschrauben ganz lösen.
- Tür von außen mit Kunststoffkeil in Längsrichtung vermitteln.

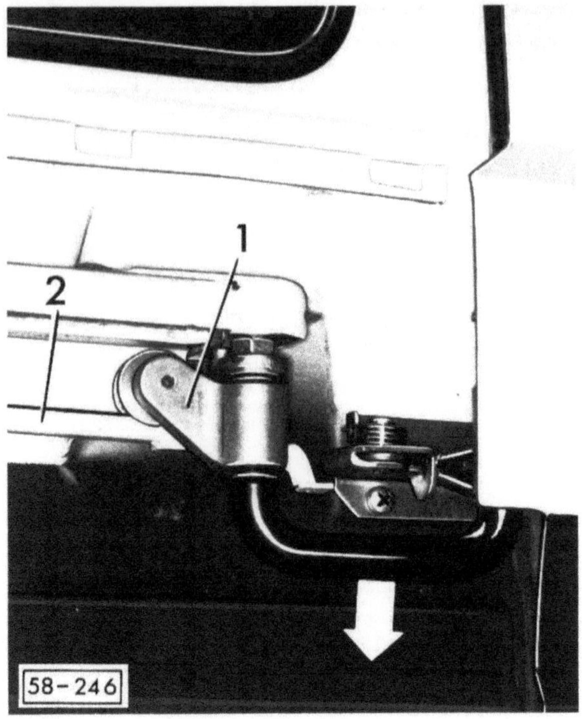

- Am Bügel des Scharnierbeschlages den Rollenwagen – 1 – so weit herunterziehen, bis die Tragrolle auf der Führungsschiene – 2 – aufsitzt.
- Scharnierbeschlagschrauben von innen festziehen.
- Tür öffnen und Distanzklammer aus dem Türschloß entfernen.
- Alle Schrauben auf Drehmoment festziehen. Scharnierbeschlagschrauben: 23 Nm ± 2 Nm. Schließbolzen: 50 Nm ± 5 Nm.
- Keder wieder auf Flansch der C-Säule drücken.

Scharnierbeschlag separat einstellen

- Türfugen vorn und hinten ungleich.
- Tür bleibt beim Öffnen über Außengriff im Bereich C-Säule hängen.
- Ist eine Positionsänderung des Schließbolzens nicht erforderlich, kann der Scharnierbeschlag separat eingestellt werden.

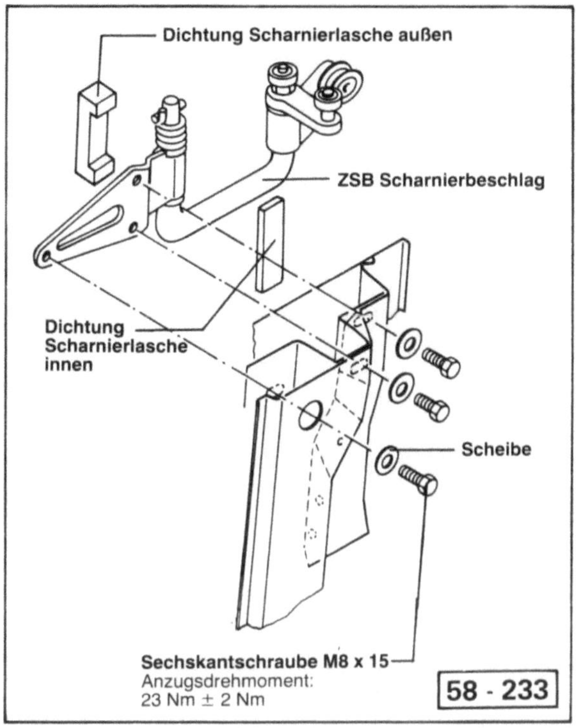

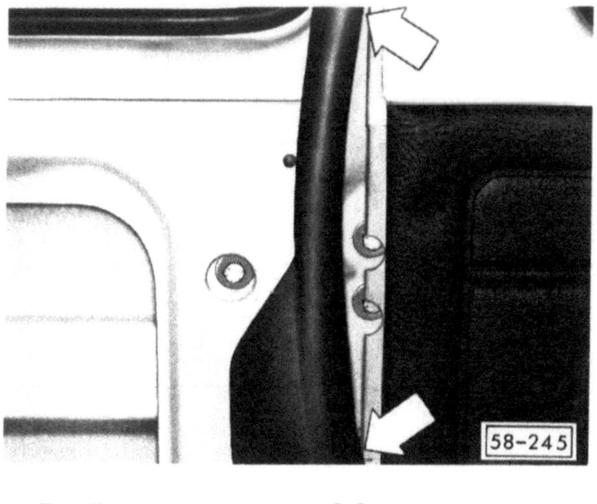

- Tür öffnen und Keder von der C-Säule abziehen.

- Tür mit Scharnierbeschlag aus der mittleren Führungsschiene aushängen, siehe „Schiebetür aus- und einbauen" und hinteren Bereich auf passende Unterlage absetzen.
- Schrauben des Scharnierbeschlages lösen.

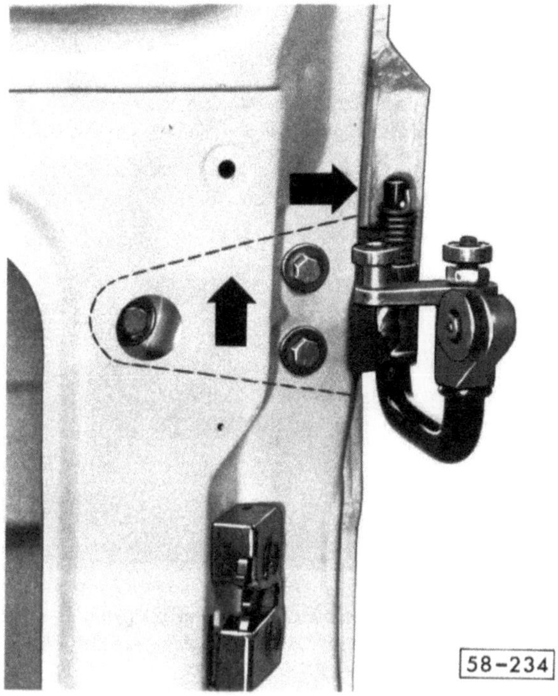

- Scharnierbeschlag in die oberste, hinterste Stellung drükken und die drei Sechskantschrauben handfest anziehen.
- Tür mit Scharnierbeschlag wieder in die mittlere Führungsschiene einhängen.

- Distanzklammer aus Kunststoff in das Zentralschloßmaul eindrücken.
- Tür vorsichtig mit wenig Schwung hinten zudrücken, dabei im Gürtelsickenbereich etwas anheben (1 Helfer im Fahrzeug).
- Schrauben des Scharnierbeschlages von innen lösen.
- Türfugen vorn und hinten kontrollieren, gegebenenfalls mit Kunststoffkeil auf gleichen Abstand bringen.

- Am Bügel des Scharnierbeschlages den Rollenwagen – 1 – so weit herunterziehen, bis die Tragrolle auf der Führungsschiene – 2 – aufsitzt.
- Scharnierbeschlagschrauben von innen festziehen. Anzugsdrehmoment 23 Nm ± 2 Nm.
- Tür öffnen und Einstellhilfe aus dem Zentralschloß entfernen.
- Keder wieder auf Flansch der C-Säule aufdrücken.

Einstellarbeiten an der Hochraumwagen-Schiebetür

Hier sind nur die von der Serien-Schiebetür abweichenden Einstellarbeiten beschrieben. Vor dem Einstellen, alle Einstellarbeiten wie an der Serien-Schiebetür durchführen.

Bowdenzug Zusatzverriegelung einstellen

- Zusatzverriegelung klappert.
- Bowdenzug zu stramm eingestellt, Zusatzverriegelung ohne Funktion.

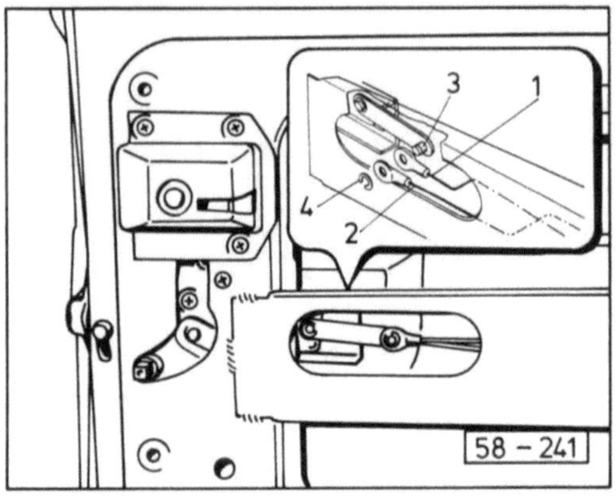

- Zugdraht –1– und Bowdenzug –2– auf dem Zapfen der Verbindungslasche –3– befestigen und mit Sicherungsscheibe –4– sichern.

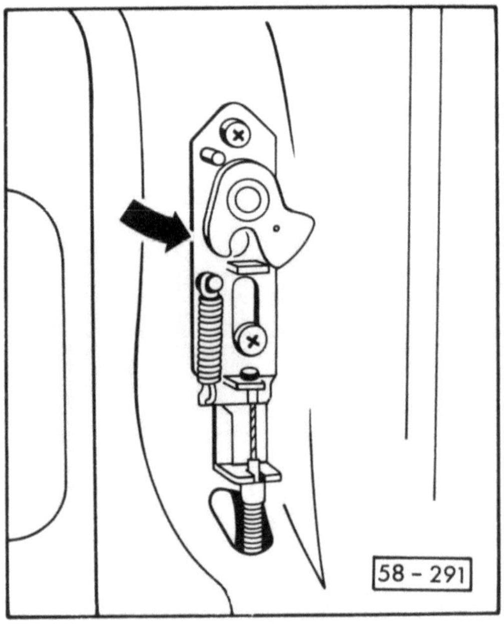

- Drehfalle der Zusatzverriegelung in Pfeilrichtung herunterdrücken, bis sie einrastet.

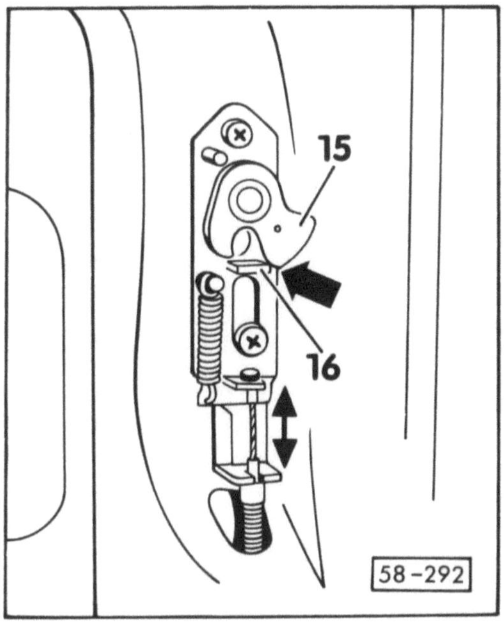

- Bowdenzug so einstellen, daß er bei geschlossener Drehfalle der Zusatzverriegelung spielfrei ist –Doppelpfeil–.
- Bei richtiger Einstellung des Bowdenzuges muß volle Überdeckung –Pfeil– der Drehfalle –15– und des Schiebers –16– bestehen.

Schließbolzen für Zentralverriegelung einstellen

- Tür fluchtet nicht mit Außenkontur C-Säule.
- Tür schwergängig beim Öffnen und Schließen, Drehfalle sitzt oben auf Schließbolzen auf.

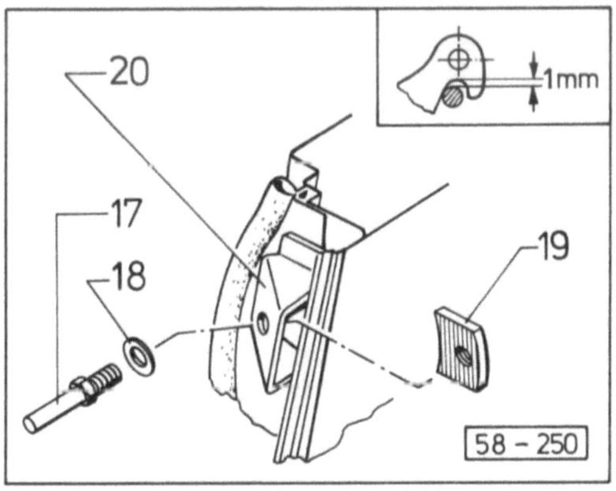

- Schließbolzen –17–, Federteller –18– und Gewindeplatte –19– am Befestigungsbock –20– unten außen festschrauben. Der Kragen vom Federteller muß nach außen zeigen.
- Tür schließen.
- Außenblechbündigkeit im oberen Bereich mit Außenkontur C-Säule prüfen, falls notwendig, Korrekturbetrag messen.
- Tür öffnen und Korrekturbetrag am Befestigungsbock für Schließbolzen/Federteller mit Filzschreiber markieren.
- Schließbolzen in die angezeichnete Position bringen.
- Tür schließen und Außenblechbündigkeit mit C-Säule im oberen Bereich erneut prüfen.
- Gleichzeitig von innen kontrollieren, ob der Abstand zwischen Schließbolzen und Drehfalle im oberen Bereich **mindestens 1 mm** beträgt, siehe Abb. 58-250.
- Tür öffnen.
- Sitz des Schließbolzens ggfs. erneut korrigieren.
- Tür schließen. Außenblechbündigkeit/Kontur C-Säule und Abstand Schließbolzen/Drehfalle Zusatzverriegelung nochmals kontrollieren.
- Tür öffnen, Schließbolzen auf Drehmoment: 50 Nm festziehen.

Fernbetätigungsschloß aus- und einbauen

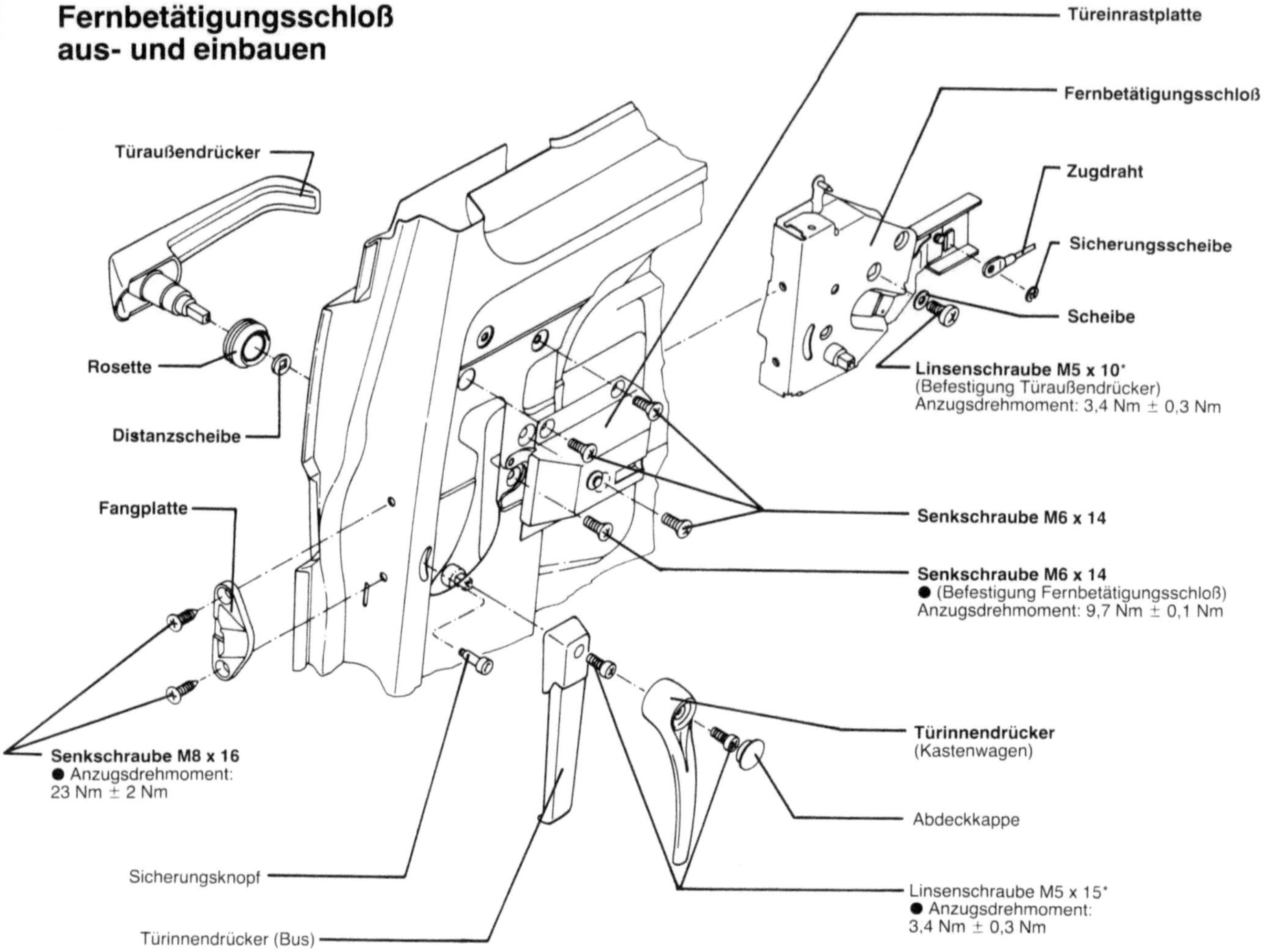

* gekennzeichnete Schrauben müssen mit flüssigem Einkomponenten-Kunststoff gesichert werden!
Dafür empfehlen wir: ● Loctite „Typ normal", Kenn.-Nr. 274, Farbe blau

58 - 235

Ausbau

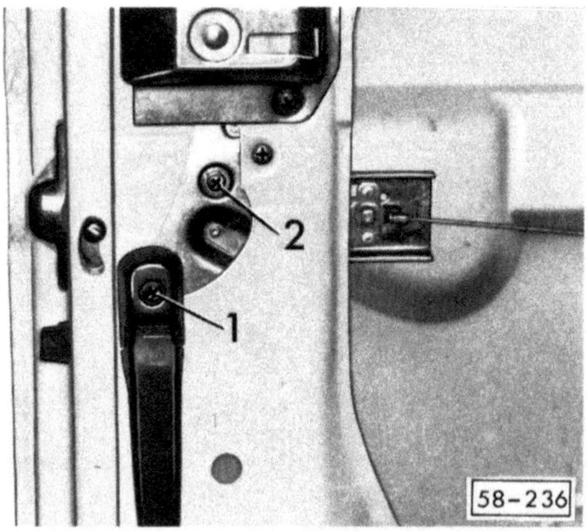

- Kreuzschlitzschrauben – 1 – und – 2 – aus Türinnen- und Türaußengriff herausschrauben.
- Türinnen- und Türaußengriff mit Distanzscheibe ausbauen.

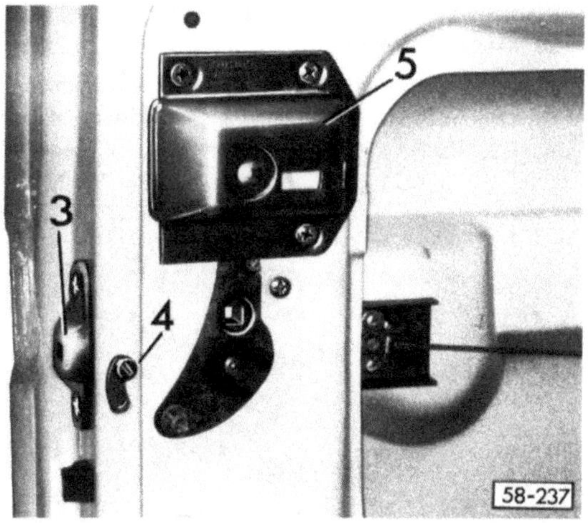

- Fangplatte – 3 – abschrauben.
- Sicherungsknopf – 4 – abschrauben.
- Tür-Einrastplatte – 5 – abschrauben.

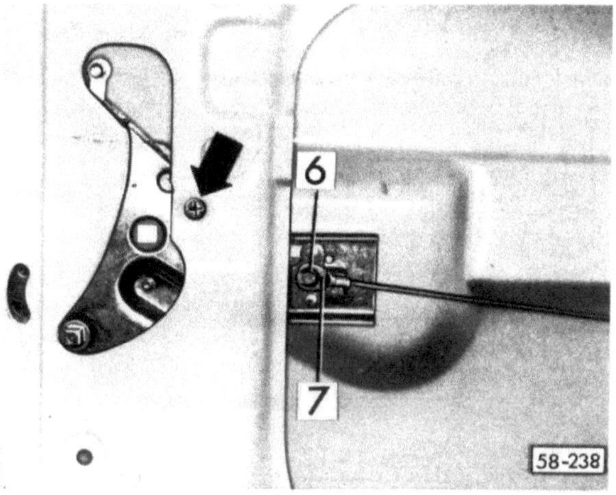

- Sicherungsscheibe – 6 – vom Zugdraht – 7 – und Fernbetätigungsschloß abhebeln.
- Zugdraht – 7 – vom Zapfen des Fernbetätigungsschlosses abhebeln.
- Kreuzschlitzschraube – Pfeil – herausschrauben und Fernbetätigungsschloß zwischen Türinnen- und Türaußenblech herausziehen.

Einbau

- Schloß zwischen Türinnen- und Türaußenblech schieben, Fangplatte anpassen und locker verschrauben.
- Befestigungsschrauben für Türinnen- und Türaußengriff mit Loctite beschichten – siehe Abb. 58-235 – und beide Griffe verschrauben.
- Schloßbefestigungsschrauben fest anziehen.
- Sicherungsknopf einschrauben.
- Anzugsdrehmomente von Schraubverbindungen beachten, siehe Abb. 58-235.

Zentralschloß aus- und einbauen

Ausbau

Achtung: Das Zentralschloß kann bei eingebauter, geöffneter Schiebetür aus- und eingebaut werden.

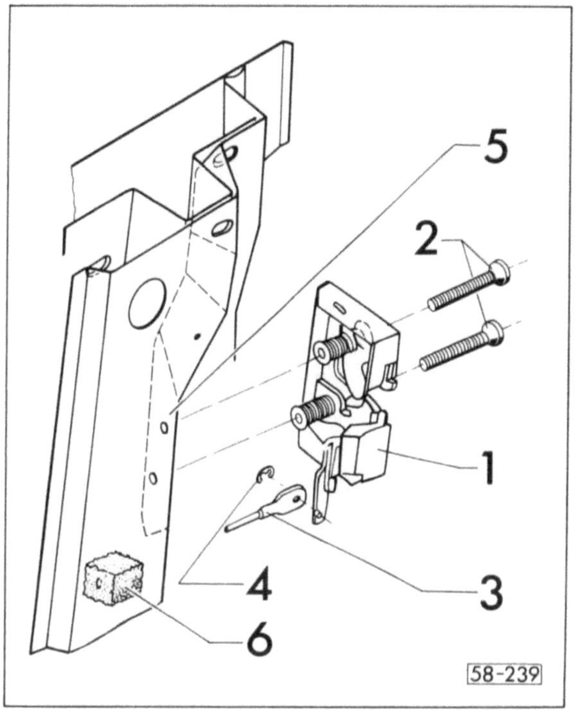

1 – Zentralschloß, 2 – Senkschrauben M8 x 40, Anzugsdrehmoment: 23 Nm ± 2 Nm, 3 – Zugdraht, 4 – Sicherungsscheibe, 5 – Schiebetür/Anlagefläche hinten, 6 – Schaumkissen-Zugdraht.

- Schiebetürverkleidung ausbauen.

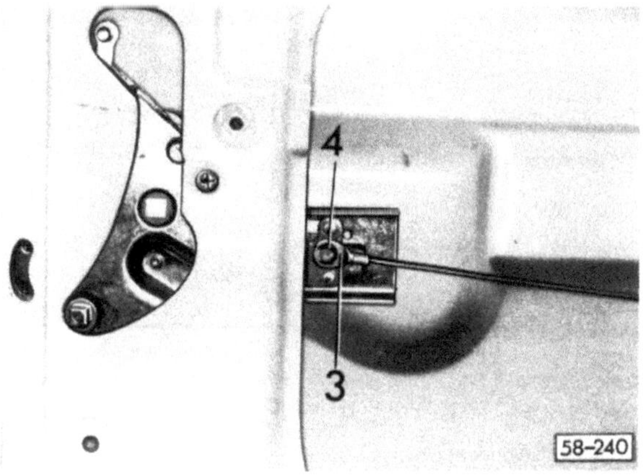

- Sicherungsscheibe – 4 – vom Zugdraht am Fernbetätigungsschloß abhebeln.
- Zugdraht – 3 – vom Zapfen des Fernbetätigungsschlosses abziehen.
- Schrauben – 2 – herausschrauben, siehe Abb. 58-239.
- Zentralschloß mit Zugdraht abziehen, Sicherungsscheibe – 4 – vom Zugdraht – 3 – und vom Zentralschloß abhebeln, siehe Abb. 58-239.

Einbau

- Zugdraht auf Zapfen des Zentralschlosses drücken und mit Sicherungsscheibe sichern.
- Zugdraht in die Tür einschieben und Schaumkissen – 6 – auf den Zugdraht – 3 – aufschieben, siehe Abb. 58-239.
- Schloß mit Schiebetür verschrauben. Anzugsdrehmoment: 23 Nm ± 2,3 Nm.
- Zugdraht auf Zapfen des Fernbetätigungsschlosses drükken und mit Sicherungsscheibe sichern. Schaumkissen auf dem Zugdraht in Türmitte ankleben.

Scharnierbeschlag/ Verschleißteile auswechseln

Achtung: Alle abgebildeten Teile stehen als Ersatzteile zur Verfügung! Es sind daher nur die beschädigten Einzelteile auszuwechseln.

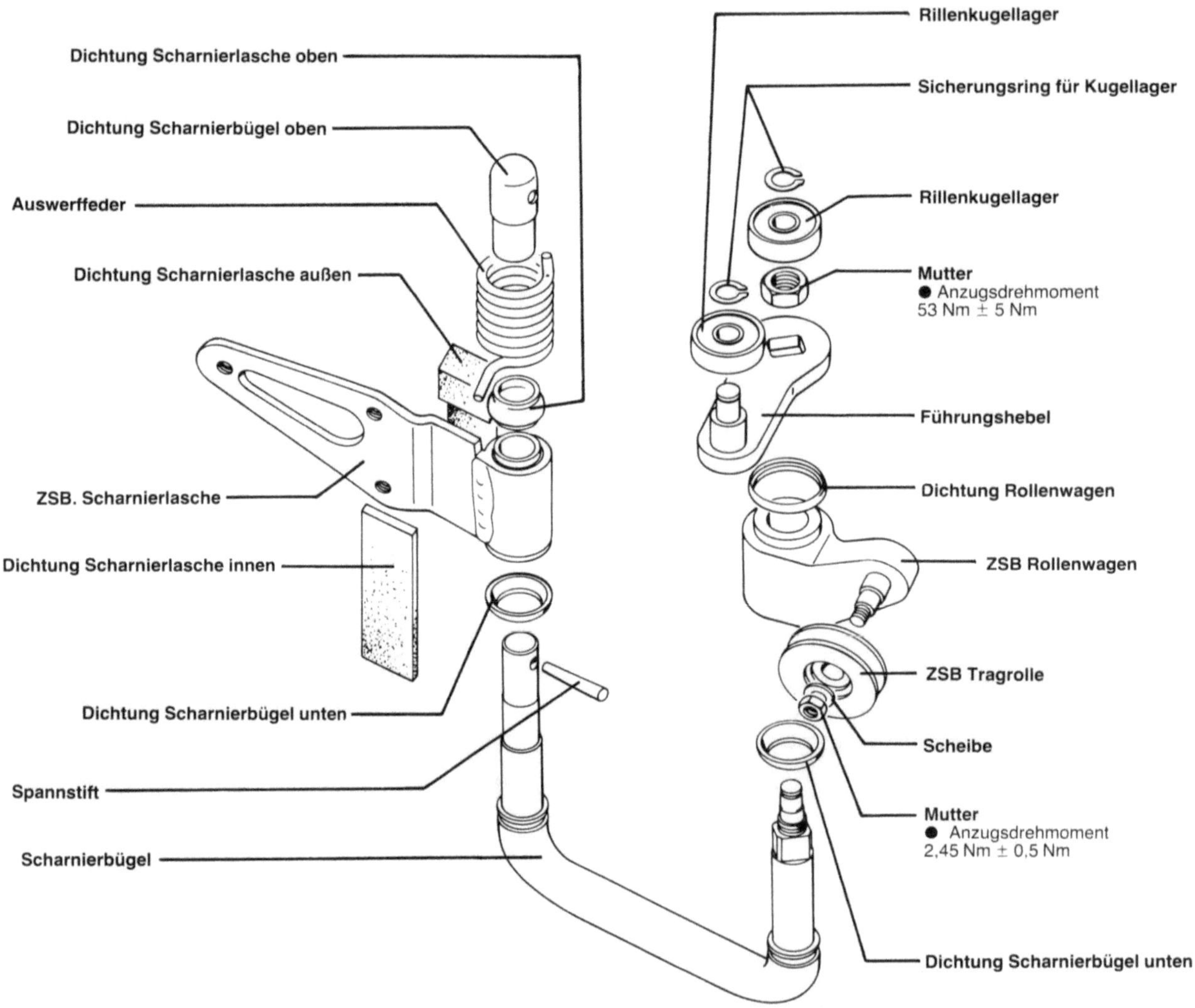

58 - 242

Fahrersitz aus- und einbauen

Ausbau

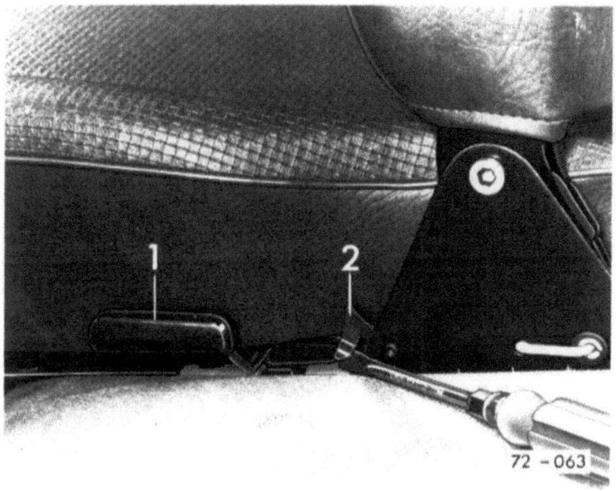

- Sperrfeder (1) für Fahrersitz nach oben ziehen und Sitz nach vorne schieben.
- Sperrhebel (2) mit einem Schraubendreher nach oben drücken und Sitz vorne aus den Führungsschienen herausschieben.

Einbau

- Fahrersitz einsetzen, Sperrhebel nach oben drücken und Sitz in die Führungsschienen einschieben.
- Sperrfeder nach oben ziehen und Sitz ganz zurückschieben.

Windschutz-/Seitenscheibe erneuern

- Falls die alte Gummidichtung wieder verwendet wird, Dichtung von Scheibenresten befreien.
- Gummidichtung um die Scheibe legen. Falls Zierrahmen vorhanden, Zierrahmen in Gummidichtung eindrücken.

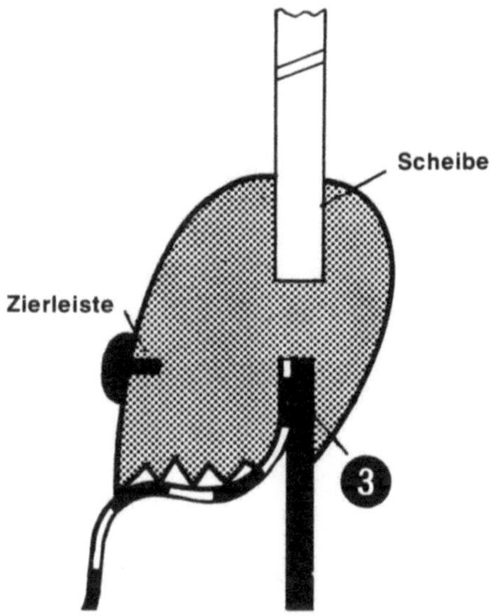

- In die Gummirille (3) Kabel oder Paketschnur einlegen. Dabei die Gummidichtung mit einem mittleren Schraubenzieher spreizen und Kabel rundherum eindrücken. Das Kabel muß tief in der Rinne liegen. Die Enden des Kabels sollen in der Mitte der Scheibe liegen.

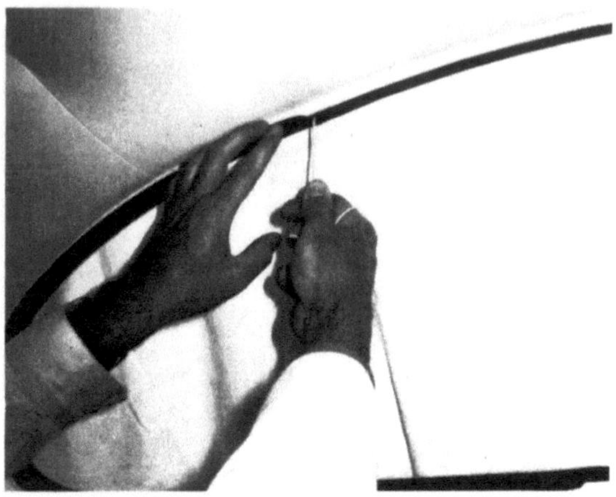

- Scheibe einsetzen und Kabel langsam herausziehen (siehe Foto), dabei muß sich die Gummilippe um den Blechsteg legen.
- Während das Kabel von der Wageninnenseite langsam herausgezogen wird, muß eine zweite Person mit der flachen Hand von außen auf die Scheibe schlagen, damit diese angepreßt wird.

Die Campingausstattung

Achtung: Bei Arbeiten an der zusätzlichen elektrischen Anlage im Campingwagen sind folgende Sicherheitshinweise zu beachten:

- 220 Volt-Außen- und Innensteckdosen, 220 Volt-Verteilerdose, Ladegerät und Kühlschrank **niemals** bei angeschlossenem Netzstecker aus- und einbauen.
- Nach dem Aus- und Einbau von Aggregaten oder Bauteilen des Campingwagens **unbedingt** auf eine sichere Kontaktgabe des grün/gelben Schutzleiters der 220 Volt-Anlage achten.
- Spannungsprüfung an der 220 Volt-Anlage nur mit einem für diese Spannung **geeigneten** Spannungsprüfer durchführen.
- Bei Störungen an der elektrischen Anlage grundsätzlich den Stromlaufplan benutzen. Es ist sinnvoll, vor dem Ausbau von Aggregaten, die für den betroffenen Stromkreis zuständige **Sicherung zu prüfen.**

Kontrollampen für Anzeigegerät prüfen

1. Kontrollampen für Betriebsbereitschaft und Kontrollampen für Ladezustand Batterie prüfen:

- Anzeigegerät ausbauen

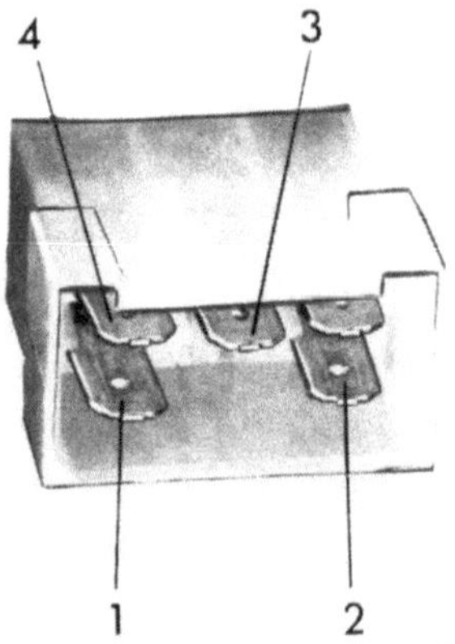

97-682

- Anzeigegerät an eine geladene 12 Volt-Fahrzeugbatterie anschließen. Rote Leitung (1) in der Sechsfachverbindung an Pluspol, schwarze Leitung (2) an Minuspol.

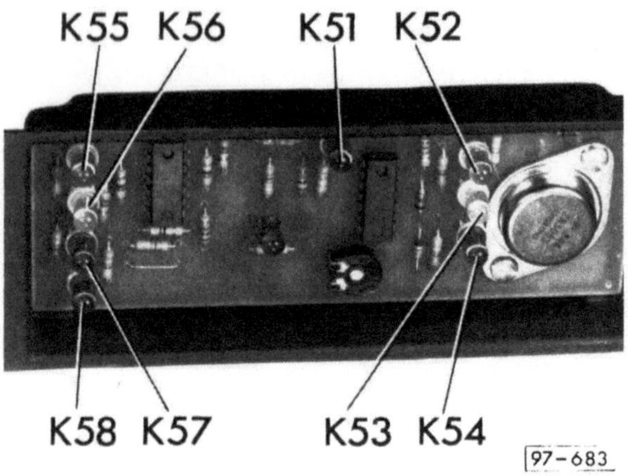

97-683

- Die Kontrollampe für Betriebsbereitschaft (K 51) und die Kontrollampe für Batterieladezustand (K 52) über der 12,5 Volt-Anzeige müssen aufleuchten.
- Batterie mit einem Batterie-Testgerät mit höchstens 110 A belasten. Während der Belastungszeit sinkt die Batteriespannung. Die Anzeige muß von der grünen Leuchtdiode (K 52) über die gelbe (K 53) zur roten (K 54) Leuchtdiode wechseln. Bei einer Batteriespannung unter 12 Volt muß bereits die rote Leuchtdiode aufleuchten.
- Leuchtet bei der Prüfung nur eine der Leuchtdioden nicht wie vorgeschrieben auf, ist das Anzeigegerät mit Kontrolllampen zu ersetzen.

2. Kontrollampen für Füllstandsanzeige Wassertank prüfen:

- Anzeigegerät ausbauen.
- Anzeigegerät an eine 12 Volt-Fahrzeugbatterie anschließen (rote Leitung (1) in der Sechsfach-Steckverbindung an Pluspol, schwarze Leitung (2) an Minuspol).
- Grüne Leitung eines **neuen** Gebers für Wassertank auf die grüne Leitung (3) in der Sechsfach-Steckverbindung stecken. Die rote Leuchtdiode (K 58) muß aufleuchten.
- Eine Prüfleitung an den Minuspol der Batterie anklemmen. Die Prüfleitung nacheinander an die weiße, gelbe und grüne Leitung des Gebers für Wassertank anschließen. Dabei müssen nacheinander die Leuchtdioden – K 57, K 56 und K 55 – aufleuchten.
- Leuchtet bei der Prüfung nur eine der Leuchtdioden nicht wie vorgeschrieben auf, ist das Anzeigegerät mit Kontrollampen zu ersetzen.

Wasserpumpe prüfen

Achtung: Sicherheitshinweise beachten, siehe Seite 190.

Bei der Beanstandung: „Wasserpumpe arbeitet nicht" ist zusätzlich zur Wasserstandskontrolle und zur Prüfung der Anschlüsse und der Sicherung nach Stromlaufplan folgender Hinweis zu beachten:

- Sicherung prüfen. Die Sicherung für die Wasserpumpe befindet sich an der Wasserpumpe unter der Abdeckung im rechten Stauschrank.
- Die Wasserpumpe wird bei einem Wasservorrat von weniger als 2 Litern elektronisch abgeschaltet, um einen Trockenlauf zu verhindern. Liegt eine Störung in der Elektrik vor, kann dieser Fall auch bei einem größeren Wasservorrat eintreten.

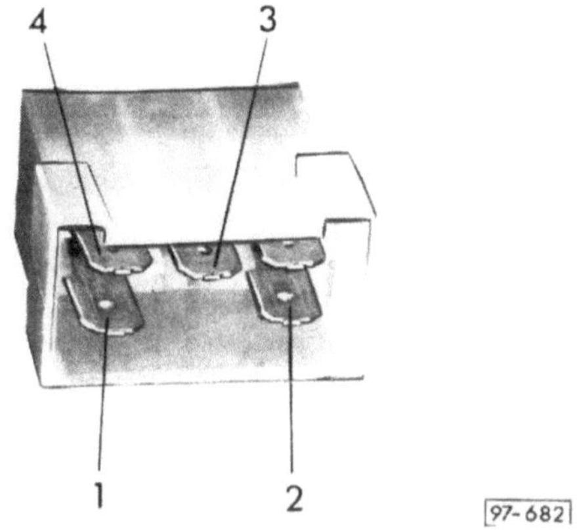

- Zur Prüfung ist eine Prüflampe an die gelbe Leitung – 4 – der Sechsfach-Steckverbindung für Anzeigegerät anzuschließen (dazu Anzeigegerät herausnehmen). Steckverbindung **nicht** trennen.

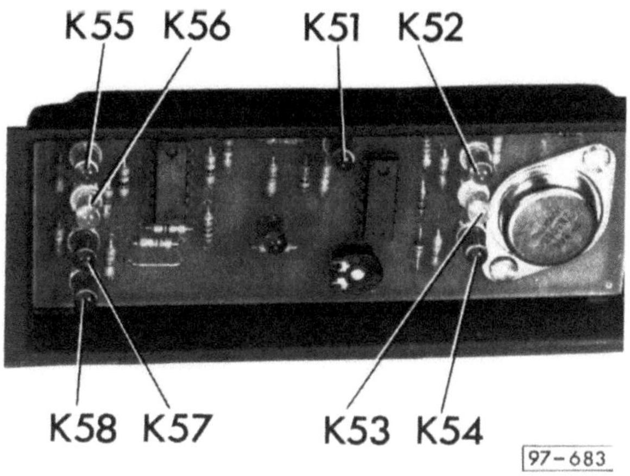

- Leuchtet eine von den mit K 55 – K 57 bezeichneten Leuchtdioden auf, muß auch die angeschlossene Prüflampe aufleuchten (der Wasservorrat beträgt mehr als 2 Liter).
- Leuchtet die Prüflampe nicht wie vorgeschrieben auf, ist das Anzeigegerät mit Kontrollampen zu ersetzen.

Wasserhahn aus- und einbauen

Ausbau:

- Schublade aus Küchenschrank herausziehen.
- Zwischenboden ausbauen.

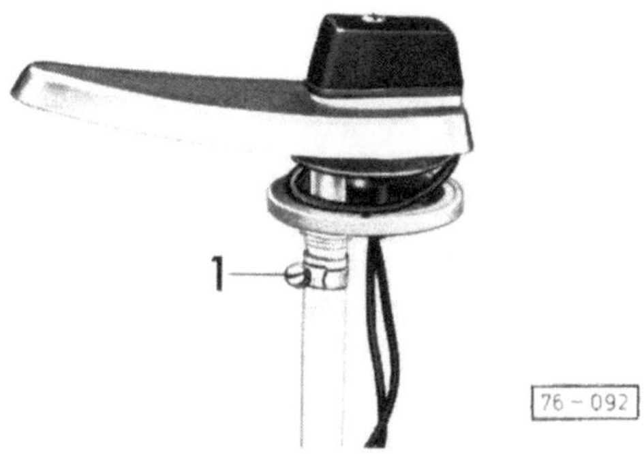

- Schlauchschelle (1) vom Innern des Küchenschrankes her lösen und Druckschlauch abziehen.

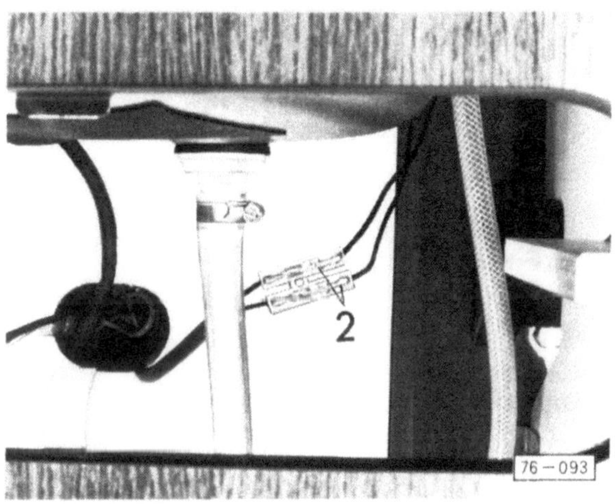

- Steckverbindung –2– trennen.
- Zwei Sechskantmuttern von unten her abschrauben.
- Wasserhahn nach oben herausziehen.

Einbau:

- Wasserhahn in Einbaulage bringen und mit Sechskantmuttern befestigen.
- Druckleitung auf Stutzen aufschieben, ggf. vorher in Warmwasserbad erwärmen.
- Druckleitung durch Schlauchschelle sichern.
- E-Anschluß herstellen.
- Zwischenboden einbauen, Schublade einschieben.

Stellmotor für Zentralverriegelung aus- und einbauen

Ausbau

- Türverkleidung ausbauen.
- Schutzfolie abziehen.

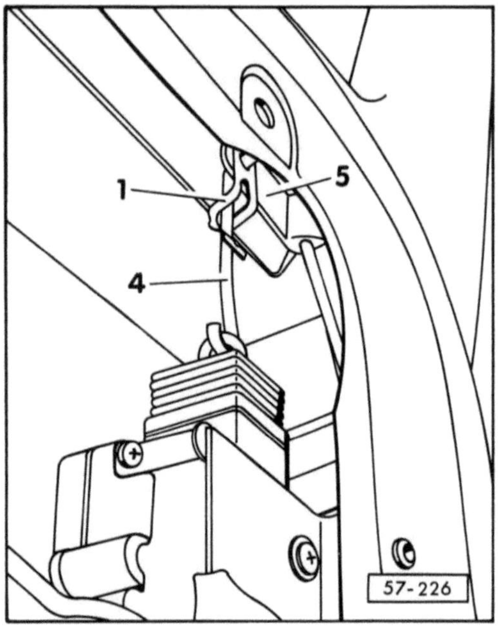

- Elektrische Steckverbindungen vom Zentralverriegelungsmotor abziehen.
- Stangenfeder –1– von der Verriegelungsstange –4– abclipsen.
- Verriegelungsstange –4– aus der Lasche –5– der Sicherungsstange herausdrücken.

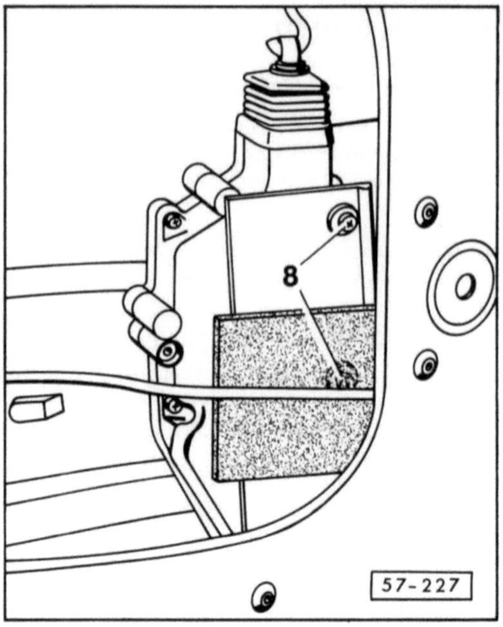

- 2 Kreuzschlitzschrauben –8– herausdrehen und Zentralverriegelungsmotor herausnehmen.
- Soll das Trägerblech vom Motor ausgebaut werden, so sind die 3 Hohlnieten –im Bild rechts– aufzubohren und beim Einbau durch neue zu ersetzen, gegebenenfalls Schrauben verwenden.

Einbau

- Stecker für Stellmotor aufschieben.
- Stellmotor in die Tür einsetzen, Gestänge in Stellmotor einhängen.
- Stellmotor anschrauben mit 2 Schrauben.
- Funktion von Zentralverriegelung und Schloß überprüfen.
- Türverkleidung einbauen.

Die Heizung

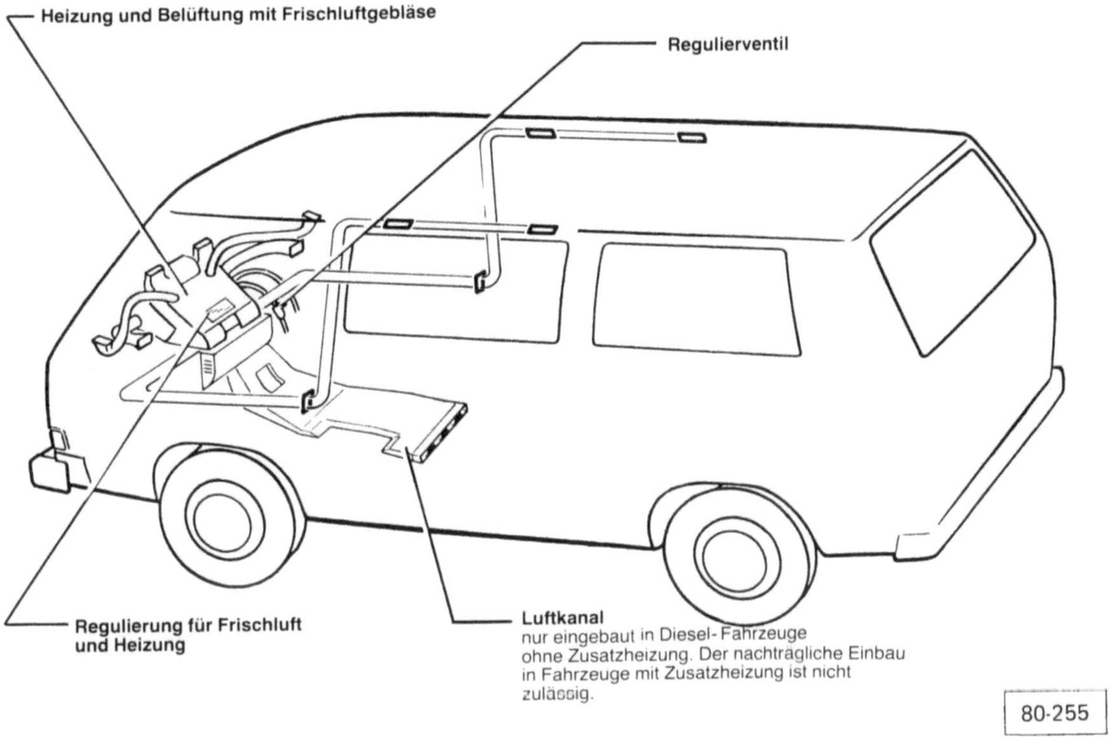

Beim VW BUS wird zum Erwärmen des Innenraumes das Kühlmittel für den Motor durch einen Wärmetauscher geleitet. Die Wärmetemperaturregelung erfolgt durch das Mischen von kalter und warmer Luft. Zur Verstärkung der Frisch- beziehungsweise Heizungsluft dient ein elektrisches Gebläse.

Die Temperaturregelung erfolgt stufenlos und unabhängig von der Drehzahl des Motors.

Bei Fahrzeugen mit Zusatzheizung befindet sich ein Sicherheitsschalter unter der Armaturentafel rechts neben der Lenksäule. Springt das Heizgerät einmal nicht an oder geht es nach dem Anspringen wieder aus, 3 Minuten warten und dann den roten Hebel am Sicherheitsschalter betätigen.

Springt die Heizung trotzdem nicht an oder schaltet der Sicherheitsschalter die Anlage wieder aus, liegt ein Defekt vor, der nur von einem V.A.G Betrieb behoben werden kann.

Züge für Frischluft und Heizung einstellen

- Hebel für Frischluft- und Heizluftregulierung und Knopf für Gebläse abziehen.
- Blende mit Schraubendreher abhebeln.
- Handschuhkasten ausbauen.
- Schalttafeleinsatz ausbauen, siehe Seite 223.

In Kombi-, Kasten-, Pritschen- und Doppelkabinenwagen ist die Regulierung für Heizung mit drei Hebeln eingebaut, weil die Klappe für Belüftung Fahrgastraum nicht vorhanden ist. Der untere vierte Hebel fehlt.

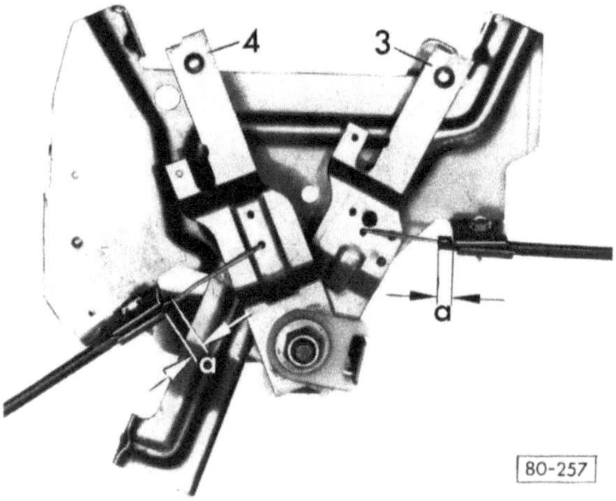

- Unteren Hebel – 4 – mit zweimal grün gekennzeichnetem Zug belegen. Zug führt zur Klappe für Fahrgastraum. Überstand der Hüllen a = 3 mm.
- Unteren Hebel – 3 – mit grün/gelb gekennzeichnetem Zug belegen. Zug führt zur Hauptabschaltklappe.

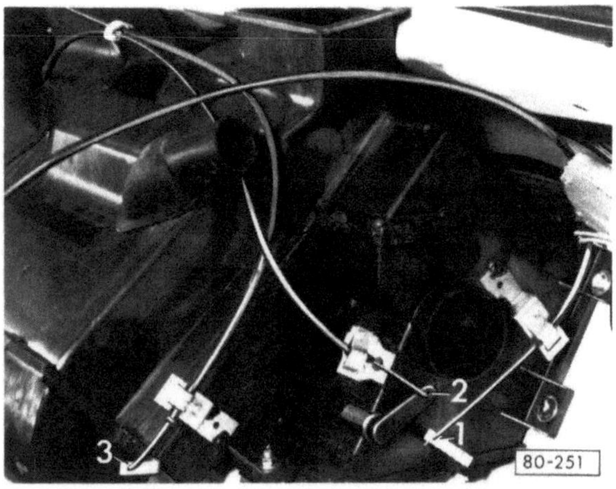

- 1 – Klappe für Belüftung Fahrgastraum, 2 – Hauptabschaltklappe, 3 – Defrosterklappe – Fußraumklappe.

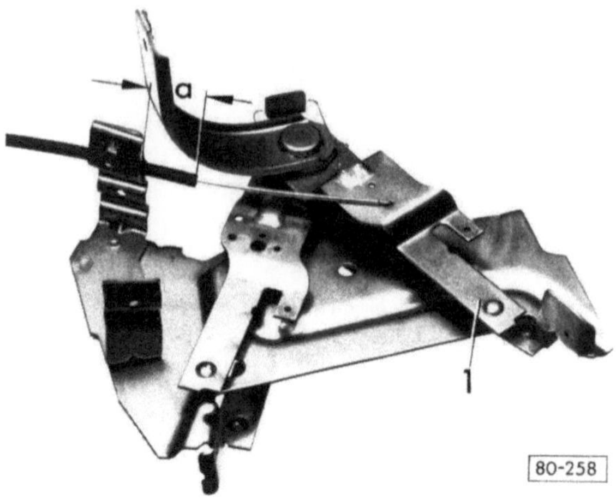

- Oberen Hebel – 1 – mit rot gekennzeichnetem Zug belegen. Zug führt zum Warmluftverteiler Fahrgastraum, wenn Zusatzheizung DA6 vorhanden ist. Überstand a = max. 38 mm.

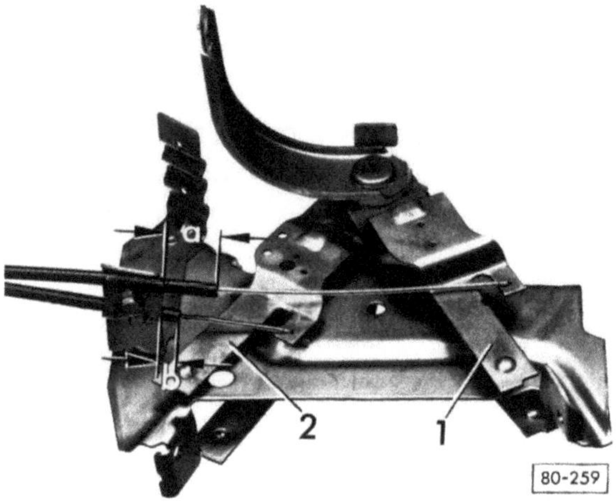

- Oberen Hebel – 2 – mit zweimal blau/gelb gekennzeichnetem Zug belegen. Zug führt zum Regulierventil. Überstand a = 30 mm, Überstand b = 20 mm.
- Oberen Hebel – 1 – mit rot gekennzeichnetem Zug belegen. Zug führt zur Defrosterklappe – Fußraumklappe.
- Handschuhkasten einbauen.
- Schalttafeleinsatz einbauen, siehe Seite 223.
- Blende einsetzen.
- Hebel für Frischluft- und Heizregulierung und Knopf für Heizgebläse aufschieben.

Heizluftführung

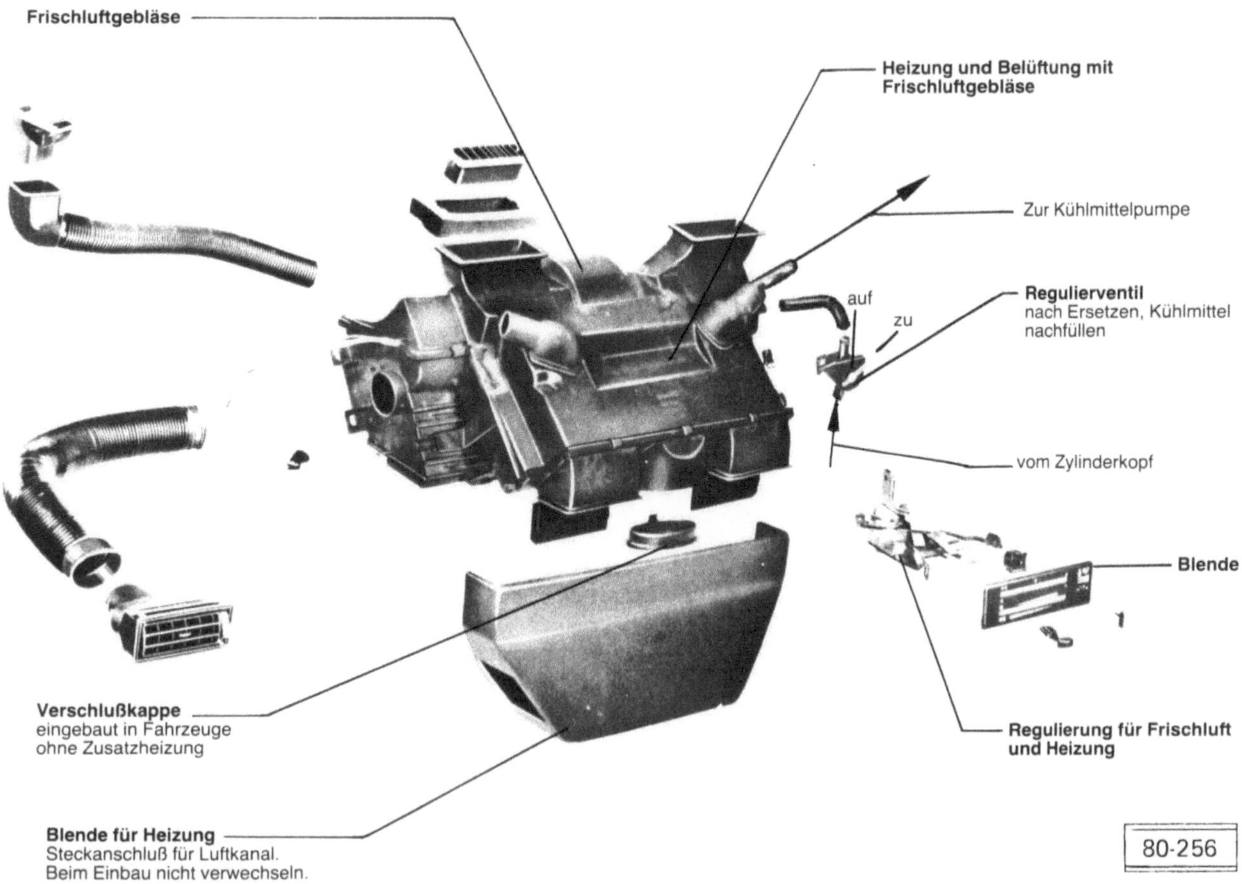

Keilriemen für Kältekompressor spannen

Nur Fahrzeuge mit Klimaanlage

- Der Keilriemen ist richtig gespannt, wenn er sich in der Mitte zwischen den Riemenscheiben mit dem Daumen ca. 10 mm durchdrücken läßt.

Spannen

- 4 Befestigungsmuttern an der Halterung mindestens um 1 Umdrehung lösen.
- Geeigneten Dorn durch die Laschen am Kompressor stecken und Montierhebel wie in der Abbildung gezeigt ansetzen.
- Kompressor mit Montierhebel vom Motor wegdrücken. In dieser Stellung Befestigungsschrauben und -muttern festziehen.
- Keilriemenspannung prüfen, gegebenenfalls Einstellung wiederholen.

Die elektrische Anlage

Die elektrische Anlage (Gleichstrom) im VW Bus hat eine Betriebsspannung von 12 Volt.

Als Stromerzeuger dient ein Drehstrom-Generator mit einer Einrichtung zur Spannungs- und Ladestromregelung. Der Vorteil einer Drehstromlichtmaschine liegt darin, daß sie schon bei Motor-Leerlaufdrehzahl die Batterie lädt. Der Generator wird von der Motorkurbelwelle über einen Keilriemen angetrieben. Die nicht von den Verbrauchern benötigte Energie fließt in die Batterie und wird dort gespeichert.

Die wichtigsten Verbraucher der elektrischen Anlage sind:

Anlasser
Glühanlage
Beleuchtungseinrichtungen mit Blinkanlage
Scheibenwischeranlage
Instrumente
Signalhorn
Innenbeleuchtung
Zubehör: Heckscheibenheizung, Frischluftgebläsemotor, Radio usw.

Zur Beleuchtungs- und Blinkeinrichtung gehören die beiden Scheinwerfer, die vorderen Blinkleuchten, die Blink-, Brems- und Schlußleuchten und die Kennzeichenleuchte.

Die Scheibenwisch- und -waschanlage besteht aus dem Scheibenwischermotor, dem Antriebsgestänge und den beiden Scheibenwischern. Die Scheibenwaschanlage arbeitet elektrisch. Der Scheibenwaschbehälter im vorderen Fußraum ist über eine Schlauchleitung mit den beiden Spritzdüsen verbunden.

Zur Instrumentierung gehören Geschwindigkeitsmesser, Kraftstoffanzeige, Kilometerzähler und Kontrolleuchten für Öldruck, Ladestrom der Lichtmaschine, Fernlicht und Blinklicht.

Die wartungsfreie Transistor-Zündanlage besteht im wesentlichen aus der Zündspule, dem Zündverteiler, den Zündkabeln und den vierZündkerzen.

Die Sicherungen befinden sich, von einem Plastikdeckel abgedeckt, links unter der Armaturentafel, bzw. rechts neben dem Sicherungskasten in extra Halterungen.

Batterie aus- und einbauen

Die Batterie befindet sich hinten im Motorraum. Eine Zweitbatterie kann unter dem Fahrersitz eingebaut sein. Durch ein Trennrelais wird sie nur beim Anlassen des Motors zugeschaltet, oder wenn bei Motorstillstand Strom verbraucht wird. Während der Fahrt werden beide Batterien über den Generator aufgeladen. Das Trennrelais ist ebenfalls unter dem Fahrersitz angeordnet.

Achtung: Wird die Batterie abgeklemmt, werden der Fehlerspeicher der Motorsteuerung, des Anti-Blockier-Systems sowie andere ständig im Eingriff befindliche Geräte (zum Beispiel Radio und Zeituhr) stillgelegt beziehungsweise gelöscht. Vor dem Abklemmen gegebenenfalls Fehlerspeicher abrufen lassen, nach dem Anklemmen betreffende Geräte neu programmieren.
Einige serienmäßig eingebaute Radios besitzen überdies einen Diebstahlschutz in Form einer Codierung. Falls das Radio codiert ist, Radiocode vor Abklemmen der Batterie feststellen. Ist der Code nicht bekannt, kann nur die V.A.G-Werkstatt das Autoradio wieder in Betrieb nehmen.

Ausbau

- Batteriekabel abklemmen, zuerst Massekabel (–), dann Pluskabel (+).
- Halteplatte am Batteriefuß abschrauben und herausnehmen.
- Batterie etwas nach links ziehen und herausheben.

Achtung: Falls Batterie gewechselt wird, darf die alte Batterie nicht in den Hausmüll gelangen, da sie giftige Substanzen enthält. Altbatterie an Sondermüllsammelstelle abgeben. Gemeinde- und Stadtverwaltung informieren darüber, wo sich die nächste Sammelstelle befindet.

Einbau

- Batterie einsetzen, Halteplatte anschrauben. Unbedingt darauf achten, daß der Befestigungsbügel auf die Batteriefußleiste drückt.
- Pluskabel am Pluspol (+), dann Massekabel am Minuspol (–) anklemmen. **Achtung:** Durch eine falsch angeschlossene Batterie können erhebliche Schäden am Generator und an der elektrischen Anlage entstehen.

Batterie prüfen

Säurestand prüfen

- Der Flüssigkeitsspiegel soll 5 mm über den Platten einschließlich der Separatoren stehen. Ist eine Säurestandsmarke vorhanden, dann ist der Säurestand danach einzurichten. Zum Nachfüllen nur destilliertes Wasser nehmen.
- Batterien mit zu hohem Flüssigkeitsstand können bei starker Ladung (längere Fahrten am Tage) überkochen. Zu niedriger Säurestand verkürzt die Lebensdauer der Batterie.

27–528

- Seit August 81 lassen sich die Batterie-Verschlußstopfen nur noch mit einem Schraubendreher abschrauben. Dazu Kunststoffhaut in der vorgesehenen Kerbe mit passendem Schraubendreher durchstechen.
- Schraubendreher in die Kerbe stecken. Verschlußstopfen links herum bis zum Anschlag drehen.
- Verschlußstopfen von Hand abschrauben.
- Der Verschlußstopfen kann wieder von Hand eingeschraubt werden.

Bei den Batterien seit August 1981 handelt es sich um wartungsarme Batterien. Im Normalfall muß bei diesen Batterien nur alle 2 Jahre der Flüssigkeitsstand kontrolliert und gegebenenfalls aufgefüllt werden.

Säuredichte prüfen

- Die Säuredichte gibt in Verbindung mit der Spannungsmessung genauen Aufschluß über den Ladezustand der Batterie. Zur Prüfung dient ein Säureheber, der recht preiswert in Fachgeschäften angeboten wird. Je größer das spezifische Gewicht der angesaugten Batteriesäure ist, desto mehr taucht der Schwimmer auf. An der Skala kann man die Säuredichte in spezifischem Gewicht oder Grad Baumė ablesen. Folgende Werte müssen erreicht werden:

	normale Klimazonen		Tropen	
Ladezustand	Bè.	spez. Gewicht	Bè.	spez. Gewicht
entladen	16	1,12	11	1,08
halb entladen	24	1,20	18	1,14
gut geladen	32	1,28	27	1,23

Achtung: Eine unbenutzte Batterie entlädt sich von selbst. Falls die Batterie nicht rechtzeitig überprüft und nachgeladen wird, können bleibende Schäden an den Platten auftreten. Wird also das Auto für mehrere Wochen stillgelegt, Batterie alle vier Wochen ent- und wieder aufladen.

Spannung messen

- Die Gesamtspannung kann mit einem Batterie-Testgerät (siehe Abbildung) gemessen werden.

27-030

Bei einem Belastungsstrom von etwa 110 A darf die Mindestspannung von 9,6 V nicht unterschritten werden. Sinkt bei dieser Messung (Dauer 5 bis 10 sec.) die Gesamtspannung unter den angebotenen Wert, so ist die Batterie entweder entladen oder defekt.

Batterie-Pole reinigen

Bei der regelmäßigen Durchsicht des Wagens sind auch die Batterie-Pole und Anschlußklammern zu reinigen und mit Säureschutzfett einzureiben.

Batterie laden

- Batterie niemals kurzschließen. Bei Kurzschluß erhitzt sich die Batterie und kann platzen. Nicht mit offener Flamme in Batterie leuchten. Batteriesäure ist ätzend und darf nicht in die Augen, auf die Haut oder die Kleidung gelangen, ggf. mit viel Wasser abspülen.
- Plus- und Massekabel von Batterie abklemmen.
- Vor dem Laden Säurestand prüfen, gegebenenfalls destilliertes Wasser nachfüllen.
- Gefrorene Batterie vor dem Laden auftauen.
- Stopfen aus der Batterie herausschrauben und leicht auf die Öffnungen legen. Dadurch werden Säurespritzer auf dem Lack vermieden, während die beim Laden entstehenden Gase entweichen können.
- Bei der Normalladung wird die Batterie mit ca. 10 % der Kapazität geladen. (Bei einer 45-Ah-Batterie also etwa 4,5 A).
- Pluspol der Batterie mit Pluspol, Minuspol der Batterie mit Minuspol des Ladegerätes verbinden.
- Säuretemperatur darf während des Ladens 55° C nicht überschreiten, ggf. Ladung unterbrechen oder Ladestrom herabsetzen.
- So lange laden, bis alle Zellen lebhaft gasen und bei drei im Abstand von je einer Stunde aufeinanderfolgenden Messungen das spezifische Gewicht der Säure und die Spannung nicht mehr angestiegen sind.
- Batterie mit Heimgerät einen Tag laden.
- Die Batterie darf auch mit einem Schnell-Ladegerät geladen werden.

Achtung: Das Schnelladen einer Batterie sollte nicht zur Gewohnheit werden! Batterien, die lange unbenutzt gestanden haben oder neu sind, dürfen nicht schnellgeladen werden.

- Nach der Ladung Säurestand prüfen, gegebenenfalls destilliertes Wasser nachfüllen.
- Säuredichte prüfen. Liegt der Wert in einer Zelle deutlich unterhalb der anderen Werte (z. B. 5 Zellen zeigen 1,26 und 1 Zelle 1,18) so ist die Batterie defekt und sollte erneuert werden.
- Batterie ca. 20 Min. ausgasen lassen, dann Verschlußstopfen aufschrauben.

Achtung: Der Motor darf nicht bei abgeklemmter Batterie laufen, da sonst die elektrische Anlage beschädigt wird.

Batterie entlädt sich selbständig

Wenn der Verdacht auf Kriechströme besteht, Bordnetz nach folgender Anleitung prüfen.

- Zur Prüfung geladene Batterie verwenden.
- Am Amperemeter (Meßbereich von 0–200 mA) den höchsten Meßbereich einstellen. Masseband von Batterie abklemmen. Amperemeter zwischen Batterieminuspol und Masseband schalten. Amperemeter-Plus-Anschluß an Masseband und Amperemeter-Minusanschluß an Batterie-Minuspol.
- Alle Verbraucher ausschalten, vorhandene Zeituhr abklemmen, Türen schließen.
- Vom Amperebereich solange auf den Milliamperebereich zurückschalten, bis eine ablesbare Anzeige erfolgt (1-3 mA sind zulässig).
- Durch Herausnehmen der Sicherungen nacheinander die verschiedenen Stromkreise unterbrechen. Wenn bei einem der unterbrochenen Stromkreise die Anzeige auf Null zurückgeht, ist hier die Fehlerquelle zu suchen. Fehler können sein: korridierte und verschmutzte Kontakte, durchgescheuerte Leitungen, interner Schluß in Aggregaten.
- Wird in den abgesicherten Stromkreisen kein Fehler gefunden, so sind die Leitungen an den nicht abgesicherten Aggregaten abzuziehen. Dieses sind: Generator, Anlasser, Zündanlage, Instrumente im Schalttafeleinsatz.
- Masseband an Batterie anklemmen.

Sicherungstabelle

Die Sicherungen befinden sich, von einem Plastikdeckel abgedeckt, links unter der Armaturentafel, bzw. in Extra-Halterungen neben dem Sicherungskasten.

Nr.	Verbraucher	A
1	Schlußlicht links, Standlicht links	8
2	Schlußlicht rechts, Standlicht rechts, Kennzeichenleuchte, Nebelscheinwerfer	8
3	Abblendlicht links	8
4	Abblendlicht rechts	8
5	Fernlicht links, Fernlichtkontrolleuchte	8
6	Fernlicht rechts	8
7	Kühlerventilator	16
8	Innenleuchten, Steckdose/ Zigarrenanzünder, Bremsleuchten	8
9	Warnlichtanlage	16
10	Scheibenwischer- und -wascheranlage, Gebläse	16
11	Blinklicht	8
12	Signalhorn, Rückfahrleuchten	8
	Heckscheibenbeheizung	8
	Nebelschlußleuchte	8
	Heckscheibenwischer	8
	Zusatzheizung*	
	Hauptsicherung	16
	Überhitzungsschutzsicherung	8

* Zusatzsicherungen in extra Halterungen rechts neben dem Sicherungskasten.

Sicherungsfarben:

30 A – grün
25 A – weiß
20 A – gelb
15 A – blau
10 A – rot

- Eine durchgebrannte Sicherung erkennt man am durchschmolzenen Metallstreifen.
- Brennt eine neue eingesetzte Sicherung nach kurzer Zeit wieder durch, muß die elektrische Anlage sofort auf Kurzschluß geprüft und der Fehler behoben werden.
- Auf keinen Fall Sicherungen „reparieren", weil dadurch ernste Schäden an anderer Stelle der elektrischen Anlage auftreten können.
- Stets einige Ersatz-Sicherungen im Wagen mitführen.
- Grundsätzlich nur Sicherung gleicher Stärke (16- oder 8-Ampere) einsetzen.

Relais aus- und einbauen

Über dem Sicherungskasten sind verschiedene Relais untergebracht. Zum Ausbau eines Relais muß der Sicherungshalter ausgebaut werden.

Ausbau

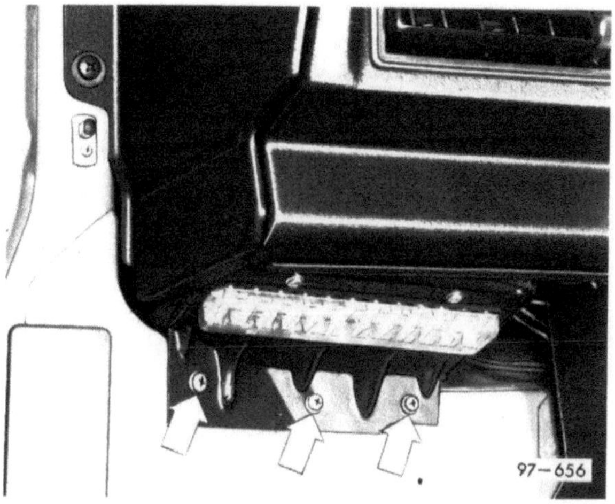

- Befestigungsschrauben für Sicherungshalter herausschrauben. Seit 9. 85 ist nur noch eine Schraube zu lösen, aber vorher eine Kunststoffabdeckung abzuhebeln.

Relais-Belegung bis 10/83:

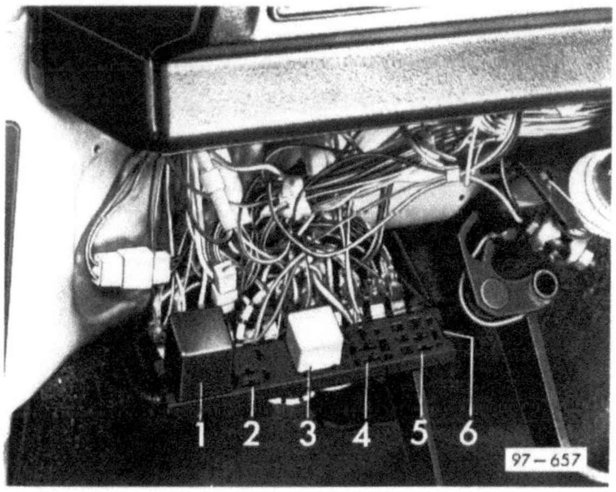

1 – Warnblinkrelais

2 – Vorgesehen für Relais für Leuchtstofflampe (Krankenwagen)

3 – Entlastungsrelais für X-Kontakt

4 – Vorgesehen für Relais für Nebelscheinwerfer

5 – Vorgesehen für Relais für Wasch-Wisch-Intervallautomatik

6 – Bei Scheinwerfer-Reinigungsanlagen ist ein Adapter für das Relais für Scheinwerfer-Reinigungsanlagen am Sicherungshalter vorgesehen.

6 – Bei Nebelscheinwerfern und Zusatzheizung ist der Sicherungsadapter mit den Sicherungen im Anschluß am Adapter für das Relais für Scheinwerfer-Reinigungsanlage vorgesehen. Bei Fahrzeugen ohne Scheinwerfer-Reinigungsanlage befindet sich der Sicherungsadapter am Sicherungshalter.

Einbau

- Sicherungsschalter einsetzen und festschrauben.

Anschlußbelegung auf der Rückseite der Relaisplatte seit 11/83

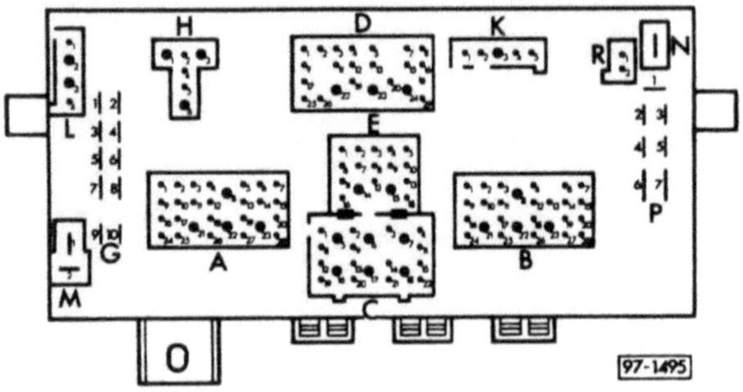

A – Mehrfachstecker (blau) für Schalttafelleitungsstrang
B – Mehrfachstecker (rot) für Schalttafelleitungsstrang
C – Mehrfachstecker (gelb) für Leitungsstrang vorn
D – Mehrfachstecker (weiß) für Leitungsstrang Scheibenwischer und Hauptleitungsstrang
E – Mehrfachstecker (schwarz) für Hauptleitungsstrang
G – Einzelstecker
H – Mehrfachstecker (braun), Anschlüsse Relais für 2. Stufe für Lüfter für Kühlmittel
K – Mehrfachstecker (farblos), Anschlüsse Steuergerät für Kühlmittelmangelanzeige
L – Mehrfachstecker (grau), Anschlüsse Doppeltonhorn
M – nicht belegt
N – Einzelstecker
P – Einzelstecker – Klemme 30
R – nicht belegt

Belegung der Relaisplätze auf der Relaisplatte seit 11/83

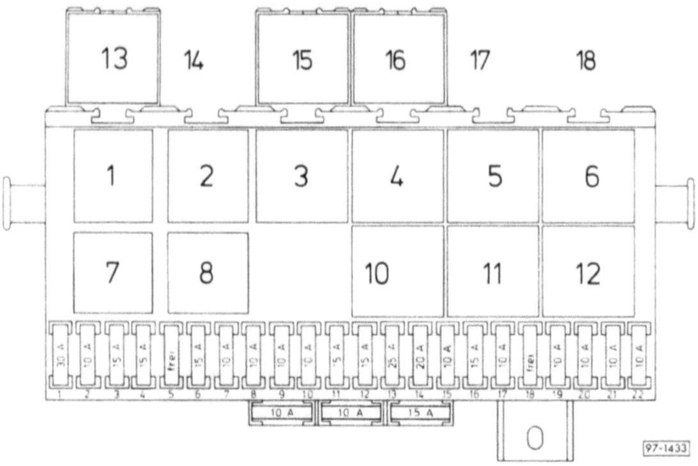

Relaisplatz	Benennung der Relais	Relaisaufschrift (Produktionssteuerungsnummer)	Bemerkung
1	–		frei
2	–		frei
3	Steuergerät für Kühlmittelmangelanzeige	43	
4	–		frei
5	Relais für Lüfter für Kühlmittel	24	
6	Relais für Doppeltonhorn	53	
7	Relais für Nebelscheinwerfer	15	
8	Entlastungsrelais für X-Kontakte	17	
10	Relais für Wasch-Wisch-Intervallautomatik	19	
11	Relais für Heckscheibenwischer und Wascher	20	
12	Warnblinkrelais Blinkwarnlichtrelais für Anhängerbetrieb	21 22	
13	Relais für Scheinwerfer-Reinigungsanlage	33	
14	–		frei
15	Sicherung für Nebelschlußleuchte S 27/10 A		
16	Sicherung für Instrumentenbeleuchtung (58 b), S 49/10 A		
17	–		frei
18	–		frei
–	Relais für el. beheizbaren Fahrersitz	59	

Störungstabelle Batterie

Störung	Ursache	Abhilfe
Säurestand zu niedrig	● Überladung, Verdunstung (besonders im Sommer)	Destilliertes Wasser bis zur vorgeschriebenen Höhe nachfüllen (bei geladener Batterie)
Säure tritt aus den Verschlußstopfen aus	● Ladespannung zu hoch	Spannungsregler prüfen, ggf. austauschen
	● Säurestand zu hoch	Überschüssige Säure mit Säureheber absaugen
Säuredichte zu niedrig	● Batterie entladen	Batterie laden
	● Generator nicht in Ordnung	Generator prüfen, ggf. reparieren oder austauschen
	● Kurzschluß im Leitungsnetz	Elektrische Anlage überprüfen
	● Säure infolge Wartungsfehler verwässert	Säureausgleich durchführen
Säuredichte zu hoch	● Säure wurde nachgefüllt	Säureausgleich durchführen
Abgebende Leistung ist zu gering, Spannung fällt stark ab	● Batterie entladen	Batterie nachladen
	● Ladespannung zu niedrig	Spannungsregler prüfen, ggf. austauschen
	● Anschlußklemmen lose oder oxydiert	Anschlußklemme reinigen und besonders Unterseite mit Säureschutzfett leicht einfetten, Befestigungsschrauben anziehen
	● Masseverbindung Batterie – Motor – Karosserie ist schlecht	Masseverbindung überprüfen, ggf. metallische Verbindungen herstellen oder Schraubverbindungen festziehen
	● Zu große Selbstentladung der Batterie durch Verunreinigung der Batteriesäure	Batterie austauschen
	● Evtl. Batterie sulfatiert (grauweißer Belag auf den Plus- und Minusplatten)	Batterie mit kleinem Strom laden, damit sich der Belag langsam zurückbildet. Falls nach wiederholter Ladung und Entladung abgegebene Leistung immer noch zu gering, Batterie austauschen
	● Batterie verbraucht, aktive Masse der Platten ausgefallen	Batterie austauschen
Nicht ausreichende Ladung der Batterie	● Fehler an Generator, Spannungsregler oder Leitungsanschlüssen	Generator und Spannungsregler überprüfen, instandsetzen bzw. austauschen; Leitungen einwandfrei befestigen
	● Keilriemen locker	Keilriemen spannen oder austauschen
	● Zu viele Verbraucher angeschlossen	Größere Batterie einbauen; evtl. auch größeren Generator verwenden
Dauernde Überladung	● Fehler am Spannungsregler, evtl. auch am Generator	Spannungsregler austauschen bzw. Generator überprüfen

Generator aus- und einbauen

Ausbau

- Batterie-Masseband (–) abklemmen.
- Kabelstecker hinten am Generator mit Schraubendreher abdrücken.
- Stecker für Totpunktgeber von Generator abziehen.
- Bei Fahrzeugen mit Servolenkung zuerst Keilriemen der Servopumpe ausbauen, siehe Seite 143.
- Spannschraube für Spannlasche herausschrauben und Generator nach links schwenken, Keilriemen vom Generator abnehmen.
- Befestigungsschrauben für Generator herausschrauben, Generator herausnehmen.

Einbau

- Generator einsetzen und am Generatorhalter anschrauben.
- Keilriemen auflegen, Spannlasche montieren, Keilriemen spannen.
- Keilriemen der Servopumpe montieren.
- Kabelstecker aufstecken.
- Stecker für Totpunktgeber am Generator befestigen.
- Masseband Batterie anklemmen.

Keilriemen spannen

- Keilriemen auf Verschleiß prüfen, ausgefransten Keilriemen erneuern.
- Befestigungsschraube an der Spannlasche und am Motorgehäuse lösen.
- Mit Montierhebel Generator so weit zur Seite drücken, daß sich der Keilriemen in der Mitte mit dem Daumen nur noch ca. 10 bis 15 mm durchdrücken läßt.
- Schraube an der Spannlasche festziehen.
- Keilriemenspannung nochmals überprüfen.

Spannungsregler ersetzen

27 – 356

- Wird der Spannungsregler ersetzt, so ist grundsätzlich der Entstörkondensator (1) (falls noch nicht vorhanden) zusätzlich einzubauen.

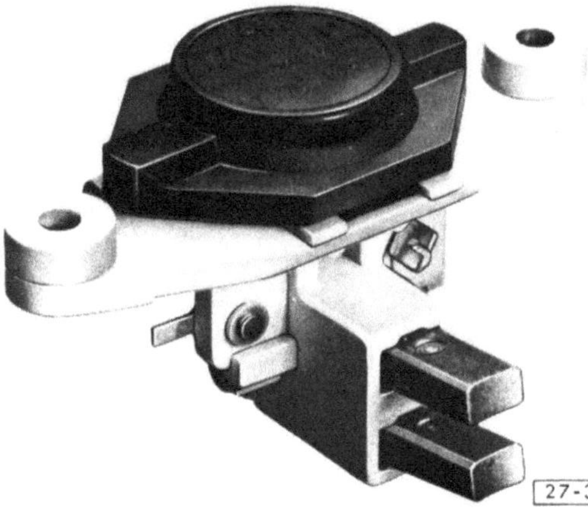

27-393

- Seit Modelljahr 1981 wird serienmäßig ein verbesserter Spannungsregler mit verlängerten Kohlebürsten eingebaut.
- Die Kohlebürsten haben im Neuzustand eine Länge von ca. 13 mm, die Verschleißgrenze ist bei ca. 5 mm erreicht.

Achtung: Beim Ersetzen dieses neuen Spannungsreglers ist aufgrund der verlängerten Kohlebürsten der Einbau anderer Spannungsregler nicht zulässig. Beim Ersatzteilkauf unbedingt Ersatzteilnummer beachten.

Störungstabelle Generator

Störung: Die Kontrollampe für Drehstromgenerator brennt nicht bei eingeschalteter Zündung (Motor noch nicht gestartet)

Ursache	Abhilfe
Kontrollampe durchgebrannt	Batterie-Masseband abklemmen, Kontrollampe ersetzen Batterie-Masseband anklemmen
Unterbrechung in der Leitung vom Generator (D+) zur Kontrollampe	Zündung einschalten, mit einer Prüfleitung den Anschluß an der Kontrollampe gegen Masse legen. Wenn die Kontrollampe brennt, Unterbrechung in Leitung von D+ zur Kontrollampe beseitigen
Kohlebürsten verschlissen	Spannungsregler ausbauen, Kohlebürsten ersetzen
Unterbrechung in Erregerwicklung Plusdioden haben Kurzschluß	Läufer ersetzen

Störung: Kontrollampe für Drehstromgenerator verlöscht nicht bei Drehzahlsteigerung

Ursache	Abhilfe
Leitung zwischen Generator (D+) und Kontrollampe hat Masseschluß	Blaue Leitung am Generator abziehen. Zündung einschalten. Wenn die Lampe brennt, blaue Leitung zwischen Generator und Steckverbindung ersetzen. Brennt die Kontrolllampe bei abgezogener Leitung nicht: Drehstromgenerator und Spannungsregler prüfen
Leitung zwischen Steckverbindung und Kontrollampe hat Masseschluß	Steckverbindung trennen. Zündung einschalten. Wenn die Lampe brennt: Leitung zwischen Steckverbindung und Kontrollampe ersetzen. Brennt die Lampe nicht: Hauptleitungsstrang ersetzen
Spannungsregler defekt	Spannungsregler von Fachwerkstatt überprüfen lassen

Anlasser aus- und einbauen

Ausbau

- Fahrzeug hinten aufbocken.
- Batterie-Massekabel abklemmen.
- Am Magnetschalter Kabelbinder öffnen.
- Elektrische Leitungen am Magnetschalter abziehen bzw. abschrauben.
- Anlasser- Befestigungsschrauben herausdrehen. Anlasser herausnehmen.

Einbau

- Anlasser einsetzen und festschrauben.
- Elektrische Leitung auf Klemme aufschieben, die andere Leitung anschrauben.

- Leitungen vom Drehstromgenerator und die Leitung Klemme 50 vom Zündanlaßschalter mit Kabelbinder (1) am Magnetschalter befestigen.

- Die Batterie-Anlasserleitung muß am Längsträger mit Kabelclips (Et.-Nr. 171 971 847, rosa) befestigt werden.

- Batterie-Anlasserleitung zusätzlich am Warmluftschlauch mit Kabelbinder befestigen. 1- bei Fahrzeugen mit Schaltgetriebe, 2- bei Fahrzeugen mit automatischem Getriebe.
- Batterie-Massekabel anklemmen.

Störungstabelle Anlasser

Wenn ein Anlasser nicht durchdreht, ist zunächst zu prüfen, ob an der Klemme 50 des Magnetschalters (Steuerleitung) die zum Einziehen benötigte Spannung von mindestens 8 Volt vorhanden ist. Liegt die Spannung unter dem genannten Wert, dann müssen die Leitungen, die zum Anlasserstromkreis gehören, nach dem Stromlaufplan überprüft werden. Ob der Anlasser bei voller Batteriespannung einzieht, kann folgendermaßen geprüft werden:

- Keinen Gang einlegen. Zündung eingeschaltet.
- Mit einer Leitung (Querschnitt mindestens 4 mm^2) die Klemmen 30 und 50 am Anlasser überbrücken.

Spurt der Anlasser dabei einwandfrei ein, so liegt der Fehler in der Leitungsführung zum Anlasser. Wenn der Anlasser nicht einspurt, muß er im ausgebauten Zustand überprüft werden.

Prüfvoraussetzung: Leitungsanschlüsse und Masseband müssen festsitzen und dürfen nicht oxydiert sein.

Störung	Ursache	Abhilfe
Anlasser dreht sich nicht beim Betätigen des Zündanlaßschalters	● Batterie entladen	Batterie laden
	● Klemmen 30 und 50 am Anlasser überbrücken: Anlasser läuft an. Leitung 50 zum Zündanlaßschalter unterbrochen, Anlaßschalter defekt	Unterbrechung beseitigen, defekte Teile ersetzen
	● Kabel oder Masseanschluß ist unterbrochen. Batterie entladen	Batteriekabel und Anschlüsse prüfen. Spannung der Batterie messen, nötigenfalls laden
	● Ungenügender Stromdurchgang infolge lockerer oder oxydierter Anschlüsse	Batteriepole und -klemmen reinigen. Stromsichere Verbindungen zwischen Batterie, Anlasser und Masse herstellen
	● Spannung am Anschluß für Feldwicklung am Magnetschalter messen. Spannung nicht vorhanden	Magnetschalter ersetzen
	● Keine Spannung an Klemme 50 (Magnetschalter)	Zündanlaßschalter ersetzen
Anlasser dreht sich zu langsam und zieht den Motor nicht durch	● Batterie entladen	Batterie laden
	● Kein Winteröl im Motor	Mehrbereichsöl einfüllen
	● Ungenügender Stromdurchgang infolge lockerer oder oxydierter Anschlüsse	Batteriepole und -klemmen und Anschlüsse am Anlasser reinigen. Anschlüsse festziehen
	● Ungenügender Abstand zwischen Kohlebürsten und Kollektor	Kohlebürsten ersetzen und Führungen für Kohlebürsten reinigen
	● Kollektor riefig oder verbrannt und verschmutzt	Kollektor abdrehen oder Anker ersetzen
	● Spannung an Klemme 50 fehlt (mind. 8 Volt)	Zündanlaßschalter oder Magnetschalter überprüfen
Anlasser spurt ein und zieht an, Motor dreht sich nicht oder nur ruckweise	● Ritzelgetriebe defekt	Ritzelgetriebe ersetzen
	● Zahnkranz am Schwungrad defekt	Zahnkranz nacharbeiten, falls erforderlich, Schwungrad erneuern
Ritzelgetriebe spurt nicht aus	● Ritzelgetriebe oder Steilgewinde verschmutzt bzw. beschädigt	Ritzelgetriebe reinigen ggf. ersetzen
	● Magnetschalter defekt	Magnetschalter ersetzen

Die Zündanlage

Die Zündanlage erzeugt für jeden Zylinder des Motors im richtigen Augenblick den Zündfunken. Dieser setzt das angesaugte Kraftstoffluftgemisch in Brand. In der Zündspule wird hierzu die Batteriespannung von 12 Volt auf 25000 bis 30000 Volt umgeformt.

Die Zündanlage besteht im wesentlichen aus

- der Zündspule
- den Zündkerzen
- dem Zündverteiler mit Hallgeber und Verteilerläufer
- dem TSZ- beziehungsweise Digifant-Steuergerät

Die 1,9-l-Motoren sowie der 2,1-l-Motor mit den Kennbuchstaben DJ sind mit einer Transistorzündanlage (TSZ) ausgestattet.

Beim 2,1-l-Katalysator-Motor mit dem von VW entwickelten Zünd- und Einspritzsystem »Digifant« ist das Zünd-Steuergerät in das Steuergerät der Einspritzanlage integriert. Der Motor mit Digifant-Anlage hat die Kennbuchstaben MV.

Achtung: Die Arbeitswärme der Schaltgeräte wird über die Karosserie abgeleitet, deshalb darf der Motor nicht laufen, wenn das Schaltgerät nicht fest installiert ist.

Sicherheitsmaßnahmen zur Zündanlage

Um Verletzungen von Personen und/oder die Zerstörung der TSZ-Anlage zu vermeiden, ist bei Arbeiten an Fahrzeugen mit TSZ-Anlage folgendes zu beachten:

- Zündkabel nicht bei laufendem Motor bzw. bei Anlaßdrehzahl mit der Hand berühren bzw. abziehen.
- Leitungen der Zündanlage nur bei ausgeschalteter Zündung abklemmen.
- Das An- und Abklemmen von Meßgeräteleitungen (Drehzahl-Zündungstester) nur bei ausgeschalteter Zündung vornehmen.
- An Klemme 1 (−) darf kein Entstörkondensator und keine Prüflampe angeschlossen werden.
- Meßgeräte und Zündlichtlampen mit Spannungsversorgung 12 Volt bei laufendem Motor nicht an Klemme 15 oder Zündspule anklemmen.
- Hochspannungskabel (Klemme 4) nach dem Abziehen aus dem Zündverteiler immer direkt an Masse legen, dazu Hilfskabel mit ausreichendem Querschnitt verwenden, andernfalls darf der Motor nicht in Anlaßdrehzahl betrieben werden (z. B. Kompressionsdruckprüfung, TSZ-Schaltgerät-Prüfung).
- Starthilfe mit Schnellader ist nur 1 Minute und nur bis max. 16,5 Volt möglich.
- Die Zündspule darf nicht durch eine übliche Zündspule ersetzt werden.
- Bei Erhitzung auf mehr als 80 °C (z. B. Lackieren, Dampfstrahlen) darf der Motor nicht unmittelbar nach der Aufheizphase gestartet werden.
- Die Motorwäsche ist nur bei Motorstillstand durchzuführen.
- Bei Punkt- und Elektroschweißen grundsätzlich Batterie komplett abklemmen.
- Zündverteilerläufer 1 kΩ (Kennzeichnung R1) nicht gegen einen anderen tauschen, auch nicht bei Radioentstörung.
- Bei Entstörung sind an den Hochspannungsleitungen nur Widerstände mit 1 kΩ und Zündkerzenstecker von 1 kΩ bis 5 kΩ zu verwenden.
- Fahrzeuge, bei denen ein Defekt an der Zündanlage besteht oder vermutet wird, dürfen nur mit abgezogenem Stecker am TSZ-H-Schaltgerät abgeschleppt werden.

Funktion der TSZ-H-Anlage

Die Transistorzündanlage mit Hallgeber ist ein kontaktloses Zündsystem. Anstelle des Unterbrecherkontaktes ist der Zündverteiler mit einem wartungsfreien Hallgeber ausgestattet. Ein Zündkondensator ist nicht erforderlich. Der Hallgeber besteht aus einer berührungslos arbeitenden Magnetschranke und einer an der Zündverteilerwelle befestigten Blende.
Der Hallgeber steuert das TSZ-H-Schaltgerät und bestimmt somit den Aus- und Einschaltpunkt des Zündspulenstromes. Dadurch bestimmt der Hallgeber auch den Zündzeitpunkt.
Wird die Blende in den Luftspalt der Magnetschranke gedreht, so lenkt sie das Magnetfeld an der integrierten Halbleiterschaltung (Hall-IC) vorbei. Der Hallgeber schaltet den Zündspulenstrom ein. Wird die Blende aus dem Luftspalt der Magnetschranke gedreht, wird der Zündspulenstrom abgeschaltet, und es erfolgt die Zündung.
Das TSZ-H-Schaltgerät regelt den Schließwinkel dadurch, daß die Zündspule nur für die Zeit, die zum Laden der Primärwicklung notwendig ist, mit Spannung versorgt wird. Dadurch wird die Verlustleistung im Schaltgerät und in der Zündspule gering gehalten.
Um das Schaltgerät und die Zündspule vor hoher Erwärmung zu schützen, schaltet das Schaltgerät bei eingeschalteter Zündung und stehendem Motor die Spannungsversorgung der Zündspule nach ca. 1 Sekunde ab.
Aus Sicherheitsgründen hat die Zündspule eine 5,5 mm-Öffnung mit Verschlußstopfen. Sie dient dazu, die Vergußmasse der Zündspule im Falle eines Schaltdefektes im TSZ-Hall-Schaltgerät gezielt austreten zu lassen.

Die TSZ-H-Zündanlage

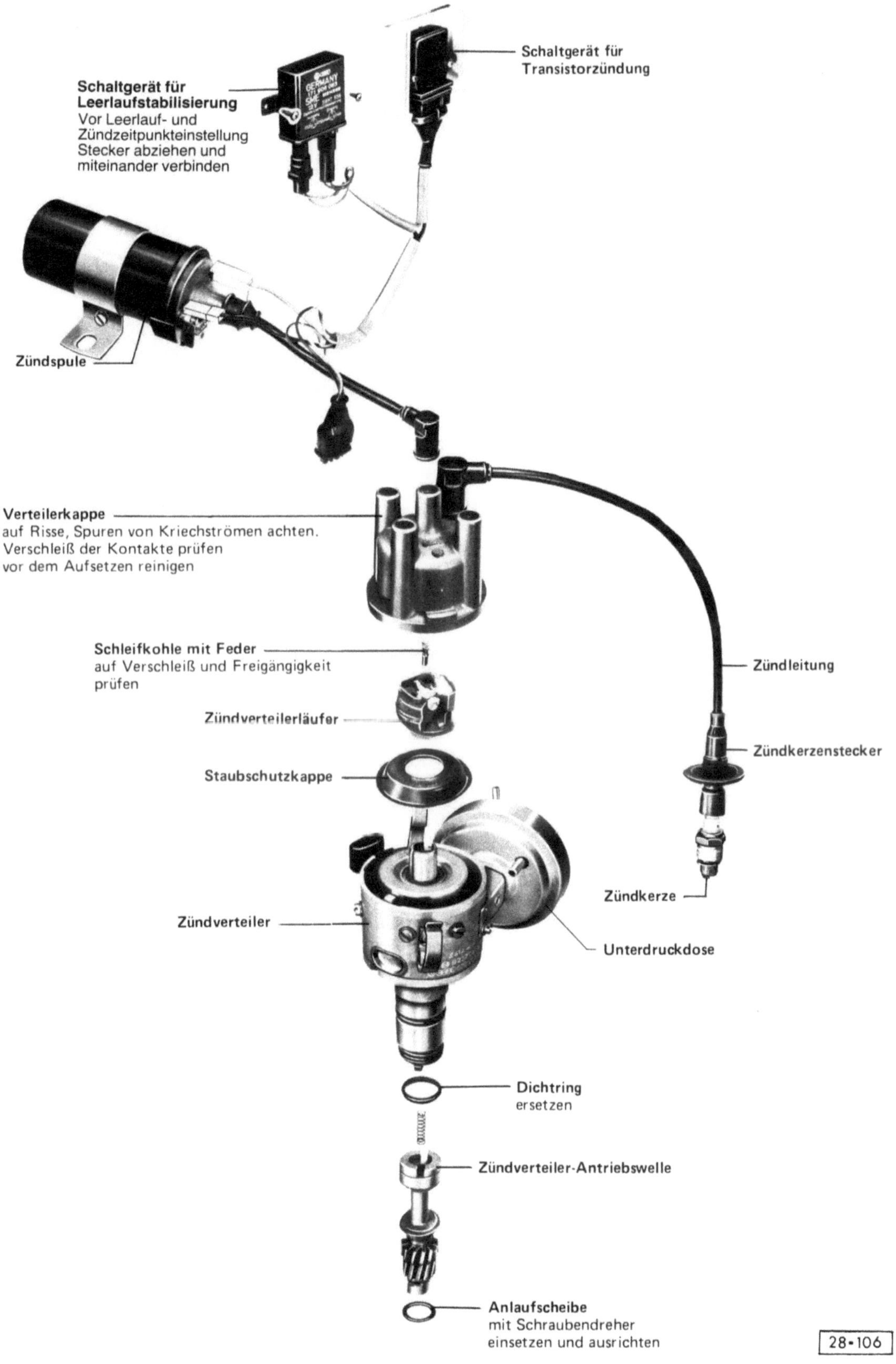

Digifant-Zünd- und Einspritzanlage

Bei der Digifant-Zünd- und Einspritzanlage ist die elektronische Steuerung von Zündung und Einspritzung in einem Steuergerät zusammengefaßt. Bei der Zündanlage handelt es sich um eine Transistorzündung mit Hallgeber und einem elektronischen Steuergerät. Das Steuergerät hat die Aufgabe, die Zündverstellung, die bei der TSZ-Zündanlage mit Fliehgewichten und durch Unterdruck vorgenommen wird, durch ein Kennfeld zu steuern.

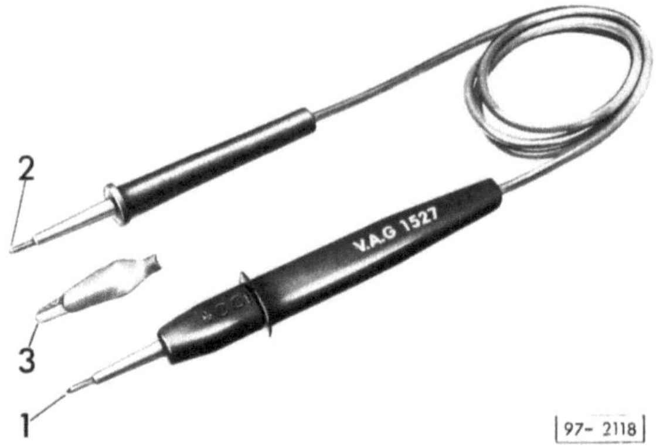

Achtung: Zur Spannungsprüfung an elektronischen Bauteilen nur einen hochohmigen Spannungsprüfer oder ein entsprechendes Meßgerät verwenden. Die herkömmliche Prüflampe kann aufgrund ihres geringen Widerstandes Schäden an der Elektronik verursachen.

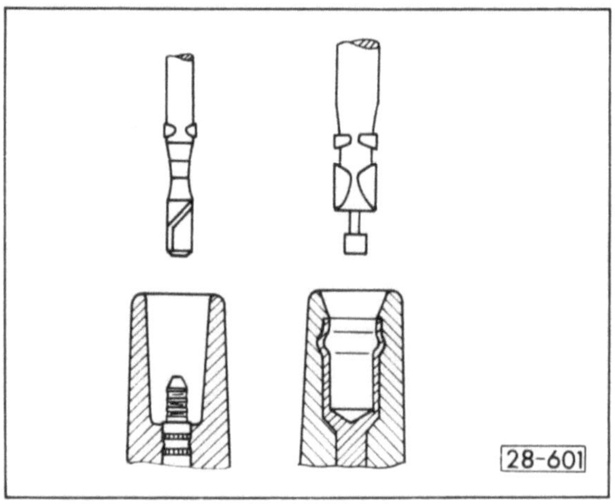

neu bisher

Achtung: Seit 2.85 sind die Zündleitungen wegen besserer Arretierung mit M4-Anschlüssen ausgerüstet. Neue (M4) und bisherige Ausführung sind nicht austauschbar.

Zündspule prüfen

Die Zündspule kann mit einem Ohmmeter geprüft werden.

- Massekabel von der Batterie abklemmen.
- Abdeckkappe für Zündspule abziehen.
- Anschlüsse an der Zündspule abklemmen.

- Wenn der Stopfen –Pfeil– an der Zündspule herausgedrückt ist, Zündspule ersetzen.
- Zündspule auf Haarrisse prüfen, gegebenenfalls ersetzen.
- Primärwiderstand der Zündspule prüfen, dazu Ohmmeter an die Klemmen 1 und 15 anschließen.
- Sekundärwiderstand prüfen, dazu Ohmmeter an die Klemmen 15 und 4 anschließen.

Motor-Kennbuchstaben	**Zündspulenwiderstand primär**	**sekundär**
DF[1], DG[1], DJ[1], MV, GW, SS	0,52 – 0,76 Ω	2,4 – 3,5 kΩ
DF[2], DG[2], DJ[2]	0,6 – 0,8 Ω	6,9 – 8,5kΩ

[1] Bis 7.87. Bei dieser Ausführung ist die Zündspule mit einem grünem Aufkleber gekennzeichnet.
[2] Ab 8.87. Bei dieser Ausführung ist die Zündspule mit einem grauem Aufkleber gekennzeichnet.

- Elektrische Leitungen an Zündspule anklemmen.
- Abdeckkappe aufdrücken.
- Massekabel an Batterie anklemmen.

Achtung: Wird die Zündspule ersetzt, auf keinen Fall eine Zündspule für eine herkömmliche, unterbrechergesteuerte Zündanlage einbauen, sonst wird das Steuergerät zerstört.

Zündleitung und Stecker prüfen

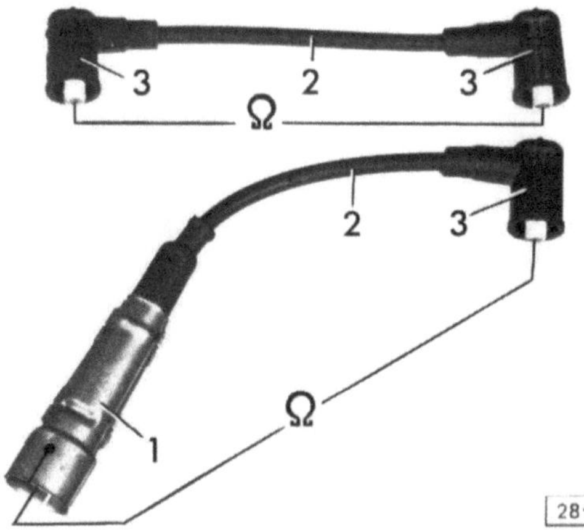

28-305

- Zündleitung komplett prüfen

	Sollwert in kΩ
Leitung zwischen Zündspule und Zündverteiler	2 ± 0,8
Leitung zwischen Zündverteiler und Zündkerze	6 ± 1,4

- Werden die Sollwerte nicht erreicht, sind Leitung und Stekker einzeln zu prüfen.
- Entstörstecker – 3 – prüfen. Sollwert: 1 ± 0,4 kΩ.

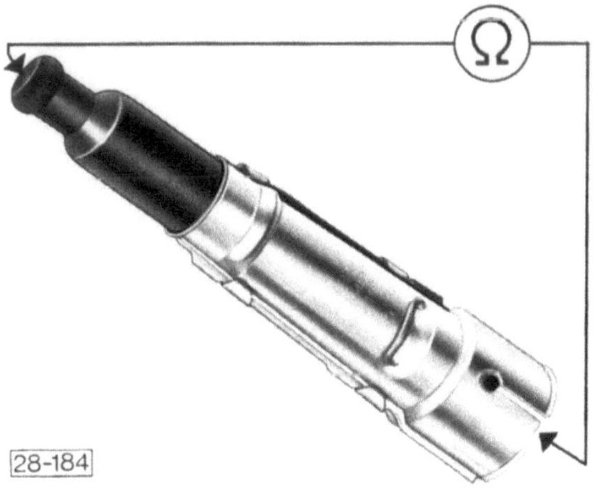

28-184

- Zündkerzenstecker – 1 – prüfen. Sollwert: 5 ± 1 kΩ.
- Zündleitung – 2 – prüfen. Sollwert: 0 Ω.

Zündverteiler aus- und einbauen

Ein kompletter Ausbau des Zündverteilers ist nur bei größeren Reparaturen oder beim Zerlegen des Motors erforderlich.

Ausbau

- An der Verteilerkappe mit Schraubenzieher Klemmen abdrücken und Verteilerkappe abnehmen.
- Unterdruckschläuche markieren und am Zündverteiler abziehen.
- Anschlußstecker am Zündverteiler abziehen.
- Zylinder 1 auf OT stellen. Hierzu Motorkurbelwelle bei eingelegtem Gang durch Verschieben des Fahrzeugs soweit drehen, bis sich die Markierung auf der Keilriemenscheibe mit der Trennfuge der Motorgehäusehälften deckt (Abb. 13-679). Ist das Fahrzeug aufgebockt, bei eingelegtem Gang Motorkurbelwelle am Hinterrad verdrehen. Gleichzeitig muß der Verteilerfinger auf die Markierung für Zylinder 1 auf dem Verteilergehäuse zeigen, siehe Abb. 13-678.
- Befestigungsmutter für den Halter des Zündverteilers am Kurbelgehäuse abschrauben. Zündverteiler herausziehen.

Einbau

- Gegebenenfalls Dichtring für Zündverteiler ersetzen.
- Zylinder 1 muß auf OT stehen, siehe oben.

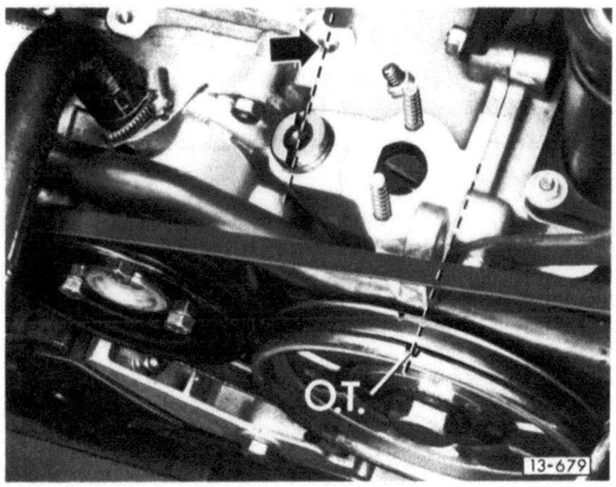

13-679

- Der mittenversetzte Schlitz im Kopf der Zündverteiler-Antriebswelle muß im Kopf der Zündverteiler-Antriebswelle in Richtung Gewindebohrung oder Schraube zeigen – Pfeil –. Das kleine Segment zeigt zur Kühlmittelpumpe.
- Falls herausgenommen, Distanzfeder mit einem Stück Schweißdraht führen und einsetzen. Dazu erst Schweißdraht einführen und dann Feder aufschieben.

● Beim Einsetzen des Zündverteilers die Zündverteilerwelle am Verteilerfinger so verdrehen, daß die Kerbe des Fingers auf die Markierung für den 1. Zylinder auf dem Verteilergehäuserand zeigt. Beim Einsetzen des Zündverteilers paßt sich das Kupplungsstück der Welle nach leichtem Hin- und Herdrehen in den Schlitz der Verteiler-Antriebswelle ein.

● Zündverteiler handfest festziehen.

● Unterdruckschläuche am Zündverteiler aufstecken.

● Anschlußstecker für TSZ-H-Schaltgerät auf Zündverteiler aufstecken.

● Zündverteilerkappe aufsetzen.

● Zündzeitpunkt einstellen.

Zündverteiler-Antriebswelle aus- und einbauen

Ausbau

● Kurbelwelle auf OT-Zylinder 1 stellen, siehe Seite 209.

● Zündverteiler ausbauen.

● Kraftstoffpumpe ausbauen, siehe Seite 92.

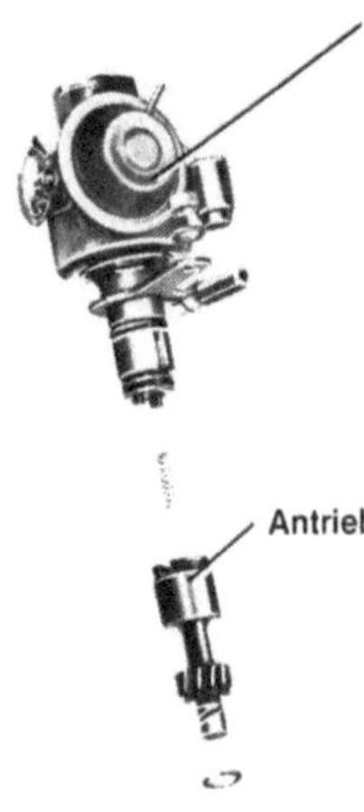

● Schraubenfeder aus der Antriebswelle herausnehmen.

● Antriebswelle mit 2 verkanteten Schraubenziehern herausziehen, eventuell mit Schweißelektrode oder handelsüblichem Innenauszieher.

● Scheiben unter der Antriebswelle vorsichtig herausnehmen. Bei eingebautem Motor geht das am besten mit einem Magnet, am ausgebauten Motor durch Drehen des Motors um 180°. Eventuell Drahthaken biegen und Scheiben sichern, damit sie nicht in den Motor fallen.

Einbau

Vor dem Einbau ist die Schrägverzahnung auf Verschleiß zu prüfen. Verschlissene Scheiben erneuern.

● Zylinder 1 auf OT stellen. Entweder Fahrzeug bei eingelegtem Gang verschieben oder bei aufgebocktem Fahrzeug am Hinterrad drehen. Die Markierung auf der Keilriemenscheibe muß sich mit der Trennfuge der Motorgehäusehälften decken.

● Scheiben unter der Antriebswelle mit Hilfe eines Schraubenziehers vorsichtig einsetzen.

● Antriebswelle so einsetzen, daß der mittenversetzte Schlitz im Kopf der Zündverteiler-Antriebswelle in Richtung Gewindebohrung oder Schraube zeigt – Pfeil –. Das kleinere Segment zeigt zur Kühlmittelpumpe.

- Schweißdraht auf Antriebswelle aufsetzen und Distanzfeder über Schweißdraht schieben.
- Kraftstoffpumpe einsetzen.
- Zündverteiler einsetzen.

Zündzeitpunkt prüfen/einstellen

Der Zündzeitpunkt muß nur dann eingestellt werden, wenn der Zündverteiler ausgebaut wurde oder Arbeiten am Zündverteiler durchgeführt wurden, da die TSZ-Anlage den Zündzeitpunkt konstant einhält.

Zum Prüfen und Einstellen werden ein Drehzahlmesser und eine Zündblitzlampe benötigt.

- Motor auf Betriebstemperatur bringen. Die Betriebstemperatur ist erreicht, wenn der Kühlmittelschlauch unten am Kühler gerade warm wird. Öltemperatur beim Vergasermotor mindestens +60° C, beim Einspritzmotor mindestens +80° C.
- Licht, Klimaanlage ausschalten.

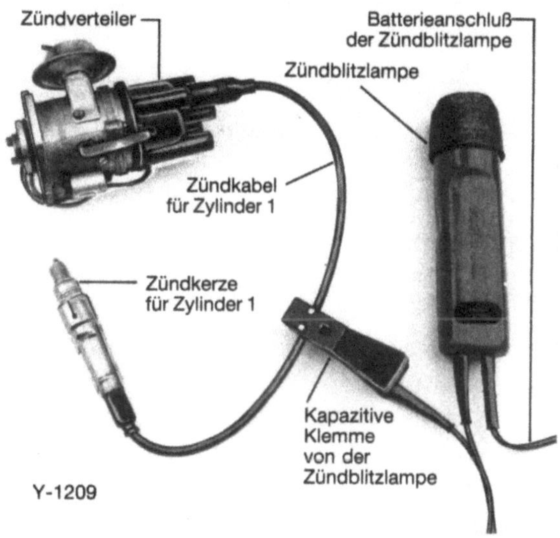

Y-1209

- Drehzahlmesser und Zündblitzlampe nach Bedienungsanleitung anschließen.

Achtung Motor DG, GW (57 kW/66 kW): Schläuche an der Unterdruckdose vom Zündverteiler abziehen und verschließen, siehe Zündzeitpunkttabelle. Unterdruckschläuche vor dem Abziehen markieren, damit sie am gleichen Anschluß wieder aufgesteckt werden können.

- **Alle Motoren außer mit Kennbuchstaben GW bis 6.84, DG, MV:** Stecker der Leerlaufstabilisierung abziehen und miteinander verbinden, siehe Seite 213.
- **TSZ-H-Anlage (alle außer Motor MV):** Motor starten und im Leerlauf drehen lassen.

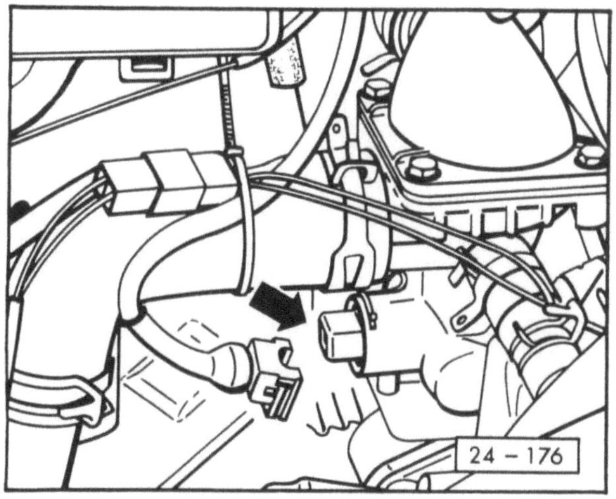
24 – 176

- **Digifant-Anlage (Motorkennbuchstaben MV):** Blauen Stecker vom Temperaturgeber abziehen. Der Temperaturgeber befindet sich am Kühlmittelstutzen in der Nähe der Zündkerzenstecker. Motor mit 2250 ± 250 Umdrehungen/min laufen lassen.
- Mit Zündblitzlampe Motor-Riemenscheibe und Motor-Gehäusehälften anblitzen. **Achtung:** Verletzungsgefahr durch drehende Riemenscheiben und Keilriemen.
- Die Zündung ist richtig eingestellt, wenn beim Anblitzen die Zündzeitpunktkerbe auf der Riemenscheibe gegenüber der Bezugsmarkierung am Motorgehäuse scheinbar stillsteht.
- Stimmen die Zündzeitpunktmarkierungen nicht überein, Klemmschraube am Verteiler etwas lösen und Zündverteiler verdrehen, bis sich der Einstellwert mit der Bezugsmarke deckt. Zum Drehen des Verteilers kann bei der TSZ-Anlage mit einem Schraubendrehergriff leicht gegen die Unterdruckdose geklopft werden.
- Befestigungsschraube mit 25 Nm festziehen.
- Leerlaufeinstellung prüfen.
- Anschließend Zündzeitpunkt nochmals prüfen.
- Meßgeräte entfernen.
- Falls abgezogen, Unterdruckleitung am Zündverteiler, beziehungsweise Stecker am Temperaturgeber, aufstecken.
- Stecker vom Schaltgerät für Leerlaufstabilisierung zusammenfügen, siehe Seite 213.

Zündzeitpunktwerte

Motor	Motor-Kenn-buchstaben	Zünd-zeitpunkt	Drehzahl 1/min	Unterdruck-schlauch
41 kW/ 56 PS	EY[1]	5 ± 1° vor OT	850 ± 50	abgezogen[4]
44 kW/ 60 PS	DF[1]	5 ± 1° nach OT	750 ± 50	aufgesteckt[3]
57 kW/ 78 PS	DG[1]	5 ± 1° vor OT	900 ± 50	abgezogen[4]
66 kW/ 90 PS	GW[2]	10 ± 1° vor OT 5 – 1° vor OT[6]	880 ± 50	abgezogen[5]
70 kW/ 95 PS	MV[2]	5 ± 1° vor OT	2250 ± 250[7]	aufgesteckt[8]
68 kW/ 92 PS	SS[2]	5 ± 1° vor OT	2250 ± 250[7]	aufgesteckt[8]
82 kW/112 PS	DJ[2]	10 ± 1° vor OT 5 – 1° vor OT[6]	800 ± 50[7]	aufgesteckt

[1] Markierung:

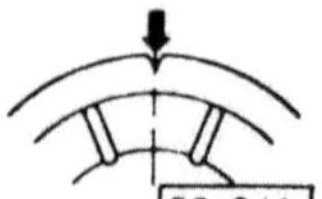

28-346

[2] Markierung:

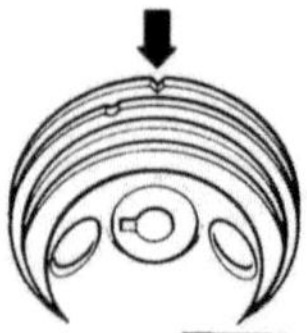

28-390

[3] Die Stecker am Leerlaufstabilisierungsschaltgerät abziehen und miteinander verbinden.

[4] Drehzahlabfall durch Gasgeben ausgleichen, bis Sollwert erreicht ist.

[5] Bei Doppel-Unterdruckdose: Verstellschlauch –spät– am Zündverteiler abziehen und verschliessen. Bei Fahrzeugen ab 7.84 Die Stecker vom Leerlaufstabilisierungsschaltgerät abziehen und miteinander verbinden.

[6] Bei Verwendung von bleifreiem Kraftstoff (ROZ 95).

[7] Prüfdrehzahl: Leerlaufdrehzahl = 880 ± 50 1/min.

[8] Stecker vom Temperaturgeber am Thermostatgehäuse abziehen.

Schaltgerät für Leerlaufstabilisierung abschalten

Folgende Motoren besitzen eine digitale Leerlaufstabilisierung (DLS):
Motor mit Kennbuchstaben DF (1,9 l/44kW), DJ (2,1 l/82 kW), und der Motor GW (1,9 l/66 kW) seit 7.84, siehe auch Tabelle für Zündzeitpunktwerte.

Die digitale Leerlaufstabilisierung (DLS) hält auch dann die Leerlaufdrehzahl konstant, wenn der Motor zusätzlich belastet wird, zum Beispiel durch zusätzliche Verbraucher wie die Klimaanlage. Die Stabilisierung wird dadurch erreicht, daß die DLS den Zündpunkt in Richtung – früh – verschiebt. Die DLS arbeitet nur im Drehzahlbereich zwischen 600 und 800/min. Bei allen anderen Drehzahlen ist sie wirkungslos. **Bei einem Defekt der DLS springt der Motor schlecht an. In diesem Fall kann die DLS ausgeschaltet werden.** Dazu werden die Stecker von der DLS abgezogen und zusammengesteckt. **Auch bei der Zündzeitpunkteinstellung, der Leerlaufeinstellung und der CO-Einstellung müssen die Stecker vom Schaltgerät der DLS abgezogen und miteinander verbunden werden.**

- Die DLS sitzt im Motorraum links an der Seitenwand.

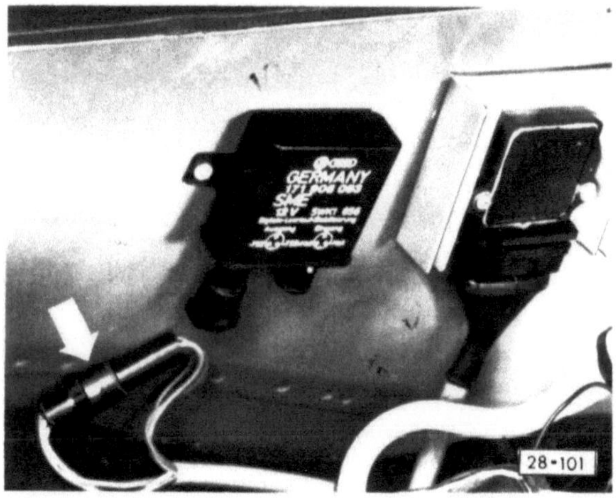

28-101

- Stecker von der DLS abziehen und miteinander verbinden.
- Nach dem Einstellen Stecker wieder am Schaltgerät anbringen.

Achtung: Bei Startschwierigkeiten oder Zündaussetzern, Stecker vom DLS-Schaltgerät abziehen, miteinander verbinden und Motor anlassen.
Ist damit die Störung behoben, Kontaktstifte und Hülsen beider Stecker auf richtige Lage prüfen, sie dürfen nicht beschädigt oder zurückgeschoben sein. Andernfalls DLS-Schaltgerät ersetzen.

TSZ-H-Schaltgerät prüfen

Prüf-Voraussetzung: Zündspule und DLS in Ordnung.

- Stecker von der DLS abziehen und miteinander verbinden, siehe Abbildung 28-101.

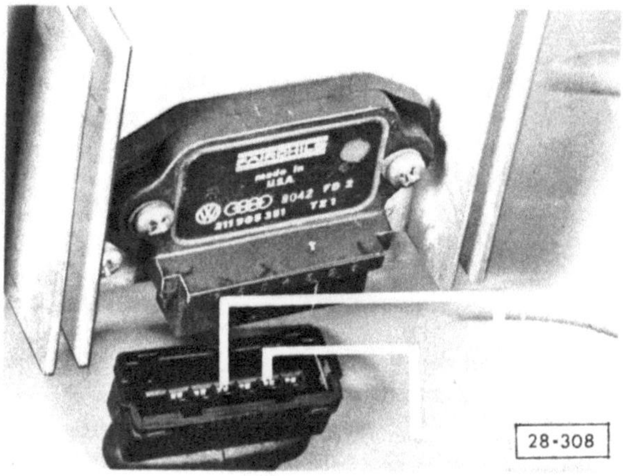

28-308

- Stecker vom TSZ-H-Schaltgerät abziehen.
- Mit Voltmeter Spannung zwischen den Kontakten 4 und 2 am Stecker prüfen.
- Zündung einschalten.
  Sollwert: ca. Batteriespannung (12 V), andernfalls Unterbrechung nach Stromlaufplan ermitteln und beseitigen.
- Zündung ausschalten.
- Stecker an TSZ-H-Schaltgerät wieder aufstecken.
- Stecker am Hallgeber (Zündverteiler) abziehen.

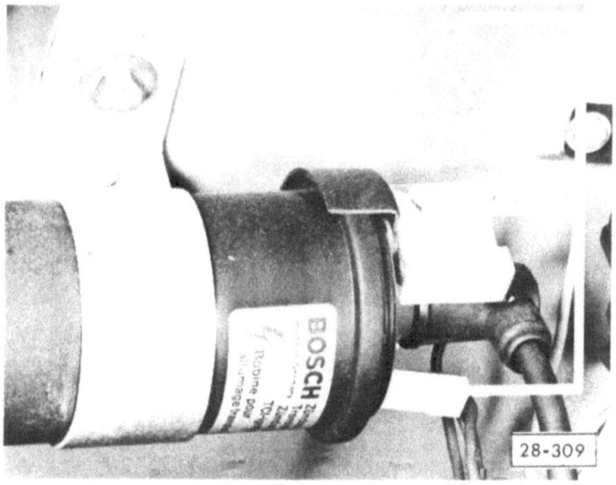

28-309

- Voltmeter zwischen Klemme 1 (–) und Klemme 15 (+) der Zündspule anschließen.
- Zündung einschalten. Sollwert: mind. 12 Volt. Der Wert muß nach ca. 1 – 2 Sekunden auf 0 abfallen. Andernfalls TSZ-H-Schaltgerät und Zündspule ersetzen.
- Mittlere Leitung der Steckverbindung am Zündverteiler kurz an Masse tippen. Der angezeigte Spannungswert muß kurzzeitig auf mind. 2 Volt ansteigen. Andernfalls Unterbrechung der mittleren Leitung ermitteln und beseitigen, bzw. Schaltgerät ersetzen.
- Zündung ausschalten.

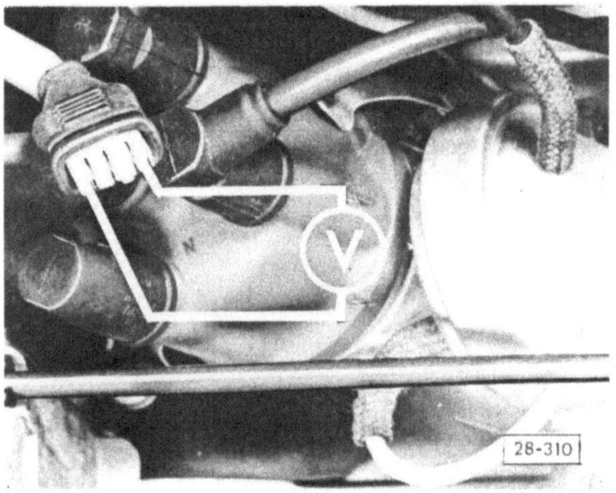

- Voltmeter an den äußeren Kontakten des Steckers vom Hall-Geber (Zündverteiler) anschließen.
- Zündung einschalten. Sollwert: mind. 5 Volt. Andernfalls Leitungsunterbrechung zwischen Stecker des Hall-Gebers und Schaltgerätes ermitteln und beseitigen.

Achtung: Ist trotz Erreichen der Sollwerte die Störung vorhanden, ist das TSZ-H-Schaltgerät zu ersetzen, bzw. eine Leitungsunterbrechung zwischen Stecker des Hall-Gebers und Schaltgerät zu ermitteln und zu beseitigen.

- Stecker der DLS wieder auf DLS-Schaltgerät aufschieben.

Hallgeber prüfen

Prüfvoraussetzung: TSZ-Hall-Schaltgerät i. O., Zündspule i. O., Leitung zwischen TSZ-Hall-Schaltgerät und Zündverteiler i. O.

- Stecker von DLS abziehen und miteinander verbinden, siehe Seite 213.
- Hochspannungsleitung Klemme 4 aus Zündverteiler ziehen und an Masse legen. Dazu Hilfskabel verwenden.
- Gummitülle am Anschlußstecker TSZ-Hall-Schaltgerät abziehen. Anschlußstecker bleibt aufgesteckt.

Achtung: Die angegebenen Sollwerte sind für eine Umgebungstemperatur von 0° bis + 40° C gültig.

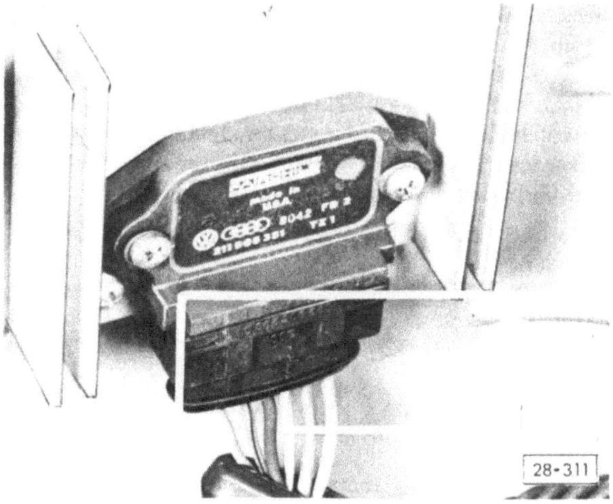

- Voltmeter zwischen Kontakt 6 und 3 anschließen.
- Zündung einschalten.
- Motor von Hand langsam in Drehrichtung durchdrehen und dabei Anzeige des Meßgerätes beachten.

Achtung: Durch das Durchdrehen des Motors wird die Stellung der Blende zum Hall-Geber im Zündverteiler verändert. Sollwert: Die Spannung muß zwischen 0 und mindestens 2 Volt wechseln. Andernfalls Hall-Geber ersetzen.

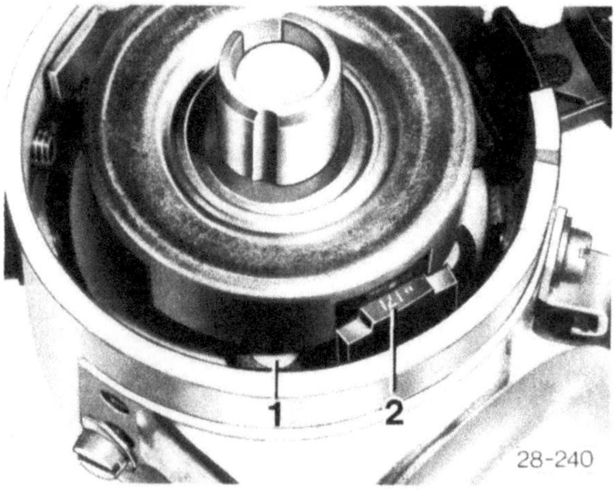

- Das Foto zeigt die Blende –1– außerhalb des Hall-Gebers –2–.
- Stecker für DLS wieder auf Schaltgerät aufschieben.

Die Zündkerzen

Die Zündkerze besteht aus der Mittel-Elektrode, dem Isolator mit Gehäuse und der Masse-Elektrode. Die Mittel-Elektrode ist gasdicht im Isolator befestigt, der Isolator ist fest mit dem Gehäuse verbunden. Zwischen Mittel- und Masse-Elektrode springt der Zündfunke über, der das Kraftstoffluftgemisch entzünden soll. Von der Zündkerze hängen Startbereitschaft, Leerlaufverhalten, Beschleunigung und Höchstgeschwindigkeit ab. Man sollte deshalb nicht ohne Grund von dem vom Werk vorgeschriebenen Zündkerzentyp abweichen, der unter anderem durch die Wämewert-Kennzahl bestimmt wird.

Die Wärmewert-Kennzahl gibt den Grad der Wärmebelastbarkeit einer Zündkerze an. Je niedriger die Wärmewert-Kennzahl einer Kerze ist, desto höher ist die Wärmebelastbarkeit. Die Kerze kann also die Wärme besser ableiten, wodurch schädliche Glühzündungen (Motorklopfen) verhindert werden. Eine Kerze mit hoher Wärmebelastbarkeit hat allerdings den Nachteil, daß ihre Selbstreinigungstemperatur ebenfalls höher liegt. Sie neigt daher schneller zum Verrußen, insbesondere dann, wenn der Motor häufig seine Betriebstemperatur während der Fahrt nicht erreicht (Stadtverkehr, Kurzstreckenverkehr im Winter). In der Regel werden »kalte« Zündkerzen (Wärmewert-Kennzahl ab 06) bei »heißen« Motoren eingesetzt, also bei Triebwerken, denen hohe Motorleistung abverlangt wird.

Die Wärmewert-Kennzahl ist im Zündkerzencode enthalten. Der Code schlüsselt sich wie folgt auf:

Bosch-Zündkerze

Beispiel W R 7 D C R
① ② ③ ④ ⑤ ⑥

① W = Gewinde M 14 × 1,25 mit Flachdichtsitz, SW 21; F = Gewinde M 14 × 1,25 mit Flachdichtsitz, SW 16; M = Gewinde M 18 × 1,5 mit Flachdichtsitz, SW 25; H = Gewinde M 14 × 1,25 mit Kegeldichtsitz, SW 16; D = Gewinde M 18 × 1,5 mit Kegeldichtsitz, SW 21; SW = Schlüsselweite.

② R = Mit Widerstand zur Entstörung. Die Funktion der Zündanlage wird dadurch nicht beeinflußt.

③ Wärmewert-Kennzahl. Die Wärmewertskala wird von 06 (»kalt«) bis 13 (»warm«) angegeben. Dabei entspricht die Kennzahl 7 dem alten Wärmewert 175 (frühere Bezeichnung), 6 – 200, 5 – 225 usw.

④ A = Gewindelänge 12,7 mm, normale Funkenlage; B = Gewindelänge 12,7 mm, vorgezogene Funkenlage; C = Gewindelänge 19 mm, normale Funkenlage; D = Gewindelänge 19 mm, vorgezogene Funkenlage; DT = Gewindelänge 19 mm, vorgezogene Funkenlage, 3 Masseelektroden; L = Gewindelänge 19 mm, weit vorgezogene Funkenlage.

⑤ = Elektrodenwerkstoff der Mittelelektrode: Cr-Ni-Legierung, C = Ni-Cu-Verbund-Mittelelektrode, S = Silber-Mittelelektrode, P = Platin-Mittelelektrode, O = Standard-Zündkerze mit verstärkter Mittelelektrode.

⑥ R = 1 kΩ Abbrandwiderstand.

Die richtige Zündkerze für den VW BUS (Wasserboxer)

Motor	Motor-Kennbuchstaben	Zündkerzen				Elektrodenabstand mm
		VW[2]	BOSCH	BERU	CHAMPION	
44 kW/60 PS, 57 kW/78 PS bis 7/87 (grüne Zündspule[1])	DF, DG	101000005 AB 101000001 AC	W 7 DTC	14-7DTU	N7 BYC	0,7 – 0,9
44 kW/60 PS, 57 kW/78 PS seit 8/87 (graue Zündspule[1])	DF, DG	101000002 AB 101000006 AC	W 7 DCO	14-7DUO	N7 YCX	0,7 – 0,8
82 kW/112 PS bis 7/87 (grüne Zündspule[1])	DJ	101000005 AB 101000001 AC	W 7 DTC	14-7DTU	N7 BYC	0,7 – 0,9
82 kW/112 PS seit 8/87 (graue Zündspule[1])	DJ	101000006 AA 101000002 AD	W 5 DCO	14-5DUO	N6 YCX	0,7 – 0,8
66 kW/90 PS	GW	101000009 AA	W 7 CCO	14-7CU	N288	0,6 – 0,8
70 kW/95 PS mit Katalysator, 68 kW/92 PS mit Katalysator	MV, SS	101000009 AA 101000012 AA	W 7 CCO	14-7CU	N288	0,6 – 0,8

1) Geänderte Zündspule. Falls Zweifel bestehen, welche Zündspule eingebaut ist, Fachwerkstatt aufsuchen.
2) Nicht alle zugelassenen VW-Zündkerzen sind für jeden Motor aufgeführt.

Achtung: Die technische Entwicklung geht ständig weiter. Es kann daher sein, daß inzwischen andere Zündkerzen vorgeschrieben werden. Im Zweifelsfall aktuelle Zündkerzenwerte bei der Fachwerkstatt erfragen.

Anzugsmoment für alle Zündkerzen: **25 Nm**.

Durch den Kupferkern (Cu) in der Mittelelektrode und noch mehr durch die Silber-Mittelelektrode wird die Wärmeleitfähigkeit und damit die Wärmebelastbarkeit erhöht. Der Vorteil der Zündkerze mit Platin-Mittelelektrode liegt in hoher Zündwilligkeit sowie geringem Verschleiß und größerem Wärmewertbereich.

Beru-Zündkerze

Beispiel 14 K 7 D U R
① ② ③ ④ ⑤ ⑥

① Gewindedurchmesser in mm, hier M 14 × 1,25.
② Konstruktionsmerkmal, z. B. K für Konussitz, R für Entstörwiderstand.
③ Wärmewert-Kennzahl (wie bei Bosch).
④ Gewindelänge (wie bei Bosch).
⑤ Elektrodenwerkstoff, z. B. U für Kupferkern. Eine Zündkerze mit Silber-Mittelelektrode hat die Bezeichnung RS, z. B. RS 35.
⑥ R = 1 kΩ Abbrandwiderstand.

Von dem vom Werk empfohlenen Wärmewert sollte nur abgegangen werden, wenn die Betriebsbedingungen **erheblich** von den normalen Bedingungen abweichen und Betriebsstörungen auftreten. Sind die Kerzen ständig verrußt, erreichen sie also nicht die Selbstreinigungstemperatur (nur Kurzstreckenverkehr), ist eine Zündkerze mit der nächsthöheren Wärmewert-Kennzahl empfehlenswert. Wenn der Motor ausschließlich Vollgas gefahren wird, kann eine Zündkerze mit nächstniedriger Wärmewert-Kennzahl erforderlich werden.

Achtung: Seit 8/87 werden in Verbindung mit einer geänderten Zündspule anstelle von Zündkerzen mit 3 Masseelektroden Zündkerzen mit nur einer Masseelektrode eingebaut. Das Wartungsintervall ändert sich dadurch nicht. Als Erkennungsmerkmal für die geänderte Zündspule trägt die Anlage seit 8/87 einen grauen Aufkleber (vorher grün).

Anzugsdrehmoment für die Zündkerzen: 25 Nm

Wartungsarbeiten an der Zündanlage

Die elektronische Zündanlage ist grundsätzlich wartungsfrei, dennoch sollten im Rahmen der Wartung die elektrischen Anschlüsse überprüft werden.

Verteilerkappe prüfen

- Verteilerkappe abnehmen, dazu mit Schraubendreher die beiden Klemmbügel seitlich abdrücken.
- Die Kappe muß innen trocken sein.
- Anschlußkontakte innen auf Verschleiß und Korrosion prüfen, gegebenenfalls mit Schmirgelleinen reinigen.
- Mittleren Kohlekontakt auf Leichtgängigkeit und Verschleiß prüfen. Dazu Kontakt mit dem Finger eindrücken.
- Verteilerkappe auf Kriechströme untersuchen. Kriechströme zeigen sich durch dünne, unregelmäßige Spuren auf der Oberfläche der Verteilerkappe.
- Verteilerkappe mit sauberem, trockenem Lappen auswischen und auf Haarrisse untersuchen, gegebenenfalls Verteilerkappe auswechseln. Anschließend Kappe innen mit Kontaktspray einsprühen.
- Verteilerläufer abziehen und auf Haarrisse prüfen. Beide Kontakte, in der Mitte und am Rand, müssen blank sein, gegebenenfalls reinigen.
- Filz in der Verteilerwelle mit **einem** Tropfen Öl ölen.
- Verteilerläufer aufstecken, dabei muß die Nase des Läufers in die Nut der Verteilerwelle einrasten. Verteilerläufer leicht hin- und herdrehen und dadurch festen Sitz prüfen.
- Verteilerkappe so aufsetzen, daß die Nase an der Kappe in die Nut am Verteiler eingreift. Verteilerkappe leicht andrükken und mit 2 Halteklammern arretieren. Dazu Halteklammern nacheinander an die Kappe anlegen und mit dem Daumen gegen den Bauch der Klammer drücken, bis sie an der Verteilerkappe einrastet. Durch Hin- und Herdrehen festen Sitz der Kappe prüfen.

Elektrische Anschlüsse prüfen

- Sämtliche elektrischen Anschlüsse an der Zündspule sowie am Verteiler auf festen Sitz prüfen.
- Korrodierte Anschlüsse mit einer Drahtbürste oder Schmirgelleinen reinigen, gegebenenfalls mit Kontaktspray einsprühen.
- Die Kontakte müssen in trockenem Zustand sein, andernfalls Kontakte reinigen und mit Kontaktspray einsprühen.
- Zündkabel in engem Radius biegen und auf Risse prüfen. Gegebenenfalls Zündkabel ersetzen.
- Zur Reinigung von elektrischen Anschlüssen und Abdichtung von Verschlußdeckeln und Steckgehäusen eignet sich besonders ein Reinigungs- und Abdichtungssatz mit der VW-Ersatzteil-Nr. 000 998 351. Er enthält Dichtmasse, Kontaktspray, Messingbürste und Dichtringe.

Zündkerzen aus- und einbauen

Der VW BUS ist mit sogenannten Longlife-Zündkerzen ausgerüstet. Die hohe Lebensdauer wird je nach Ausführung durch 3 Masse-Elektroden oder durch eine verstärkte Mittelelektrode erreicht. Die Zündkerzen sind alle 30 000 km im Rahmen der Wartung zu ersetzen. Geprüft werden die Zündkerzen nur bei Zündungsstörungen.

Ausbau

- Sämtliche Kerzenstecker abziehen, dabei nur an den Stekkern und nicht an den Kabeln ziehen. Eine spezielle Zange, zum Beispiel HAZET 1849, erleichtert das Abziehen der Kerzenstecker.
- Zündkerzen-Nischen, wenn möglich, mit Preßluft ausblasen.
- Zündkerzen mit geeignetem Kerzenschlüssel herausschrauben.

Prüfen

- Elektroden und Isolierkörper prüfen. Mit etwas Erfahrung lassen sich daraus Rückschlüsse auf den Betriebszustand des Motors ziehen. Es gelten folgende Regeln:

- Mittelgrau = richtige Vergasereinstellung und richtiges Arbeiten der Zündkerze
- Schwarz = Gemisch zu fett
- Hellgrau = Gemisch zu mager
- Verölt = Aussetzen der betreffenden Zündkerze oder schlecht abdichtende Kolbenringe.

- Zündkerzen mit einer Messingbürste oder einem Sandstrahlgerät reinigen.
- Isolatoren der Zündkerzen auf Kriechströme untersuchen. Kriechströme zeigen sich als dünne, unregelmäßige Spuren auf der Oberfläche. Falls sich die Kriechstromspuren nicht vollständig entfernen lassen, betreffende Kerze austauschen.
- Elektrodenabstand mit Fühlerblattlehre prüfen. Sollwert siehe Zündkerzentabelle. Ggf. Zündkerze ersetzen.

Einbau

- Gewinde an den Zündkerzen reinigen.
- Zündkerzen von Hand bis zur Anlage am Zylinderkopf einschrauben. **Achtung:** Dabei Kerzen nicht verkanten.
- Zündkerzen mit **25 Nm** festziehen. **Achtung:** Zu fest angezogene Zündkerzen können beim Herausschrauben abreißen oder das Gewinde im Zylinderkopf beschädigen. In diesem Fall Zündkerzengewinde mit UTC- oder Heli-Coil-Einsätzen reparieren.
- Zündkerzenstecker in Zündreihenfolge aufstecken. Durch Hin- und Herbewegen festen Sitz der Zündkerzenstecker und der Zündkabel prüfen. Zündreihenfolge: 1 – 4 – 3 – 2.

Die Beleuchtungsanlage

Zur Beleuchtungsanlage zählen: Hauptscheinwerfer, Nebellampen, Heckleuchten, Bremsleuchten, Rückfahrscheinwerfer, Kennzeichenleuchte, Blinkleuchten, Innenleuchte und Instrumentenbeleuchtung. **Achtung:** Beim Auswechseln von Lampen darauf achten, daß die Bezeichnungen an der Lampe übereinstimmen.

Scheinwerferlampe auswechseln

Normale Glühlampen unterliegen dem Verschleiß. Etwa alle 2 Jahre sollten sie ausgewechselt werden, auch wenn sie noch intakt sind. Eine Glühlampe mit verminderter Leuchtkraft erkennt man auch an schwarzen Ablagerungen auf dem Glaskolben.

Vor dem Auswechseln der Glühlampe Schalter des betreffenden Verbrauchers ausschalten. **Achtung:** Glaskolben nicht mit bloßen Fingern anfassen. Der Fingerabdruck würde verdunsten und sich – aufgrund der Wärme – auf dem Reflektor niederschlagen und diesen erblinden lassen.

Ausbau

- Scheinwerfer ausbauen, siehe Seite 222.
- Kabelstecker und Abdeckkappe (1) vom Scheinwerfer abziehen.

Normalscheinwerfer

B8-137

- Verschlußring (2) nach links drehen und abnehmen.
- Lampe (3) aus dem Reflektor herausnehmen.
- Neue Lampe so in den Reflektor einsetzen, daß sich die Fixiernase am Lampenteller in die unten im Reflektor befindliche Aussparung einsetzt. Die mittlere der drei Steckerfahnen am Lampensockel steht dann oben!

Halogenscheinwerfer

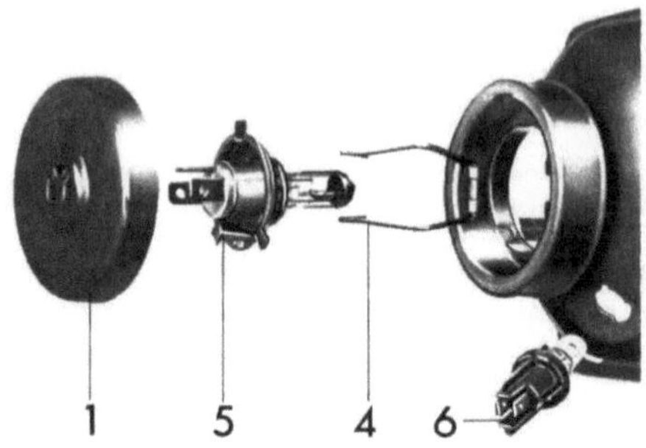

B8-138

- Federdrahtbügel (4) der Lampenhalterung zusammendrücken und abklappen.
- Halogenlampe (5) auswechseln. Neue Lampe so einsetzen, daß die mittlere der drei Steckerfahnen nach oben zeigt.

Einbau

Normalscheinwerfer

- Verschlußring aufsetzen, gegen den Reflektor drücken und bis zum Anschlag nach rechts drehen.
- Abdeckkappe sorgfältig aufschieben – sie muß dicht am Reflektor anliegen – und Kabelstecker aufstecken.

Halogenscheinwerfer

- Federdrahtbügel über den Lampensockel klappen. Drahtbügel zusammendrücken und in die Haltenasen einrasten lassen.
- Abdeckkappe und Dreifachstecker aufstecken.
- Scheinwerfereinstellung prüfen lassen.

Standlichtlampe auswechseln

Ausbau

- Scheinwerfer ausbauen, siehe Seite 222.
- Lampenfassung etwas nach links drehen und aus dem Reflektor ziehen.
- Defekte Lampe etwas nach links drehen und aus der Lampeneinfassung nehmen.

Einbau

- Neue Lampe in die Fassung drücken und nach rechts drehen.
- Fassung in den Reflektor drücken und nach rechts drehen.
- Scheinwerfer einbauen, siehe Seite 196.
- Scheinwerfereinstellung prüfen lassen.

Scheinwerfer einstellen

Für die Verkehrssicherheit ist die richtige Einstellung der Scheinwerfer von großer Bedeutung. Die exakte Einstellung der Scheinwerfer ist nur mit einem Spezialeinstellgerät möglich. Es wird deshalb in diesem Buch nur aufgezeigt, welche Bedingungen zum richtigen Scheinwerfer-Einstellen erfüllt sein müssen und wo die Scheinwerfer eingestellt werden.

- Reifen müssen den vorgeschriebenen Fülldruck aufweisen.
- Das unbeladene Fahrzeug muß mit 70 kg (eine Person) in der Mitte der hinteren Sitzbank belastet werden.
- Die Scheinwerfer dürfen nur bei Abblendlicht eingestellt werden. Das Neigungsmaß beträgt 10 cm auf 10 m Entfernung.

- Der Kühlergrill bleibt eingebaut.

A – Seitenverstellung
B – Höhenverstellung

Stellmotor für Leuchtweitenregelung aus- und einbauen

Fahrzeuge mit Doppelscheinwerfer

Ausbau

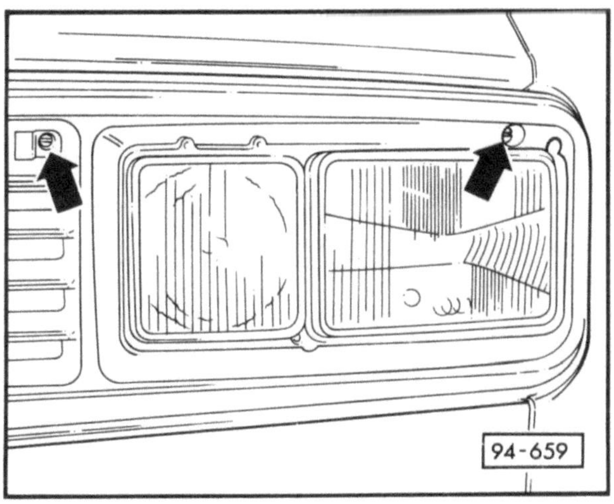

- Schnellverschlüsse der Blende –Pfeile– durch ¼ Umdrehung entrasten und Abdeckung abnehmen.

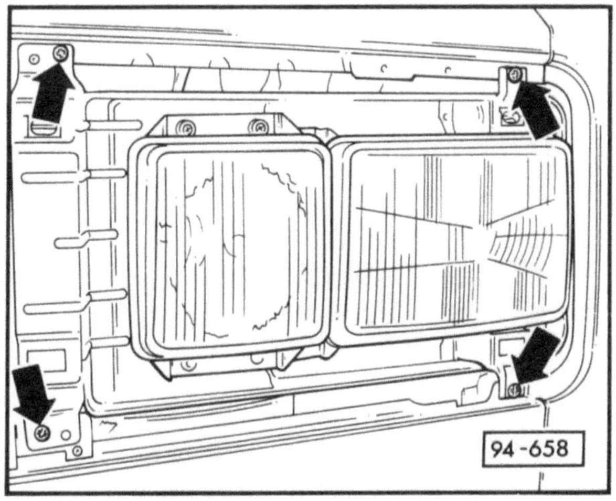

- Befestigungsschrauben –Pfeile– herausdrehen.
- Scheinwerfer herausnehmen und Steckverbindung für Scheinwerfer und Leuchtweitenregelung abziehen.

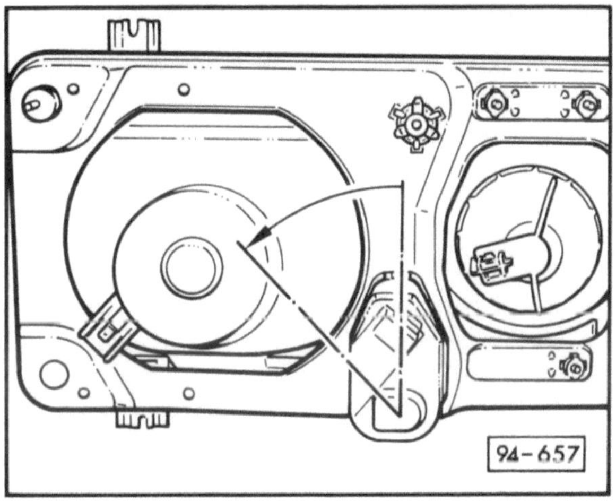

- Stellmotor durch Linksdrehen entriegeln und aus dem Tragrahmen herausziehen.

Einbau

- Stellmotor in Tragrahmen einrasten und durch rechtsdrehen verriegeln.
- Steckverbindung für Scheinwerfer und Leuchtweitenregelung zusammenstecken.
- Scheinwerfer einsetzen und Befestigungsschrauben eindrehen.
- Scheinwerferblende ansetzen und Schnellverschlüsse durch ¼ Umdrehung einrasten lassen.
- Leuchtweitenregelung an der Armaturentafel auf Grundstellung bringen und Scheinwerfer einstellen.

Innenlampe aus- und einbauen

Die Leuchte wird durch einen Nocken – an der Schalterseite – und eine gegenüberliegende Haltefeder im Ausschnitt des Dachholmes gehalten.

Ausbau

- Batterie-Massekabel abklemmen.

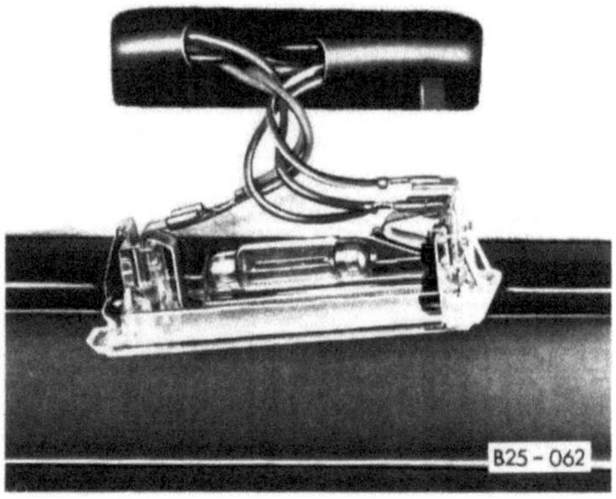

- Mit Schraubendreher vorsichtig die Haltefeder zur Leuchte drücken und Leuchte herausheben.
- Lampe (Soffitte) zwischen den beiden Kontaktfedern herausnehmen.

Einbau

- Neue Lampe einsetzen.
- Gehäuse zuerst an der Schalterseite einsetzen, dann gegenüberliegende Seite hineindrücken, bis die Haltefeder einrastet.
- Massekabel an Batterie anklemmen.

Kennzeichenleuchten aus- und einbauen

- Die Kennzeichenleuchten sind von hinten in das Abschlußblech gesteckt. Zum Auswechseln einer Glühlampe das komplette Leuchtengehäuse nach hinten herausziehen. Deckglas abschrauben, Lampe in die Fassung drücken, nach links drehen und herausnehmen.
- Neue Lampe einsetzen und Deckglas festschrauben.
- Beim Einstecken des Gehäuses darauf achten, daß es oben über der Blechlasche am Schloßträgerblech greift und vorne in die Öffnung am Abschlußblech faßt.

Blinkleuchte vorn aus- und einbauen

Ausbau

- Schrauben am Blinkeinsatz herausschrauben.
- Leuchte abnehmen.

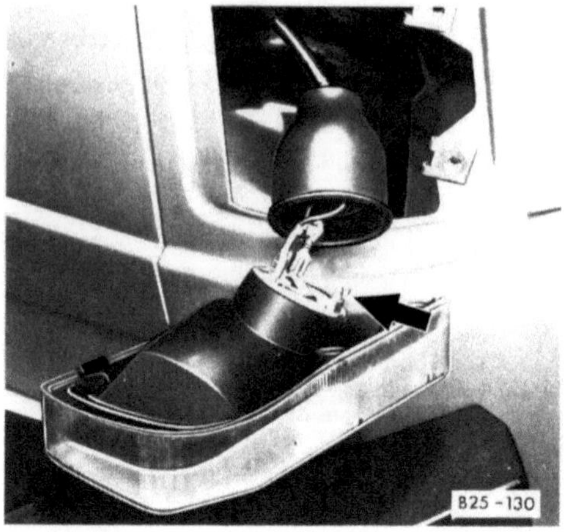

- Gummikappe abziehen.
- Klemmzunge nach innen drücken und Einsatz aus dem Gehäuse nehmen.
- Glühlampe etwas nach links drehen und herausnehmen.

Einbau

- Neue Glühlampe einsetzen und nach rechts drehen.
- Einsatz in das Gehäuse einrasten.
- Gummikappe aufschieben.
- Leuchte einsetzen und anschrauben.

Lampentabelle

Um jederzeit eine Lampe auswechseln zu können, sollte stets ein Kasten mit Ersatzlampen im Wagen mitgeführt werden. Eine Zusammenstellung der im VW Bus verwendeten Glühlampen enthält die untenstehende Tabelle.

	Bezeichnung nach DIN
Scheinwerfer (Normal)	12 V 45/40 W
Scheinwerfer (Halogen)	12 V 50/55 W
Standlicht	12 V 4 W
Schlußleuchten	12 V 5 W
Blinkleuchten vorn	12 V 21 W
Blinkleuchten hinten	12 V 21 W
Bremsleuchten und Schlußlicht	12 V 21/5 W
Rückfahrleuchten	12 V 21 W
Kennzeichenleuchte	12 V 4 W
Innenleuchte	12 V 10 W
Kontrolleuchten für Schalter	12 V 1,2 W
Instrumentenbeleuchtung	12 V 1,2 W
Nebelscheinwerfer (Halogen)	12 V 55 W
Nebelschlußleuchte	12 V 21 W

Schlußleuchte aus- und einbauen

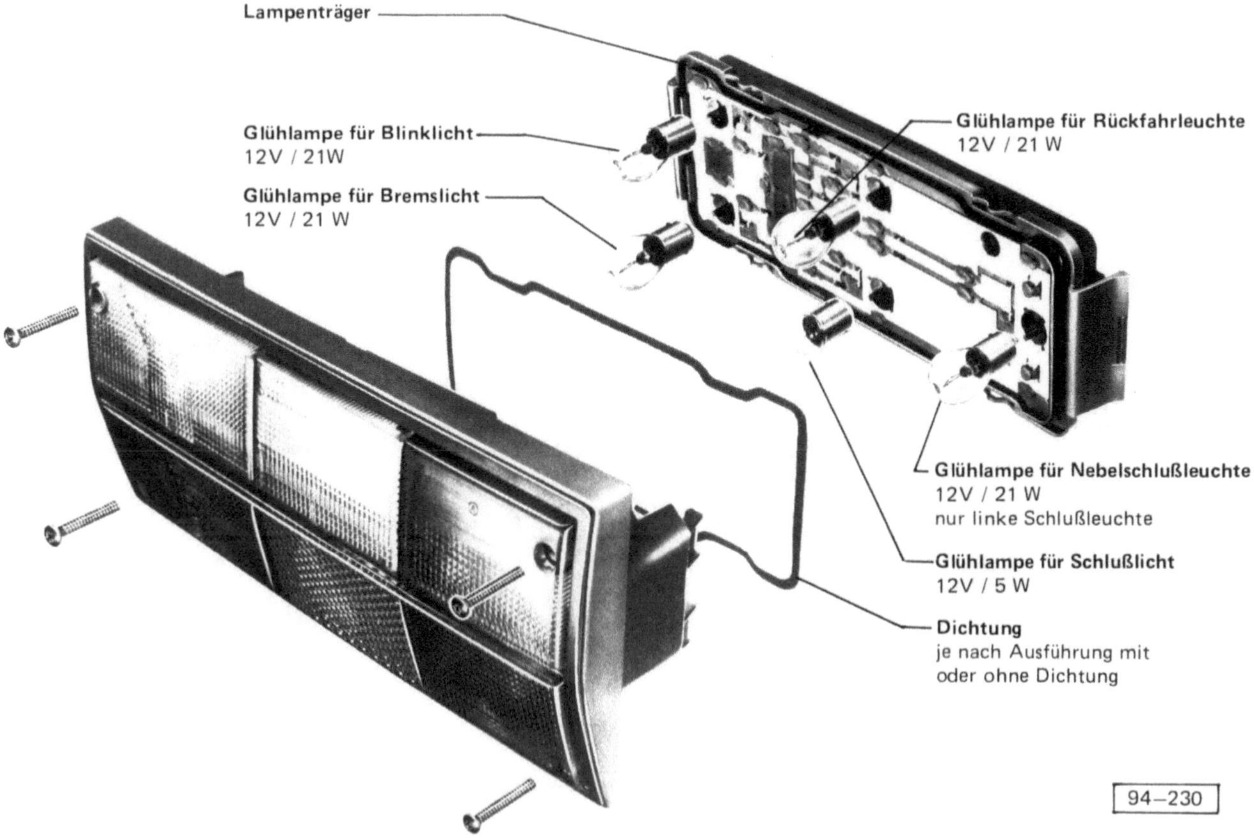

94–230

Hinweis:
Für den nachträglichen Einbau von Rückfahrleuchten und/oder Nebelschlußleuchte müssen Lampenträger und Fenster ausgetauscht werden.

Ausbau

- 4 Befestigungsschrauben herausdrehen.
- Streuscheibe mit Einsatz herausnehmen.
- Die beiden seitlichen Klemmzungen in Pfeilrichtung zusammendrücken und Einsatz mit Glühlampen herausnehmen.
- Defekte Lampe etwas hineindrücken, nach links drehen und herausnehmen.

Einbau

- Neue Lampe einsetzen, ganz hineindrücken und nach rechts drehen.
- Lampenträger in Streuscheibe einrasten.
- Kompletten Einsatz mit 4 Schrauben befestigen.

Scheinwerfer aus- und einbauen

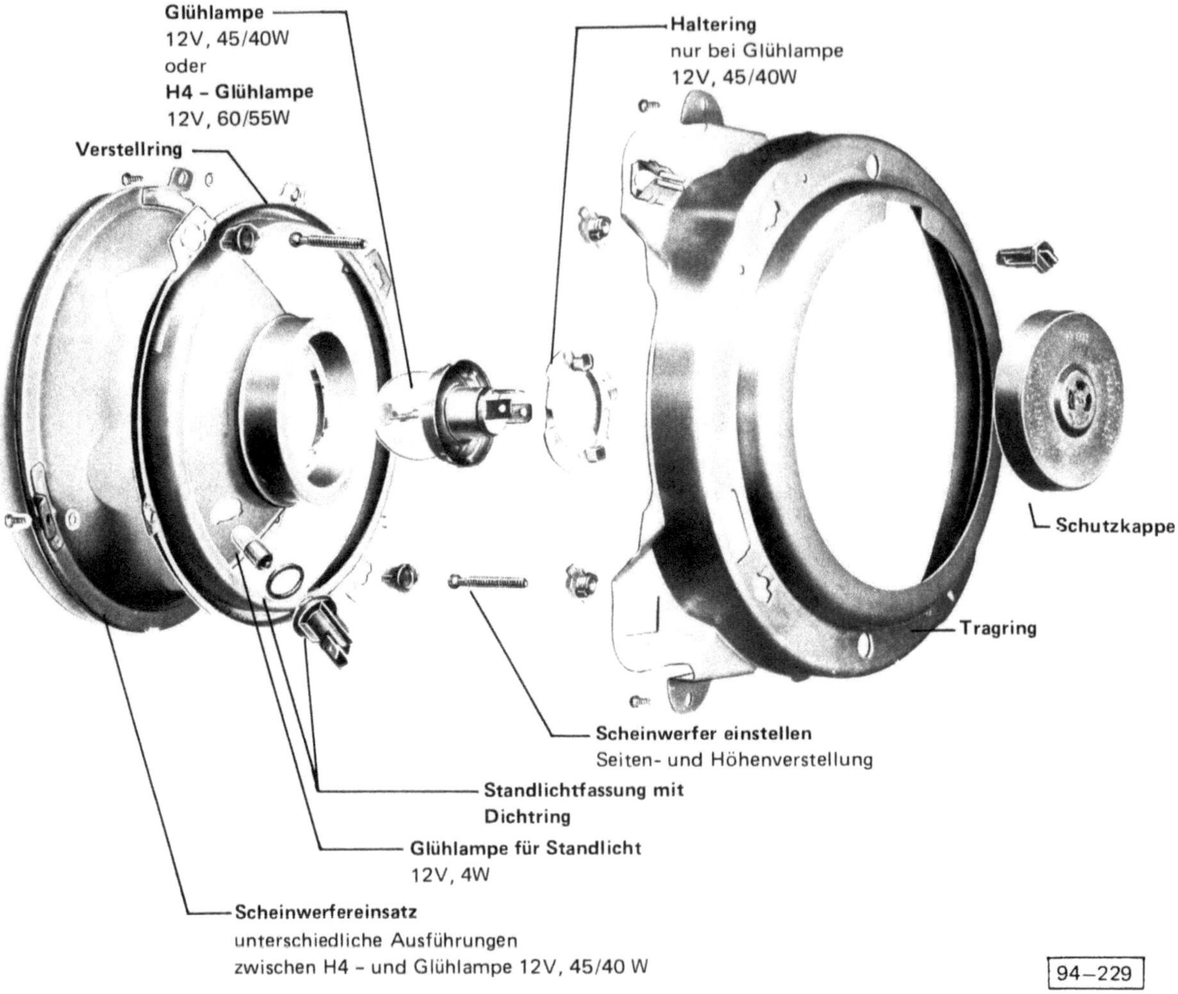

Ausbau

- Klemmstifte am Kühlergrill um 90° verdrehen, Grill abnehmen.
- Scheinwerfer an den 3 gekennzeichneten Schrauben abschrauben.
- Scheinwerfer herausnehmen, Glühlampe ausbauen, siehe Seite 218.

Einbau

- Glühlampe in Scheinwerfer einsetzen, siehe Seite 192.
- Scheinwerfer mit 3 Schrauben befestigen.
- Kühlergrill ansetzen, Klemmstifte um 90° verdrehen.
- Scheinwerfer einstellen lassen.

Die Armaturen

Beim VW BUS sind die Anzeigeninstrumente in einem Schalttafeleinsatz zusammengefaßt. Der Schalttafeleinsatz läßt sich komplett ausbauen.

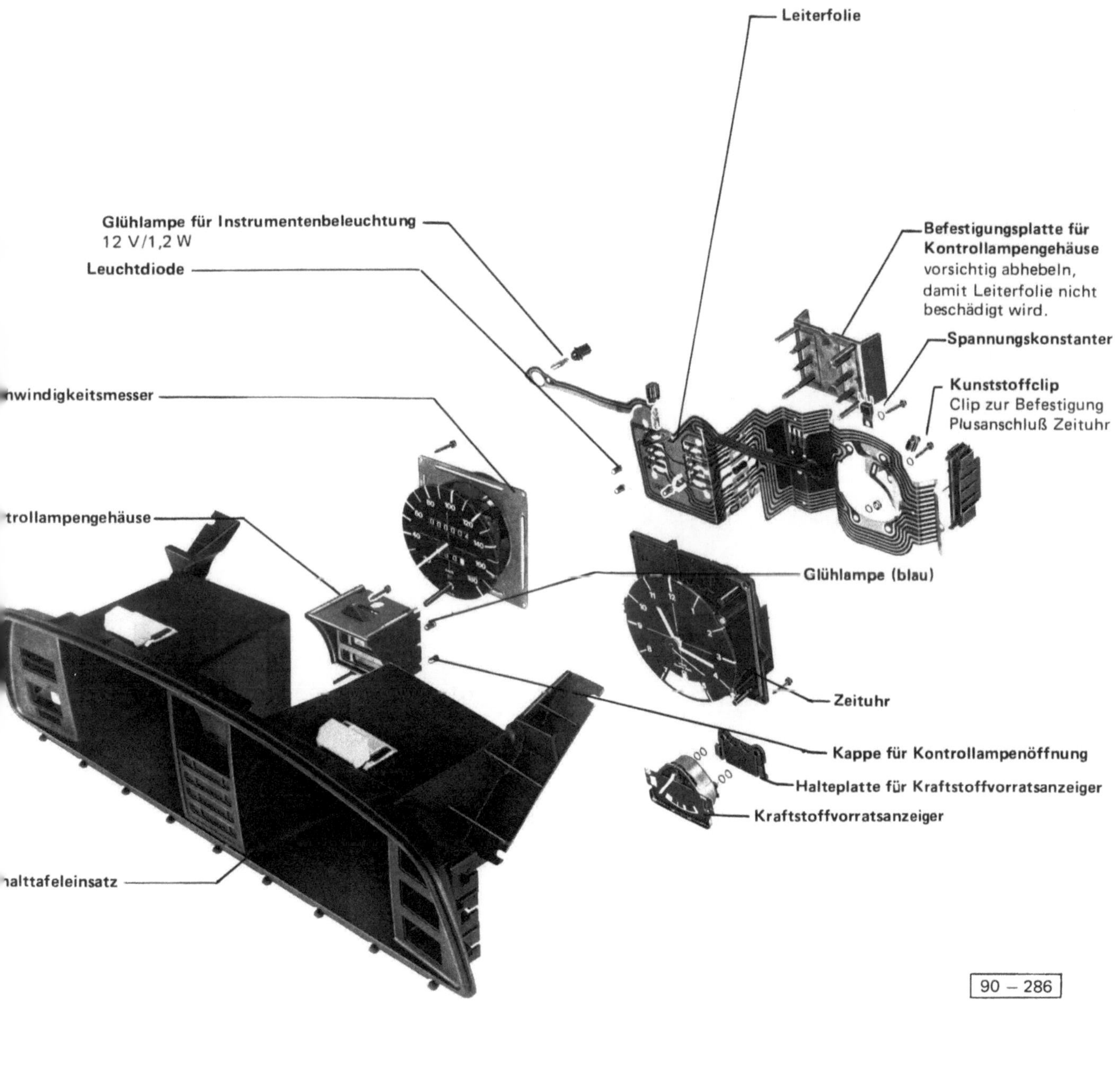

Schalttafeleinsatz aus- und einbauen

Ausbauen

- Batterie-Masseband an der Batterie abklemmen.

- Mit beiden Händen in die Griffmulden (Pfeile) fassen und Abdeckung für Schalttafeleinsatz nach oben abziehen.

- Schalter für Warnblinkanlage und wenn vorhanden das Kontrollampengehäuse für Zweikreisbrems- und Handbremskontrollampe aus Schalttafeleinsatz in Fahrtrichtung nach vorne abziehen.
- Schalttafeleinsatz abschrauben.

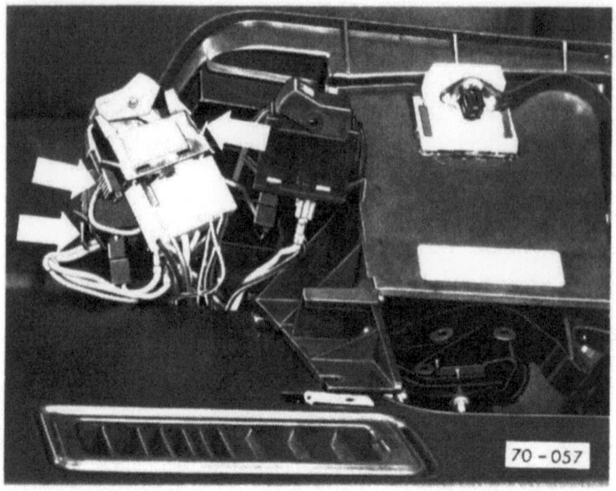

- Elektrische Anschlüsse abziehen. Dazu Klemmennasen an den Steckern zusammendrücken (Pfeile).
- Antriebswelle für Tachometer abschrauben.
- Schalttafeleinsatz herausnehmen.

Einbau

Schalttafeleinsatz einsetzen, elektrische Stecker aufschieben, Tachowelle aufschrauben.

- Schalttafeleinsatz anschrauben.
- Schalter für Warnblinkanlage und wenn vorhanden Kontrollampengehäuse für Zweikreisbrems- und Handbremskontrollampe einsetzen.

Tachowelle aus- und einbauen

Ausbau

- Abdeckung für Schalttafeleinsatz abziehen, siehe Seite 224.
- Batterie-Masseband an der Batterie abklemmen.
- Überwurfmutter von Antriebswelle am Geschwindigkeitsmesser abschrauben.
- Fahrzeug vorn aufbocken.
- Reserverad ausbauen.

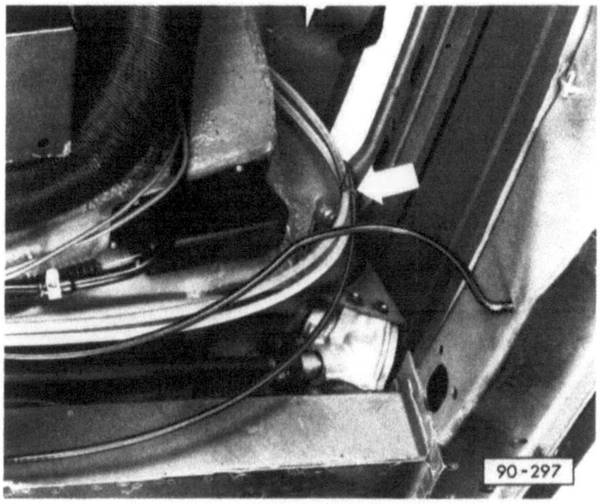

- Kabelbinder, der Antriebswelle und Schutzhüllen für Züge für Heizklappen abbindet, abschneiden.

- Sechskantmutter am Halter abschrauben.

- Sicherungsring am Vierkantmitnehmer vorn am Rad abdrücken.

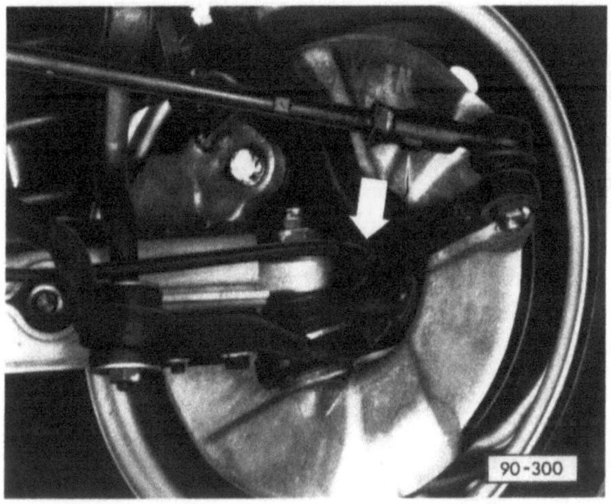

- Antriebswelle aus der Gummihülse im Achsschenkel herausziehen.

Einbau

- Antriebswelle einsetzen.

Achtung: Antriebswelle so verlegen, daß sie weder gedrückt noch geknickt werden kann. Andernfalls kann Anzeige pendeln oder Welle nach kurzer Laufzeit brechen. Anschluß zum Geschwindigkeitsmesser nicht fetten! Fett kann in das Instrument kommen und zum Hängen des Zeigers führen.

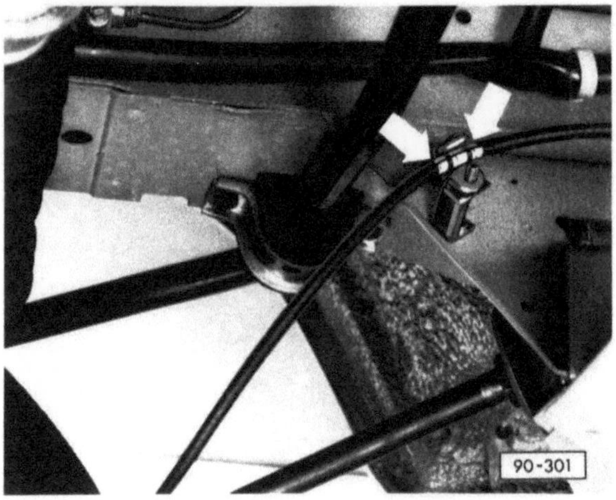

- Sechskantmutter am Halter anschrauben. Dabei auf Markierungen auf der Antriebswelle achten (Pfeile).
- Gummitülle für Antriebswelle im Achsschenkel erneuern.

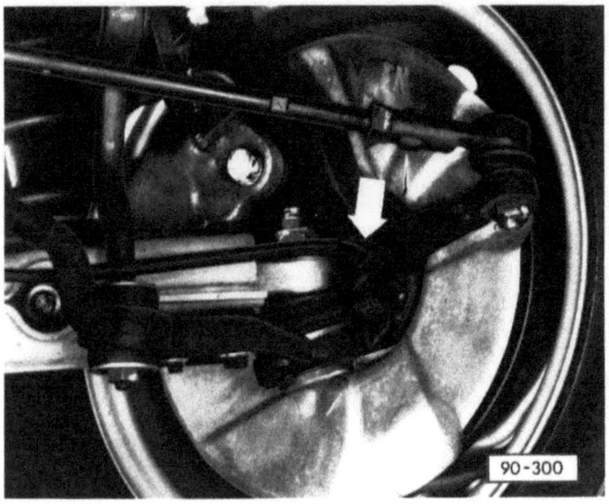

- Die Gummihülse (Pfeil) nach dem Eindrücken mit einem Steckschlüsseleinsatz bis zum Anschlag drücken. Die Gummihülse darf nach dem Einsetzen nicht über den Rand der Bohrung im Achsschenkel hervorstehen.
- Antriebswelle durch die Gummihülse schieben.
- Sicherungsring am Vierkantmitnehmer einsetzen und Vierkant mit Spezialkautschukmasse (Terostat 33, weiß) sorgfältig abdichten.
- Mit Kabelbinder Antriebswelle und Züge für Heizklappen miteinander verbinden.
- Reserverad einbauen.
- Überwurfmutter für Antriebswelle am Geschwindigkeitsmesser aufschrauben.
- Abdeckung für Schalttafeleinsatz aufsetzen, siehe Seite 224.
- Batterie-Masseband abklemmen.

Der Lenkstockschalter

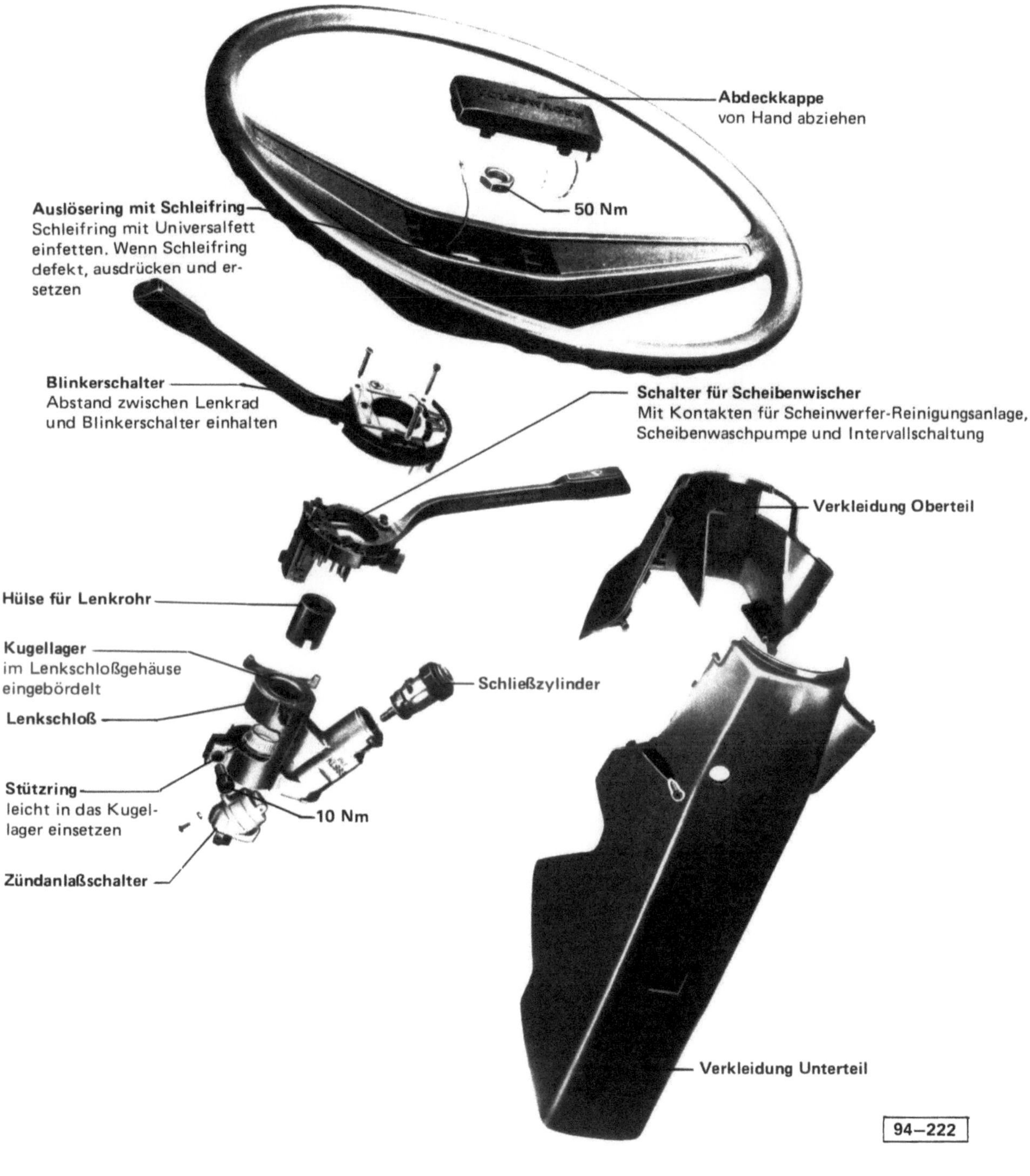

Blinkerschalter/ Scheibenwischerschalter aus- und einbauen

Ausbau

- Batterie-Massekabel abklemmen.
- Lenkrad ausbauen, siehe Seite 140.

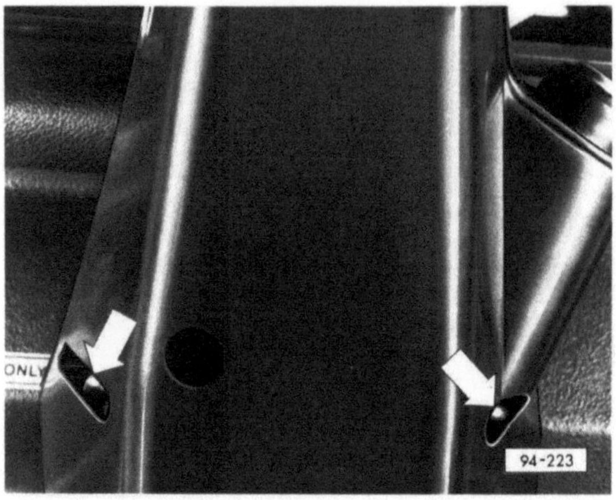

- Verkleidung für Lenksäule oben und unten abschrauben (Pfeile), beim Unterteil zusätzlich Klemmschelle am Mantelrohr abschrauben.
- Schrauben für Blinkerschalter herausschrauben, Blinker- und Scheibenwischerschalter abziehen.

Einbau

- Wischer- und Blinkerschalter einsetzen und festschrauben.
- Verkleidung Ober- und Unterteil einbauen, Unterteil zusätzlich mit Klemmschelle am Mantelrohr befestigen.
- Batterie-Masseband montieren.
- Lenkrad montieren, siehe Seite 140.

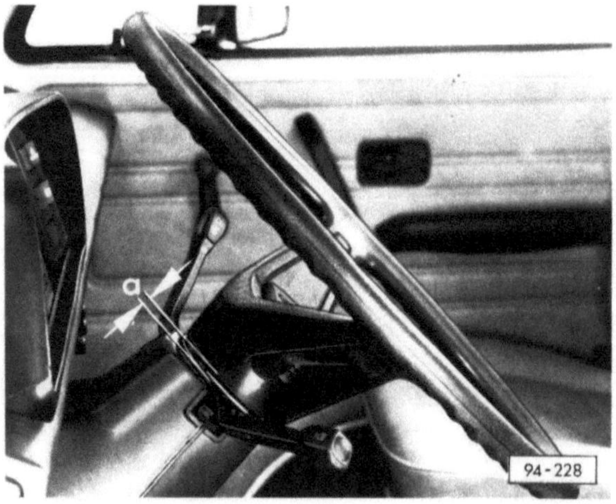

- Zwischen Lenkrad und Blinkerschalter muß ein Spalt von a = 2 bis 4 mm vorhanden sein.

Antenne aus- und einbauen

Ausbau

- Batterie-Masseband an der Batterie abklemmen.
- Schalttafeleinsatz ausbauen, siehe Seite 198.
- Aschenbecher aus der Schalttafel nach oben abziehen.

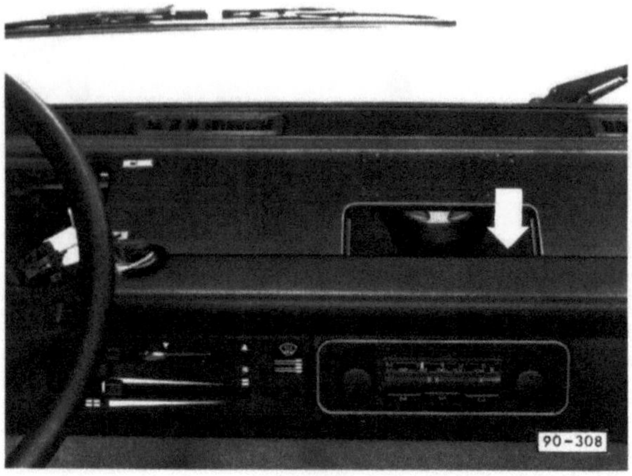

- Antennenstecker (Pfeil) abziehen.
- Scheinwerfer links ausbauen, siehe Seite 196.

90-309

- Überwurfmutter abschrauben.

- Antenne vorsichtig nach unten herausziehen, damit Antennenleitung nicht geknickt wird.

Einbau

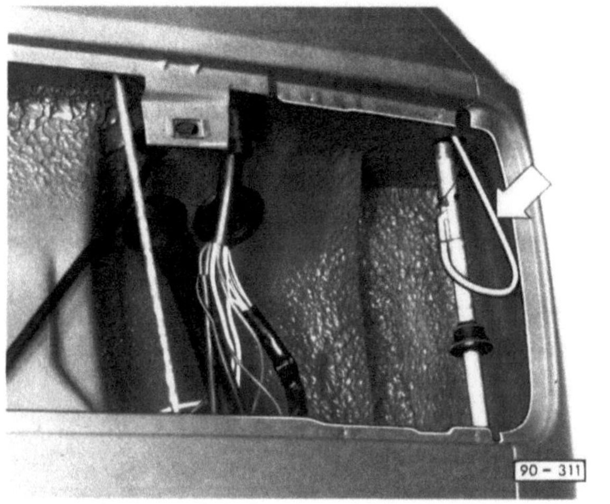

- Schlaufe formen, dann Antenne einführen.
- Kunststoffstück auf Antenne aufschieben, Antenne handfest anschrauben, ausrichten und festziehen.
- Antennenleitung zum Radio verlegen.

Achtung: Antennenleitung nicht im Bereich des Scheibenwischergestänges und der Regulierung für Heizung und Frischluft verlegen.

- Antennenstecker in Radio einschieben.
- Scheinwerfer einbauen, siehe Seite 222.
- Aschenbecher einsetzen.
- Schalttafeleinsatz einbauen, siehe Seite 224.
- Batterie-Masseleitung anklemmen.
- Radio auf Antenne abstimmen. Dazu ganz schwachen Mittelsender einstellen und an der Antennenabgleichschraube (vorn in der Skala) auf besten Empfang einstellen.

Scheibenwascherdüsen einstellen

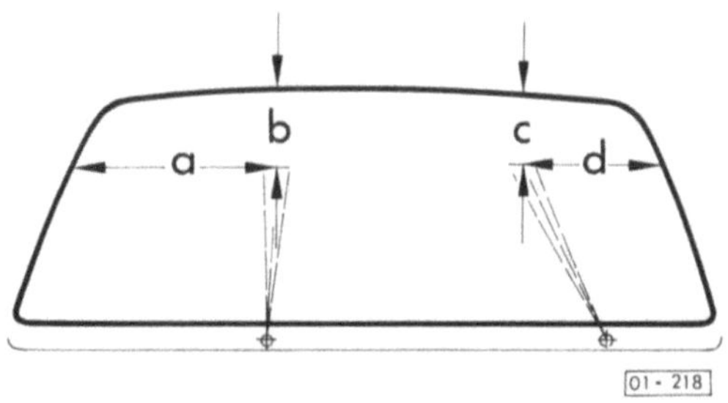

a = 490 mm c = 180 mm

b = 220 mm d = 350 mm

- Düsen mit Stecknadel auf die angegebenen Maße einstellen.

Die Scheiben– und Scheinwerfer-waschanlage

Die Rotorpumpen für die Scheibenwaschanlage und der Scheinwerferwaschanlage (Mehrausstattung) sitzen am gemeinsamen Vorratsbehälter für die Scheibenwaschflüssigkeit. Bei Ersatz von Schläuchen neue Schläuche wie die ausgebauten mit Kabelbindern an der Karosserie entlang führen, an den Anschlußstücken mit Schraubschellen sichern.

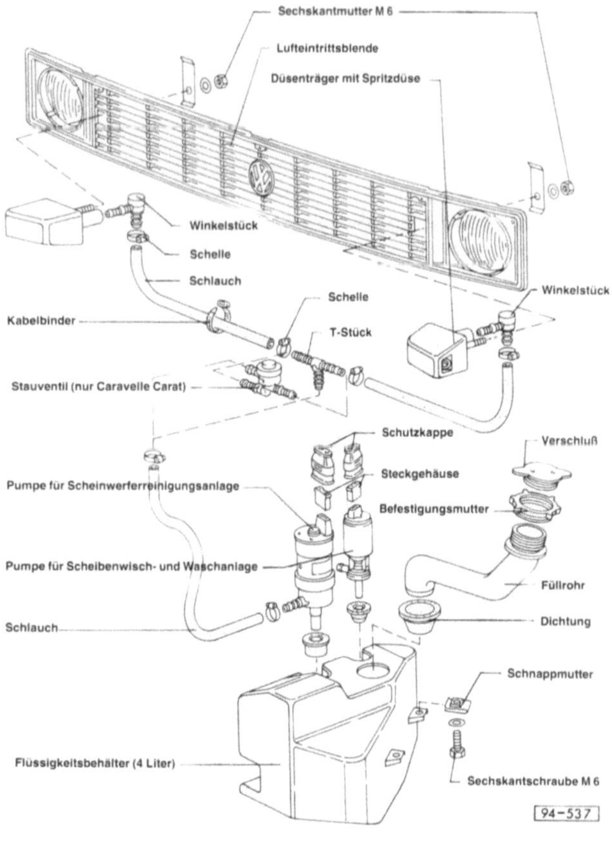

Scheibenwischergummi ersetzen

In den VW/Audi-Werkstätten wird das Wischergummi kostengünstig angeboten.

- Scheibenwischerblatt abnehmen.
- An der geschlossenen Seite des Wischgummis beide Stahlschienen mit Kombizange zusammendrücken (siehe Abbildung), seitlich aus der oberen Klammer herausnehmen und Gummi komplett mit Schienen aus den restlichen Klammern des Wischerblattes herausziehen.

92-015

- Neues Wischgummi in die unteren Klammern des Wischerblattes einknöpfen.
- Beide Schienen so in die erste Rille des Wischgummis einführen, daß Aussparungen der Schienen zum Gummi zeigen und in Gumminasen der Rille einrasten.
- Beide Stahlschienen und Gummi mit Kombizange wieder zusammendrücken und so in obere Klammer einsetzen, daß Klammernasen beidseitig in Haltenuten (Pfeil) des Wischgummis einrasten.

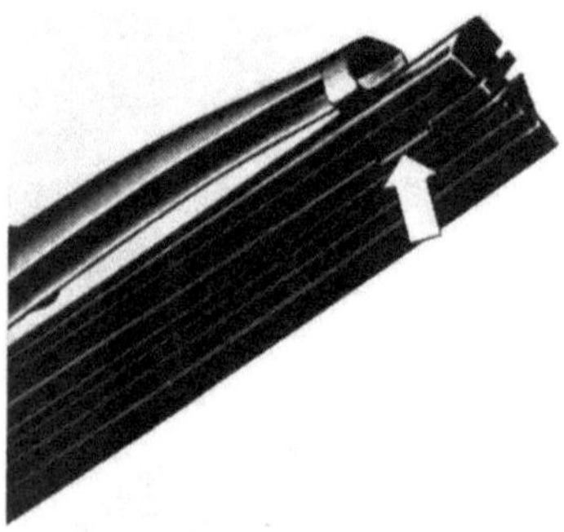

92-016

Scheibenwischerarm aus- und einbauen

Ausbau

- Abdeckkappe für Wischerachse mit Schraubenzieher abhebeln.
- Sechskantmutter abschrauben, Wischerarm abnehmen.

Einbau

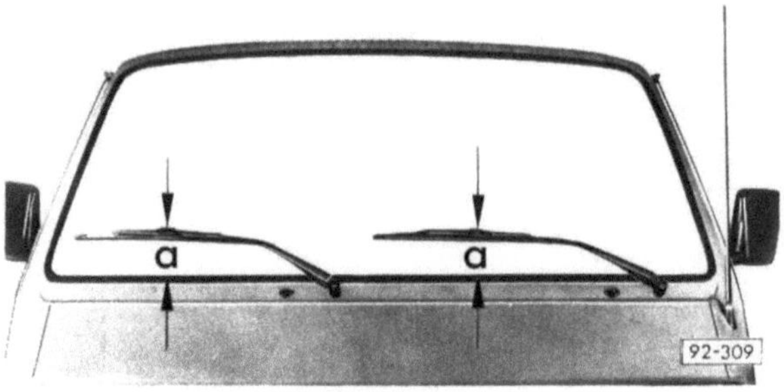

a = 70 mm

- Scheibenwischerarm aufsetzen und so ausrichten, daß die Wischerblätter parallel zur Windschutzscheibendichtung liegen und sich ein Abstand von a = 70 mm einstellt.
- Federscheibe auflegen, Sechskantmutter aufschrauben und vorsichtig festziehen. Abdeckkappe aufsetzen.

Störungstabelle Scheibenwischergummi

Wischbild	Ursache	Abhilfe
Schlieren Abbildung 92-012	● Wischgummi verschmutzt	Wischgummi mit harter Nylonbürste und einer Waschmittellösung oder Spiritus reinigen
	● ausgefranste Wischlippen, Gummi ausgerissen oder abgenutzt	Wischgummi erneuern
	● Wischgummi gealter, rissige Oberfläche	Wischgummi erneuern
Im Wischfeld verbleibende Wasserreste ziehen sich sofort zu Perlen zusammen Abbildung 92-013	● Windschutzscheibe durch Lackpolitur, Öl oder Dieselrückstände verschmutzt	Windschutzscheibe mit sauberem Putzlappen und einem Fett-Öl-Silikonentferner reinigen
Wischerblatt wischt einseitig gut – einseitg schlecht, rattert Abbildung 92-014	● Wischgummi einseitig verformt, „kippt nicht mehr"	neues Wischgummi einbauen
	● Wischerarm verdreht, Blatt steht schief auf der Scheibe	Wischerarm vorsichtig verdrehen, bis richtige, senkrechte Stellung erreicht ist
nicht gewischte Flächen	● Wischgummi aus der Fassung herausgerissen	Wischgummi vorsichtig in die Fassung einsetzen
	● Wischerblatt liegt nicht mehr gleichmäßig an der Scheibe an, da Federschienen oder Bleche verbogen	Wischerblatt ersetzen. Dieser Fehler tritt vor allem bei unsachgemäßem Montieren eines Ersatzblattes auf
	● Anpreßdruck durch Wischerarm zu gering	Wischerarmgelenke und Feder leicht einölen oder neuen Arm einbauen

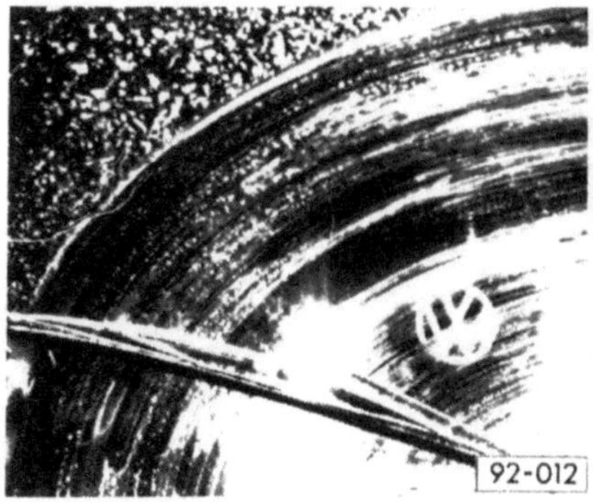

Scheibenwischeranlage aus- und einbauen

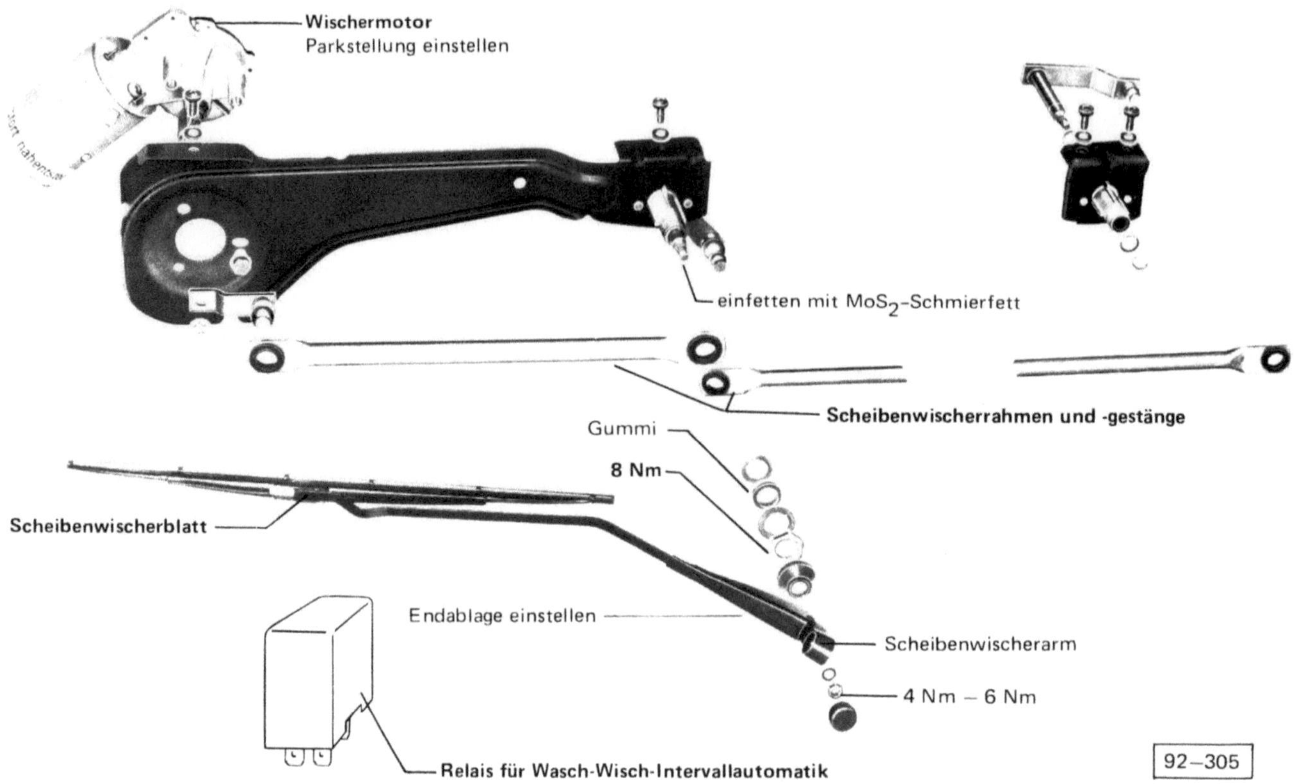

Ausbau

- Batterie-Massekabel abklemmen.
- Scheibenwischerarme ausbauen, siehe Seite 230.
- Abdeckkappen von den Achsen abhebeln, Muttern abschrauben.
- Handschuhfach öffnen, 2 Haltebänder am Handschuhfach aushängen, Handschuhfach aushängen.
- Schalttafeleinsatz ausbauen, siehe Seite 224.
- Stecker vom Wischermotor abziehen.
- Im Fahrzeuginnenraum an der Windschutzscheibe 4 Linsenschlitzschrauben ausschrauben.
- Scheibenwischerrahmen und -gestänge zur Beifahrerseite herausziehen.
- Wischermotor ggf. vom Rahmen abschrauben.

Einbau

- Wischermotor an Rahmen anschrauben.

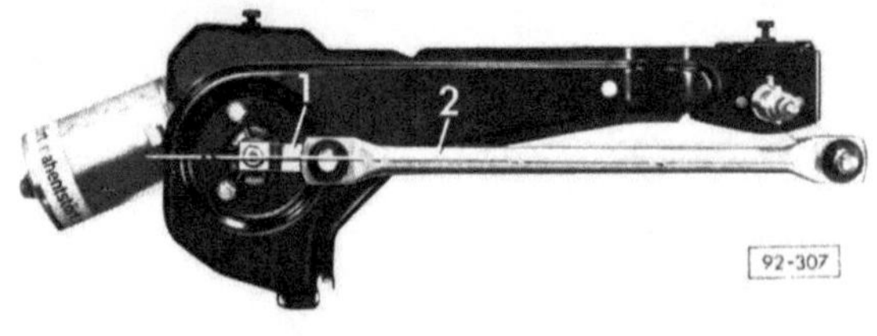

- Wischermotor an Bordnetz anklemmen, einige Minuten laufen lassen und ausschalten. In dieser Stellung Kurbel (1) und Gestänge (2) in Richtung der Linie hintereinander ausrichten und dann Kurbel (1) auf der Welle des Wischermotors befestigen.
- Wischeranlage von der Beifahrerseite her einsetzen.
- Auf den Wischerachsen Scheibe auflegen, dann die Achsen durch die Karosserieöffnungen durchschieben.
- Von außen Gummiunterlage, Scheibe und Mutter aufsetzen.
- Rahmen mit 4 Linsenschlitzschrauben von innen im Bereich der Frontscheibe befestigen.
- Muttern an den Scheibenwischerachsen vorsichtig anziehen (8 Nm).
- Abdeckung auf Achsenmuttern aufsetzen, Scheibenwischerarme montieren, siehe Seite 230.
- Stecker auf Motor aufschieben.
- Handschuhfach montieren, 2 Haltebänder einhängen.
- Schalttafeleinsatz einbauen, siehe Seite 224.
- Batterie-Massekabel anklemmen.

Störungstabelle Scheibenwischeranlage

Störung: Scheibenwischermotor läuft nicht in Stellung I bzw. in keiner Schalterstellung. **Achtung:** Die Fehlersuchanleitung gilt nur für Fahrzeuge **ohne** Intervallbetrieb.

Prüfvoraussetzungen: Zündung eingeschaltet, Sicherung S 10 in Ordnung

A-Scheibenwischermotor läuft nicht in Stufe I

Schalter für Scheibenwischer hat Unterbrechung

Steckgehäuse am Schalter für Scheibenwischer abziehen und (im Steckgehäuse) mit einer Prüfleitung Klemme 53 a (schwarz/graue Leitung) mit der Klemme 53 (schwarz/grüne Leitung) verbinden.

Scheibenwischermotor läuft	Scheibenwischermotor läuft nicht
↓ Schalter ersetzen	↓ Scheibenwischermotor defekt

Scheibenwischermotor defekt

Von der Klemme 53 des Steckgehäuses eine Prüfleitung zur Sicherungsdose, Klemme 30 legen.

Scheibenwischermotor läuft nicht	Scheibenwischermotor läuft
↓ Scheibenwischermotor ersetzen	↓ Fortsetzung: Prüfprogramm B

B-Scheibenwischermotor läuft in keiner Schalterstellung

Unterbrechung in der schwarz/grauen Leitung von der Sicherung S 10 über Mehrfachsteckverbindung Scheibenwischermotor zum Schalter für Scheibenwischer, Klemme 53 a.

Prüfleitung von Klemme 53 a, Steckgehäuse am Schalter für Scheibenwischer, zur Sicherungsdose Klemme 30, legen.

Scheibenwischermotor läuft	Scheibenwischermotor läuft nicht
↓ schwarz/graue Leitung ersetzen	↓ Scheibenwischermotor ersetzen

Die Wagenpflege

Aus Umweltschutzgründen ist in den meisten Gemeinden die Wagenwäsche auf öffentlichen Plätzen verboten. Inzwischen gibt es an vielen Tankstellen die Möglichkeit, dort seinen Wagen auch von Hand zu waschen. Da an diesen Tankstellen garantiert ist, daß das Schmutzwasser nicht in die Erde versikkert, sollte die Wagenwäsche dort durchgeführt werden.

Fahrzeug waschen

- Verschmutzten Wagen möglichst umgehend waschen.
- Tote Insekten **vor** der Wagenwäsche einweichen und abwaschen.
- Reichlich Wasser verwenden.
- Weichen Schwamm oder sehr weiche Waschbürste mit Schlauchanschluß benutzen.
- Lackierung nicht scharf abspritzen, sondern nur abbrausen und Schmutz aufweichen lassen.
- Aufgeweichten Schmutz von oben nach unten mit reichlich Wasser abwaschen.
- Schwamm oft ausspülen.
- Zum Abtrocknen sauberes Leder verwenden.
- Nur gute, rückfettende Markenwaschmittel verwenden (falls überhaupt). Mit klarem Wasser gründlich nachspülen, um die Reste des Waschmittels zu entfernen.
- Zum Schutz der Lackierung kann dem Waschwasser ein Waschkonservierer beigegeben werden.
- Bei regelmäßiger Benutzung von Waschmitteln muß öfter konserviert werden.
- Wagen niemals in der Sonne waschen oder trocknen. Wasserflecken auf der Lackierung sind sonst unvermeidlich.
- Durch Streusalze besonders gefährdet sind alle innenliegenden Falze, Flansche und Fugen an Türen und Hauben. Diese Stellen müssen deshalb bei jedem Wagenwaschen – auch nach der Wäsche in automatischen Waschstraßen – mit einem Schwamm gründlich gereinigt und anschließend abgespült und abgeledert werden.
  Achtung: Nach der Wagenwäsche ergibt sich eine verringerte Bremswirkung durch Nässe. Deshalb Bremsscheiben kurz trockenbremsen.

Lackierung pflegen

Konservieren: So oft wie möglich, soll die sauber gewaschene und getrocknete Lackierung mit einem Konservierungsmittel behandelt werden, um die Oberfläche durch eine porenschließende und wasserabweisende Wachsschicht gegen Witterungseinflüsse zu schützen.

Übergelaufenen Kraftstoff, übergelaufenes Öl oder Fett beziehungsweise übergelaufene Bremsflüssigkeit **sofort entfernen,** sonst kommt es zu Lackverfärbungen.

Das Konservieren muß wiederholt werden, wenn Wasser nicht mehr vom Lack abperlt, sondern großflächig verläuft. Regelmäßiges Konservieren bewirkt, daß der ursprüngliche Glanz der Lackierung sehr lange erhalten bleibt.

Eine weitere Möglichkeit, den Lack zu konservieren, bieten Wasch-Konservierer. Wasch-Konservierer schützen die Lakkierung jedoch nur ausreichend, wenn sie bei **jeder** Wagenwäsche verwendet werden und der zeitliche Abstand zwischen 2 Wäschen nicht mehr als 2 bis 3 Wochen beträgt. Nur Lackkonservierer verwenden, die Carnauba- oder synthetische Wachse enthalten.

Nach dem Anwenden von Waschmitteln (Schaumwäsche) ist eine Nachbehandlung mit einem Konservierungsmittel besonders zu empfehlen (Gebrauchsanweisung beachten).
Das Konservieren darf nicht in der prallen Sonne erfolgen.

Polieren: Das Polieren der Lackierung ist nur dann erforderlich, wenn der Lack infolge mangelhafter Pflege unter der Einwirkung von Straßenstaub, industriellen Abgasen, Sonne und Regen unansehnlich geworden ist und sich durch eine Behandlung mit Konservierungsmitteln kein Glanz mehr erzielen läßt. Zu warnen ist vor stark schleifenden oder chemisch stark angreifenden Poliermitteln, auch wenn der erste Versuch damit noch so sehr zu überzeugen scheint.

Vor jedem Polieren muß der Wagen sauber gewaschen und sorgfältig abgetrocknet werden. Im übrigen ist nach der Gebrauchsanweisung für das jeweilige Poliermittel zu verfahren.

Die Bearbeitung soll in nicht zu großen Flächen erfolgen, um ein vorzeitiges Eintrocknen der Politur zu vermeiden. Bei manchen Poliermitteln muß anschließend noch konserviert werden. Nicht in der prallen Sonne polieren! Matt lackierte Teile dürfen nicht mit Konservierungs- oder Poliermitteln behandelt werden.

Leichtmetallteile an der Karosserie brauchen nicht besonders gepflegt zu werden.

Teerflecke entfernen: Teerflecke fressen sich innerhalb kurzer Zeit in den Lack ein und können dann nicht mehr vollkommen entfernt werden. Frische Teerflecke können mit einem in Waschbenzin getränkten weichen Lappen entfernt werden. Notfalls kann auch Tankstellenbenzin, Petroleum oder Terpentinöl verwendet werden. Sehr gut gegen Teerflecke eignet sich auch ein Lackkonservierer. Bei Verwendung dieses Mittels kann auf ein Nachwaschen verzichtet werden.

Insekten entfernen: Die Reste von Insektenleichen tragen Stoffe in sich, die den Lackfilm beschädigen können, wenn sie nicht innerhalb kurzer Zeit entfernt werden. Einmal festgeklebt, lassen sie sich durch Wasser und Schwamm allein nicht entfernen, sondern müssen mit schwacher, lauwarmer Seifen- oder Waschmittel-Lösung abgewaschen werden. Es gibt auch spezielle Insekten-Entferner.

Baumaterial-Spritzer entfernen: Spritzer jeglichen Baumaterials mit einer lauwarmen Lösung neutraler Waschmittel abwaschen. Nur leicht reiben, da sonst die Lackierung zerkratzt werden kann. Nach dem Waschen sorgfältig mit klarem Wasser nachspülen.

Kunststoffteile pflegen: Kunststoffteile, Kunstledersitze, Himmel, Leuchtengläser sowie mattschwarz gespritzte Teile mit Wasser und eventuell einem Shampoo-Zusatz säubern, Himmel nicht durchfeuchten. Kunststoffteile gegebenenfalls mit Kunststoffreiniger behandeln. Keinesfalls Lösungsmittel wie Nitroverdünner, Kaltreiniger oder Kraftstoff verwenden.

Scheiben reinigen: Fensterscheiben innen und außen mit sauberem, weichem Lappen abreiben. Bei starker Verschmutzung helfen Spiritus oder Salmiakgeist und lauwarmes Wasser, oder auch ein spezieller Scheibenreiniger. Beim Reinigen der Windschutzscheibe Scheibenwischerarm nach vorn klappen.

Bei der Reinigung der Windschutzscheibe sind auch die Wischerblätter zu säubern.

Achtung: Bei Verwendung silikonhaltiger Mittel dürfen die zur Reinigung der Lackierung verwendeten Waschbürsten, Schwämme, Lederlappen und Tücher nicht für die Scheiben verwendet werden. Beim Einsprühen der Lackierung mit silikonhaltigen Pflegemitteln sollten die Scheiben mit Pappe oder anderem Material abgedeckt werden.

Gummidichtungen pflegen: Sämtliche Gummidichtungen sollen von Zeit zu Zeit leicht mit Talkum eingepudert werden, um die gewünschte Geschmeidigkeit zu erhalten und an den Fensterabdichtungen ein gutes Gleiten zu erreichen.

Quietschende oder knarrende Geräusche, die an Gummidichtungen entstehen, können durch Einpudern der Dicht- und Gleitflächen mit Talkum oder Besprühen mit Silikonspray behoben werden. Auch das Einreiben der betreffenden Fläche mit Schmierseife beseitigt die Geräusche.

Leichtmetall-Scheibenräder mit Felgenreiniger besonders während der kalten Jahreszeit pflegen, jedoch keine aggressiven, säurehaltigen, stark alkalischen und rauhen Reinigungsmittel oder Dampfstrahler über 60° C verwenden.

Sicherheitsgurte nur mit milder Seifenlauge in eingebautem Zustand säubern, nicht chemisch reinigen, da dadurch das Gewebe zerstört werden kann. Automatikgurte nur in trockenem Zustand aufrollen und gegebenenfalls mit Gleitspray einsprühen, um das Zurücklaufen besonders am Umlenkbügel zu erleichtern. Gurtband nicht bei einer Temperatur von über 80° C oder direkter Sonneneinstrahlung trocknen.

Unterbodenschutz/ Hohlraumkonservierung

Die gesamte Bodenanlage einschließlich der hinteren Radkästen ist mit PVC-Unterbodenschutz beschichtet. Die besonders stark gefährdeten Bereiche in den vorderen Radläufen sind mit Kunststoffschalen gegen Steinschlag geschützt. Sämtliche Hohlräume sind mit Spezialwachs besprüht. Darüber hinaus sind einige Karosserieteile aus verzinktem Blech hergestellt. Vor der kalten Jahreszeit und nach einer Unterbodenwäsche sollte der Unterbodenschutz kontrolliert und mit einem Unterbodenschutzwachs nachkonserviert werden.

Im Schleuderbereich des Unterbaues können sich Staub, Lehm und Sand ablagern. Das Entfernen des angesammelten Schmutzes, der während der Winterzeit auch noch mit Salz angereichert sein kann, ist besonders wichtig. Wird der angesammelte Schmutz nicht restlos beseitigt, so besteht die Gefahr, daß diese Stellen ebenfalls nicht austrocknen. In allen Fällen kann dies zu einer von innen nach außen vordringenden Rostbildung führen, die auf die Dauer durch den aufgebrachten Korrosionsschutz nicht ganz verhindert werden kann.

Motorraum konservieren

Zur Verhinderung von Korrosion am Vorderwagen (z. B. Seitenteile, Längsträger oder Abschlußblech) und des Antriebaggregates muß der Motorraum einschließlich der im Motorraum befindlichen Teile der Bremsanlage sowie der Vorderachselemente und der Lenkung mit einem hochwertigen Konservierungswachs eingesprüht werden. Vor allen Dingen natürlich nach einer Motorwäsche. **Achtung:** Vor der Motorwäsche Generator und Bremsflüssigkeitsbehälter mit Plastikhüllen abdecken. Die Lager des Generators sind zwar wassergeschützt, jedoch besteht bei einer Reinigung, zum Beispiel mit einem Dampfstrahlgerät, die Gefahr, daß die Lager durch fettlösende Zusätze ausgelaugt werden. Negative Erscheinungen, wie zum Beispiel Lagerlaufgeräusche oder sogar Ausfälle durch defekte Lager könnten die Folge sein.

Nach der Inbetriebnahme des Fahrzeugs kann es kurzzeitig zur Geruchsbelästigung kommen, da das Wachs an thermisch stark belasteten Teilen verbrennt. Nach dem Wachsauftrag alle Gelenke und Scharniere reinigen und mit einer MoS_2-Paste schmieren.

Polsterbezüge pflegen

Textilbezüge: Polsterbezüge mit Staubsauger absaugen oder mit einer nicht zu weichen Bürste ausbürsten. Bei starker Verschmutzung Textilbezüge mit Trockenschaum reinigen.

Fett- und Ölflecke mit Reinigungsbenzin oder Fleckenwasser behandeln. Das Reinigungsmittel darf aber nicht unmittelbar auf den Stoff gegossen werden, da sich sonst unweigerlich Ränder bilden. Fleck durch kreisförmiges Reiben von außen nach innen bearbeiten. Andere Verschmutzungen lassen sich meistens mit lauwarmem Seifenwasser entfernen.

Kunstlederbezüge: Kunstlederbezüge besitzen eine schmutzabweisende Oberfläche. Besondere Pflegemittel sind hier nicht erforderlich.
Bei normalen Verschmutzungen genügen folgende Reinigungsarten: Seifenlauge, hergestellt aus Wasser und einem handelsüblichen Feinwaschmittel. Reinigungslösung, hergestellt aus Wasser und einem handelsüblichen Kunstlederreiniger.

Eine weiche Bürste erleichtert das Entfernen des Schmutzes aus genarbten Oberflächen.

Lederbezüge: Bei starker Sonneneinstrahlung und längerer Standzeit Sitze abdecken, damit sie nicht ausbleichen.

Trikot- oder Wollappen mit Wasser leicht anfeuchten und Lederflächen säubern, ohne das Leder oder die Nahtstellen zu durchfeuchten. Anschließend das getrocknete Leder mit einem sauberen und weichen Tuch nachreiben. Stärker verschmutzte Lederflächen mit einem milden Feinwaschmittel ohne Aufheller (2 Eßlöffel auf 1 Liter Wasser) reinigen. Fett- und Ölflecke vorsichtig ohne Reiben mit Reinigungsbenzin abtupfen.

Die gereinigten (lackierten) Lederpolster sollten anschließend mit einem handelsüblichen Pflegemittel für Lederflächen behandelt werden. Solche Mittel sind bei den Fachwerkstätten und im Autofachhandel erhältlich. Das Mittel vor Gebrauch gut schütteln und mit einem weichen Lappen dünn auftragen. Nach dem Eintrocknen mit einem sauberen und weichen Tuch nachreiben. Diese Behandlung empfiehlt sich bei normaler Beanspruchung alle 6 Monate.

Fahrzeug aufbocken

Für viele Wartungs- und Reparaturarbeiten muß das Fahrzeug aufgebockt, beziehungsweise hochgehoben werden. In der Werkstatt wird der Wagen in der Regel mit der Hebebühne angehoben, man kann ihn jedoch auch mit dem Wagenheber anheben. Grundsätzlich darf das Fahrzeug nur an den hier abgebildeten Aufnahmepunkten angehoben werden.

Bei Arbeiten unter dem Fahrzeug muß dieses, falls es nicht auf einer Hebebühne steht, auf vier stabilen Unterstellböcken stehen. **Auf keinen Fall sollten Arbeiten unter dem Fahrzeug ausgeführt werden, wenn dieses nicht ausreichend abgesichert ist.**

- Vor dem Auffahren auf eine Hebebühne muß sichergestellt werden, daß genügend Abstand zwischen Hebebühne und Fahrzeug vorhanden ist.
  Der Wagen darf nur an den auf den Abbildungen gezeigten Aufnahmepunkten angehoben werden.

Vorn: Am Querträger

Hinten: Am Querträger

Anheben mit Werkstattwagenheber

Ein Werkstattwagenheber darf ebenfalls nur an den Aufnahmepunkten angesetzt werden. An diesen Punkten werden auch die Unterstellböcke untergesetzt. Um Beschädigungen am Fahrzeug zu vermeiden, ist unbedingt eine geeignete Gummi- oder Holzzwischenlage zu verwenden.

Achtung: Der Wagen darf keinesfalls am Kurbelgehäuse, am Getriebe oder an der Vorderachse angehoben werden. Sonst können schwerwiegende Schäden eintreten.

Achtung: Der ab Werk mitgelieferte Wagenheber ist nur zum Anheben Ihres Wagentyps vorgesehen. Auf keinen Fall dürfen damit schwerere Fahrzeuge oder andere Lasten angehoben werden. Unter dem mit dem Wagenheber angehobenen Fahrzeug darf nicht gearbeitet werden!

Das Werkzeug

Langfristig zahlt es sich immer aus, wenn man qualitativ hochwertiges Werkzeug kauft. Neben einer Grundausstattung mit Maul- und Ringschlüsseln in den gängigen Größen und verschiedenen Torxschraubendrehern sowie einem Satz Steckschlüssel empfiehlt sich auch der Kauf eines Drehmomentschlüssels. Darüber hinaus ist bei manchen Arbeitsgängen der Einsatz von Spezialwerkzeug zwingend erforderlich.

Gutes und stabiles Werkzeug wird von der Firma HAZET (42804 Remscheid, Postfach 100461) angeboten. In den Tabellen sind die Werkzeuge mit der HAZET-Bestellnummer aufgeführt. Vertrieben wird das Werkzeug über den Fachhandel.

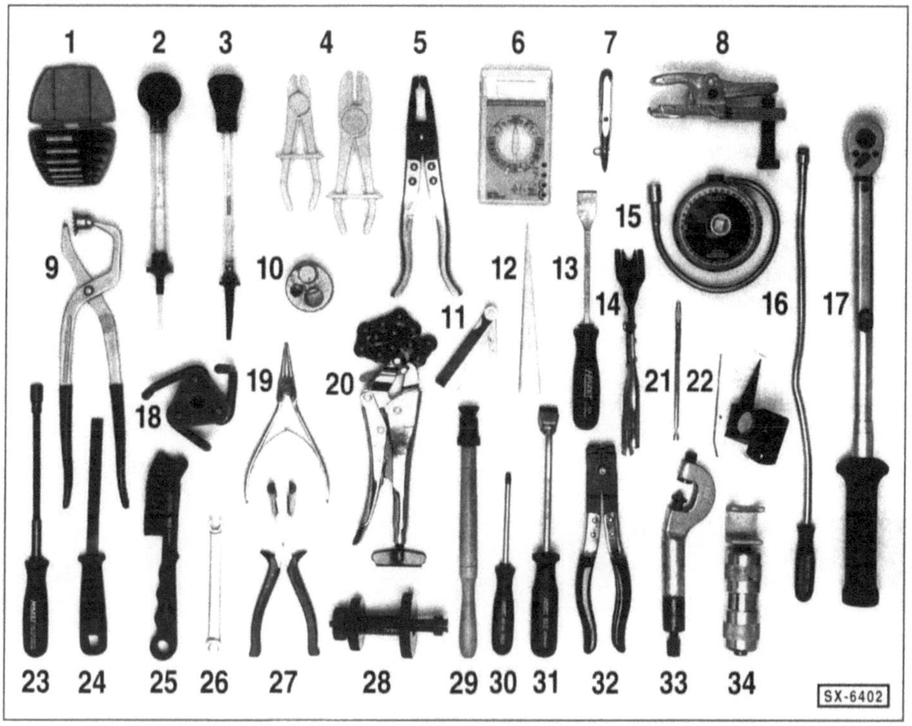

Abb.	Werkzeug	Hazet-Nr.
1	Schraubenausdrehersatz	840/5
2	Batteriesäureprüfer	4650-1
3	Kühlmittel-Frostschutzprüfer	–
4	Schlauchklemmen	4590/2
5	Zange für Ventilschaftabdichtungen	791-5
6	Multimeter	–
7	Spannungsprüflampe mit Spitze	2153
8	Ausdrücker für Spurstangenköpfe	1779-1
9	Bremsfedernzange	797
10	Stehbolzenausdreher	845
11	Fühlerblattlehre 0,05–1,0 mm	2147
12	Montagekeil	1965/20
13	Flachschaber zur Beseitigung von Dichtungsrückständen an Zylinderkopf sowie Motorblock	824
14	Abdrückzange für Verkleidungen	799/4
15	Winkelscheibe für drehwinkelgesteuerten Schraubenanzug	6690
16	Magnet-Sucher	1976
17	Drehmomentschlüssel 40 – 200 Nm	6122–1CT
18	Ölfilterschlüssel	2172
19	Spitzzange für Sicherungsringe	1846C/2
20	Ketten-Abgasrohrschneider	4682
21	Spritzdüseneinsteller für Scheibenwaschanlage	4850-1

Abb.	Werkzeug	Hazet-Nr.
22	Winkeleinsteller für Scheibenwischerarme	4851-1
23	Steckschlüssel flexibel, 8 und 10 mm	426-8, -10
24	Bremssattelfeile	4968-1
25	Bremssatteldrahtbürste	4968-2
26	Offene Doppelringschlüssel für Überwurfmuttern der Bremsleitungen	612-8x10, 612-10x11
27	Zündkerzensteckerzange	1849-1
28	Kupplungs-Zentrierwerkzeug	2174
29	Ventileinschleifer	795
30	Torxschraubendreher (verschiedene Größen)	837-T20, bis -T45
31	Ziehklinge zum Entfernen von Unterbodenschutz etc.	822
32	Klemmzange für Haltebänder der Gelenkwellenmanschetten	1847-1
33	Hydraulischer Muttersprenger	846-22
34	Schlag-Ausziehgerät für Bremsbeläge, Scheibenwischerarme etc.	1966
ohne Abbildung:		
	Ventilfeder-Spannapparat	792-1
	Kolbenringzange	790-1
	Zündkerzen-Steckschlüsseleinsatz	2505-2
	Öldienstschlüssel	2567-1
	Zylinderkopf-Dichtigkeits-Prüfgerät	44793/3

Wartungsarbeiten

Bremsleitungen/-schläuche prüfen

Sichtprüfung wie folgt durchführen:

- Schläuche dürfen nicht verdreht sein, farbige Kennlinie beachten!
- Schläuche dürfen beim maximalen Lenkeinschlag keine Fahrzeugbauteile berühren.
- Anschlüsse und Befestigungen auf richtigen Sitz, Undichtigkeiten und Korrosion prüfen.
- Schläuche und Leitungen auf Porosität, Scheuerstellen und Brüchigkeit prüfen.

Tür- und Klappenscharniere schmieren

Fahrer- und Beifahrertürscharniere, sowie Türfeststeller **nicht** schmieren (wartungsfrei).

Scharnierbeschlag für Schiebetür ohne Abbau der Abdeckung wie folgt mit Motoröl schmieren:

- Schiebetür ca. 130 mm öffnen.

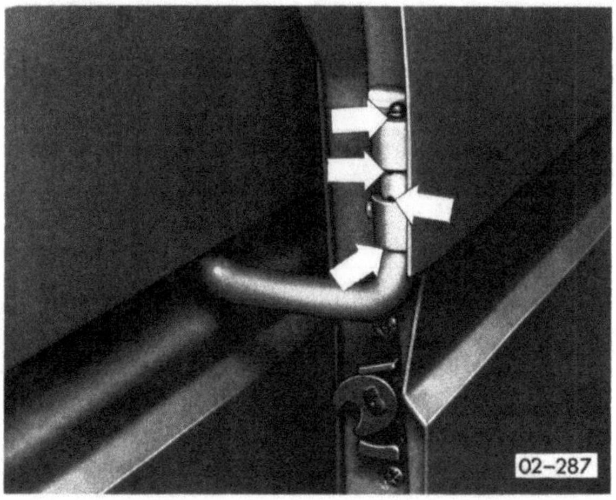

- Äußeres Scharnier an den gezeigten Stellen schmieren.

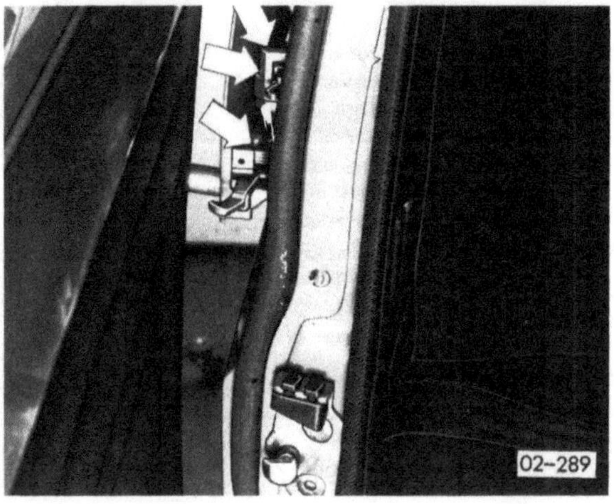

- Inneres Scharnier der Schiebetür vom Innenraum des Fahrzeuges, zwischen dem Spalt der Schiebetür und dem Aufbau hindurch schmieren.

Seitenwandschiene einfetten

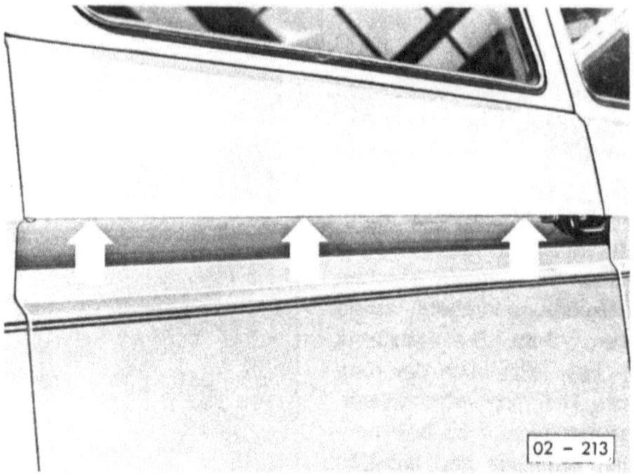

Seitenwandschiene

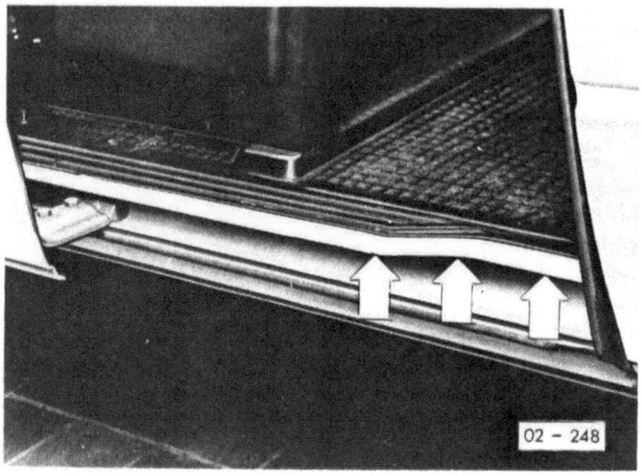

Rollenbahn

- Seitenwandschiene und Rollenbahn mit einem ölgetränkten Lappen reinigen, anschließend die Rollenspuren dünn mit einem Mehrzweckfett einstreichen.

Ausschwenkbares Trittbrett schmieren

- An dên Schwenkarmen und dem hakenförmigen Mitnehmer des Trittbrettes befinden sich die Schmiernippel.
- Schmiernippel sind vor dem Abschmieren zu säubern.
- Für das Abschmieren ist Mehrzweckfett zu verwenden.

Wartungsplan I VW BUS

Fahrzeuge bis 8.85

Pflegedienst

Der Pflegedienst ist alle 7500 km vorgesehen, bei dem folgende Arbeiten durchgeführt werden müssen:

- Motor: Öl wechseln
- Behälter für Bremsflüssigkeit: Flüssigkeitsstand prüfen
- Bremsbeläge: Dicke prüfen
- Bremsbeläge vorn und hinten: Belagstärke prüfen
- Türfeststeller: Schmieren

Wartung

Die Wartung muß einmal im Jahr, spätestens bei km-Stand 15000, 30000, 45000 usw. durchgeführt werden.

Motor und Kupplung

- Motor: Öl wechseln, Ölfilter erneuern
- Keilriemen: Spannung und Zustand prüfen
- Kompression: Prüfen
- Vergaser: Leerlauf des Motors bei betriebswarmem Motor prüfen
- Auspuffanlage: Auf Beschädigungen prüfen
- Motor: Sichtprüfung auf Ölundichtigkeiten
- Hydraulische Kupplungsbetätigung: Schläuche und Leitungen auf Undichtigkeiten prüfen

Getriebe, Achsantrieb, Lenkung

- Gelenkschutzhüllen: Auf Undichtigkeiten und Beschädigungen prüfen
- Schaltgetriebe: Sichtprüfung auf Undichtigkeiten, Ölstand prüfen
- Automatisches Getriebe: Ggf. ATF nachfüllen

Vorderachse und Lenkung

- Spurstangenköpfe: Spiel und Befestigung prüfen, Staubkappen prüfen
- Lenkung: Spiel prüfen, Faltenbälge auf Undichtigkeiten und Beschädigungen prüfen
- Sturz und Gesamtspur prüfen
- Servolenkung: Ggf. ATF nachfüllen

Aufbau

- Türfeststeller: Ölen
- Scharniere und bewegliches Deckelschloßober- und -unterteil am hinteren und vorderen Deckel: Ölen bzw. einfetten
- Unterbodenschutz: Sichtprüfung, einschließlich der Schweller und Radhäuser
- Auschwenkbares Trittbrett: Scharniere der Schwenkarme schmieren
- Seitenwandschiene und Rollenbahn an der Seitentür: Mit Mehrzweckfett einstreichen

Bremsen, Reifen, Räder

- Bremsanlage: Leitungen, Schläuche und Anschlüsse auf Undichtigkeiten und Beschädigungen prüfen
- Fußbremse: Leerweg des Bremspedals prüfen, Bremse einstellen
- Handbremse: Leerweg des Handbremshebels prüfen, Bremse einstellen
- Bremsbeläge vorn und hinten: Belagstärke prüfen
- Bereifung: Verschleiß-, Beschädigungen und Reifenfülldruck prüfen (einschl. Reserverad)
- Räder: Befestigungsschrauben auf vorgeschriebenes Drehmoment anziehen
- Handbremsausgleich: Einölen, Tülle am Handbremsseil mit Mehrzweckfett füllen

Elektrische Anlage

- Alle Stromverbraucher: Auf Funktion prüfen
- Scheinwerfer: Prüfen, gegebenenfalls einstellen
- Scheibenwaschanlage: Auf Funktion prüfen, Düsenstellung kontrollieren
- Batterie: Spannung und Säurestand prüfen. Polköpfe mit Polschutzfett einfetten
- Zündkerzen: Ersetzen

Zusätzlich bei km-Stand 30000, 60000 usw.

- Trockenluftfilter: Filtereinsatz ersetzen
- Kraftstoffilter: Ersetzen
- Türscharniere und Türfeststeller: Schmieren
- Ölsieb ausbauen und reinigen

Zusätzlich bei km-Stand 45000, 90000 usw.

- Automatisches Getriebe: ATF wechseln, Automatik, Ölwanne und Ölsieb reinigen, Ölwannendichtung erneuern (Werkstattarbeit)

Alle 2 Jahre

- Bremssystem: Bremsflüssigkeit wechseln
- Warneinrichtung für Bremsanlage: Funktion prüfen
- Bremskraftregler: Druckprüfung
- Hohlraumkonservierung: Prüfen, ggf. ausbessern

Wartungsplan II VW BUS

Fahrzeuge seit 9.85

Pflegedienst

Der Pflegedienst ist **alle 15 000 km,** beziehungsweise **mindestens einmal im Jahr** durchzuführen. Bei erschwerten Betriebsbedingungen, wie überwiegend Stadt- und Kurzstreckenverkehr, häufigen Gebirgsfahrten, Anhängerbetrieb und staubigen Straßenverhältnissen, Pflegedienst entsprechend früher durchführen.

■ Motor: Öl- und Filterwechsel.

■ Scheibenbremsbeläge: Dicke prüfen

Wartung

Die Wartung ist in folgenden Abständen durchzuführen:
Alle 12 Monate die mit ● und alle 30000 km zusätzlich die mit ■ gekennzeichneten Positionen.

Motor

● Motor: Öl wechseln, Ölfilter ersetzen.

● Motor: Sichtprüfung auf Ölundichtigkeiten.

● Kühl- und Heizungsystem: Flüssigkeitsstand prüfen, Konzentration des Frostschutzmittels prüfen. Sichtprüfung auf Undichtigkeiten und äußere Verschmutzung des Kühlers.

● Abgasanlage: Auf Beschädigung prüfen.

● Leerlaufdrehzahl: Prüfen, gegebenenfalls einstellen.

● CO-Gehalt bei betriebswarmen Motor prüfen und auf Sollwert einregulieren.

● Abgasregelung: Lambda-Regelung und Katalysator auf Funktion prüfen.

■ Kraftstoffilter: Ersetzen.

■ Trockenluftfilter: Filtereinsatz erneuern (Fahrzeuge bis 1990).

■ Keilriemen: Spannung und Zustand von allen Riemen prüfen.

■ Zündkerzen: Erneuern.

■ Kompression: Prüfen.

Getriebe, Achsantrieb

● Gelenkschutzhüllen: Auf Undichtigkeiten und Beschädigungen prüfen.

● Automatisches Getriebe: ATF-Stand prüfen, gegebenenfalls auffüllen.

■ Schaltgetriebe: Sichtprüfung auf Undichtigkeiten.

Vorderachse und Lenkung

● Spurstangenköpfe: Spiel und Befestigung prüfen, Staubkappen prüfen.

● Achsgelenke: Spiel und Staubkappen prüfen.

● Lenkung: Spiel prüfen, Faltenbälge auf Undichtigkeiten und Beschädigungen prüfen.

■ Servolenkung: Flüssigkeitsstand prüfen, gegebenenfalls Hydrauliköl auffüllen.

Aufbau

● Türfeststeller: Schmieren.

■ Unterbodenschutz und Hohlraumkonservierung: Prüfen.

■ Sicherheitsgurte: Auf Beschädigungen prüfen.

■ Schiebetür: Seitenwandschiene und Rollenbahn unten abwischen und mit Mehrzweckfett schmieren.

Bremsen, Reifen, Räder

● Bremsanlage: Leitungen, Schläuche, Bremszylinder und Anschlüsse auf Undichtigkeiten und Beschädigungen prüfen.

● Bremsflüssigkeitsstand: Prüfen, ggf. auffüllen.

● Belagstärke der vorderen und hinteren Bremsbeläge prüfen.

● Bereifung: Profiltiefe und Reifenfülldruck prüfen; Reifen auf Verschleiß und Beschädigungen (einschließlich Reserverad) prüfen.

Elektrische Anlage

● Alle Stromverbraucher: Funktion prüfen.

● Beleuchtungsanlage: Prüfen, gegebenenfalls Scheinwerfer einstellen.

● Signalhorn: Prüfen.

● Scheibenwischer: Wischergummis auf Verschleiß prüfen.

● Scheibenwaschanlage: Funktion prüfen, Düsenstellung kontrollieren, Flüssigkeit nachfüllen, Scheinwerfer-Waschanlage prüfen.

● Batterie: Spannung und Säurestand prüfen.

Alle 2 Jahre

■ Bremsflüssigkeit: Erneuern.

Alle 60 000 Km

■ Trockenluftfilter: Filtereinsatz erneuern (Fahrzeuge ab 1990).

■ Automatisches Getriebe: ATF wechseln, Ölwanne und Ölsieb reinigen, Ölwannedichtung ersetzen (Werkstattarbeit).

Stromlaufpläne

Der Umgang mit dem Stromlaufplan

In einem Personenwagen werden bis zu 1000 Meter Leitungen verlegt, um alle elektrischen Verbraucher (Scheinwerfer, Radio usw.) mit Strom zu versorgen.

Will man einen Fehler in der elektrischen Anlage aufspüren oder nachträglich ein elektrisches Zubehör montieren, kommt man nicht ohne Stromlaufplan aus; anhand dessen der Stromverlauf und damit die Kabelverbindungen aufgezeigt werden. Grundsätzlich muß der betreffende Stromkreis geschlossen sein, sonst kann der elektrische Strom nicht fließen. Es reicht beispielsweise nicht aus, wenn an der Plusklemme eines Scheinwerfers Spannung anliegt, wenn nicht gleichzeitig über den Masseanschluß der Stromkreis geschlossen ist.

Deshalb ist auch das Massekabel der Batterie mit der Karosserie verbunden. Mitunter reicht diese Masseverbindung jedoch nicht aus, und der betreffende Verbraucher bekommt eine direkte Masseleitung, deren Isolierung in der Regel braun eingefärbt ist. In den einzelnen Stromkreisen können Schalter, Relais, Sicherungen, Meßgeräte, elektrische Motoren oder andere elektrische Bauteile integriert sein. Damit diese Bauteile richtig angeschlossen werden können, haben die einzelnen Kontakte entsprechende Klemmenbezeichnungen.

Um das Kabelgewirr zumindest auf dem Stromlaufplan übersichtlich zu ordnen, sind die einzelnen Strompfade senkrecht nebeneinander angeordnet und durchnumeriert.

Die senkrechten Linien münden oben in einem meist grau unterlegtem Feld. Dieses Feld symbolisiert die Relaisplatte mit Sicherungshalter und damit die plusseitigen Anschlüsse des Stromkreises. Allerdings befindet sich in der Relaisplatte auch eine interne Masseleitung (Klemme 31). Die feinen Striche in dem Feld machen deutlich, wie und welche Stromkreise intern in der Relaisplatte miteinander verschaltet sind. Unten mündet der Stromkreis auf einer waagerechten Linie, die den Masseanschluß symbolisiert. Die Masseverbindung wird normalerweise direkt über die Karosserie hergestellt oder aber über eine Leitung von einem an der Karosserie angebrachten Massepunkt.

Wenn der Stromkreis durch ein Quadrat unterbrochen wird, in dem eine Zahl steht, weist die Ziffer auf den Strompfad hin, in dem der Stromkreis weitergeführt wird.

Am sinnvollsten geht man bei der Benutzung des Stromlaufplanes folgendermaßen vor:

Zuerst sucht man in der Legende das betreffende Bauteil, zum Beispiel den Schalter für das Heizgebläse. In der rechten Spalte neben der Bauteil-Benennung wird dann der entsprechende Strompfad mit einer Nummer angezeigt, die im Stromlaufplan unten auf der waagerechten Linie wieder auftritt.

Um den Stromlaufplan lesen zu können, ist die Kenntnis einiger Bauteil-Bezeichnungen erforderlich, außerdem sollte man die wichtigsten Schaltzeichen kennen.

Die Kennbuchstaben der wichtigsten Bauteile sind:

Kennbuchstabe	Bauteil
A	Batterie
B	Anlasser
C	Drehstromgenerator
D	Zündanlaßschalter
E	Schalter für Handbedienung,
F	Mechanische Schalter
G	Geber, Kontrollgeräte
H	Horn, Doppeltonhorn, Fanfare
J	Relais, Steuergerät
K, L, M, W, X	Kontrollampen, Lampen, Leuchten
N	Elektroventile, Widerstände, Schaltgeräte
O	Zündverteiler
P, Q	Zündkerzenstecker, Zündkerzen
R	Radio
S	Sicherungen
T	Steckverbindungen
V	Elektromotoren

Zur genaueren Unterscheidung werden zu den Kennbuchstaben noch Zahlen angefügt.

Relais und elektronische Steuergeräte sind in der Regel grau unterlegt. Die darin eingezeichneten Linien sind interne Verdrahtungen. Sie zeigen, wie Relais und andere elektrische/elektronische Bauteile sowohl zueinander als auch auf der Relaisplatte verschaltet sind.

Eine Ziffer im schwarzen Quadrat kennzeichnet den Relaisplatz auf der Relaisplatte mit Sicherungshalter. Direkt am eingezeichneten Relais befindet sich die Kontaktbezeichnung. Beispiel: Lautet die Kontaktbezeichnung im Stromlaufplan 17/87, dann ist 17 die Bezeichnung der Klemme auf der Relaisplatte, 87 ist die Bezeichnung der Klemme am Relais/Steuergerät.

Die Bezeichnung der Klemmen ist nach DIN genormt. **Die wichtigsten Klemmenbezeichnungen sind:**

Klemme 30. An dieser Klemme liegt immer die Batteriespannung an. Die Kabel sind meist rot oder rot mit farbigem Streifen.

Klemme 31 führt zur Masse. Die Masse-Leitungen sind in der Regel braun.

Klemme 15 wird über das Zündschloß gespeist. Die Leitungen führen nur bei eingeschalteter Zündung Strom. Die Kabel sind meist grün oder grün mit farbigem Streifen.

Klemme X führt ebenfalls nur bei eingeschalteter Zündung Strom, dieser wird jedoch unterbrochen, wenn der Anlasser betätigt wird. Dadurch ist sichergestellt, daß während des Startvorganges der Zündanlage die volle Batterieleistung zur Verfügung steht. Alle größeren Stromaufnehmer liegen in diesem Stromkreis. Das Fernlicht wird ebenfalls über diese Klemme mit Strom versorgt. So wird bei eingeschaltetem Fernlicht und ausgeschalteter Zündung automatisch auf Standlicht umgeschaltet.

Aufbau der Stromlaufpläne

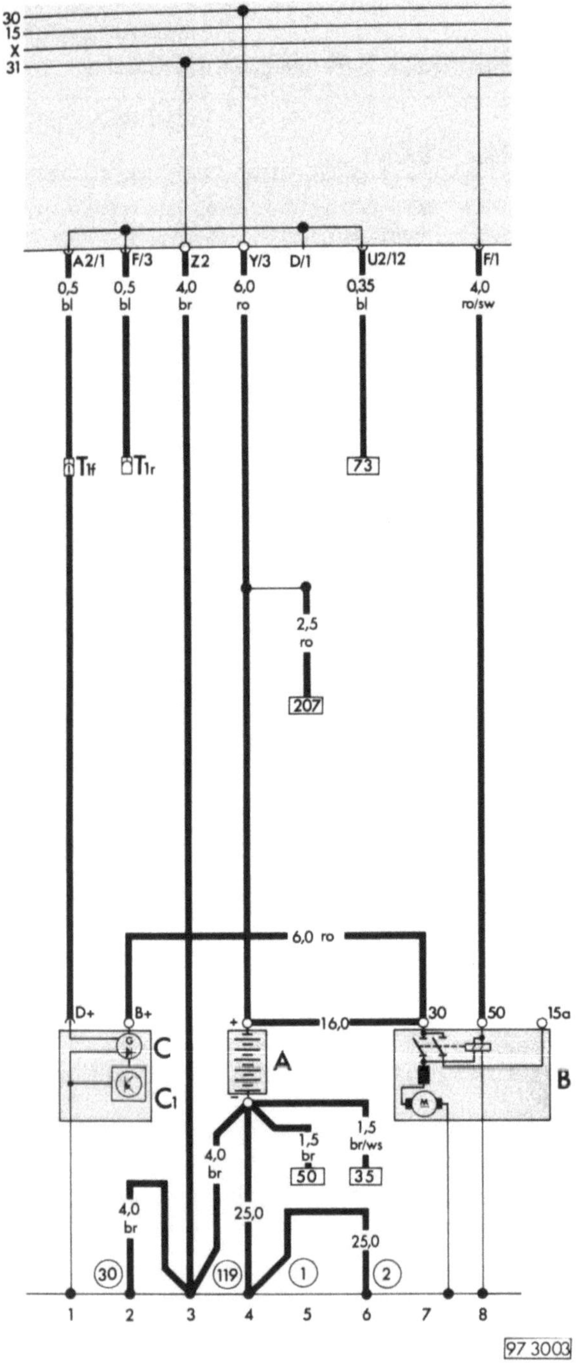

Drehstromgenerator, Batterie, Anlasser

Bezeichnung der auf dieser Seite dargestellten Stromkreise

Relaisplatte mit Sicherungshalter durch graues Feld gekennzeichnet

Schlüssel für Leitungsfarben

ge = gelb
ws = weiß
ro = rot
li = lila
bl = blau
gr = grau
gn = grün
br = braun
sw = schwarz

Verbraucherstromkreis mit Leitungsführung
Alle Schalter und Kontakte sind in mechanischer Ruhestellung gezeichnet.

Fahrzeugmasse
Zahlen in den Kreisen kennzeichnen den Einbauort (siehe Legende).

Strompfad-Nr.
Zum leichteren Auffinden der Verknüpfungen.

Legende
In allen Stromlaufplänen werden für gleiche Bauteile die gleichen Teile-Bezeichnungen verwendet.
Z. B. immer A für Batterie

A	– Batterie	4
B	– Anlasser	7–8
C	– Drehstromgenerator	1–2
C 1	– Spannungsregler	1–2
T 1f	– Steckverbindung, 1-fach, Motorraum rechts	1
T 1r	– Steckverbindung, 1-fach, hinter der Relaisplatte	2
(1)	– Masseband, Batterie – Aufbau	5
(2)	– Masseband, Getriebe – Aufbau	6
(30)	– Massepunkt –1–, neben Relaisplatte	2
(119)	– Masseverbindung –3–, im Leitungsstrang Scheinwerfer	4

Stromlaufpläne

Modelljahr 1991

Wegen der hohen Kosten können nicht alle Stromlaufpläne aus jedem Modelljahr berücksichtigt werden. Bei einer Neuauflage wird jeweils der aktuelle Stromlaufplan veröffentlicht, an dem sich auch Fahrzeugbesitzer älterer Modelle orientieren können.

Zuordnung der Stromlaufpläne

Motor	Stromlaufplan
44 kW (60 PS)	1–15
57 kW (78 PS), 2E3-Vergaser	4–18
70 kW (95 PS) Zusatzstromlaufplan: Permanenter Allradantrieb	4-15,19–22 23

Relaisplatzbelegung

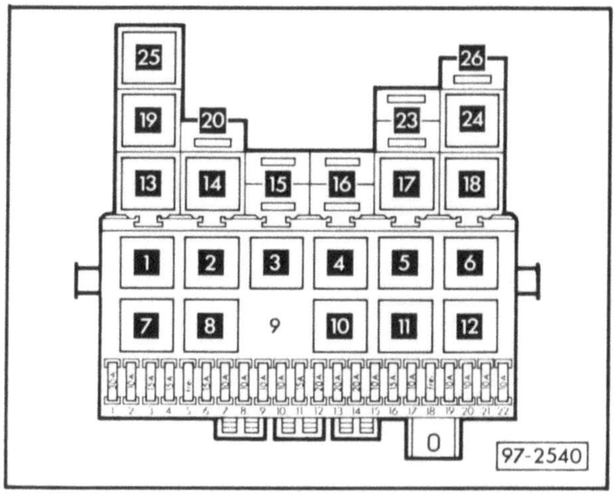

3 – Steuergerät für Kühlmittelmangelanzeige (43)

5 – Relais für 2. Stufe für Lüfter für Kühlmittel (53)

7 – Relais für Nebelscheinwerfer (53)

8 – Entlastungsrelais für X-Kontakt (18)

10 – Relais für Wasch-Wisch-Intervallautomatik (19)

11 – Relais für Heckscheibenwischer und -wascher (72)

12 – Warnblinkrelais (21) bzw. Warnblinkrelais für Anhängerbetrieb (22)

13 – Relais für Scheinwerfer-Reinigungsanlage (33)

14 – Sicherung für Nebelschlußleuchte

16 – Sicherung, Klemme 58 b

Die Klammer hinter der Teilebezeichnung verweist auf die Produktionssteuerungsnummer auf dem Gehäuse.

Anschlüsse – Steckverbindungen

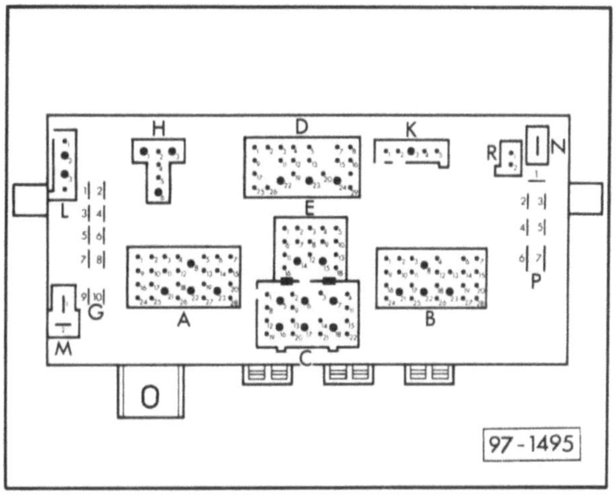

A – Mehrfachstecker (blau) für Schalttafelleitungsstrang
B – Mehrfachstecker (rot) für Schalttafelleitungsstrang
C – Mehrfachstecker (gelb) für Leitungsstrang vorn
D – Mehrfachstecker (weiß) für Leitungsstrang Scheibenwischer und Hauptleitungsstrang
E – Mehrfachstecker (schwarz) für Hauptleitungsstrang
G – Einzelstecker
H – Mehrfachstecker (braun), Anschlüsse Relais für 2. Stufe für Lüfter für Kühlmittel
K – Mehrfachstecker (farblos), Anschlüsse Steuergerät für Kühlmittelmangelanzeige
L – Mehrfachstecker (grau), Anschlüsse Doppeltonhorn
M – nicht belegt
N – Einzelstecker
P – Einzelstecker – Klemme 30
R – nicht belegt

Sicherungsfarben

30 A – grün
25 A – weiß
20 A – gelb
15 A – blau
10 A – rot

–1–

Anlasser, Batterie, Drehstromgenerator, Zündanlaßschalter

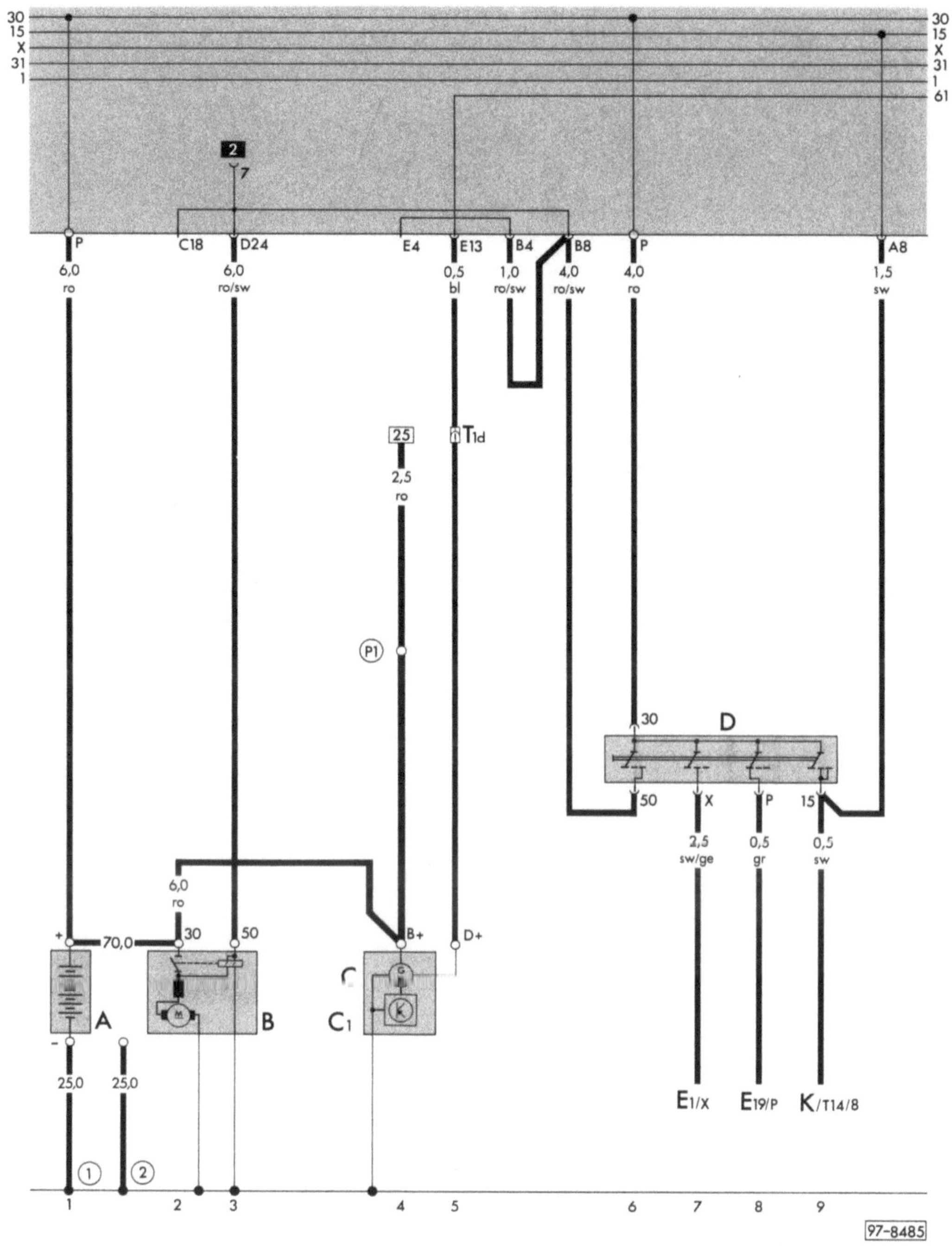

A – Batterie
B – Anlasser
C – Drehstromgenerator
C 1 – Spannungsregler
D – Zündanlaßschalter
E 1 – Lichtschalter
E 19 – Schalter für Parklicht
K – Schalttafeleinsatz
T 1d – Steckverbindung, 1-fach, im Verteilerkasten – Motorraum
T 14/ – Steckverbindung, 14-fach, am Schalttafeleinsatz

(1) – Masseband, Batterie – Aufbau

(2) – Masseband, Getriebe – Aufbau

(P1) – Plusverbindung (30) im Verteilerkasten – Motorraum

ws = weiß
sw = schwarz
ro = rot
br = braun
gn = grün
bl = blau
gr = grau
li = lila
ge = gelb

Zündanlage

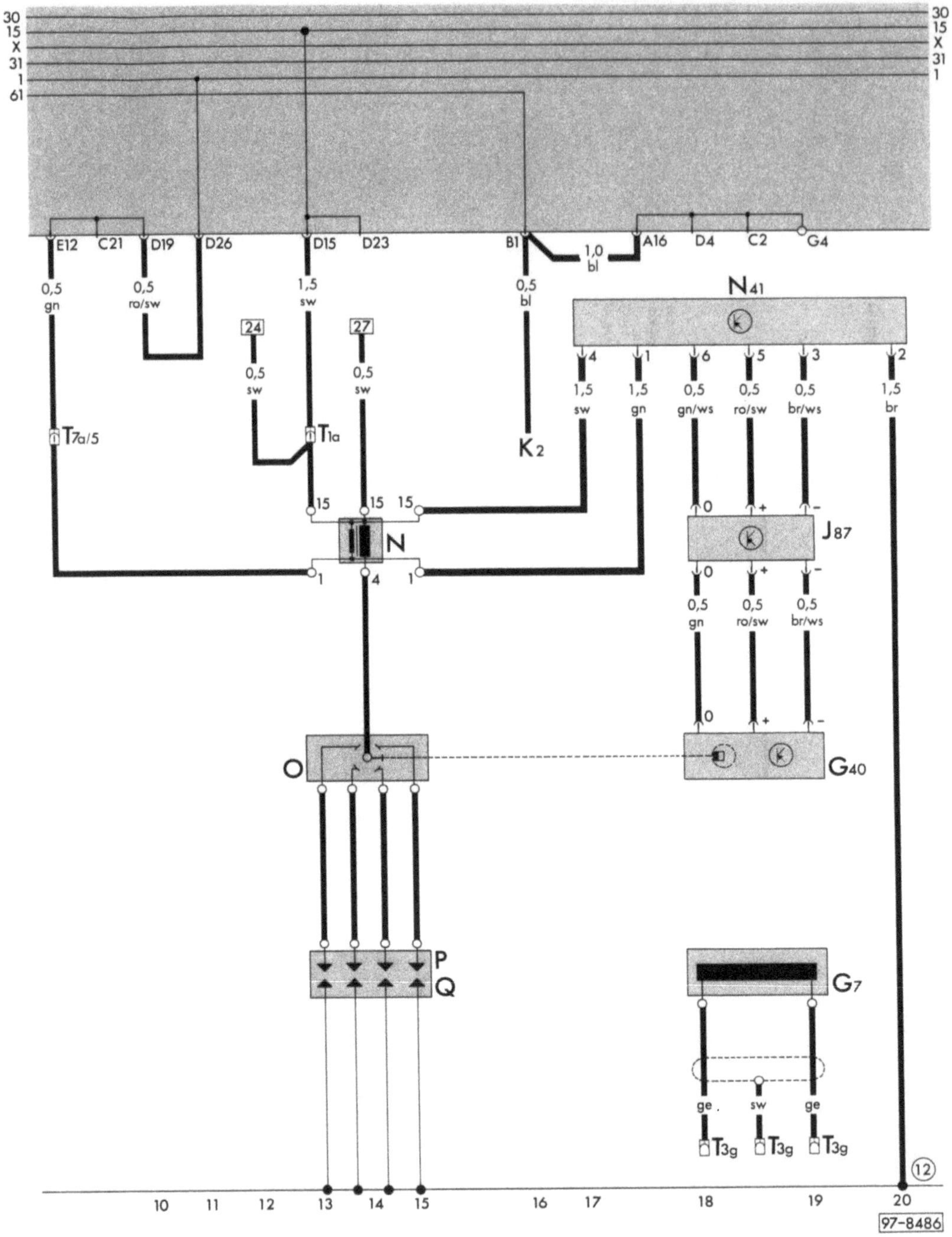

G 7 – Geber für oberen Totpunkt
G 40 – Hallgeber
J 87 – Schaltgerät für DLS (Leerlaufstabilisierung)
K 2 – Kontrollampe für Generator
N – Zündspule
N 41 – TSZ-Schaltgerät
O – Zündverteiler
P – Zündkerzenstecker
Q – Zündkerzen
T 1a – Steckverbindung, 1-fach, im Verteilerkasten – Motorraum
T 3g – Steckverbindung, 3-fach, Nähe Drehstromgenerator
T 7a/ – Steckverbindung, 7-fach, im Verteilerkasten – Motorraum

(12) – Massepunkt, im Motorraum links

Ansaugrohrvorwärmung, Startautomatik

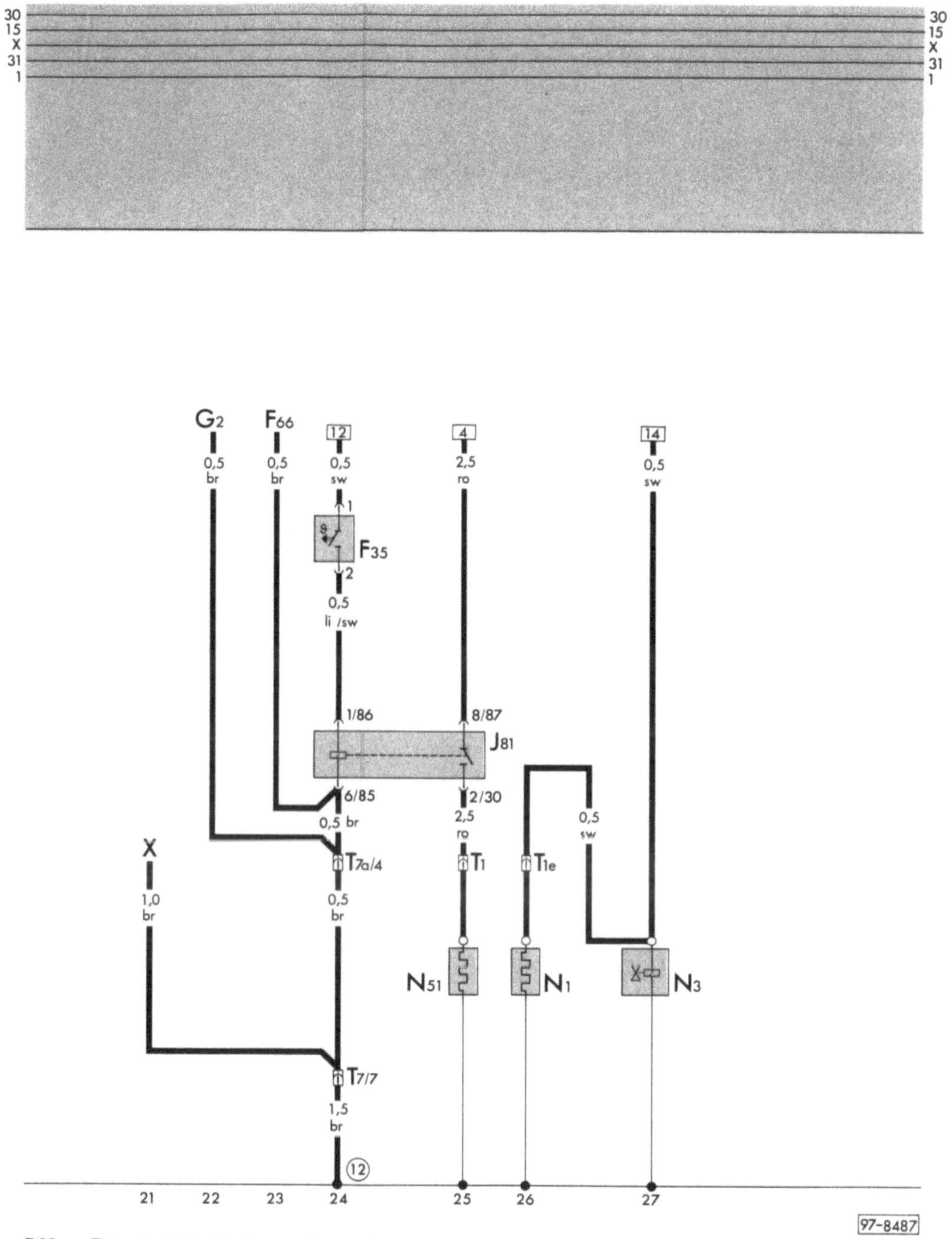

F 35 – Thermoschalter für Ansaugrohrvorwärmung
G 2 – Geber für Kühlmitteltemperaturanzeiger
G 32 – Geber für Kühlmittelmangelanzeige
J 81 – Relais für Ansaugrohrvorwärmung, im Verteilerkasten – Motorraum
N 1 – Vergaserstartautomatik
N 3 – Umluftabschaltventil
N 51 – Heizwiderstand für Ansaugrohrvorwärmung
T 1 – Steckverbindung, 1-fach, im Motorraum mitte
T 1e – Steckverbindung, 1-fach, im Motorraum mitte
T 7/ – Steckverbindung, 7-fach, im Verteilerkasten – Motorraum
T 7a/ – Steckverbindung, 7-fach, im Verteilerkasten – Motorraum
X – Kennzeichenleuchte

(12) – Massepunkt, im Motorraum links

Schalttafeleinsatz, optische und akustische Öldruckkontrolle

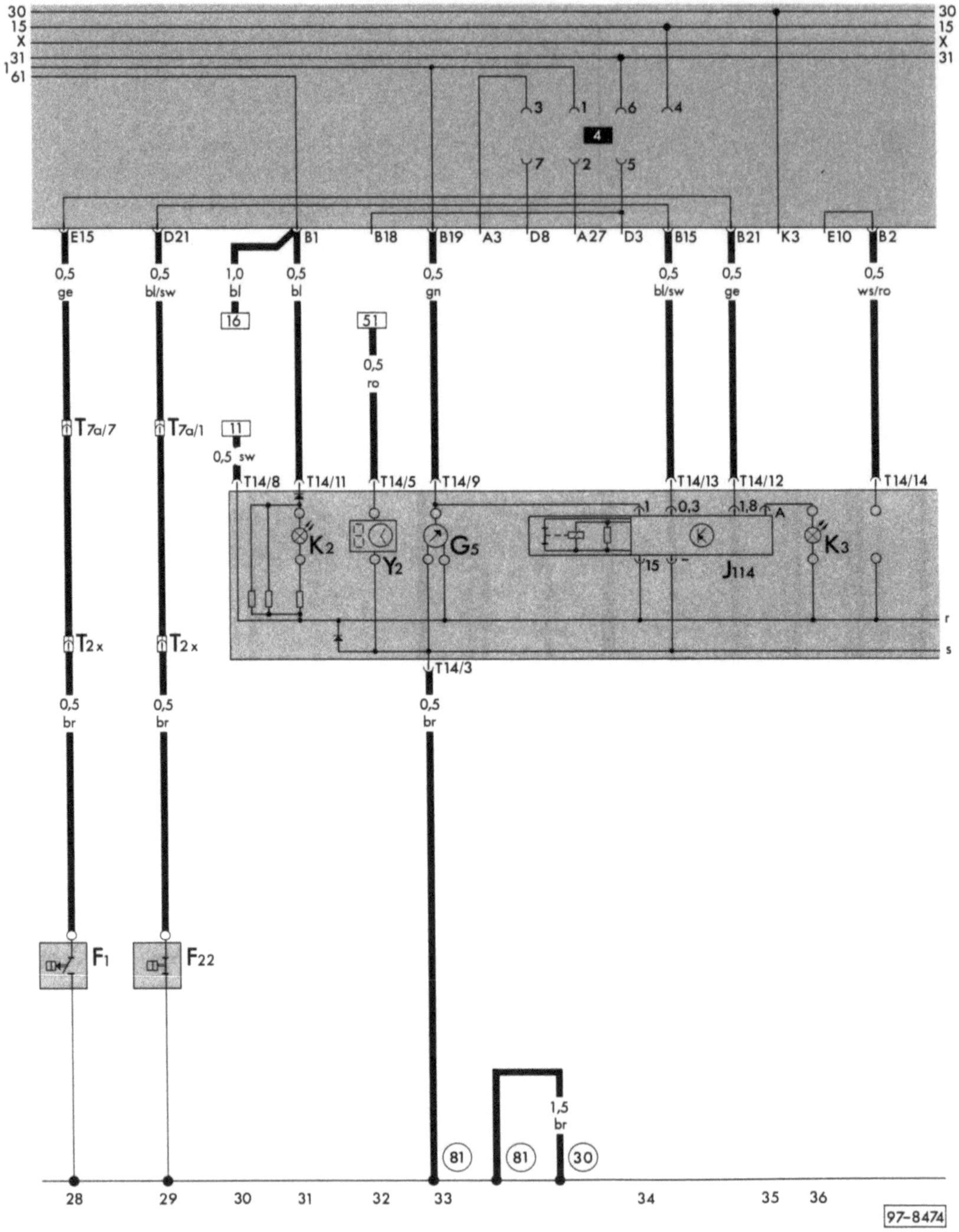

F 1 – Öldruckschalter (1,8 bar)
F 22 – Öldruckschalter (0,3 bar)
G 5 – Drehzahlmesser
J 114 – Steuergerät für Öldruckkontrolle
K 2 – Kontrollampe für Generator
K 3 – Kontrollampe für Öldruck
T 2x – Steckverbindung, 2-fach, im Motorraum mitte
T 7a/ – Steckverbindung – Motorraum
T 14/ – Steckverbindung, 14-fach, am Schalttafeleinsatz
Y 2 – Digitaluhr

(30) – Massepunkt, neben Relaisplatte

(81) – Masseverbindung, im Schalttafelleitungsstrang

Schalttafeleinsatz, Kühlmitteltemperatur- und Kühlmittelmangelanzeige, Geber

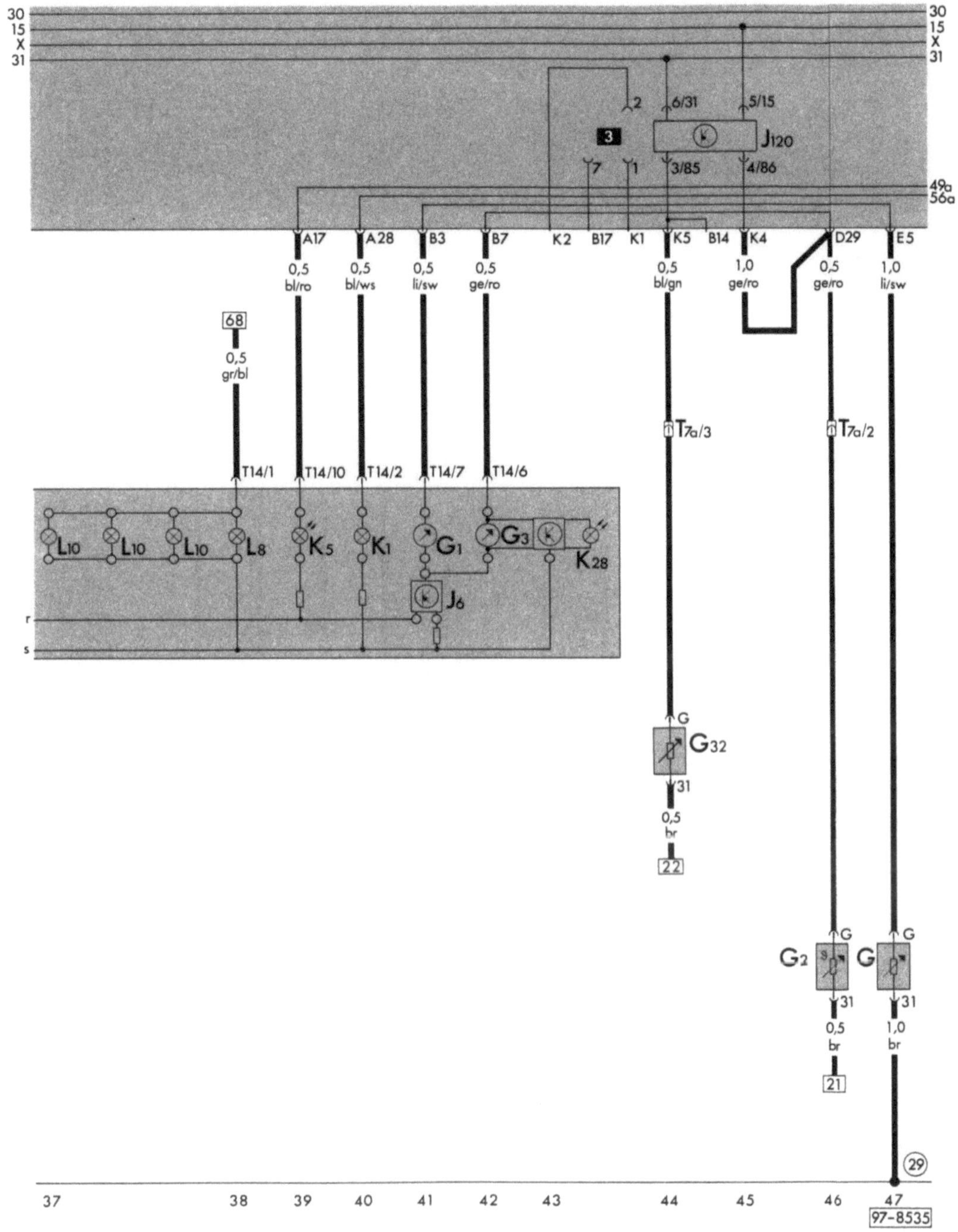

G – Geber für Kraftstoffvorratsanzeiger
G 1 – Kraftstoffvorratsanzeiger
G 2 – Geber für Kühlmitteltemperaturanzeiger
G 3 – Kühlmitteltemperaturanzeiger
G 32 – Geber für Kühlmittelmangelanzeige
J 6 – Spannungskonstanter
J 120 – Steuergerät für Kühlmittelmangelanzeige
K 1 – Kontrollampe für Fernlicht
K 5 – Kontrollampe für Blinker
K 28 – Kontrollampe für Kühlmitteltemperatur/Kühlmittelmangelanzeige
L 8 – Lampe für Beleuchtung Zeituhr
L 10 – Lampe für Beleuchtung Schalttafeleinsatz
T 7a/ – Steckverbindung, 7-fach, im Verteilerkasten – Motorraum
T 14/ – Steckverbindung, 14-fach, am Schalttafeleinsatz

(29) – Massepunkt, Nähe Geber für Kraftstoffvorratsanzeiger

Zigarrenanzünder, Radio, Innenleuchte

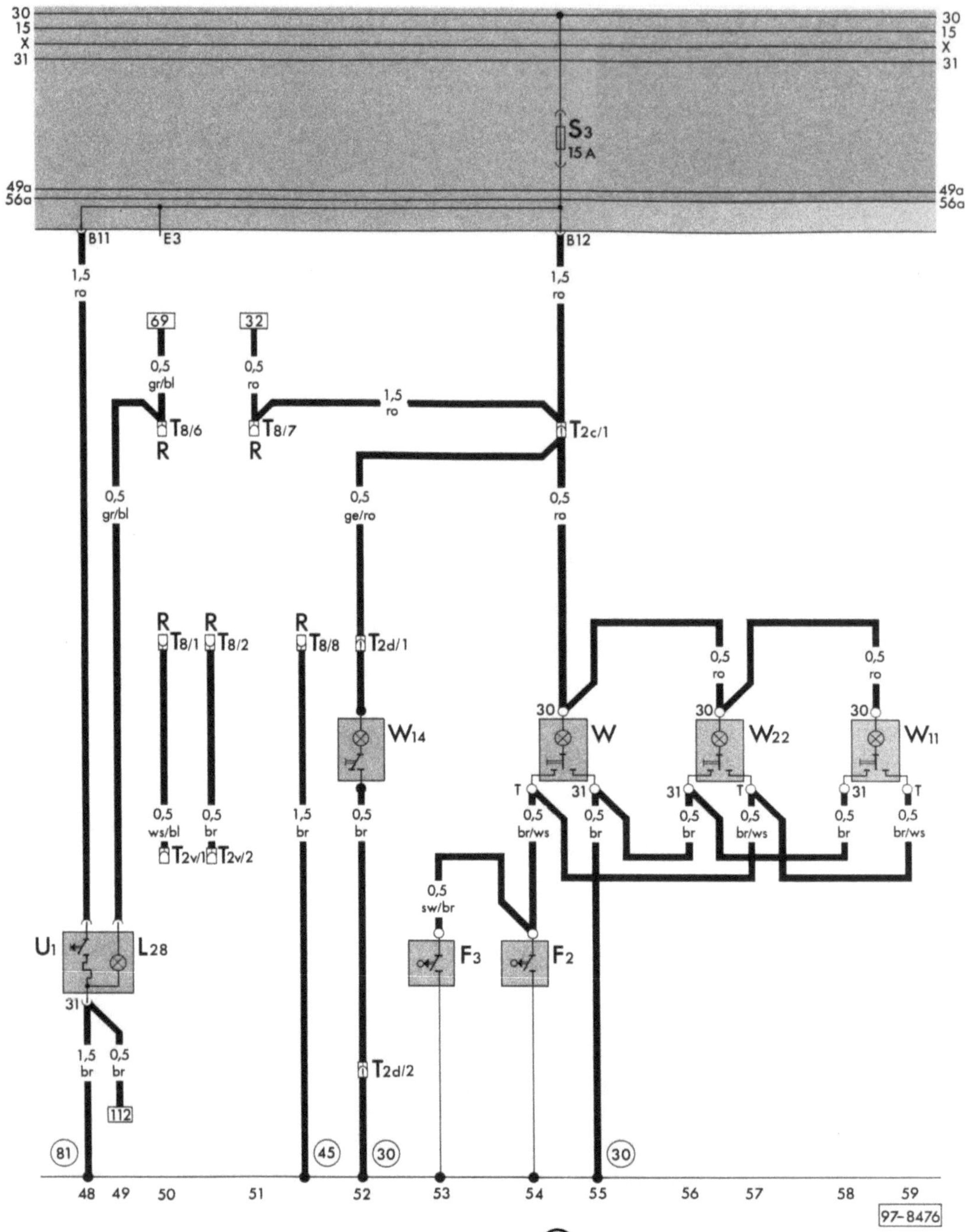

F 2 – Türkontaktschalter vorn links
F 3 – Türkontaktschalter vorn rechts
L 28 – Lampe für Beleuchtung Zigarrenanzünder
R – Anschluß für Radio
T 2c – Steckverbindung, 2-fach, hinter der Schalttafel links
T 2d – Steckverbindung, 2-fach, an der A-Säule rechts oben
T 2v – Steckverbindung, 2-fach, hinter der Schalttafel mitte
T 8 – Steckverbindung, 8-fach, hinter der Schalttafel mitte
U 1 – Zigarrenanzünder
W – Innenleuchte vorn (Fahrerseite)
W 11 – Leseleuchte hinten links
W 14 – beleuchteter Make-up-Spiegel (Beifahrerseite)
W 22 – Leseleuchte, hinter Fahrerseite

(30) – Massepunkt, neben Relaisplatte

(45) – Massepunkt, hinter der Schalttafel mitte

(81) – Masseverbindung, im Schalttafelleistungsstrang

Lichtschalter, Kennzeichenleuchten, Parklicht, Beleuchtung für Instrumente

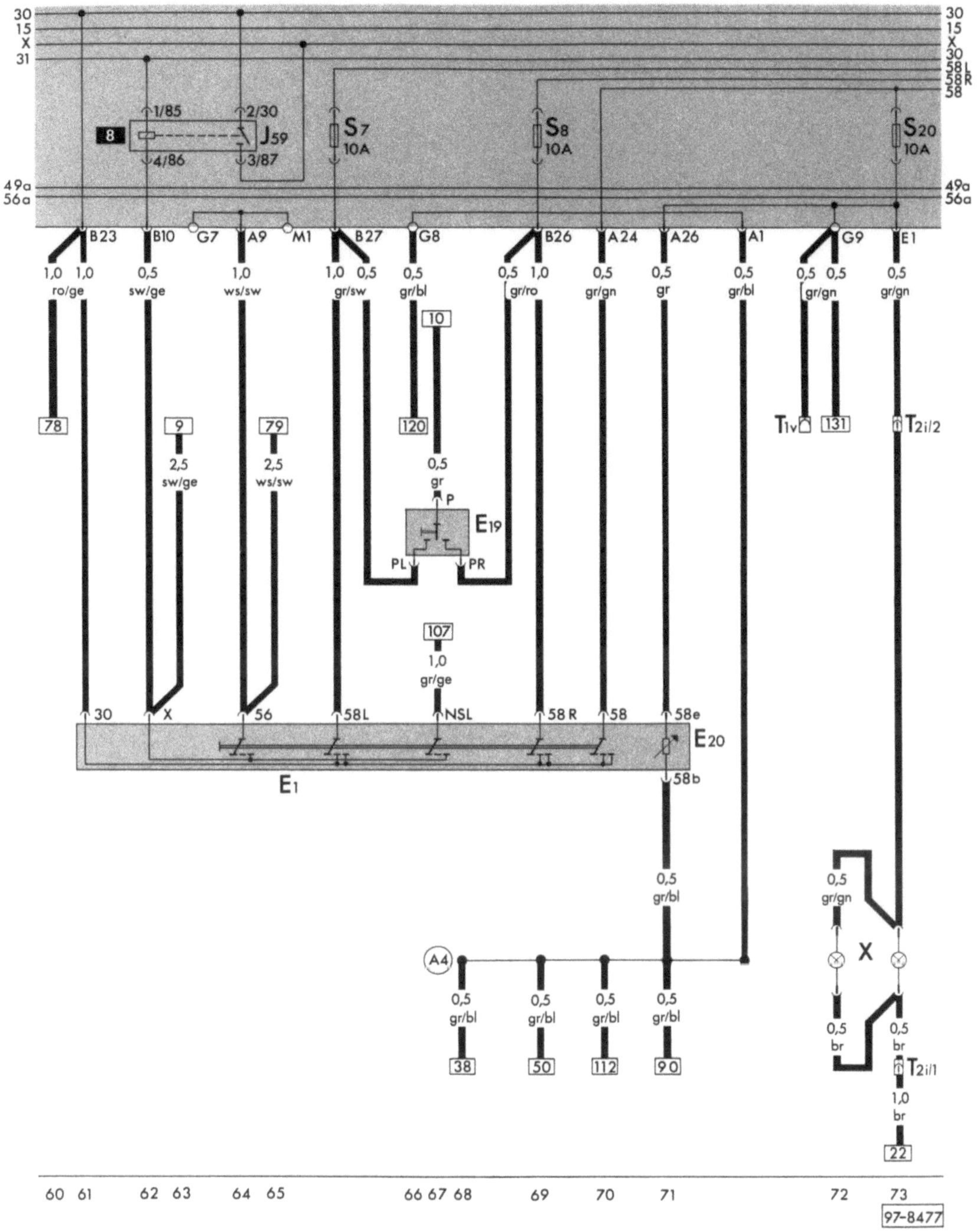

E 1 – Lichtschalter
E 19 – Schalter für Parklicht
E 20 – Regler für Beleuchtung Instrumente/ Schalttafeleinsatz
J 59 – Entlastungsrelais für X-Kontakt
T 1v – Steckverbindung, 1-fach, hinter der Relaisplatte
T 2i – Steckverbindung, 2-fach, im Verteilerkasten – Motorraum
X – Kennzeichenleuchte

(A4) – Plusverbindung (58b) im Schalttafelleitungsstrang

Scheinwerfer, Schlußleuchte, Schalter für Handabblendung und Lichthupe

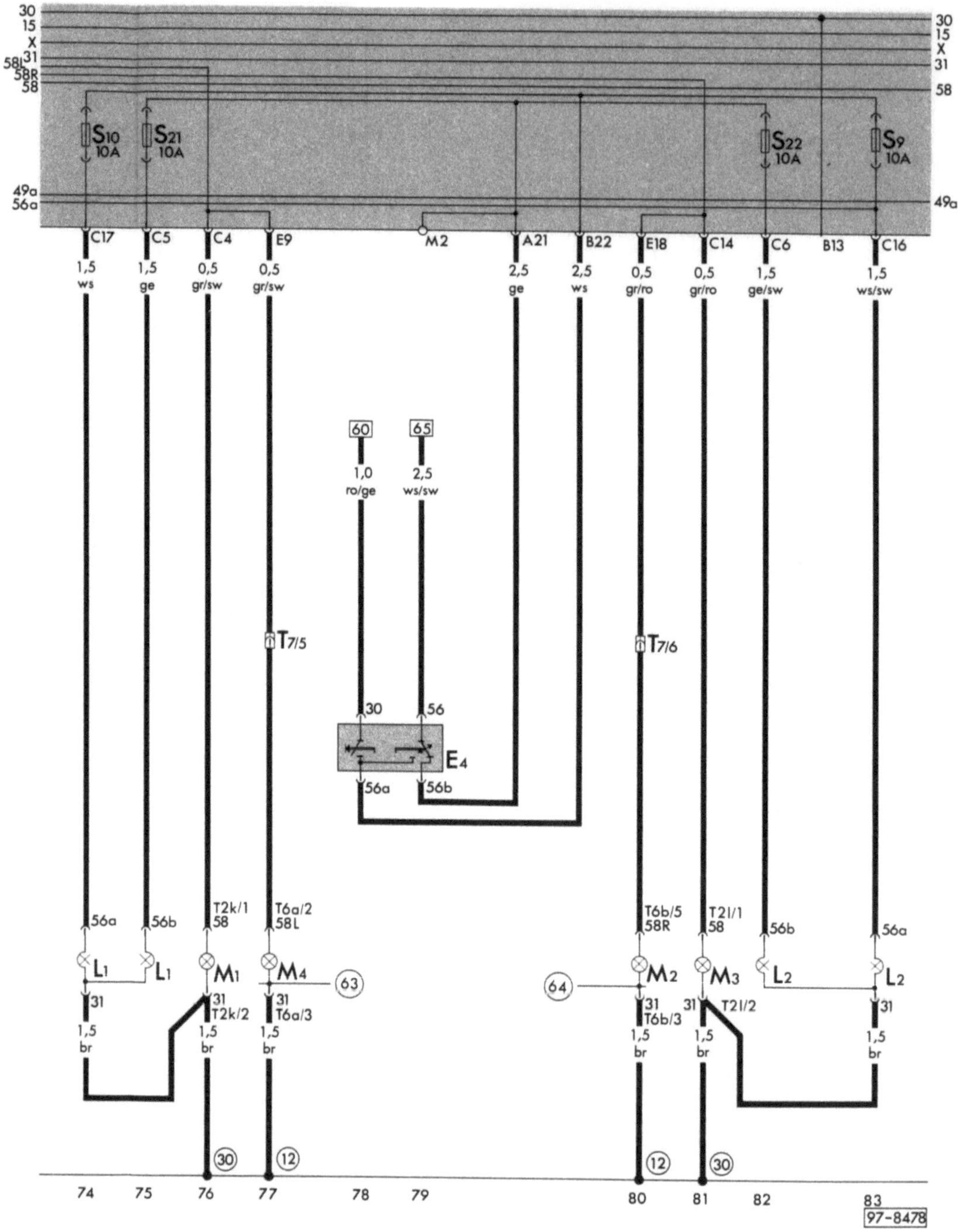

E 4 – Schalter für Handabblendung und Lichthupe
L 1 – Zweifadenlampe für Scheinwerfer links
L 2 – Zweifadenlampe für Scheinwerfer rechts
M 1 – Lampe für Standlicht links
M 2 – Lampe für Schlußlicht rechts
M 3 – Lampe für Standlicht rechts
M 4 – Lampe für Schlußlicht links
T 7/ – Steckverbindung, 7-fach, im Verteilerkasten – Motorraum

(12) – Massepunkt, im Motorraum links

(30) – Massepunkt, neben Relaisplatte

Blink- und Warnblinkanlage

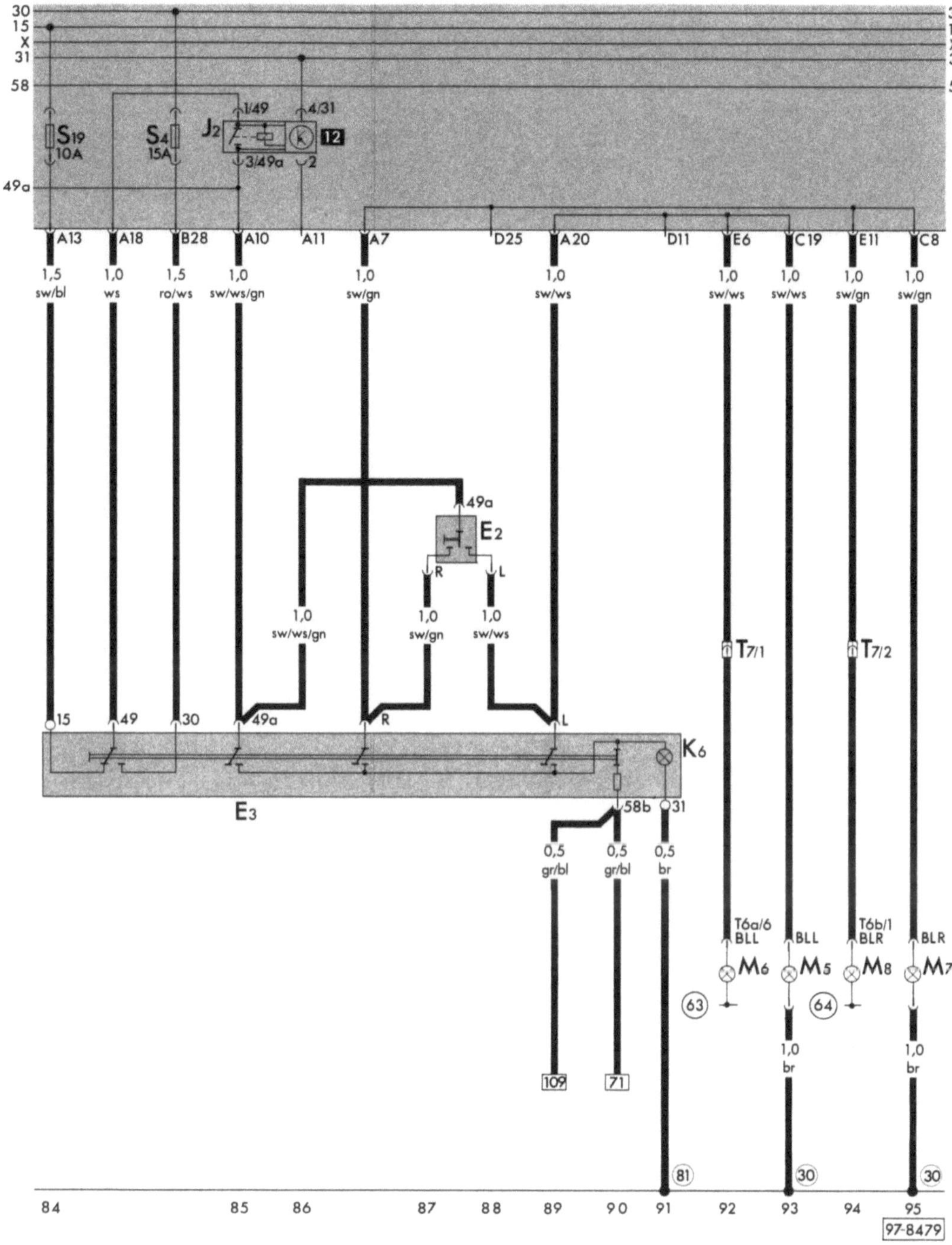

E 2 – Blinkerschalter
E 3 – Warnlichtschalter
J 2 – Warnblinkrelais
K 6 – Kontrollampe für Warnblinkanlage
M 5 – Lampe für Blinklicht vorn links
M 6 – Lampe für Blinklicht hinten links
M 7 – Lampe für Blinklicht vorn rechts
M 8 – Lampe für Blinklicht hinten rechts
T 7/ – Steckverbindung, 7-fach, im Verteilerkasten – Motorraum

(30) – Massepunkt, neben Relaisplatte

(63) – Massepunkt, Lampenträger, Schlußleuchte links

(64) – Massepunkt, Lampenträger, Schlußleuchte rechts

(81) – Masseverbindung, im Schalttafelleitungsstrang

Bremslicht, Rückfahrlicht, Signalhorn

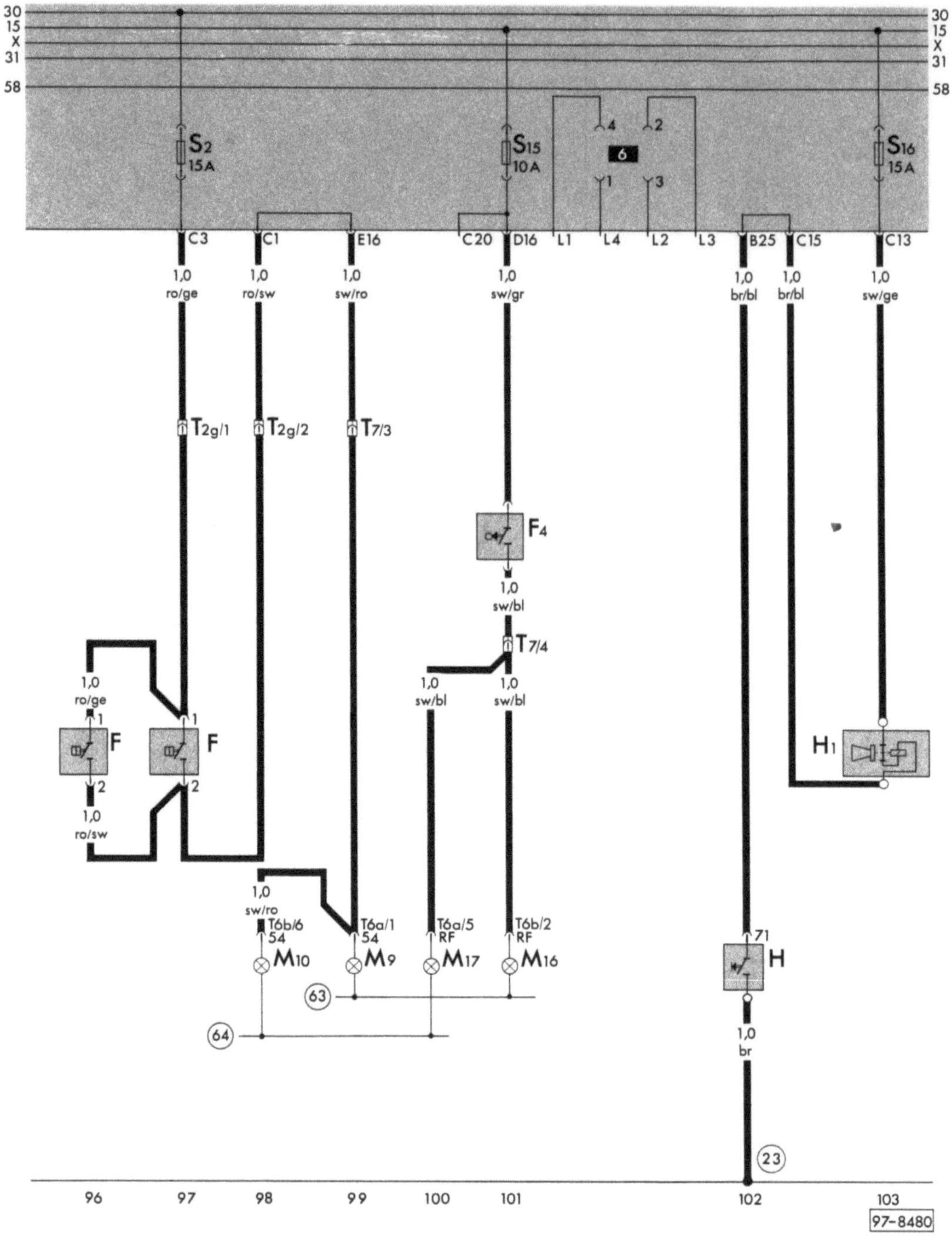

F – Bremslichtschalter
F 4 – Schalter für Rückfahrleuchten
H – Signalhornbetätigung
H 1 – Signalhorn
M 9 – Lampe für Bremslicht links
M 10 – Lampe für Bremlicht rechts
M 16 – Lampe für Rückfahrlicht links
M 17 – Lampe für Rückfahrlicht rechts
T 2g – Steckverbindung, 2-fach, hinter der Schalttafel
T 7/ – Steckverbindung, 7-fach, im Verteilerkasten – Motorraum

(23) – Masseleitung, über Lenkgetriebe

(63) – Massepunkt, Lampenträger, Schlußleuchte links

(64) – Massepunkt, Lampenträger, Schlußleuchte rechts

Nebelscheinwerfer, Nebelschlußleuchte, heizbare Heckscheibe

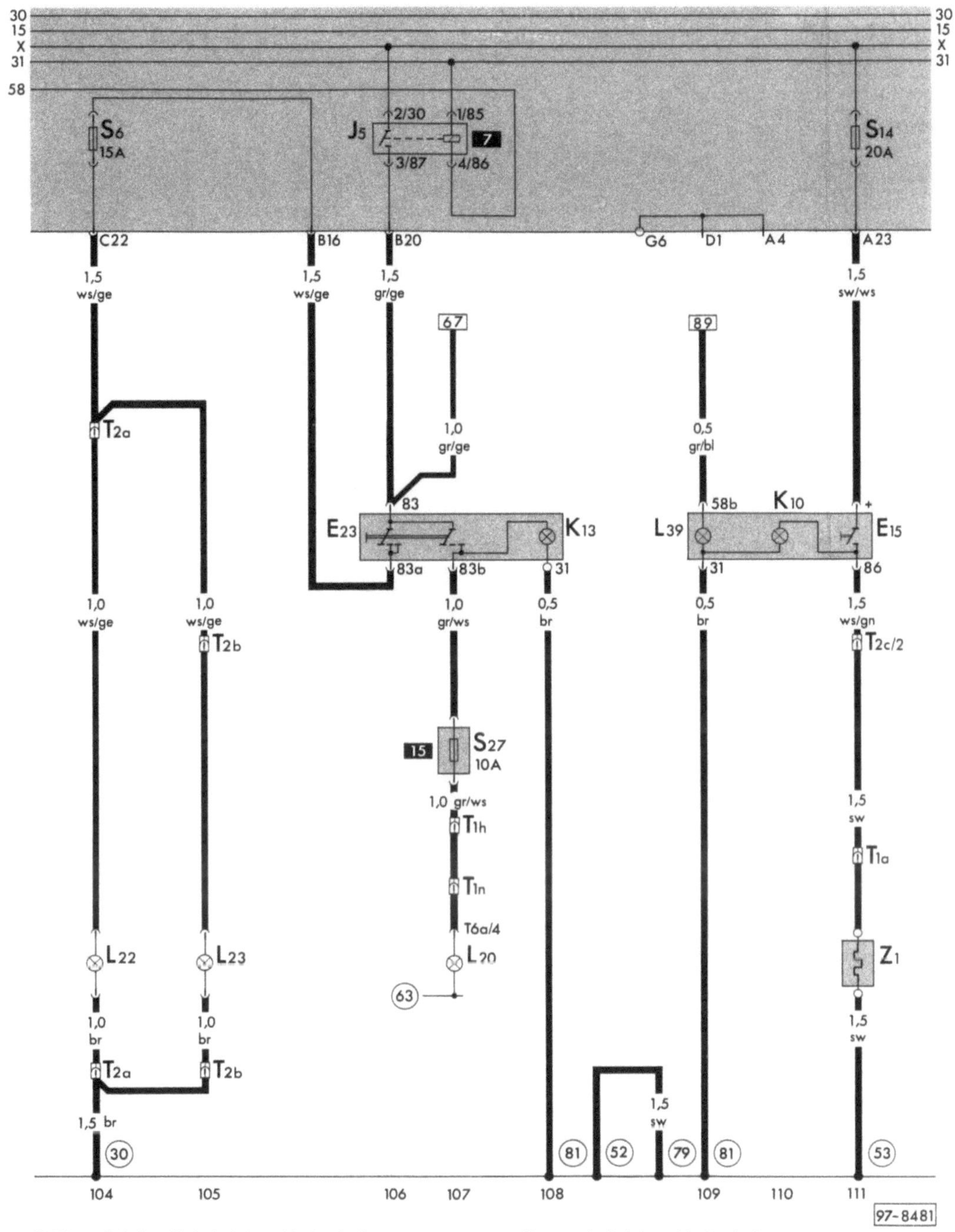

E 15 – Schalter für beheizbare Heckscheibe
E 23 – Schalter für Nebelscheinwerfer und -schlußleuchte
J 5 – Relais für Nebelscheinwerfer
K 10 – Kontrollampe für beheizbare Heckscheibe
K 13 – Kontrollampe für Nebelschlußleuchte
L 20 – Lampe für Nebelschlußleuchte
L 22 – Lampe für Nebelscheinwerfer links
L 23 – Lampe für Nebelscheinwerfer rechts
L 39 – Lampe für Beleuchtung für Schalter für beheizbare Heckscheibe
S 27 – Einzelsicherung für Nebelschlußleuchte
T 1a – Steckverbindung, 1-fach, über Fenster links hinten
T 1h – Steckverbindung, 1-fach, hinter der Schalttafel links
T 1n – Steckverbindung, 1-fach, im Verteilerkasten – Motorraum
T 2a – Steckverbindung, 2-fach, hinter der oberen Lufteintrittsblende links
T 2b – Steckverbindung, 2-fach, hinter der oberen Lufteintrittsblende rechts
T 2c – Steckverbindung, 2-fach, hinter der Schalttafel links

Z 1 – beheizbare Heckscheibe

(30) – Massepunkt, neben Relaisplatte

(52) – Massepunkt, in Heckklappe links

(53) – Massepunkt, in der Heckklappe rechts

(63) – Massepunkt, Lampenträger, Schlußleuchte links

(79) – Massepunkt, Dachrahmen hinten links, Nähe Leitungsdurchführung Heckklappe

(81) – Masseverbindung, im Schalttafelleitungsstrang

Frischluftgebläse, Lüfter für Kühlmittel (200/300 W), Warmluftgebläse

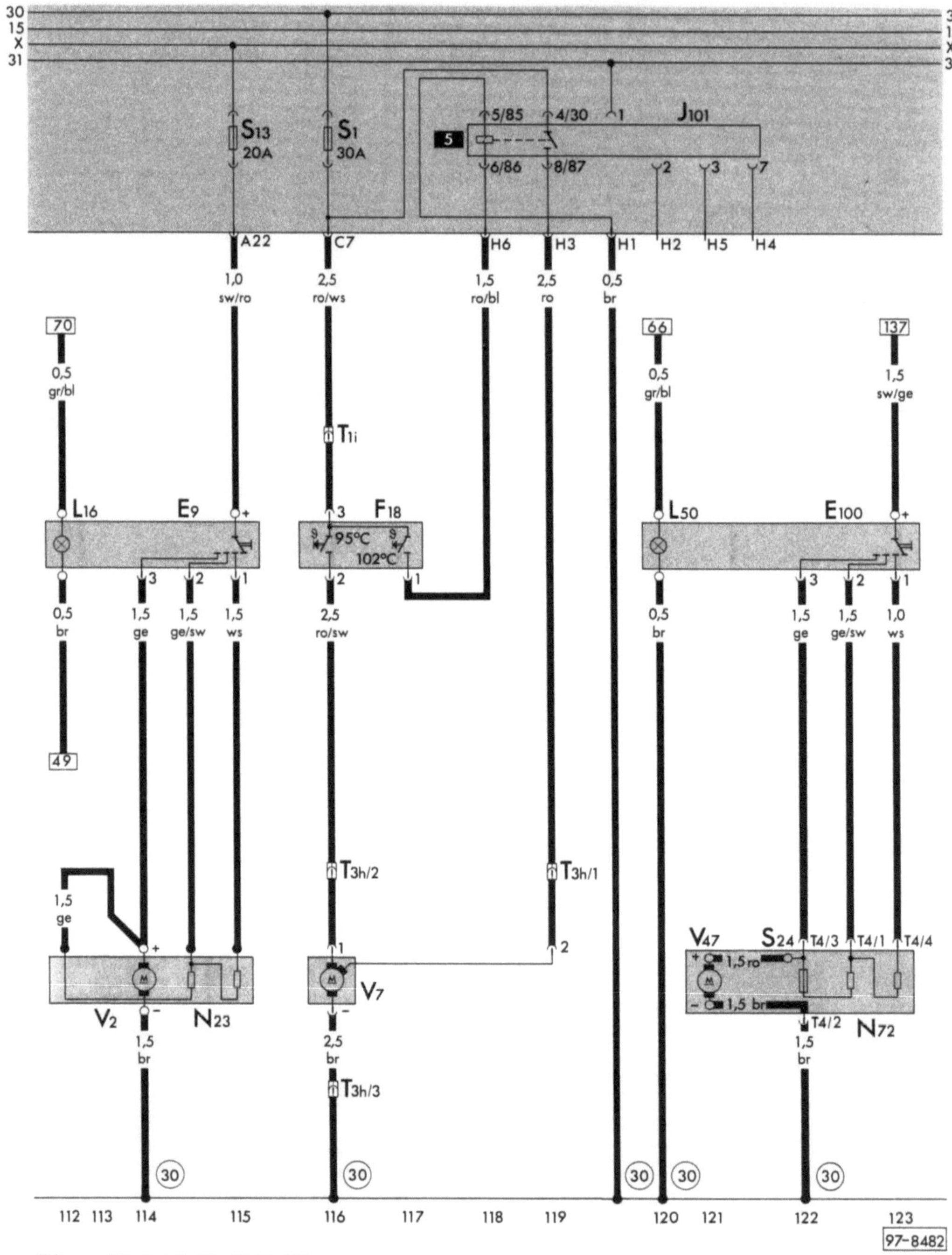

E 9 – Schalter für Frischluftgebläse
E 100 – Schalter für Warmluftgebläse
F 18 – Thermoschalter für Lüfter für Kühlmittel
J 101 – Relais für 2. Stufe für Lüfter für Kühlmittel
L 16 – Lampe für Beleuchtung Frischluftregulierung
L 50 – Lampe für Beleuchtung Warmluftgebläseschalter
N 23 – Vorwiderstand für Frischluftgebläse
N 72 – Vorwiderstand für Warmluftgebläse
S 24 – Überhitzungssicherung
T 1i – Steckverbindung, 1-fach, hinter der Schalttafel links
T 3h – Steckverbindung, 3-fach, hinter der oberen Lufteintrittsblende
V 2 – Frischluftgebläse
V 7 – Lüfter für Kühlmittel (200/300 Watt)
V 47 – Warmluftgebläse

(30) – Massepunkt, neben Relaisplatte

Lüfter für Kühlmittel (200/300/450 W)

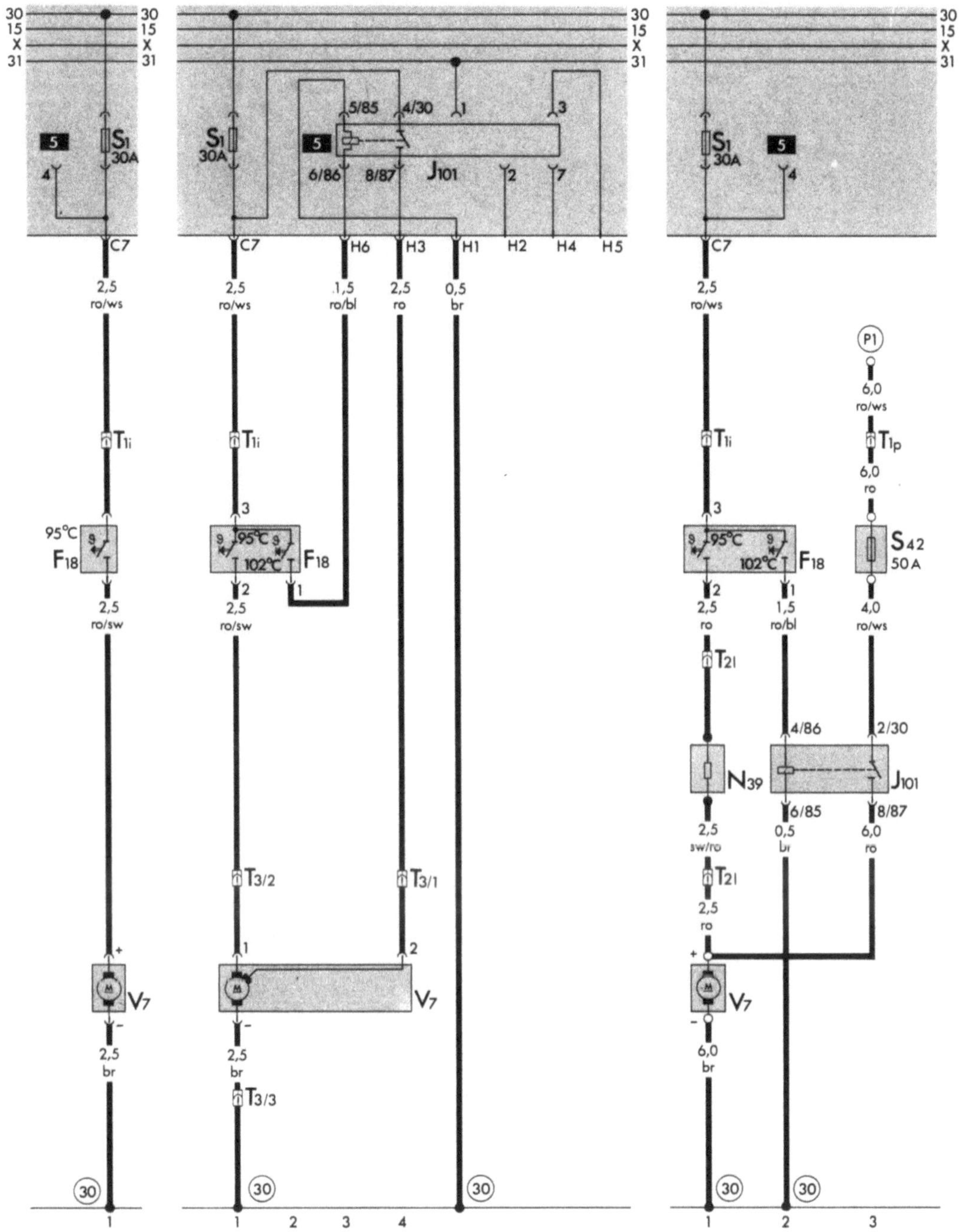

F 18 – Thermoschalter für Lüfter für Kühlmittel
J 101 – Relais für 2. Stufe für Lüfter für Kühlmittel
N 39 – Vorwiderstand für Lüfter für Kühlmittel
S 42 – Einzelsicherung für Lüfter für Kühlmittel
T 1i – Steckverbindung, 1-fach, hinter der Schalttafel links
T 1p – Steckverbindung, 1-fach, hinter der Schalttafel links
T 2l – Steckverbindung, 2-fach, hinter der Schalttafel links
T 3 – Steckverbindung, 3-fach, hinter der oberen Lufteintrittsblende
V 7 – Lüfter für Kühlmittel

(30) – Massepunkt, neben Relaisplatte

(P1) – Plusverbindung (30) im Verteilerkasten – Motorraum

ws = weiß
sw = schwarz
ro = rot
br = braun
gn = grün
bl = blau
gr = grau
li = lila
ge = gelb

Scheibenwisch- und -waschanlage

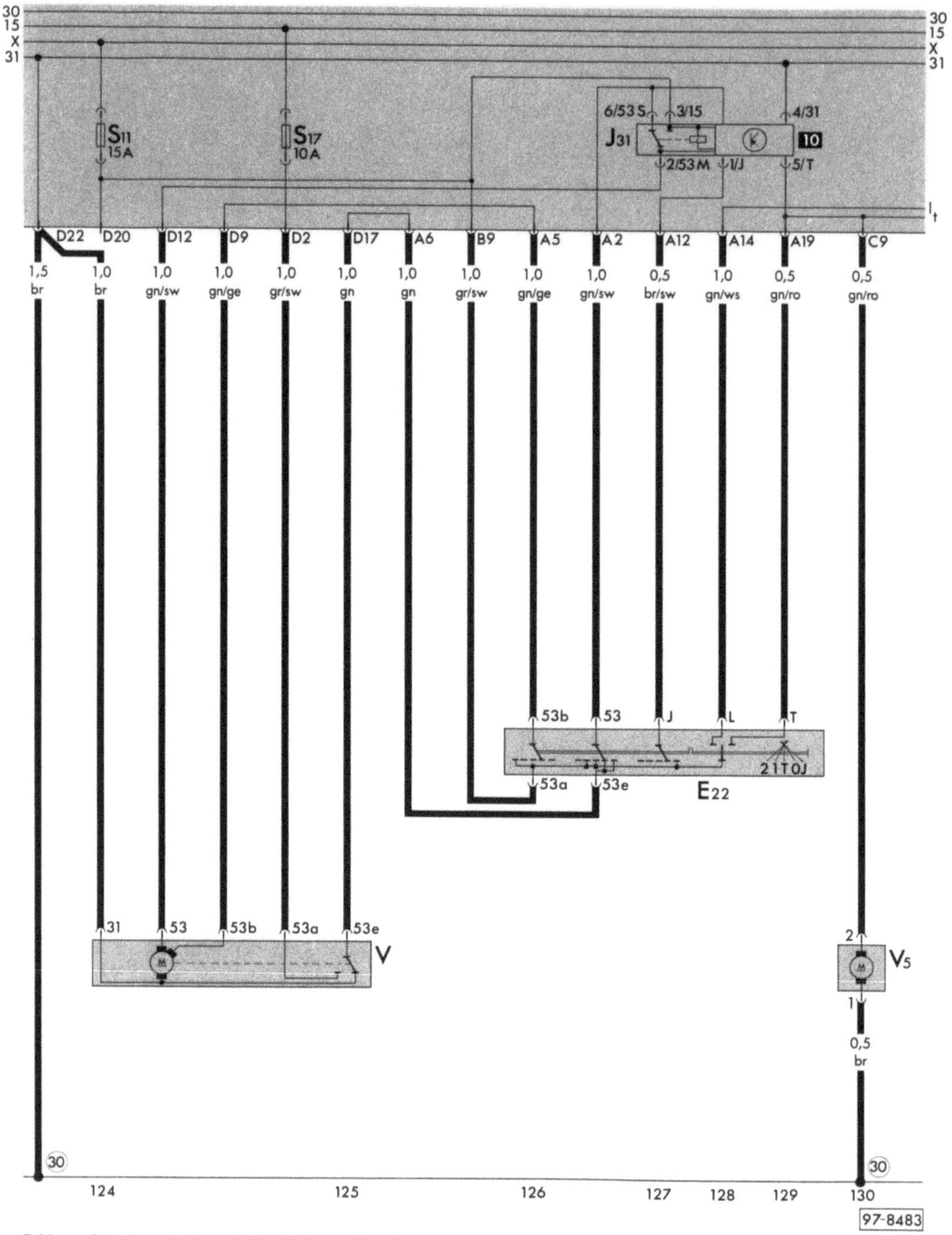

E 22 – Scheibenwischerschalter für Intervallbetrieb
J 31 – Relais für Wasch-Wisch-Intervallautomatik
V – Scheibenwischermotor
V 5 – Scheibenwaschpumpe

(30) – Massepunkt, neben Relaisplatte

Scheinwerferreinigungsanlage, Heckscheibenwisch- und -waschanlage

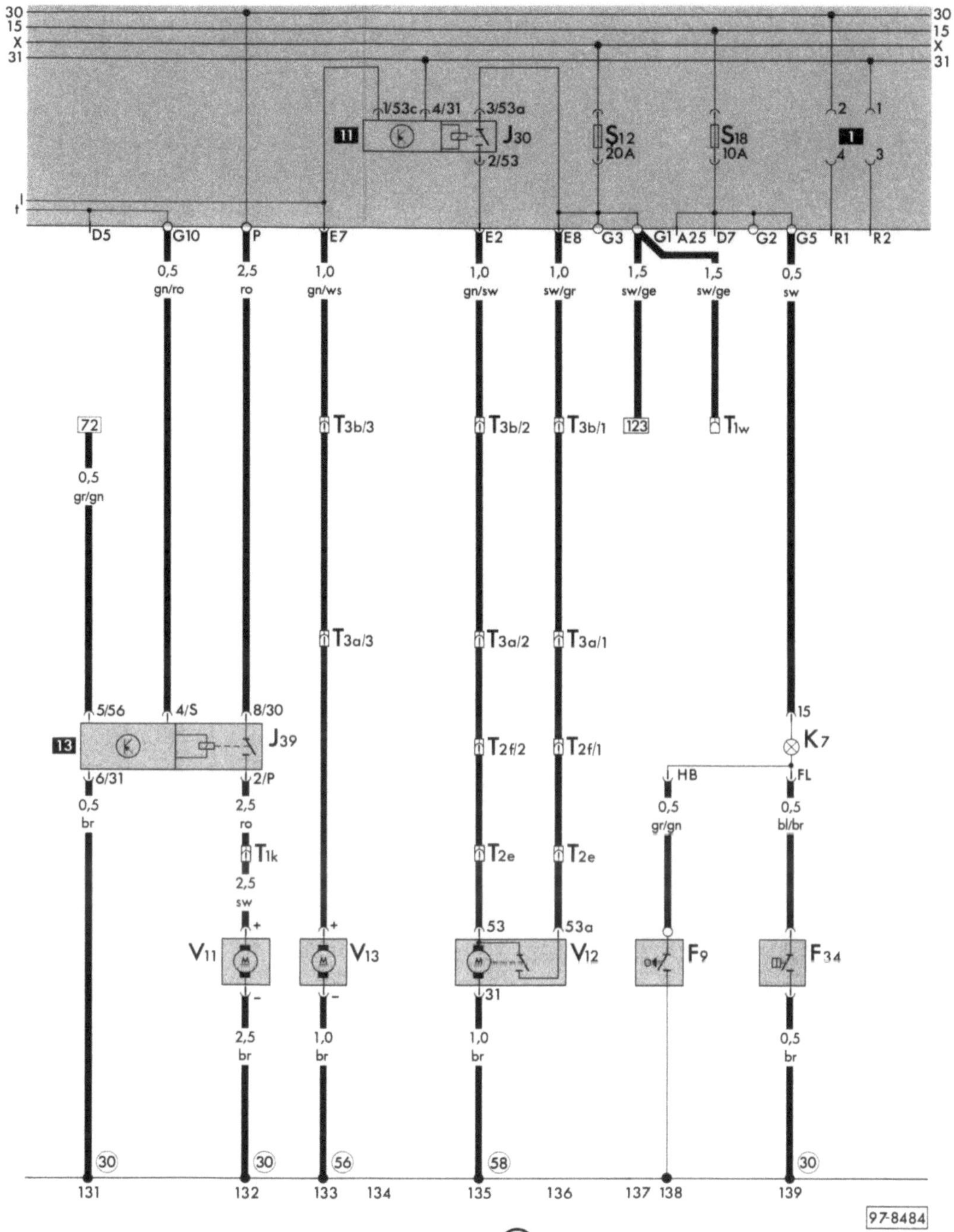

F 9 – Schalter für Handbremskontrolle
F 34 – Warnkontakt für Bremsflüssigkeitsstand
J 30 – Relais für Heckscheibenwischer- und wascher
J 39 – Relais für Scheinwerfer-Reinigungsanlage
K 7 – Kontrollampe f. Zweikreis- u. Handbremsanlage
T 1k – Steckverbindung, 1-fach, hinter der Schalttafel links
T 1w – Steckverbindung, 1-fach, hinter der Relaisplatte
T 2e – Steckverbindung, 2-fach, in der Heckklappe, Nähe Wischermotor
T 2f – Steckverbindung, 2-fach, hinter Verkleidung C-Säule, rechts oben
T 3a – Steckverbindung, 3-fach, hinter der Schalttafel rechts
T 3b – Steckverbindung, 3-fach, hinter der Schalttafel links
V 11 – Pumpe für Scheinwerfer-Reinigungsanlage
V 12 – Motor für Heckscheibenwischer
V 13 – Heckscheibenwaschpumpe

(30) – Massepunkt, neben Relaisplatte
(56) – Massepunkt, neben Wasserbehälter hinten rechts
(58) – Massepunkt, Nähe Motor für Heckscheibenwischer

Anlasser, Batterie, Drehstromgenerator, Zündanlaßschalter

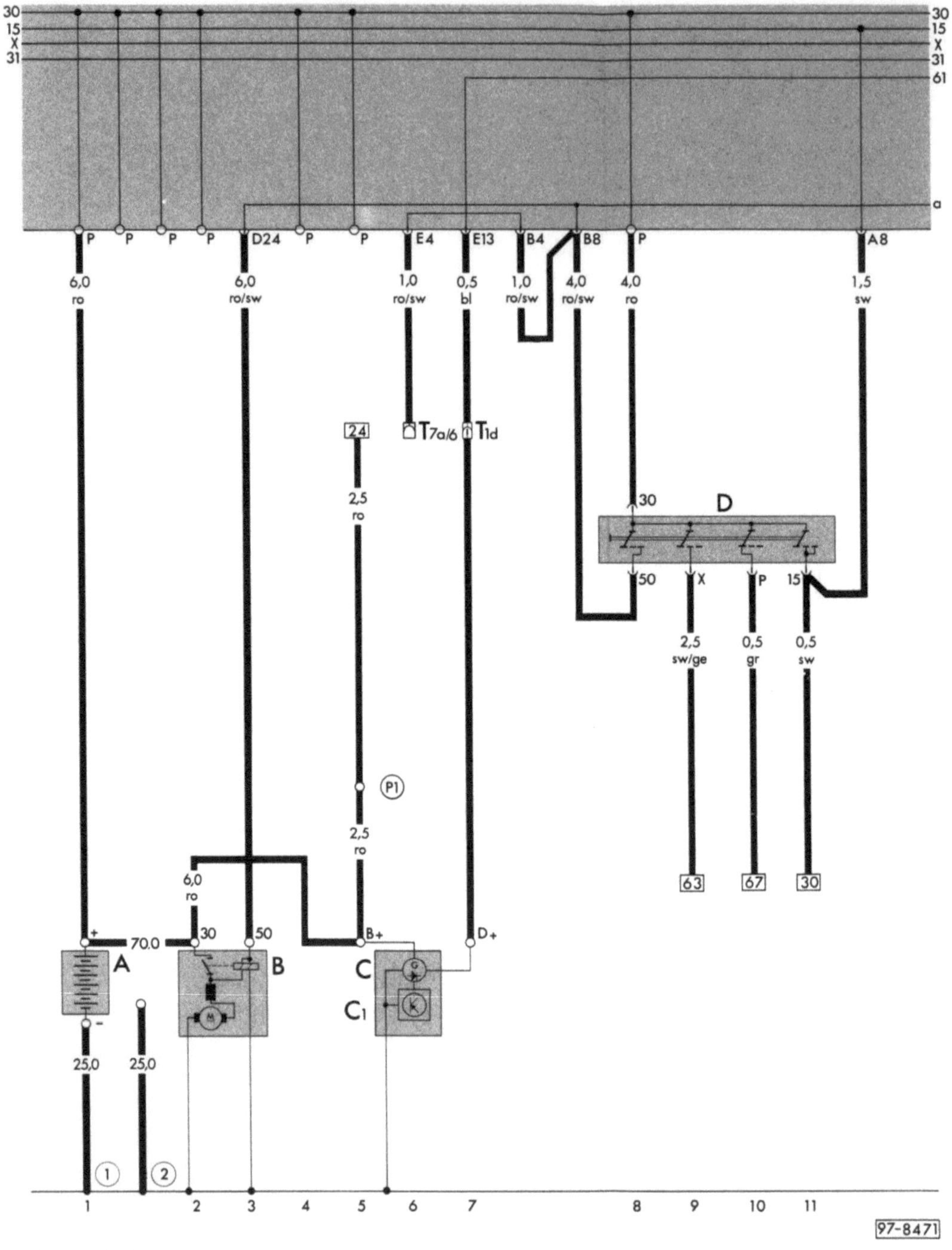

A – Batterie
B – Anlasser
C – Drehstromgenerator
C 1 – Spannungsregler
D – Zündanlaßschalter
T 1d – Steckverbindung, 1-fach, im Verteilerkasten – Motorraum
T 7a/ – Steckverbindung, 7-fach, im Verteilerkasten – Motorraum

(1) – Masseband, Batterie – Aufbau

(2) – Masseband, Getriebe – Aufbau

(P1) – Plusverbindung (30) im Verteilerkasten – Motorraum

–17–

Zündanlage

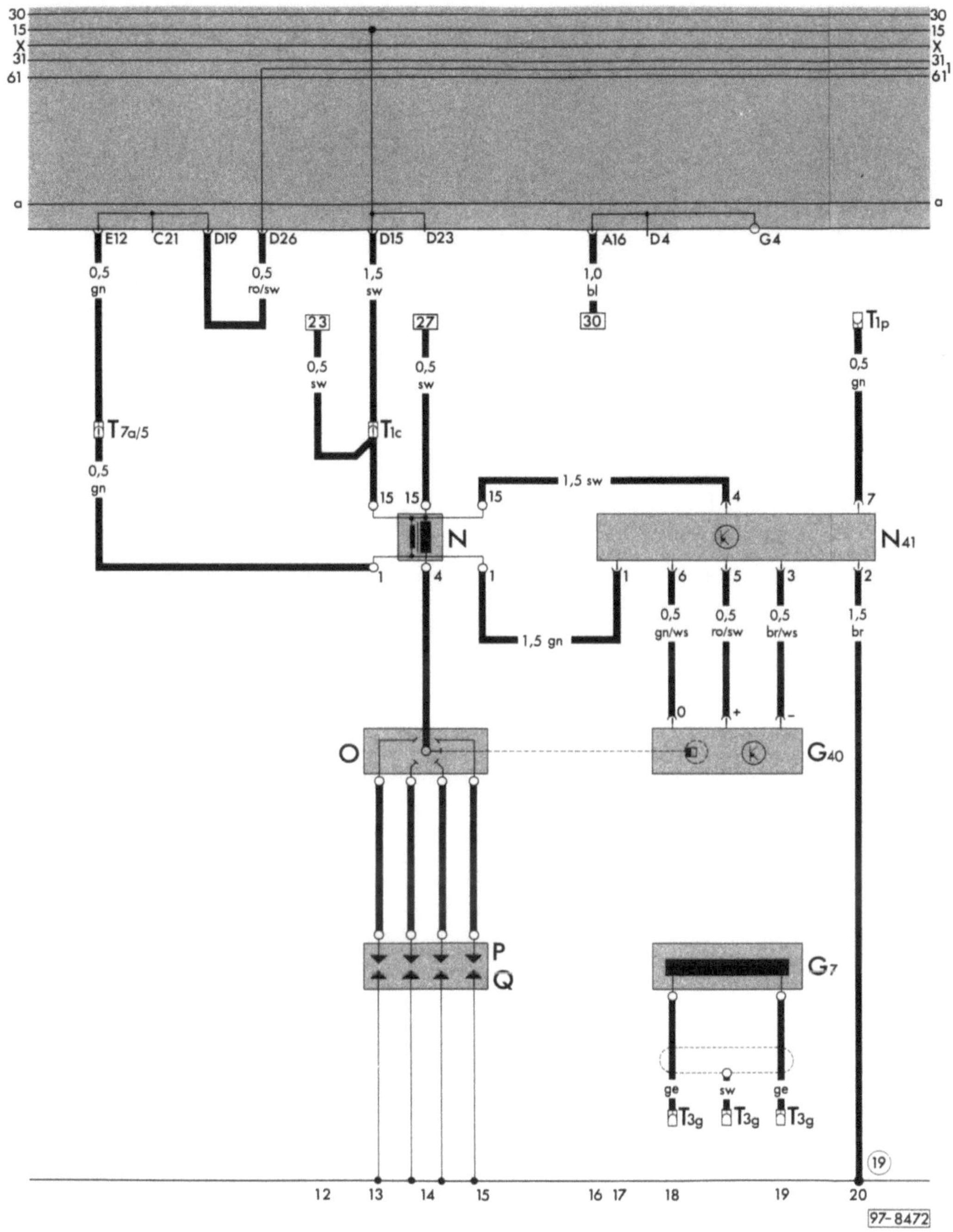

G 7 – Geber für oberen Totpunkt
G 40 – Hallgeber
N – Zündspule
N 41 – TSZ-Schaltgerät
O – Zündverteiler
P – Zündkerzenstecker
Q – Zündkerzen
T 1c – Steckverbindung, 1-fach, im Verteilerkasten – Motorraum
T 1p – Steckverbindung, 1-fach, Nähe TSZ-Schaltgerät
T 3g – Steckverbindung, 3-fach, Nähe Drehstromgenerator
T 7a/ – Steckverbindung, 7-fach, im Verteilerkasten – Motorraum

(19) – Massepunkt, Nähe Zündspule

Ansaugrohrvorwärmung, Startautomatik

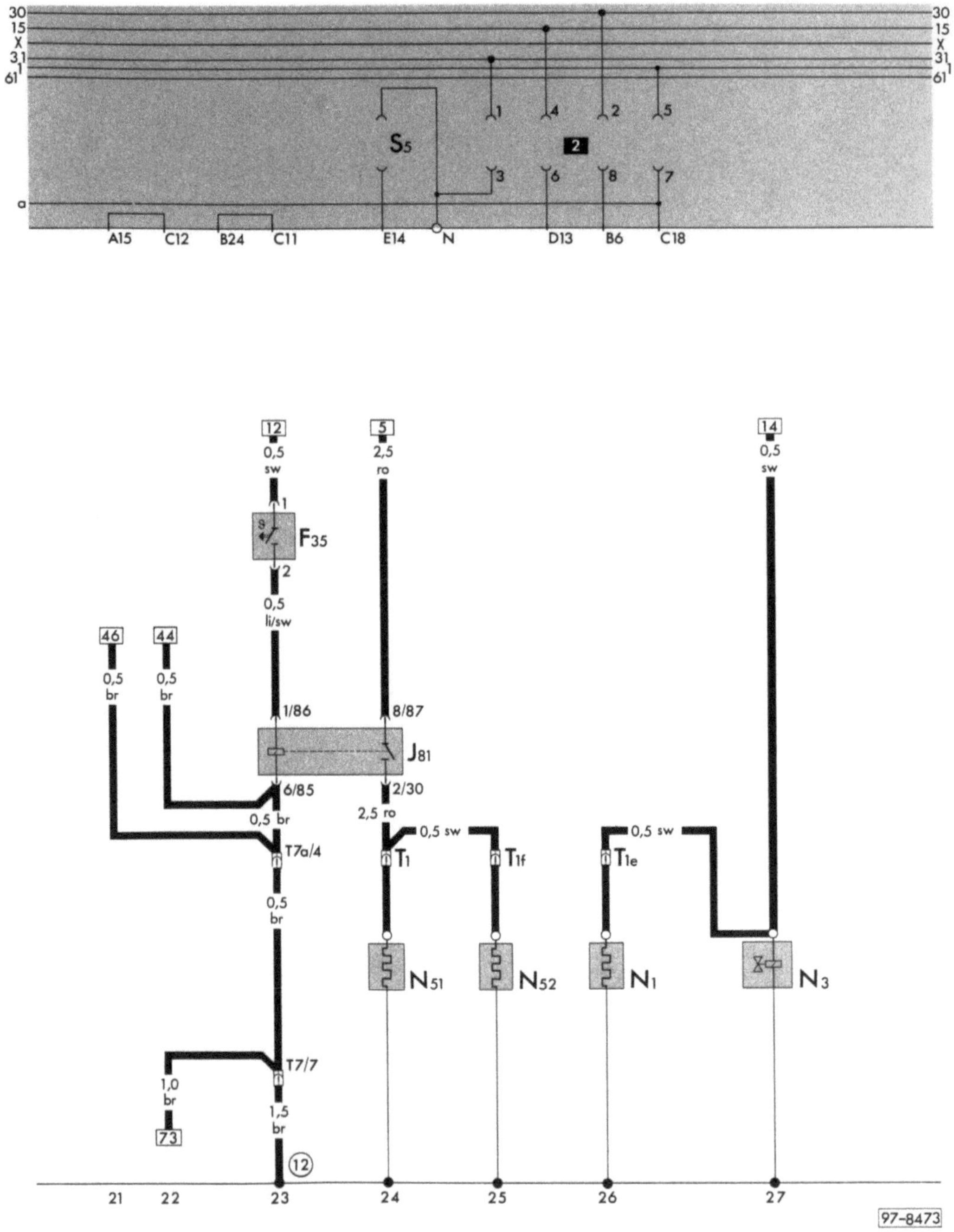

F 35 – Thermoschalter für Ansaugrohrvorwärmung
J 81 – Relais für Ansaugrohrvorwärmung
N 1 – Vergaserstartautomatik
N 3 – Umluftabschaltventil
N 51 – Heizwiderstand für Ansaugrohrvorwärmung
N 52 – Heizwiderstand (Teillastkanalbeheizung-Vergaser)
T 1 – Steckverbindung, 1-fach, im Verteilerkasten – Motorraum mitte
T 1e – Steckverbindung, 1-fach, im Motorraum mitte
T 1f – Steckverbindung, 1-fach, im Motorraum mitte
T 7/ – Steckverbindung, 7-fach, im Verteilerkasten – Motorraum
T 7a/ – Steckverbindung, 7-fach, im Verteilerkasten – Motorraum

(12) – Massepunkt, im Motorraum links

Batterie, Anlasser, Drehstromgenerator, Zündanlaßschalter

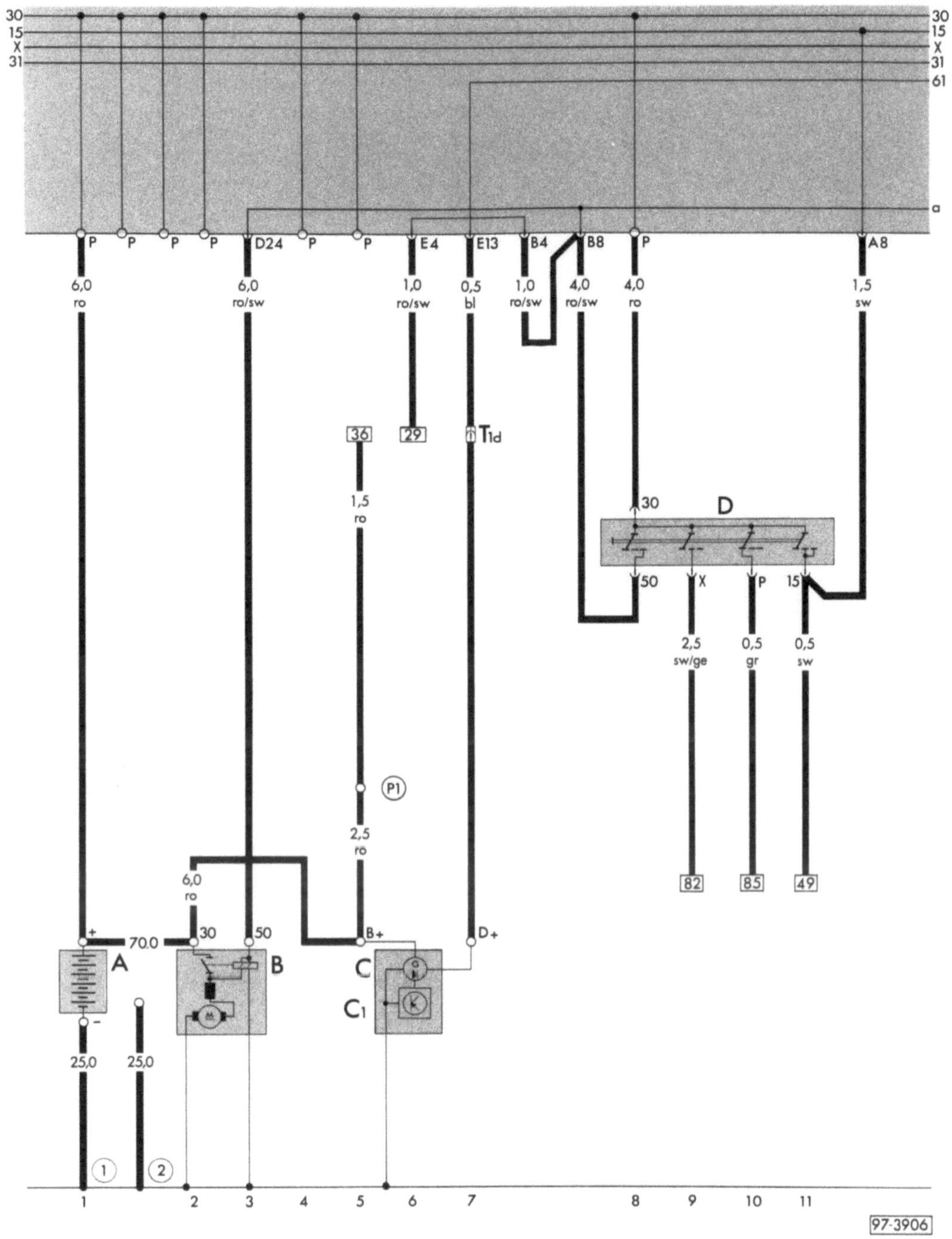

A – Batterie
B – Anlasser
C – Drehstromgenerator
C 1 – Spannungsregler
D – Zündanlaßschalter
T 1d – Steckverbindung, 1-fach, im Verteilerkasten – Motorraum

(1) – Masseband, Batterie – Aufbau

(2) – Masseband, Getriebe – Aufbau

(P1) – Plusverbindung (30) im Verteilerkasten – Motorraum

Zündanlage, Steuergerät für Digifant, elektrische Beheizung für Kurbelgehäuseentlüftung

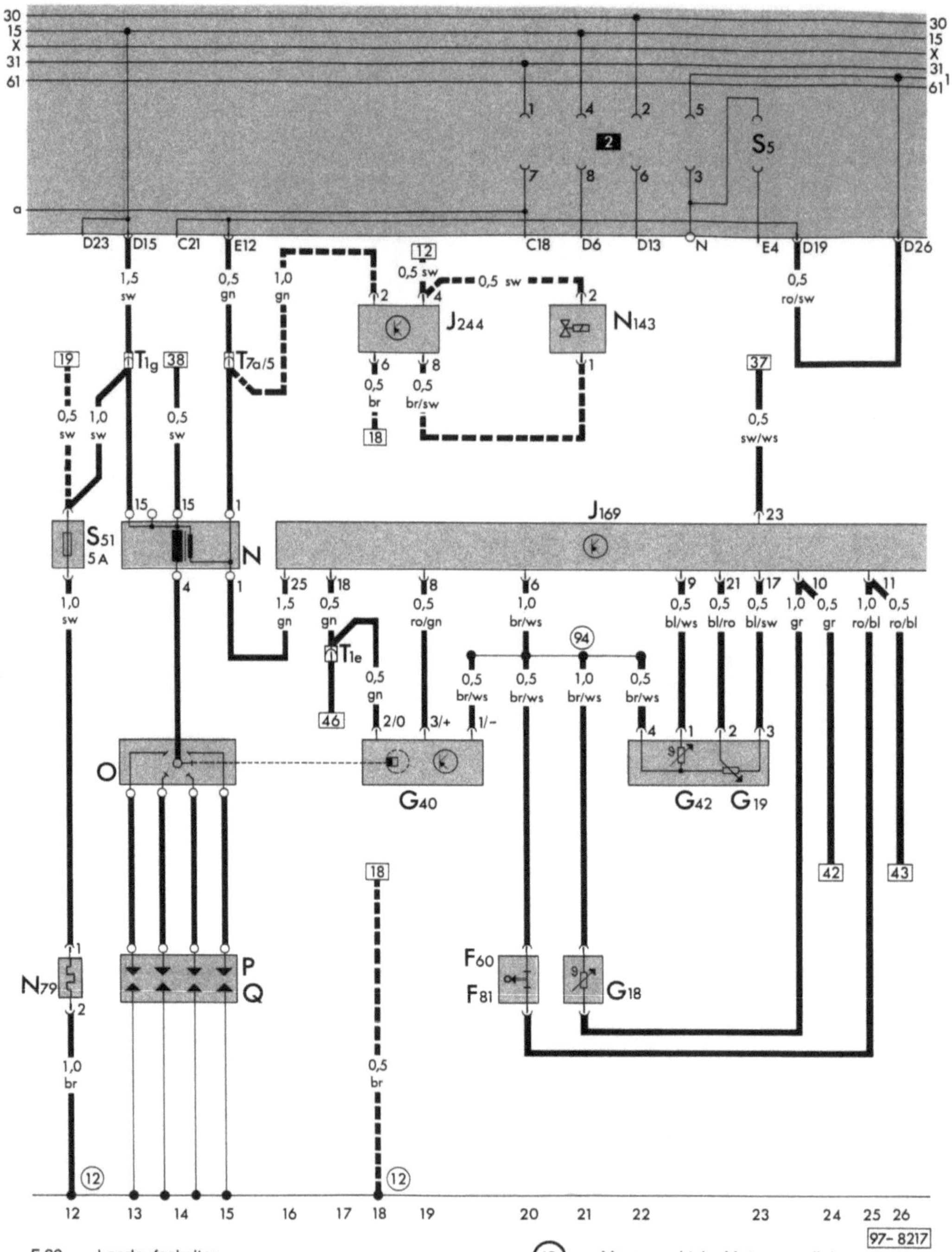

F 60 – Leerlaufschalter
F 81 – Vollastschalter
G 18 – Temperaturfühler
G 19 – Potentiometer für Luftmengenmesser
G 40 – Hallgeber
G 42 – Geber für Ansauglufttemperatur
J 169 – Steuergerät für Digifant, unter dem Frontsitz links
J 244 – Steuergerät für Drehzahlbegrenzung, in der Relaisdose - Motorraum
N – Zündspule
N 79 – Heizwiderstand (Kurbelgehäuseentlüftung)
N 143 – Zweiwegeventil für Drehzahlbegrenzung
O – Zündverteiler
P – Zündkerzenstecker
Q – Zündkerzen
S 51 – Sicherung
T 1g – Steckverbindung, 1-fach, im Verteilerkasten – Motorraum
T 7a – Steckverbindung, 7-fach, im Verteilerkasten, Motorraum

(12) – Massepunkt, im Motorraum links

(94) – Masseverbindung, im Leitungsstrang Digifant

- - - – Drehzahlbegrenzung, nur bei Motorkennbuchstaben SS

Steuergerät für Digifant, Lambda-Sonde, digitale Einspritzung

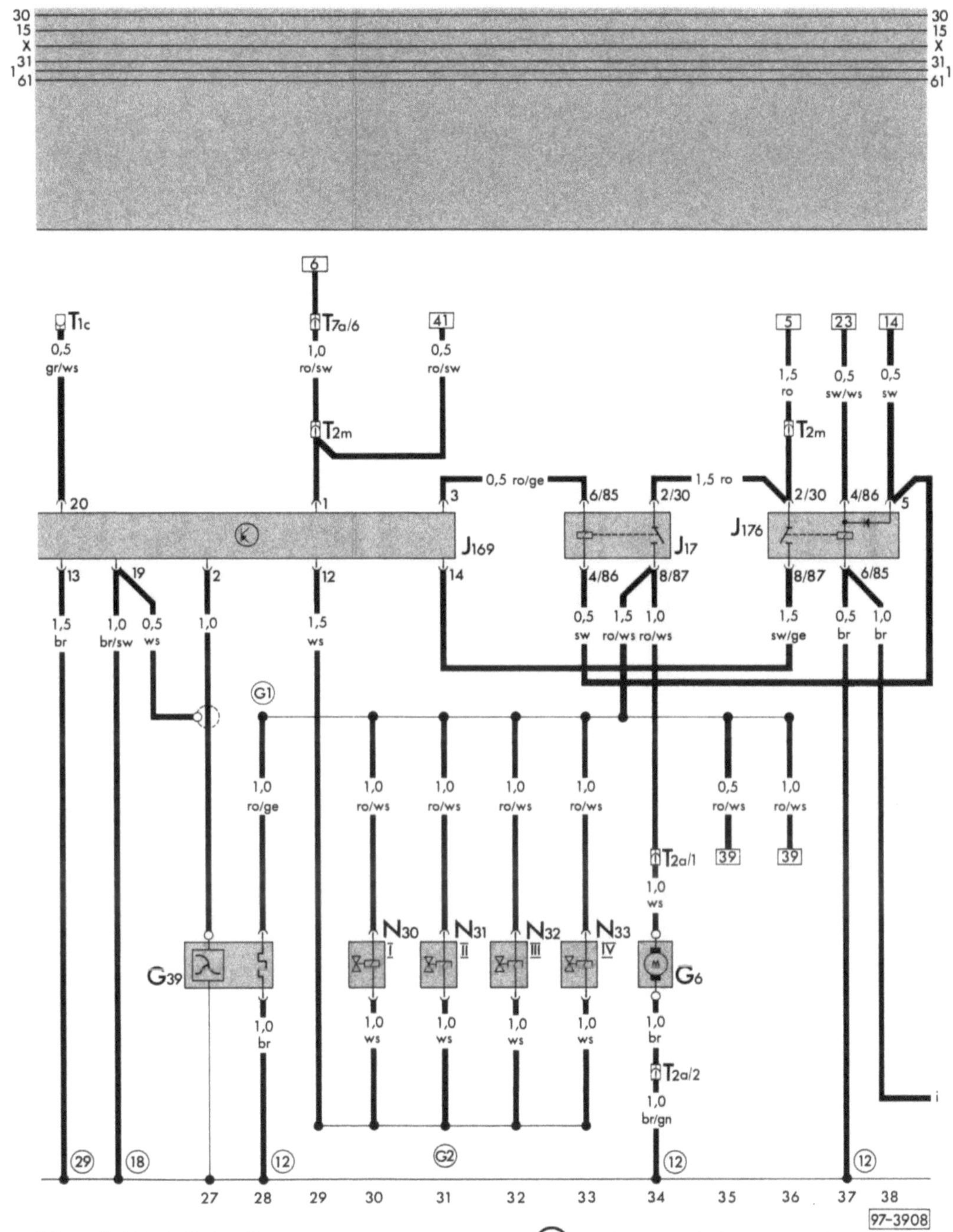

G 6 – Elektrische Kraftstoffpumpe
G 39 – Lambdasonde, mit Heizung
J 17 – Kraftstoffpumpenrelais, in der Relaisdose – Motorraum
J 169 – Steuergerät für Digifant, unter dem Fondsitz links
J 176 – Stromversorgungsrelais für Steuergerät Digifant, in der Relaisdose – Motorraum
N 30 – Einspritzventil Zylinder 1
N 31 – Einspritzventil Zylinder 2
N 32 – Einspritzventil Zylinder 3
N 33 – Einspritzventil Zylinder 4
T 1c – Steckverbindung, 1-fach, im Verteilerkasten – Motorraum
T 2a – Steckverbindung, 2-fach, im Motorraum links
T 2m – Steckverbindung, -fach, in der Relaisdose – Motorraum
T 7a/ – Steckverbindung, 7-fach, im Verteilerkasten – Motorraum

(12) – Massepunkt, im Motorraum links

(18) – Massepunkt, am Motorblock

(29) – Massepunkt, Nähe Steuergerät Digifant

(G1) – Plusverbindung im Leitungsstrang Digifant

(G2) – Verbindung im Leitungsstrang Digifant

Leerlaufstabilisierung

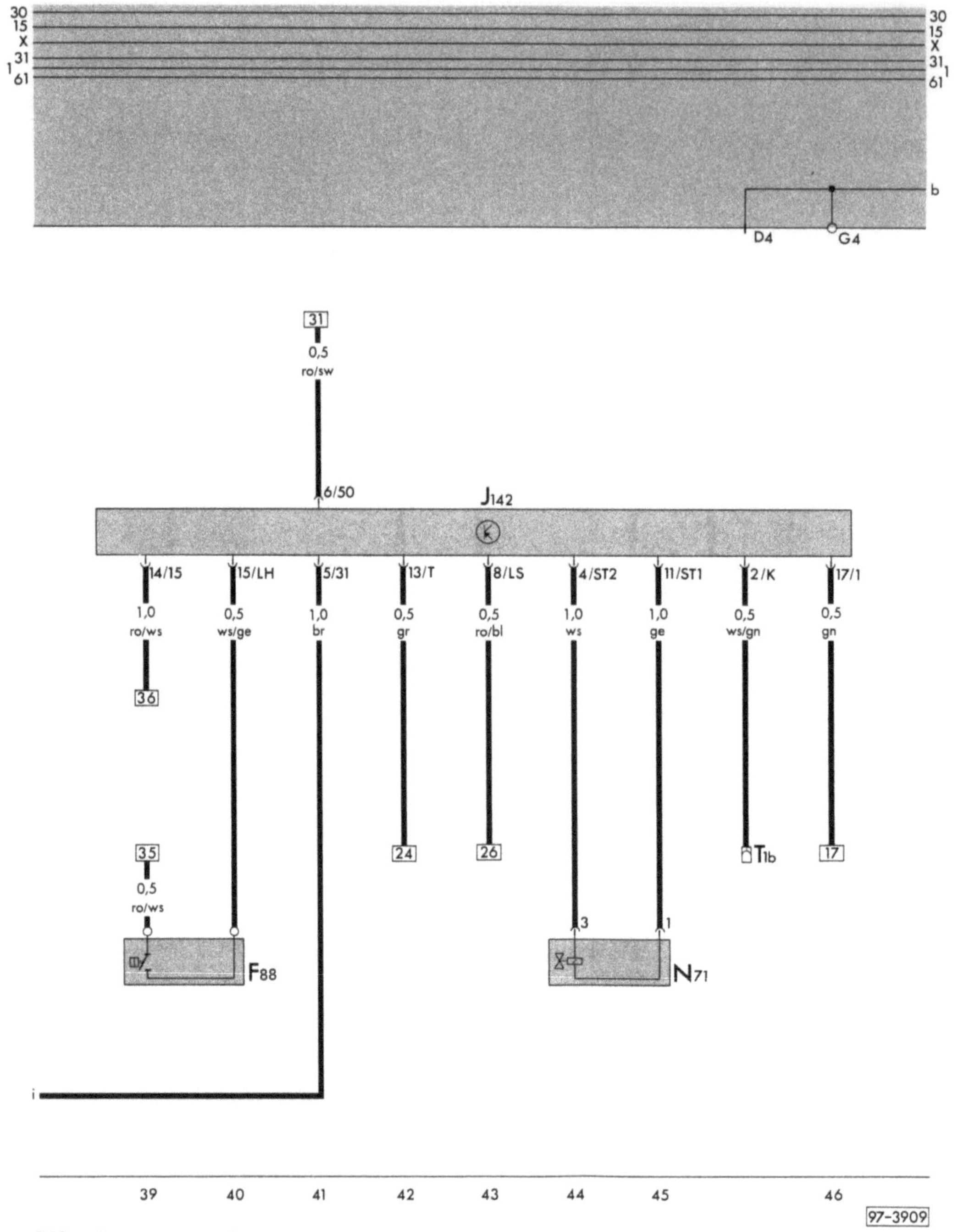

F 88 – Druckschalter für Servolenkung
J 142 – Steuergerät für Leerlaufstabilisierung
N 71 – Steuerventil für Leerlaufstabilisierung
T 1b – Steckverbindung, 1-fach, im Motorraum links (Anschluß für Klimaanlage)

Permanenter Allradantrieb
Getriebeschalter, Blinkrelais, Kontrollampe

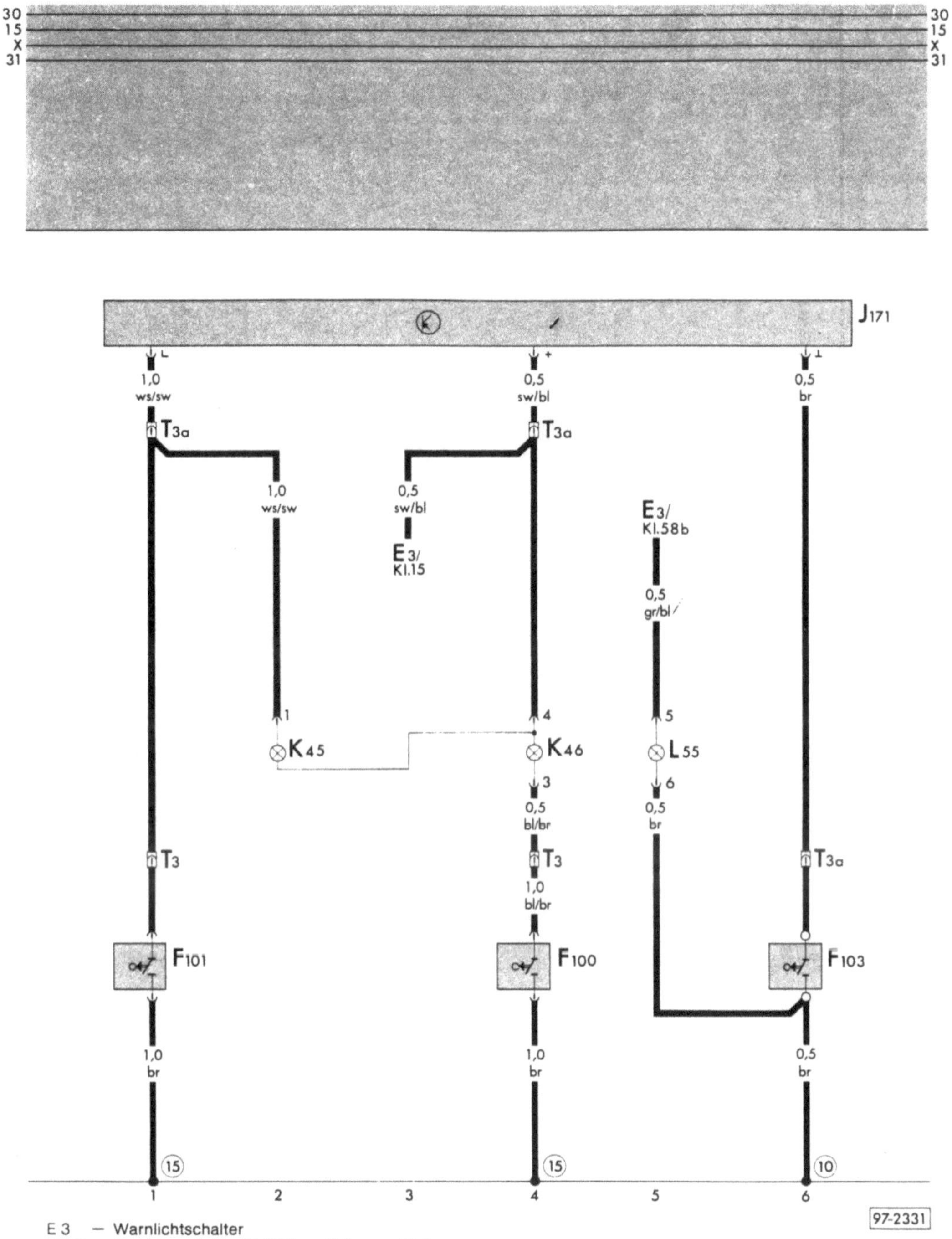

E 3 – Warnlichtschalter
F 100 – Getriebeschalter für Differentialsperre hinten
F 101 – Getriebeschalter für Differentialsperre vorn
F 103 – Unterdruckschalter für Differentialsperre vorn
J 171 – Blinkrelais für Kontrollampe für Differentialsperre vorn
K 45 – Kontrollampe für Differentialsperre vorn
K 46 – Kontrollampe für Differentialsperre hinten
L 55 – Beleuchtung für Differentialsperrenanzeige
T 3 – Steckverbindung, 3-fach, hinter der Schalttafel
T 3a – Steckverbindung, 3-fach, hinter der Schalttafel, Nähe Sicherungshalter/Relaisplatte

(10) – Massepunkt hinter der Schalttafel, Nähe Sicherungshalter/Relaisplatte

(15) – Massepunkt im Motorraum, unter der Zündspule